Fernsehen

Die neuere Entwicklung insbesondere der deutschen Fernsehtechnik

Vorträge von

M. von **Ardenne**, Berlin · Oberpostrat **Dr. F. Banneitz**, Berlin
Dr.-Ing. habil. **E. Brüche**, Berlin · **Dipl.-Ing. W. Buschbeck**, Berlin
Prof. **Dr. A. Karolus**, Leipzig · **Dr.-Ing. M. Knoll**, Berlin
Dr. R. Möller, Berlin · Prof. **Dr. F. Schröter**, Berlin

Veranstaltet durch den

Bezirk Berlin-Brandenburg des Verbandes Deutscher Elektrotechniker
— vormals Elektrotechnischer Verein e. V. — in Gemeinschaft
mit dem Außeninstitut der Technischen Hochschule Berlin

Herausgegeben von

Dr. phil. **Fritz Schröter**

Professor an der Technischen Hochschule Berlin

Mit 228 Textabbildungen

Berlin
Verlag von Julius Springer
1937

ISBN 978-3-642-50343-6 ISBN 978-3-642-50652-9 (eBook)
DOI 10.1007/978-3-642-50652-9

Softcover reprint of the hardcover 1st edition 1937

Vorwort des Herausgebers.

In diesem Buche sind die Darstellungen über Fernsehen zusammengefaßt, die im Rahmen einer vom Elektrotechnischen Verein gemeinsam mit dem Außeninstitut der Technischen Hochschule Berlin und im Einvernehmen mit dem Reichspostministerium veranstalteten Vortragsfolge, Herbst 1936, von deutschen Fernseh-Fachleuten gegeben wurden. Der Zweck dieser Vorträge war, teils den sich neu dem Fernsehen zuwendenden Technikern einen Überblick über den damaligen Entwicklungsstand zu verschaffen, teils den bereits auf dem Fernsehgebiet Tätigen die technischen Wandlungen nahezubringen, die durch die Einführung der trägheitslosen Kathodenstrahl-Bildfeldzerleger ausgelöst worden sind. Entsprechend dieser Zielsetzung sollte vermieden werden, allzuweit ins Einzelne zu gehen. Es kam vielmehr darauf an, im zeitlichen Rahmen von acht zweckmäßig gegliederten Vorträgen das Grundlegende und Wesentliche zu vermitteln. Wer auf Teilgebieten tiefer schürfen will, findet die wichtigsten Einzelveröffentlichungen in dem ausführlichen Schrifttumsnachweis, der diesem Buche beigegeben worden ist.

Die Kathodenstrahl-Bildröhren sind ihrer gesteigerten Bedeutung entsprechend behandelt; auf die zu ihrem Betriebe notwendigen Schaltungen, deren Entwicklung eine außerordentlich vielseitige Technik der röhrengesteuerten Kreise ins Leben gerufen hat, konnte nur insoweit eingegangen werden, als dies zum Verständnis der Übertragungsvorgänge unbedingt erforderlich schien. Sparsamste Zeitausnutzung bedingte, daß die Probleme der synchronisierten Kathodenstrahlablenkung vorwiegend beim Fernsehempfang erörtert wurden; der Leser muß sich aber immer vor Augen halten, daß die gleichen Aufgaben am Bildzerlegungsorgan der Sendeseite bestehen. Hierauf ist besonders in den Vorträgen III und V hingewiesen. Die eingehende Behandlung der mechanischen Bildfeldzerleger rechtfertigt sich durch die Tatsache, daß die Entwicklung neuer Lichtquellen von extrem gesteigerter Leuchtdichte, die erfolgreiche Durchbildung von Fotozellen mit Sekundäremissions-Vervielfachung und gewisse optische Fortschritte dieser Art von Bildabtaster besonders für Filmübertragung neue Möglichkeiten, und zwar über die kürzlich normalisierte Zeilenzahl 441 hinaus, eröffnet haben.

Hervorgehoben sei noch, daß dieses Buch wohl als erstes in der Fernseh-Literatur der letzten Jahre geschlossene und systematische

Darstellungen der trägerfrequenten Fernsehsendung — auf dem Funk- wie auf dem Kabelwege — sowie des Fernsehempfanges bringt. Die Mehrzahl der Fernsehtechniker widmet sich mit Vorliebe den Fragen der optisch-elektrischen bzw. elektrisch-optischen Umformung und übersieht dabei die entscheidende Wichtigkeit der Fernübertragung vom Gebe- zum Aufnahmegerät. Bei der Veranstaltung der Vortragsfolge, deren Einteilung von Herrn Oberpostrat Dr. F. BANNEITZ, dem Leiter der Reichspostforschungsanstalt, gemeinsam mit dem Herausgeber besorgt wurde, schien es deshalb wünschenswert, auch einmal das Problem der hochfrequenten Raum- oder Leitungsübermittlung von Fernsehsignalen herauszustellen und eine zusammenfassende Übersicht über den augenblicklichen Stand unseres diesbezüglichen technischen Könnens sowie über die auftretenden Einzelfragen und deren Lösung zu geben.

Der Herausgeber dankt den Vortragenden für ihre Mühewaltung bei der Niederschrift der gemachten Ausführungen; er bittet sie zugleich um Verständnis dafür, daß die Aufgabe, Umfang und Preis dieses Buches auf ein Mindestmaß zu beschränken, eine Überarbeitung der gelieferten Beiträge und dabei stellenweise erhebliche Änderungen bedingte. Er hat Wert darauf gelegt, diese Beschränkung lediglich durch straffste Stilisierung und durch Verzicht auf nicht dringlich notwendige Beigaben, unter voller Erhaltung des wertvollen sachlichen Inhaltes, zu erreichen.

Der Verlagsbuchhandlung Julius Springer dankt der Herausgeber für die traditionell hochwertige Ausstattung des Werkes. Er hofft, daß diese Zusammenstellung den am Stande und an der Weiterentwicklung des Fernsehens interessierten Lesern die gewünschten Aufschlüsse und Hinweise bieten möge.

Berlin, den 4. Oktober 1937.

Prof. Dr. FRITZ SCHRÖTER.

Inhaltsverzeichnis.

I. Entwicklung und Stand des Fernsehens.

Von Oberpostrat Dr. F. Banneitz, Berlin.

Fernsehen ist die elektrische Fernübertragung von bewegten Bildern oder Szenen in einer Form, die das unmittelbare und praktisch gleichzeitige Wahrnehmen des übertragenen Bildfeldes sowie aller seiner Veränderungen durch das beobachtende Auge am Empfangsgerät ermöglicht. Da für diesen Zweck im allgemeinen nur ein einziger Kanal bzw. eine einzige Trägerwelle zur Verfügung steht, das gesendete elektrische Zeichen also durch seine Stärke oder Frequenz jeweils nur einen bestimmten Zustand ausdrücken kann, müssen alle Einzelheiten des Bildes — als Helligkeitswerte kleinster Flächenelemente — nacheinander übertragen werden. Wir haben also beim Fernsehen die gleiche Art der Bildfeldzerlegung wie bei der Bildtelegrafie, dem Vorläufer des Fernsehens.

1. Vorgeschichte und Grundlagen.

Die Bildtelegrafie ist die telegrafische Übermittlung starrer Bild- oder Schriftdokumente (Kopier-, Faksimile-, Fototelegrafie). Bei ihr wird nach dem Vorschlage von A. Bain (1843) wie folgt verfahren: Man tastet die Bildvorlage oder ein nach derselben hergestelltes Zwischenklischee mit Hilfe einer „punktförmigen" Sonde (Kontaktstift, Spitze eines Lichtkegels) in möglichst dicht aneinander anschließenden Zeilen ab und erhält so durch galvanischen Stromschluß bzw. mit Hilfe einer lichtelektrischen Zelle die in die Ferne wirkenden Stromstöße. Diese dienen beim Empfänger dazu, das Fernbild aus helleren und dunkleren Flächenelementen mittels elektromechanischer, elektrochemischer oder fotografischer Registriervorrichtungen wiederaufzubauen. Der Gleichlauf zwischen Geber und Empfänger, der zur Sicherung lagenrichtiger Übertragung jedes Bildpunktes — naturgemäß genau so beim Fernsehen — nötig ist, wird am einfachsten durch Anwendung der von Bakewell (1848) angegebenen rotierenden Bildwalzen erzielt. Für die Synchronisierung solcher mechanischen Bildfeldzerleger führte La Cour (1878) den wechselstromerregten, stimmgabelgesteuerten Zahnradmotor ein (s. Vortrag III), den ersten Vorläufer der heutigen Synchronmaschinen.

Beim Fernsehen ist es erforderlich:

1. das Fernbild (empfangenes Bild) für das Auge unmittelbar aus Lichteindrücken (Lichtpunktzeilen) aufzubauen; es scheiden also elektromechanische oder elektrochemische Registrierorgane aus;

2. sämtliche Flächenelemente des Fernbildes so häufig zu wiederholen, daß nach kinematografischen Gesetzen ein dauernder Lichteindruck entsteht. Es wird also die Trägheit (Nachwirkung) der Netzhautreaktion ausgenutzt, ohne die weder das Fernsehen noch das Kino möglich wäre.

Die Grundelemente einer Fernsehanlage sind dementsprechend:

1. der Bildabtaster, der die Auflösung des zu übertragenden Bildfeldes in einzelne Flächenelemente (Rasterpunkte, Bildpunkte) bewirkt;

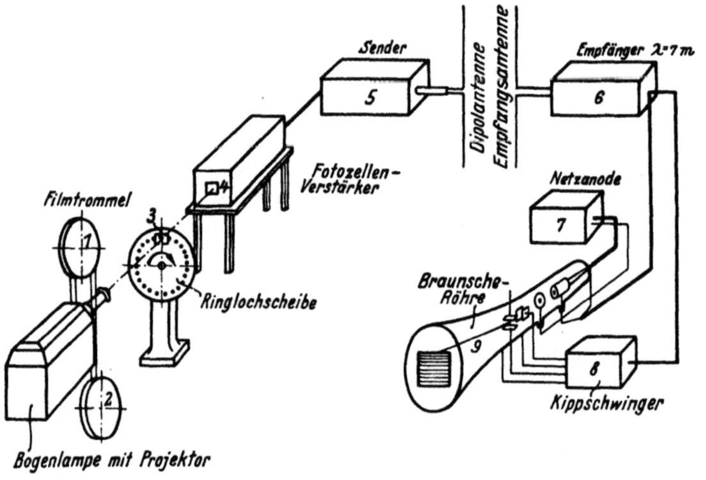

Abb. 1. Schematische Darstellung einer Fernsehanlage mit Lochscheiben-Filmgeber und Braunscher Bildschreibröhre.

2. die lichtelektrische Zelle zur Umwandlung der von den Bildpunkten ausgehenden Lichtimpulse in elektrische Impulse, deren Amplitude der abgetasteten Helligkeit proportional ist;

3. die Übertragungsanlage für diese elektrischen Impulse (Kabel oder drahtloser Sender mit zugehörigen Verstärkern);

4. der Empfänger zur Aufnahme der durch die Übertragungsanlage vermittelten Zeichen;

5. der Lichtmodulator zur Rückverwandlung dieser Zeichen in amplitudenproportionale Lichtwerte;

6. der Bildpunktverteiler, der im Gleichlauf mit dem Bildabtaster die übertragenen und gesteuerten Lichtwerte den einzelnen Punkten der Empfangsbildfläche richtig zuordnet.

Alle diese Organe müssen frei von störender Trägheit sein, um die notwendige Zahl von Impulsen in der Sekunde amplitudengetreu übertragen zu können.

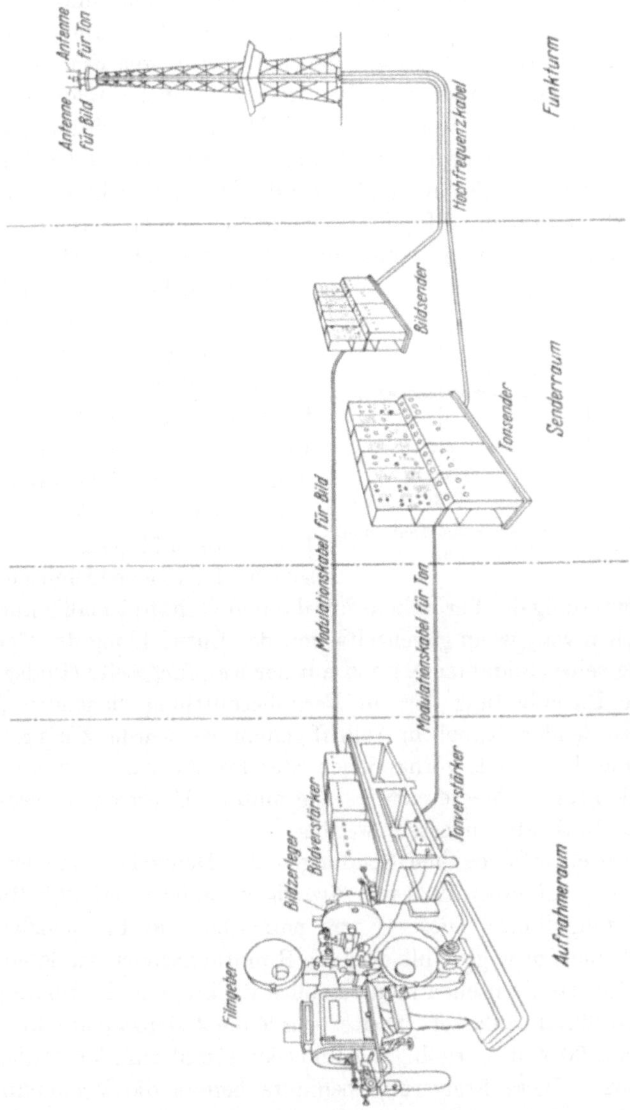

Abb. 2. Fernseh-Sendeanlage Berlin-Witzleben mit Filmgeber.

Abb. 1 gibt in großen Zügen einen Überblick über das Zusammenarbeiten der verschiedenen Teile einer Fernsehanlage, und zwar für den Fall der Filmsendung. Der Bildstreifen wird durch den Kinoprojektor (Teil 1, 2) auf die Kreislochscheibe 3 abgebildet. Diese läßt in jedem

Augenblick das Licht nur von einem einzigen Flächenelement (entsprechend der Lochgröße) des erleuchteten Bildfensters auf die (baulich mit dem Verstärker verbundene) lichtelektrische Zelle 4 fallen, die den auftreffenden Lichtstrom in einen elektrischen Impuls umwandelt. Die so erhaltene, bei der Abtastung veränderliche Zeichenspannung moduliert den Sender 5. Die modulierte Trägerwelle wird vom Empfänger 6 aufgenommen, demoduliert und das wiedergewonnene Bildsignal in der Braunschen Röhre 9 (s. Vorträge V und VII) in einen Lichtimpuls zurückverwandelt. Der synchronisierte Kippschwinger 8 sorgt dabei durch taktmäßige Ablenkung des Kathodenstrahls für lagenrichtige Zusammensetzung der einzelnen Bildpunkte, deren Gesamtheit durch die ständige schnelle Wiederholung ein kontinuierliches Fernbild liefert.

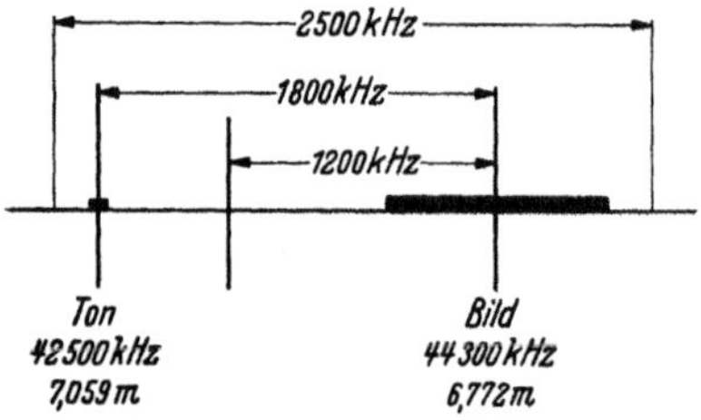

Abb. 3. Frequenzbereich der Bild-Tonsendung von Berlin-Witzleben.

In der Erkenntnis, daß das Fernsehen als ein neuer Zweig der Nachrichtenübertragung eine ähnliche kulturelle Bedeutung wie der Rundfunk gewinnen dürfte, begann die Deutsche Reichspost vor etwa zehn Jahren (um die Jahreswende 1926/1927), sich mit der Fernsehentwicklung zu beschäftigen. Es zeigte sich sehr bald, daß eine technisch brauchbare Anwendung des Fernsehens nur dann in verhältnismäßig kurzer Zeit zu erreichen war, wenn gleichzeitig mit der Entwicklung der Geräte auf der Geberseite (Bildabtaster) und auf der Empfangsseite (Bildschreiber) auch die Durchbildung der zur Fernübermittlung dienenden Anlagen (drahtlose Sender, Kabel) in Angriff genommen würde. Zur praktischen Erprobung des jeweils vorhandenen Standes und zur Gewinnung neuer Richtlinien für die Weiterentwicklung mußten Übertragungsversuche in größerem Maßstabe angestellt werden.

Die ersten erfolgreichen Sendungen der Deutschen Reichspost [*1*][1] wurden im September 1929 mit 30zeiligen Bildern und 12,5 Bildwechseln/s durchgeführt. Dieser Norm entspricht ein Frequenzband von 7500 Hz. Sie wurde gewählt, weil die Rundfunksender, an deren Heranziehung für das Fernsehen man zunächst dachte, eine Modulation bis zu dieser Bandbreite zulassen. Später wurde die Zeilenzahl auf 48 und bald danach auf 90 Zeilen erhöht, die Bildwechselzahl auf 25/s (Anfang 1931 bzw. 1932). Diese Steigerung bedingte bereits die Verwendung von Kurzwellen. Anfang 1934 ging die Deutsche Reichspost zu der heute noch bestehenden Norm, 180 Zeilen und 25 Bildwechsel/s (40 000 „Bildpunkte"), über. Das hierfür erforderliche Frequenzband von 500 000 Hz

[1] Die eingeklammerten schrägen Zahlen [*1*] beziehen sich auf die Numerierung des am Schluß des Buches befindlichen Schrifttumverzeichnisses.

erfordert einen Ultrakurzwellensender größerer Leistung, um in dem quasioptischen Wirkungsbereich der Meterwellen überall hinreichende Feldstärke zu gewährleisten. Die schematische Darstellung dieser in Berlin-Witzleben betriebenen Anlage zeigt Abb. 2. Der für die Sendung benutzte Frequenzbereich ist in Abb. 3 wiedergegeben.

2. Zeilenzahl, Bildwechselzahl und Frequenzband.

Die Entwicklung der Fernsehtechnik ist also Hand in Hand mit der Steigerung der Zeilenzahl (k) und der Bildwechselzahl (n) gegangen. In der Tat hängt die Erkennbarkeit des übertragenen Fernbildes weit-

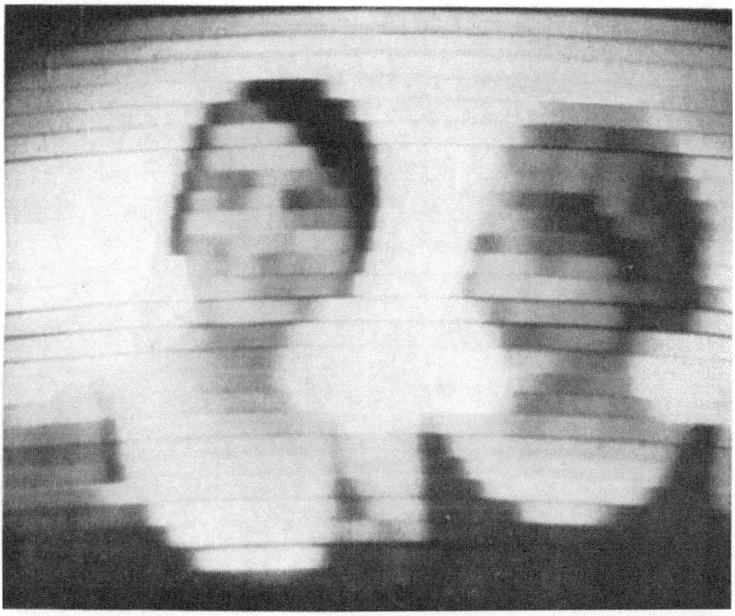

Abb. 4a. Nachbildung des Fernbildes durch optische Rasterung: 30 Zeilen, 1200 Bildpunkte.

gehend von diesen beiden Größen ab. Die Güte der Wiedergabe ist ja gekennzeichnet durch die Menge der sichtbaren Einzelheiten und durch die völlige Gleichmäßigkeit des Gesichtseindrucks, d. h. Flimmerfreiheit. Die erste Größe ist aber im wesentlichen eine Funktion von k und damit von der Anzahl der Bildpunkte (ϱ); sie ist mit anderen Worten durch die Feinheit der Bildfeldzerlegung, die Rasterung, gegeben, während die Forderung des nicht flimmernden Fernbildes in erster Linie einen Mindestwert von n bedingt.

Führen wir analog zur Bildtelegrafie einen Abtastlichtstrahl zeilenförmig über das Bildfeld, so wird dieses unmittelbar in Zeilen „aufgelöst". Die Zeilen breite ergibt sich aus dem Querschnitt des Strahles. Wir sprechen von 180zeiligen Bildern usw., wobei wir voraussetzen, daß die einzelnen Bahnen lückenlos aneinandergereiht sind. Tritt nun der so bewegte Abtastlichtstrahl durch einen Film hindurch oder wird er an einem Gegenstand reflektiert, so nimmt seine auf die Fotozelle (Vortrag II) einwirkende Intensität nach Maßgabe der örtlichen Durchlässigkeit bzw. des örtlichen Reflexionsvermögens, in jedem Falle entsprechend den schwankenden Helligkeitswerten des Bildes ab. Diesen

Abb. 4b. 45 Zeilen, 2500 Bildpunkte.

zeitlichen Verlauf können wir uns längs einer Zeile so vorstellen, als sei dieselbe in einzelne Elemente aufgelöst, deren Fläche gleich dem Strahlquerschnitt ist. Wir bezeichnen die gedachten Elemente als „Bildpunkte" (Rasterpunkte) und nehmen diese in der Regel als quadratisch an. Aus der Zeilenzahl k und dem Format F des Bildes (Verhältnis von Bildbreite zu Bildhöhe) finden wir ohne weiteres die für den Zerlegungsgrad charakteristische Bildpunktzahl:

$$\varrho = F \cdot k^2 .$$

In Anlehnung an das in Deutschland übliche Filmformat ist für Fernsehen das gleiche Verhältnis 6:5 gewählt, d.h. es ist $F = 6/5$. Ein 180-zeiliges Fernsehbild besteht also aus $\frac{6}{5} \cdot (180)^2 \simeq 40\,000$ Bildpunkten.

Der durch den Lichtstrom jedes Bildpunktes in der Fotozelle hervorgerufene elektrische Stromimpuls entspricht der effektiven Helligkeit des abgetasteten Querschnitts, d.h. dem Mittelwert derselben über das ganze Flächenelement. Deshalb ist im Fernbild nicht nur die Schärfe, sondern auch die Wiedergabe der Halbtöne um so vollkommener, je größer die Anzahl der Bildpunkte, je kleiner also das Flächenelement selbst ist. Ein gutes Fernbild muß die Unterscheidung von 30 Graustufen zwischen Schwarz und Weiß ermöglichen.

Abb. 4c. 60 Zeilen, 5000 Bildpunkte.

Um unabhängig von anderen der Fernsehübertragung gegebenenfalls noch anhaftenden Unzulänglichkeiten die für ein gutes Fernsehbild erforderliche Bildpunktzahl ϱ zu ermitteln, wurden von der Deutschen Reichspost (Fr. Wiedemann [2]) gerasterte Filme untersucht. Es wurde je ein Film (Mädchenköpfe, Abb. 4) mit $\varrho = 1200$, 2500, 5000, 10 000 und 30 000 hergestellt, entsprechend $k = 30$, 45, 60, 90 und 150 Zeilen (bei einem Bildformat $F = 4:3$). Ein weiterer Film (Rhönräder, Abb. 5) wurde mit $\varrho = 2500$, 5000, 10 000 und 30 000 aufgenommen. Die Zerlegung in Zeilen erfolgte rein optisch, unter möglichst genauer Nachbildung der Eigenart des Fernsehvorganges, mit Hilfe von zwei starr gekuppelt umlaufenden Spirallochscheiben (Nipkow-Scheiben). Der Originalfilm wurde auf die vordere Scheibe projiziert, die das Abtasten in

Abb. 4d. 90 Zeilen, 10 000 Bildpunkte.

Abb. 4e. 150 Zeilen, 30 000 Bildpunkte.

einzelnen Streifen bewirkte. Das durch ihre Blendenöffnungen fallende Licht wurde mittels einer streuenden Seidenpapier-Zwischenlage diffus gemacht; demgemäß entsprach das aus der hinteren Lochspirale austretende Licht einem gleichmäßig hellen Bildelement. Beim Rotieren der beschriebenen Anordnung konnte man also auf der Austrittsseite das wie beim Fernsehen aus Zeilen reproduzierte Gesamtbildfeld beobachten oder mit einer fotografischen Kamera festhalten. Die in Abb. 4 und 5 zwischen den Zeilen sichtbaren schwarzen und weißen Striche sind auf

Abb. 5a. Nachbildung des Fernbildes durch optische Rasterung: 45 Zeilen, 2500 Bildpunkte.

kleine Unregelmäßigkeiten beim Einstanzen der Blendenöffnungen in die Nipkow-Scheibe zurückzuführen. So hergestellte Rasterfilme gleichen idealen Fernsehbildern, da sie infolge des Wegfalls aller elektrischen Zwischenglieder unbedingt verzerrungsfrei sind und somit die bei einer bestimmten Rasterung im günstigsten Falle erreichbare Übertragungsgüte definieren.

Das Auge vermag zwei Bildelemente nur dann noch getrennt wahrzunehmen, wenn sie ihm unter einem Sehwinkel von mehr als 1′ erscheinen. Dieser Grenzwinkel der Sehschärfe ist allerdings keine absolute Konstante, er ändert sich mit dem Beobachter, mit dem Grade der Beleuchtung und mit der Beschaffenheit der betrachteten Gegenstände (Punkte, Linien, Kreuze usw.), und zwar zwischen ungefähr $\frac{1}{2}'$ und 2′. Für jeden der vorstehend erwähnten Rasterfilme gibt es demnach einen ganz bestimmten Betrachtungsabstand r, aus dem die Zeilenstruktur, die Rasterung, gerade nicht mehr erkennbar ist. Dies ist der für das Fernsehen günstigste Abstandswert $r = r_{opt}$. Wählen wir r größer als r_{opt}, so gehen Einzelheiten insoweit verloren, als sie das Auge nicht mehr aufzulösen vermag. Haben wir umgekehrt für ein Rasterbild von bestimmter Höhe und Zeilenzahl k die Entfernung r_{opt} eingenommen und steigern wir dann k, so werden dadurch keine weiteren Einzelheiten wahrnehmbar.

Abb. 5b. 60 Zeilen, 5000 Bildpunkte.

Dies tritt erst ein, wenn r verringert und der neue Wert für r_{opt} gewählt wird. Angenähert ist r_{opt} umgekehrt proportional der Zeilenzahl auf 1 cm Bildhöhe. Bei einem Grenzwinkel von 2′ ist für ein 180zeiliges Bild von 18 cm Gesamthöhe, d.h. für 10 Zeilen/cm, $r_{opt} \simeq 1{,}70$ m. Aus etwa 4 m Abstand erkennt man dann nicht mehr Einzelheiten, als in einem Raster mit 90 Zeilen. Bei einem Fernseh-Heimempfänger können wir mit den Entfernungsgrenzen 1 m und 4 m rechnen. Unter dieser Voraussetzung läßt die jetzt durchweg benutzte Bildgröße von etwa 18 cm × 21 cm eine Zerlegung in mindestens $k = 360$ Zeilen (20 Zeilen/cm, $r_{opt} \sim 1$ m) wünschenswert erscheinen.

Wie die Betrachtung der Rasterfilme weiterhin lehrt, hängt die Erkennbarkeit von Einzelheiten zwar wesentlich, jedoch nicht ausschließlich von dem Betrachtungsabstand bzw. dem Sehwinkel ab, unter dem das Auge die Bildelemente sieht. Auch die Beleuchtungsstärke ist innerhalb gewisser Grenzen insofern von Einfluß, als sie die Kontrastwirkung bestimmt: Je heller das Fernbild, desto deutlicher wirkt es.

Wenn wir zeitlich veränderliche Vorgänge fernsehen wollen, so müssen wir mindestens $n = 24$ Bilder/s übermitteln, damit die Wiedergabe kontinuierlich, d.h. genügend flimmerfrei, erscheint. Aus der Kinotechnik ist bekannt, daß $n = 24$ zwar bei mäßiger Schirmbeleuchtung aus-

Abb. 5c. 90 Zeilen, 10 000 Bildpunkte.

reicht, nicht aber bei den heute üblichen großen Bildhelligkeiten. Die Grenzfrequenz für den Flimmereffekt liegt um so höher, je lichtstärker das Bild ist; sie wächst mit dem Logarithmus der Leuchtdichte. Für sehr helle Projektionsflächen wird $n = 48$. Die Kinotechnik hilft sich hier mit dem Kunstgriff zweimaliger Abblendung jedes Einzelbildes und erhöht dadurch n auf das Doppelte, ohne daß der Film das normale Vorschubtempo von 24 Bildern/s zu überschreiten braucht. Da wir heute in der Lage sind, Fernseh-Empfangsbilder beinahe beliebig lichtstark zu machen, müssen wir auch hierfür eine Bildwechselzahl weit über 24 anstreben, um eine flimmerfreie Wiedergabe zu erhalten. Die in der Kinotechnik gebräuchliche Norm von $n = 24$ bzw. $n = 48$ wird aber bei Fernsehübertragungen zweckmäßigerweise nicht benutzt, sondern eine der

Periodenzahl des Wechselstromnetzes angepaßte Bildwechselzahl von 25/s bzw. 50/s (in Amerika 30/s bzw. 60/s). Der Grund hierfür ist folgender: Die Ablenkspannungen und die Anodenspannung der heute ganz allgemein benutzten Braunschen Fernsehempfangsröhre werden in der Praxis aus Netzanschlußgeräten entnommen, in denen der Wechselstrom gleichgerichtet und der resultierende wellige Gleichstrom durch Filter möglichst vollständig „geglättet" wird. Eine restlose Unterdrückung der Wechselkomponente ist dabei schwierig und kostspielig. Wir müssen

Abb. 5d. 150 Zeilen, 30 000 Bildpunkte.

deshalb damit rechnen, daß das Fernbild durch den verbleibenden „Wechselstromton", auch „Brumm" genannt, etwas beeinflußt, d.h. verzerrt wird, indem wellenförmige Schwankungen der Zeilenlänge oder des Zeilenabstands auftreten [*3*]. Wenn diese Schwankungen im Bilde stehen, d.h. zeitlich ihre Lage nicht verändern, sind sie verhältnismäßig unschädlich; wenn sie jedoch über das Bildfeld hinwegwandern, und zwar mit einer von n nicht sehr verschiedenen Frequenz, dann werden sie als außerordentlich störend empfunden. Dies können wir indessen vermeiden, wenn wir n gleich der Periodenzahl des Netzes oder einer ganzzahligen Subharmonischen derselben wählen. Da in Deutschland die Wechselstromzentralen durchweg eine Frequenz von 50 Hz liefern, kommen für n im Prinzip nur die Werte $12\frac{1}{2}$, 25 oder 50 in Frage. Wollen wir nun außerdem noch das Flimmern radikal beseitigen, so müssen wir notgedrungen $n = 50$ machen.

Trotz dieser Erkenntnis wurde bisher bei den Fernsehsendungen allgemein eine Bildwechselzahl von $n = 25/\text{s}$ benutzt, d.h. wir haben ein leichtes Flimmern vorerst in Kauf genommen. Dies war darin begründet, daß eine Verdopplung von n naturgemäß auch eine Verbreiterung des vom Sender oder vom Kabel zu übertragenden Frequenzbandes auf das Doppelte zur Folge gehabt hätte; eine sehr schwerwiegende Forderung, die bereits an die Grenzen des zur Zeit technisch überhaupt Ausführbaren heranreicht. Da wir (vgl. Vortrag II) nicht umhin können, das ganze bei der Abtastung entstehende Schwingungsspektrum zwischen 0 Hz und $\nu_{max} = \frac{\varrho \cdot n}{2}$ Hz zum Empfänger zu übermitteln, war zunächst ein Kompromiß zwischen ϱ und n unausweichlich, und zwar derart, daß die zur Verfügung stehende Kanalbreite der drahtlosen Verbindung bzw. des Kabels bevorzugt zur möglichst weitgehenden Steigerung von ϱ, d.h. der Bildschärfe, ausgenutzt wurde. Ein leichtes Flimmern infolge des zu niedrigen n schien bei den geringeren Bildhelligkeiten, mit denen im Anfang der Entwicklung nur zu rechnen war, erträglich.

Mittlerweile sind die Fernsehbilder erheblich lichtstärker und damit ist bei der Bildwechselzahl $n = 25$ ihr Flimmern oder „Flackern" auffälliger geworden. Diese Störerscheinung können wir nun auch ohne Verbreiterung des Frequenzbandes beseitigen, wenn wir die Abtastung nach dem von F. Schröter für die Braunsche Röhre angegebenen Zeilensprungverfahren [4] vornehmen: Jedes Bild wird zweimal unmittelbar nacheinander übertragen, indem der Lichtpunkt zunächst über die ungeradzahligen und dann über die geradzahligen Zeilen geführt wird. Bei $n = 25$ finden also 50 Bildabtastungen/s, jede mit halber Zeilenzahl, statt. Der Bildinhalt entspricht dabei der vollen Zeilenzahl k. Die Geschwindigkeit des Lichtpunktes senkrecht zur Zeile ist zweimal so groß wie zuvor, das Gesichtsfeld wird daher von der Aufhellungszone mit verdoppelter Frequenz durchlaufen und dadurch das Flackern beseitigt. Es bleibt nur das „Zwischenzeilenflimmern" übrig, davon herrührend, daß zwischen je zwei benachbarten Zeilen die Wechselzahl 25/s weiterbesteht. Dies ist ein bisher nicht behobener Nachteil des Zeilensprungverfahrens. Ein zweiter Nachteil ist dadurch bedingt, daß ein Raster von der halben Zeilenzahl gesehen wird, wenn das Auge des Beobachters, z.B. beim Verfolgen von Bewegungen, in senkrechter Richtung (bei horizontaler Zeile) gerade so rasch mitgeht wie es etwa der Geschwindigkeit der Vertikalabtastung entspricht. Damit der Beobachter diese Nachteile nicht empfindet, muß sein Abstand vom Bildschirm größer gewählt werden als jenes r_{opt}, welches nach den vorstehend gemachten Ausführungen durch die Zeilenzahl k und die Bildhöhe gegeben ist.

Aber auch beim Zeilensprungverfahren setzt die erreichbare Durchlaßbreite des Übertragungskanals der Erhöhung der Zeilenzahl k eine Grenze. Gemäß den oben aufgestellten Beziehungen zwischen der Höchstfrequenz ν_{max} und den Zerlegungsdaten:

$$\nu_{max} = \frac{n \cdot \varrho}{2} = \frac{n\, k^2 F}{2}$$

beansprucht das 180zeilige Bild ein Frequenzband von 0 bis etwa 0,5 MHz, das 375zeilige ein Band von 0 bis etwa 2 MHz, das 400zeilige ein Band von 0 bis etwa 2,3 MHz. Aus wirtschaftlichen und technischen Gründen ist nicht damit zu rechnen, daß in nächster Zeit für das Fernsehen Übertragungskanäle mit mehr als 2 MHz Durchlaßbreite zur Verfügung gestellt werden können. Wir müßten also nach vorigem 400 Zeilen als obere Grenze betrachten. In Wirklichkeit liegen die Verhältnisse aber wesentlich günstiger. Die angegebene Beziehung zwischen Höchstfrequenz und Zeilenzahl berücksichtigt nämlich nicht die Tatsache, daß der abtastende Lichtpunkt die Zeile selber stetig durchläuft, dagegen senkrecht zur Zeile springt, daß m. a. W. die Bildauflösung in der Zeilenrichtung einen anderen Betrag hat als senkrecht zu ihr. Wir können infolgedessen bei gegebener Durchlaßbreite eine etwa 1,25fach höhere Zeilenzahl verwenden, als obige Gleichung angibt. Es ist:

$$\nu_{max} = K \cdot \frac{n\,\varrho}{2} = K \cdot \frac{n\, k^2 F}{2}$$

mit $K = \left(\frac{1}{1{,}25}\right)^2 = 0{,}64$. Demnach erfordert ein 180zeiliges Bild bei $n = 25$ und $F = 6:5$ einen Übertragungskanal von nur 0,3 MHz. Ein 375zeiliges Bild benötigt 1,3 MHz und ein 450zeiliges etwa 2 MHz.

3. Mechanische Mittel der Bildfeldzerlegung.

Die für elektrisches Fernsehen notwendige Bildfeldzerlegung in Rasterpunkte erfordert nach vorigem die Abtastung der Fläche durch einen Lichtstrahl in horizontaler und in vertikaler Richtung, d. h. nach zwei Koordinaten. P. Nipkow erkannte, daß sich dies durch eine einzige Bewegung, und zwar eine rein drehende, erreichen läßt. Sein Bildfeldzerleger ist eine kreisrunde Blechscheibe, die in der Nähe ihres Randes eine Anzahl von Abtastöffnungen gleichen Bogenabstandes besitzt; diese Öffnungen liegen auf einer Spirale, die sich einmal um die Achse windet (vgl. Vortrag III und Abb. 39). Rotiert die Nipkow-Scheibe, so beschreibt jede Abtastöffnung einen schwach gekrümmten Kreisbogen über das Bildfeld; sie blendet eine Zeile heraus, deren Helligkeitsverteilung durch die Intensitätsschwankungen des hindurchfallenden, auf die Fotozelle wirkenden Lichtstroms übertragen wird. Hat die Lochspirale k Öffnungen, so wird das durch Lochabstand und Ganghöhe definierte Feld in k

aneinandergrenzende Zeilen zerlegt; die Drehzahl/s muß dann gleich n sein, d.h. bei $n = 25$ muß die Scheibe 1500 Umläufe/min ausführen. Da durch die Größe des Bildfensters — man denke z.B. an einen Film mit den normierten Maßen des Einzelbildes — der Abstand der Öffnungen in der Nipkow-Scheibe gegeben ist, muß der Scheibendurchmesser mit wachsender Zeilenzahl k linear zunehmen; gleichzeitig vermindert sich die Weite der Öffnungen, der von ihnen durchgelassene Lichtstrom wird umgekehrt proportional k^2. Für höhere Zeilenzahlen, etwa $k > 50$, werden dann die Durchmesser der Nipkow-Scheibe so unhandlich, daß wir es vorziehen, sie als Mehrfach-Spirallochscheibe auszubilden und sie dementsprechend unter Hinzufügung einer Abdeckscheibe, die in zyklischer Folge immer nur eine einzige Spirale zur Wirkung kommen läßt, mit der $n$fachen Umdrehungszahl der einfachen Nipkow-Scheibe laufen zu lassen (vgl. Vortrag III). Eine derartige Vierfach-Spirallochscheibe, die 6000 Touren/min macht, wird in dem von der Fernseh-A.-G. gebauten Personen-Abtastgerät (vgl. S. 82) benutzt. Um die Luftreibung zu vermindern, rotieren solche Mehrfach-Spirallochscheiben in einem evakuierten Gehäuse.

Bei Filmübertragungen (Fernkino) ist es vorteilhafter, den Bildstreifen stetig durch die Zerlegerzone zu führen und nicht ruckweise, wie in der Kinotechnik üblich. Wir können dann bei Anordnung der Abtastlöcher auf einem Kreise die Filmbewegung selbst für die vertikale Zerlegung nutzbar machen (vgl. Vortrag III). Das gleichfalls von der Fernseh-A.-G. gebaute Fernkino-Abtastgerät (vgl. S. 84) enthält daher eine Kreislochscheibe. Die Herstellung der Scheibenöffnungen, an deren Gleichmäßigkeit und Genauigkeit hohe Anforderungen zu stellen sind, wird mit wachsender Zeilenzahl immer schwieriger.

Ein anderer, von Mechau (Telefunken) gebauter mechanischer Bildfeldzerleger, der Linsenkranzabtaster (vgl. S. 85), ersetzt die Abtastöffnungen durch kleine Linsen (Brennweite 8 mm, num. Apertur 0,45), wodurch eine erheblich bessere Ausnutzung des für die Abtastung aufzubringenden Lichtes erzielt wird. Der Linsenkranzabtaster ermöglicht die Übertragung von Personen und Bühnenspielen (unmittelbares Fernsehen) wie auch die von Filmen und Diapositiven (Näheres im Vortrag III). Er wird zur Zeit bei den Fernsehdarbietungen des drahtlosen Senders Berlin-Witzleben und — neben den mit der Nipkow-Scheibe arbeitenden Personenabtastern der Fernseh-A.-G. — bei den Bildübertragungen über das Kabel Berlin—Leipzig (Fernsehsprechdienst) benutzt. Gegenüber den Lochscheibengeräten besitzt der Linsenkranzabtaster den Vorteil einer bis zu 30fachen Lichtstärke; dieser Gewinn überwiegt bei weitem den Nachteil der viel größeren rotierenden Massen.

4. Verstärkung von Fotoströmen.

Da der durch die Blendenöffnung der Nipkow- oder Kreislochscheibe hindurchtretende, für ein Bildelement zur Verfügung stehende Lichtstrom umgekehrt proportional dem Quadrat der Zeilenzahl k ist, also sehr schnell mit wachsendem k abnimmt, wird bald ein Grenzwert desselben erreicht, unterhalb dessen auch in den hochempfindlichen Zäsium-Fotozellen keine hinreichende Signalamplitude mehr ausgelöst werden kann. Die nachfolgende Verstärkung des Bildsignals hat nämlich nur Sinn, solange es sich aus dem naturgegebenen Störgeräusch des Fotozellenverstärkers genügend heraushebt (vgl. Vortrag II und III). Diese Schwierigkeit ist durch die Entwicklung von lichtelektrischen Zellen mit Sekundärelektronen Vervielfachung wesentlich vermindert worden.

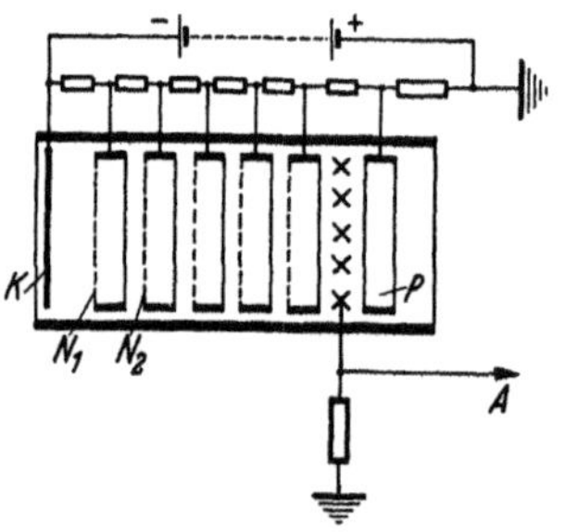

Abb. 6. Vervielfacher für Fotoströme durch Sekundärelektronenabgabe.

Die primär an der Kathode durch das auffallende Licht ausgelösten Elektronen treffen unter der Wirkung einer beschleunigenden Spannung zunächst auf eine Prallanode, an der sie Sekundärelektronen freimachen. Die Menge der erzeugten Sekundärelektronen übertrifft die der Primärelektronen bei geeigneter Oberflächenbehandlung um das 8- bis 10fache. Der so verstärkte Elektronenschauer wird auf eine zweite Prallanode ge-

Abb. 7. Ansicht eines Sekundäremissions-Vervielfachers.

leitet und erzeugt dort wiederum sein Vielfaches an Sekundärelektronen usf. Nach mehrmaliger Wiederholung dieses Prozesses erreicht schließlich die Betriebsanode ein starker Strom, der den ursprünglichen lichtelektrischen Emissionsstrom um Größenordnungen übersteigt. Derartige Vervielfacher ermöglichen, da sie ohne Ruhestrom arbeiten, die störspiegelfreie Verstärkung sehr schwacher Lichtsignale. Im Fernsehsprechdienst und bei den Rundfunkübertragungen des Fernsehsenders Berlin-Witzleben werden sie in einer Ausführungsform benutzt, die von der Deutschen Reichspost (G. WEISS) entwickelt ist und sich durch besondere Stabilität auszeichnet [5]. Die Prallanoden sind sehr feinmaschige Gitter; je Beschleunigungsstufe wird eine 4- bis 5fache Verstärkung erzielt.

Abb. 6 zeigt die Wirkungsweise eines solchen Vervielfachers. Die durch das Licht an der Fotokathode K befreiten Elektronen fallen auf das feinmaschige Netz N_1 und lösen hier Sekundärelektronen in mehrfacher Menge an den mit Zäsium aktivierten Metalldrähten aus. Die gleiche Wirkung wiederholt sich an N_2 usw., bis schließlich auf die Anode A ein vielfach vergrößerter Elektronenstrom gelangt. Die Rückprallelektrode P dient zur weiteren Verstärkung. Durch die an die Netze angesetzten Ringe wird eine elektronenoptische Konzentration der Entladung von Netz zu Netz herbeigeführt, die den Nutzeffekt steigert. Abb. 7 zeigt die Außenansicht eines solchen Vervielfachers.

5. Zwischenfilmsendung.

Die bisher beschriebenen Geber — Lochscheibenabtaster, Linsenkranzabtaster — eignen sich ihrer Natur nach nicht zum Übertragen von Vorgängen im Freien. Hierfür müssen andere Wege beschritten werden.

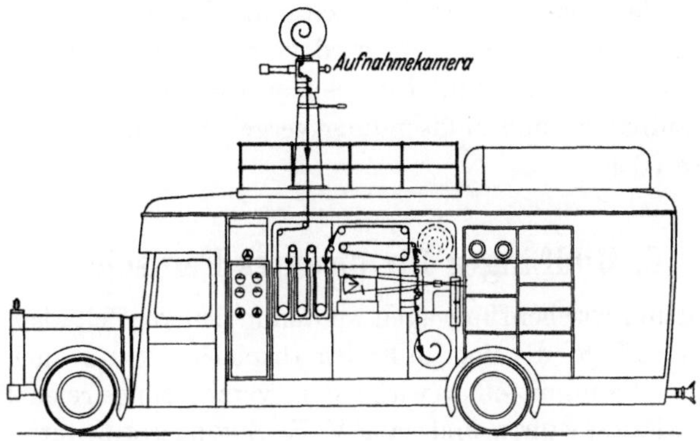

Abb. 8. Fernseh-Aufnahmewagen für das Zwischenfilmverfahren.

Das älteste und zur Zeit technisch vollkommenste Verfahren zur Aufnahme von Außenszenen, wie z. B. Fußballwettkämpfen, ist das Zwischenfilmverfahren. Von dem zu übertragenden Bilde wird in einer gewöhnlichen Kinokamera und auf normale Weise ein Film belichtet. Dieser wird unmittelbar darauf nach einem Schnellverfahren entwickelt und läuft als Negativ durch einen Filmabtaster. Die Umkehr in das Positiv erfolgt im Verstärker. Ein derartiger Zwischenfilmgeber ist von der Fernseh-A.-G. (G. Schubert) entwickelt und in einen „Fernsehaufnahmewagen" eingebaut worden. Abb. 8 zeigt einen Schnitt durch diesen Wagen, der von der Deutschen Reichspost für die Fernsehübertragung der Olympischen Spiele auf dem Reichssportfeld eingesetzt wurde. Auf dem Dach befindet sich die Tonfilmkamera, die für Normalfilm eingerichtet ist. Es werden jedoch nur Bilder von 9 mm × 10,5 mm Größe hergestellt, um genügend Platz für die Tonspur zu lassen. Zur Kamera gehören vier Objektive verschiedener Brennweite (25 mm . . . 550 mm). Das Stativ gestattet eine Schwenkung um 360° und eine Höhenwinkeleinstellung von —30° bis +30°. Der Film gelangt nach der Aufnahme von Ton und Bild durch einen lichtdichten Kanal in das Entwickler-, Fixier- und Spülbad. Nach anschließender gehöriger Trocknung läuft er dann durch einen Filmabtaster (mit 6000 Umdr./min im Vakuum rotierende Kreislochscheibe mit 45 Abtastöffnungen) und wird zuletzt auf der Vorratstrommel aufgespult. Der Wagen enthält außerdem die gesamte Verstärkeranlage. Zur Verstärkung der Bildsignale dient ein Direktverstärker, bestehend aus Vorverstärker und Nachverstärker mit eingebauter Schwarzsteuerung zur Regelung der mittleren Bildhelligkeit im Empfänger. Die Helligkeitsimpulse und die gleichzeitig erzeugten Synchronisierimpulse werden nach der Verstärkung einem Modulationsgerät zugeführt, dort einer Trägerfrequenz von 1,3 MHz aufgedrückt und über ein einziges Kabel im Wege der „Einkanalmodulation" zum drahtlosen Bildsender geleitet. Der gleichzeitig am Rande des Filmes in Vielzackenschrift aufgezeichnete Ton wird vom Tonabnehmer über ein getrenntes Kabel an den Modulator des Tonsenders weitergegeben. Zwischen Bildaufnahme und Bildsendung vergehen beim Zwischenfilmverfahren etwa 90 s.

6. Bildfänger für direktes Fernsehen.

Neben dem Zwischenfilmwagen werden in neuerer Zeit als Aufnahmegeräte für Vorgänge, die sich im Freien abspielen — aber auch für Filmabtastung — die unmittelbar wirkenden, verzögerungsfreien Bildfänger nach Ph. T. Farnsworth und nach V. K. Zworykin benutzt. Bei dem Gerät von Farnsworth (vgl. S. 121), das eine Weiterentwicklung der von M. Dieckmann und R. Hell beschriebenen Bildabtaströhre (vgl. Vortrag V) darstellt, wird der Übertragungsgegenstand (Filmbild, Bühnenbild, Freilichtszene) auf eine großflächige, lichtelektrisch hochempfindliche Zäsiumkathode abgebildet und löst an dieser einen Fotoelektronenstrom aus, dessen Dichte mit dem Ort auf der Kathode entsprechend den einwirkenden Helligkeitswerten schwankt. Diese räumlich-gleichzeitige Dichteverteilung der Emission wird in aufeinanderfolgende Stromimpulse verwandelt, indem das abgesaugte Elektronenbündel durch ablenkende Felder Zeile für Zeile über eine punktförmige Sonde geführt wird. Dadurch entstehen an den Enden eines an die Sonde angeschlossenen Widerstandes entsprechende Spannungsschwankungen, die das Gitter der ersten Verstärkerstufe steuern. Diese Art der Bildabtastung setzt voraus, daß die Dichteverteilung im Elektronenstrom durch die Ablenkfelder nicht beeinflußt wird, was von FARNSWORTH durch hohes Vakuum und durch ein einwandfreies elektronenoptisches Linsensystem zur exakten Abbildung der Kathodenoberfläche in die Sondenebene erreicht wurde. Die namentlich bei hohen Zeilenzahlen sehr schwachen Sondenströme werden durch einen in die Bildfängerröhre eingebauten Sekundärelektronenvervielfacher besonderer Bauart vorverstärkt.

Bei der Ikonoskopröhre von ZWORYKIN wird das zu sendende Bild auf einen lichtelektrisch hochempfindlichen Schirm entworfen (vgl. S. 123). Dieser besteht aus Millionen gegeneinander isolierter Teilchen von einigen μ Durchmesser, einem mosaikartigen Raster von einzelnen Silbertröpfchen auf einer dünnen Glimmerplatte, deren Rückseite einen zusammenhängenden Metallbelag besitzt. Die Silberteilchen werden durch Oxydieren und Aufdampfen einer dünnen Zäsiumschicht aktiviert. Sie wirken im Verein mit dem gemeinsamen Gegenbelag wie winzige Kondensatoren, d. h. sie laden sich durch die Elektronenabgabe bei Belichtung positiv auf, und zwar entsprechend der örtlichen Helligkeitsverteilung im Bilde verschieden hoch. Entladen werden sie durch einen Kathodenstrahl sehr kleinen Querschnittes, der in einem Seitenansatz der Bildfängerröhre erzeugt und zeilenförmig über den Bildschirm geführt wird (Näheres s. S. 123).

Das Ikonoskop besitzt gegenüber allen anderen Aufnahmegeräten einen grundsätzlichen Vorteil. Während bei jenen der Lichtstrom des einzelnen Bildelementes nur während der außerordentlich kurzen Zeit seiner Abtastung zur Wirkung kommt, speichern die Kondensatoren des Ikonoskops die durch den Austritt der Lichtelektronen freiwerdende Ladung während der ganzen Dauer eines Bildwechsels, d. h. während der Abtastperiode 1/25 s, auf. Es wird also die integrale Wirkung für die Sendung nutzbar gemacht. Das bedeutet theoretisch, daß wir noch Bilder übertragen können, deren Lichtstärke im Verhältnis der Punktdauer zur Bilddauer niedriger ist als bisher unter sonst gleichen Verhältnissen. Diese im Idealfalle zu erwartende Höchstempfindlichkeit ist jedoch bei den heutigen Bildfängern nach ZWORYKIN noch nicht erreicht. Zur Zeit ist ihnen hinsichtlich der zu fordernden Mindestlichtstärke des Bildfeldes das Zwischenfilmverfahren noch überlegen. Die Methode der fotografischen Zwischenaufzeichnung ist indessen grundsätzlich allen direkt wirkenden Bildfängern insofern unterlegen, als ihr nicht zu umgehender Filmverbrauch erhebliche Kosten verursacht. Sollte es gelingen, das Ikonoskop von ZWORYKIN noch empfindlicher zu bauen, so würde schließlich die Beleuchtungsstärke eines Gegenstandes der Übertragung dort eine Grenze setzen, wo die fotoelektrische Aufladung des Flächenelements, über die ganze Abtastperiode gespeichert, beim Auftreffen des Kathodenstrahls einen Spannungsimpuls auslöst, der eben noch etwa zwei Größenordnungen über der unvermeidlichen Verstärkerrauschspannung liegt.

7. Ultrakurzwellen-Sender.

Die durch die Größe von k und ϱ und demnach von ν_{max} bedingte Verwendung von Ultrakurzwellen-Sendern (vgl. Vortrag VI) gibt dem Fernsehrundfunk von vornherein ein besonderes Gepräge und stellt der

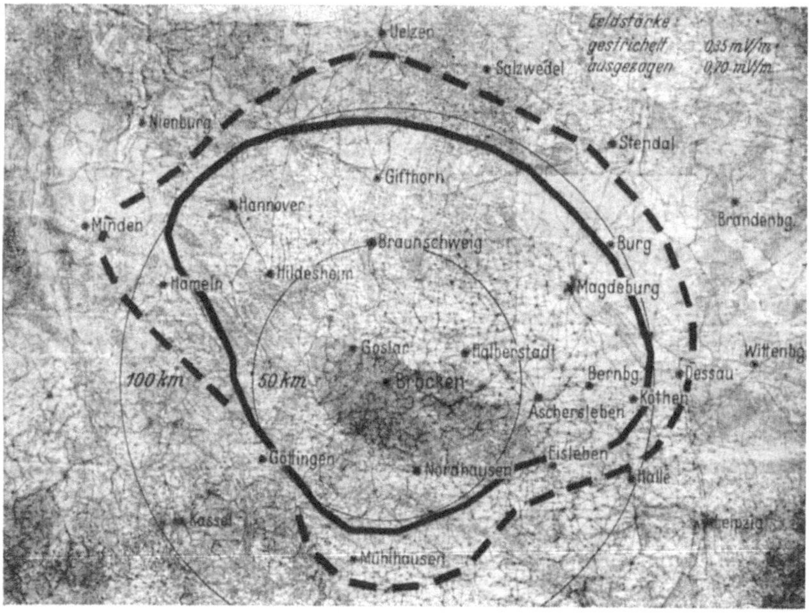

Abb. 9. Reichweite des Versuchs-Fernsehsenders auf dem Brocken (Harz). Ausgezogene Feldstärkelinie 0,7 mV/m, gestrichelte Feldstärkelinie 0,35 mV/m.

Technik Aufgaben, die nicht leicht zu lösen sein werden. Es ist zwar in jüngster Zeit gelungen, Sender dieses Wellenbereichs mit wassergekühlten Endröhren zu bauen, die eine Hochfrequenzleistung von 20 kW bei $\lambda = 5$ m abzugeben vermögen; das Problem der hochfrequenten Neutralisierung, d.h. der Verhütung von schädlichen Rückwirkungen, ist vollkommen gelöst; Ursachen von Störwellen sind beseitigt und geeignete Modulationsschaltungen für die breiten Frequenzbänder entwickelt worden. Doch liegen die Verhältnisse bezüglich der Fernwirkung bei den Ultrakurzwellen-Sendern wesentlich ungünstiger als bei den Sendern der Rundfunkwellen, weil die Meterwellen nur bis zum Horizont (optische Sicht) reichen; darüber hinaus nimmt die Feldstärke äußerst rapide ab.

Man muß sich daher mit der Versorgung einer Fläche begnügen, die im wesentlichen durch den geometrischen Horizont der Sendeantenne begrenzt ist. Durch Anbringen des ausstrahlenden Dipols auf hohen Türmen oder Masten (Funkturm Witzleben) bzw. auf geeignet gelegenen Bergen kann man die Reichweite erhöhen; sie wächst angenähert mit der Quadratwurzel aus der Überhöhung nach der Gleichung:

$$l \simeq \sqrt{2\,r\,h} \quad \text{(km)}$$

(l Reichweite, r Erdradius = 6370 km, h_{km} Überhöhung).

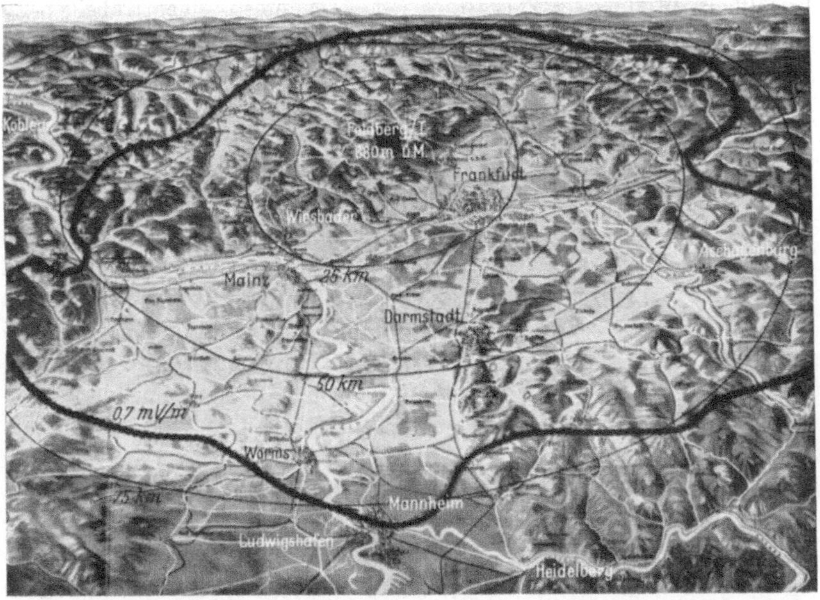

Abb. 10. Reichweite des Versuchs-Fernsehsenders auf dem Feldberg (Taunus). Feldstärkelinie 0,7 mV/m.

Für den drahtlosen Empfang brauchen wir bei den heute zur Verfügung stehenden Geräten eine Feldstärke von etwa 1 mV/m. Dieser Wert wird bei dem in Berlin-Witzleben errichteten Fernsehsender innerhalb eines Umkreises von etwa 40 km erreicht. Eingehende Versuche von Gebirgserhebungen aus haben gezeigt, daß auch diese sich bei topografisch günstiger Lage als Aufstellungsort für Fernsehsender eignen. Derartige Anlagen werden auf dem Brocken im Harz und auf dem Feldberg im Taunus erbaut. Durch eingehende Ausbreitungsmessungen mit Hilfe eines auf den Brockengipfeln aufgestellten fahrbaren Senders wurden die Reichweitenverhältnisse geklärt [*6*]. Die Ergebnisse zeigen Abb. 9 und 10.

Wegen der geschilderten quasioptischen Ausbreitungsverhältnisse der Ultrakurzwellen wird es aber kaum möglich sein, ganz Deutschland auf rein drahtlosem Wege mit Fernsehsendungen zu versorgen. Es wird hierzu vielmehr der Weg des Fernseh-Drahtfunks einzuschlagen bzw. hinzuzunehmen sein.

8. Fernsehübertragung über Kabel.

Die Forderung, das ausgedehnte Modulationsfrequenzspektrum der Bildabtastung über Kabel in die Ferne zu leiten, erschien zunächst unerfüllbar. In jüngster Zeit ist es jedoch gelungen, einen Kabeltyp zu entwickeln, der es möglich macht, selbst Bänder von außerordentlicher Breite weitgehend unverzerrt zu übertragen. Anschaffung und Betrieb dieser hochwertigen ,,Breitbandkabel" können dadurch wirtschaftlich gestaltet werden, daß dieselben neben dem Fernsehen zur Übermittlung anderer Nachrichten dienen. Je nach dem Kupferaufwand haben die Breitbandkabel eine spezifische Dämpfung von 0,1 ... 0,3 Neper/km bei 10^6 Hz. Da ihre Verlegung sehr teuer ist, mußten bei der Planung eines derartigen Fernseh-Kabelnetzes von vornherein Durchlässigkeitswerte verlangt werden, die den gesteigerten Anforderungen bei einer später zu erwartenden Änderung der Zerlegungsnormen entsprechen. Daher ist das in Deutschland eingeführte Fernsehkabel durchweg so gebaut, daß es für Frequenzen bis zu $4 \cdot 10^6$ Hz verwendet werden kann. Es ist beabsichtigt, den Frequenzkanal von $2 \cdot 10^6$ Hz bis $4 \cdot 10^6$ Hz für die Übertragung des Rundfunkfernsehens auszunutzen; dieser Bereich genügt auch noch bei Erhöhung der Zeilenzahl auf 441. Der Kanal von $1 \cdot 10^6$ Hz bis $2 \cdot 10^6$ Hz soll für den Fernsehsprechdienst in Anspruch genommen werden. Da hierbei grundsätzlich nur die Übermittlung von Einzelpersonen (Brustbild) in Frage kommt, ist die Normung von 180 Zeilen in bezug auf die Feinheit des Rasters auch in Zukunft ausreichend. Das Band unterhalb 10^6 Hz steht für Trägerfrequenztelefonie zur Verfügung; es könnten darin 200 Gespräche zu gleicher Zeit störungsfrei übertragen werden.

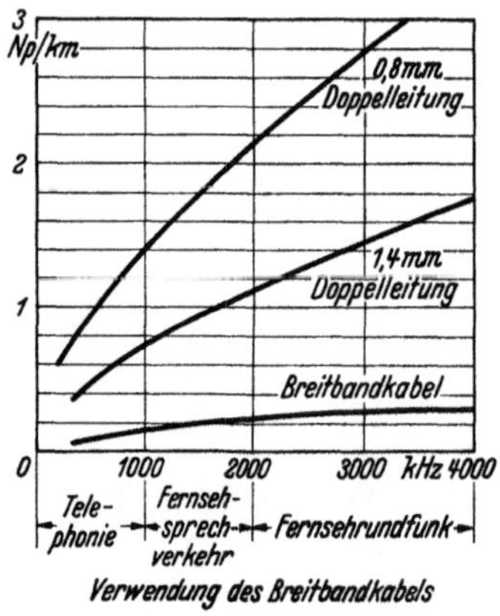

Abb. 11. Frequenzabhängigkeit der Dämpfung verschiedener Kabel.

Abb. 11 zeigt die Frequenzabhängigkeit der kilometrischen Dämpfung eines Breitbandkabels der in Deutschland verlegten Art, und zwar im Vergleich mit der Dämpfung von normalen 1,4 mm- und 0,8 mm-Fernsprech-Doppelleitungen. Unter Annahme eines Verstärkerabstandes (Verstärkerfeldlänge) von 17,5 km wird bei diesem Breitbandkabel, bezogen auf die Frequenz 4000 kHz, der notwendige Verstärkungshub unterhalb von 7 Neper, der durch den Röhrenstörpegel gezogenen Grenze, bleiben.

Für den Aufbau des Kabels ist die koaxiale Form gewählt worden. Bei der Ausführung von Siemens & Halske [7] (Abb. 12 a) wird als Isoliermaterial zur Halterung des zentralen Innenleiters das biegsame, sehr verlustarme Styroflex benutzt. Bei der AEG-Type [8] (Abb. 12 b) dienen dem gleichen Zweck Scheiben aus einem dielektrisch hochwertigen keramischen Material, „Frequenta" genannt.

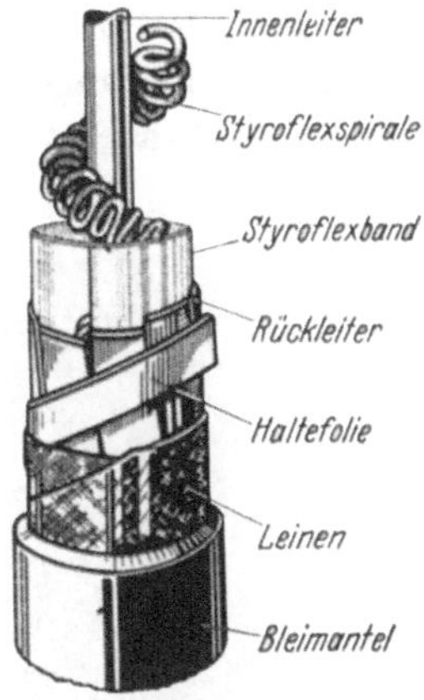

Abb. 12a. Aufbau des Fernsehkabels von Siemens & Halske.

Die Übertragung des für Fernsehen erforderlichen Frequenzbandes ist auch über die normalen papierisolierten Fernsprechleitungen auf ihrer Dämpfung entsprechende Entfernungen möglich. Über die 0,8 mm-Teilnehmerleitung, die bei 4000 kHz eine Dämpfung von 3,5 Neper/km hat (Abb. 11), erzielt man eine Reichweite von 2 km, wenn wiederum 7 Neper als höchste Verstärkungsziffer angenommen werden. Auf

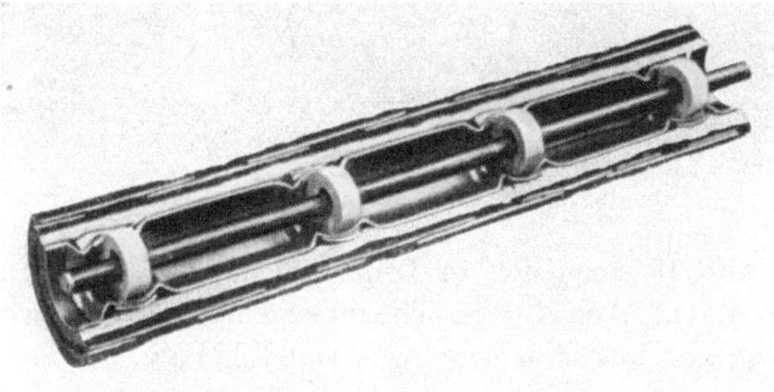
Abb. 12b. Aufbau des AEG-Fernsehkabels.

Grund dieser Überlegungen, die durch genaue Versuche [9] bestätigt worden sind, erscheint die Versorgung ganz Deutschlands im Wege eines Fernseh-Drahtfunks durchführbar. Im Umkreis von 2 km um einen Knotenpunkt herum können zur Verteilung auf die angeschlossenen Empfangsgeräte die vorhandenen gewöhnlichen Fernsprech-Teilnehmerleitungen dienen. Die Knotenpunkte selber werden, entsprechend der Wahl des Verstärkerabstandes, durch mehr oder weniger hochwertige Zubringerkabel der soeben besprochenen Ausführung gespeist.

9. Fernsehsprechverkehr.

Der Fernsehsprechverkehr, die Ergänzung des Fernsprechers durch den Fernseher, ist auf der Strecke Berlin—Leipzig seit dem 1. März 1936 in Betrieb [*10*]. Es werden dort Bilder mit 180 Zeilen bei 25 Bildwechseln/s übertragen. Auf dem Verbindungskabel (Abb. 12a und b) sind in Abständen von je 35 km Verstärker eingesetzt, also im ganzen

Abb. 13. Lichtstrahlabtaster für Fernsehsprechverkehr.

deren 8. Abb. 13 zeigt den in Leipzig benutzten Lichtstrahlabtaster (Fernseh-A.-G.), Abb. 14 die Teilnehmerzelle. Zur Zeit arbeitet diese Verbindung mit einer Trägerfrequenz von 1,3 MHz.

10. Der Fernsehempfänger.

Eine umwälzende Neuerung im Fernsehempfang war seinerzeit die Einführung der Braunschen Röhre; sie löste mit einem Schlage die Probleme der hohen Zeilenzahl bei ausreichender Lichtstärke des Leuchtschirmes, der notwendigen Verminderung des Leistungsaufwandes für Helligkeitssteuerung und Bildpunktverteilung, der leichten Synchronisierbarkeit vom Sender her, der Ausschaltung aller bewegten mechanischen Massen, der günstigsten Ausnutzung des erzeugten Lichtes u. a. m. Die Vereinigung von trägheitsloser Helligkeitsmodulation und Bildfeldzerlegung in einem einzigen, grundsätzlich einfachen Organ wirkte bahnbrechend und vereinheitlichend auf den Bau der Fernsehempfänger in aller Welt und eröffnete zum erstenmal begründete Aussichten auf die Erreichung einer wirtschaftlich tragbaren Preislage des Gerätes.

Um die Durchbildung der Braunschen Bildschreibröhre hat sich in Amerika V. K. ZWORYKIN verdient gemacht; unabhängig von ihm und zur gleichen Zeit wirkten für ihre Entwicklung und Einführung in die deutsche Fernsehtechnik F. SCHRÖTER und A. SCHLEEDE (1928), die zunächst die Fragen der Schirmhelligkeit und den Einfluß des Nachleuchtens an Hand verbesserter Schirm-Luminophore prüften, sowie

Abb. 14. Teilnehmerzelle für Fernsehsprechverkehr.

M. VON ARDENNE (1930), der die erste einwandfreie Ausführung der gasgefüllten Niedervoltröhre mit Glühkathode und Fadenstrahl schuf und überraschend große Lichtstärken des Fernbildes erzielte. Heute ist man allgemein zur Hochvakuumtype der Braunschen Röhre übergegangen, die allein eine ausreichende Kathoden-Lebensdauer gewährleistet. Zur punktförmigen Vereinigung der Elektronen auf dem Leuchtschirm und zur Intensitätssteuerung des Kathodenstrahles dienen dabei hochwertige elektronenoptische Linsensysteme (vgl. Vorträge IV und V). Die benutzten Beschleunigungsspannungen liegen in der Größenordnung 5000 ... 10000 V; bei Röhren zur vergrößernden optischen Projektion des primären Lumineszenzbildes, deren Durchbildung die Technik jüngst mit großem Eifer begonnen hat, ist man bereits über 20000 V hinausgelangt, ohne daß die Netzanschlußfrage dabei zu ernsten technischen oder wirtschaftlichen Schwierigkeiten geführt hätte.

Der Aufwand des kombinierten Bild-Ton-Empfängers an Verstärkerröhren und Schaltelementen ist naturgemäß erheblich und zieht dem allmählichen Abbau des Gerätepreises eine kaum zu verkennende Grenze, selbst bei Ausnutzung aller Erfahrungen in der Serienfertigung moderner Rundfunkapparate. Die notwendige Röhrenzahl wird stets über der eines leistungsfähigen reinen Hörempfängers liegen, es sei denn, daß es gelänge, das Prinzip des Sammel- oder Blockempfanges erfolgreich auf das Fernsehen anzuwenden, d. h. ganze Gruppen von sehr vereinfachten Geräten frei von gegenseitiger Beeinflussung im Anschluß an eine gemeinsame Antennen-, Misch- und Vorverstärkungsanlage zu betreiben. Hinsichtlich der Probleme des Fernseh-Großbildes sei auf Vortrag VIII verwiesen.

II. Physikalische Grundlagen, Möglichkeiten und Grenzen der Fernsehübertragung.

Von Prof. Dr. F. Schröter, Berlin.

Der Aufschwung, den die Fernsehtechnik in den letzten Jahren genommen hat, wurde durch den Übergang von den mechanischen Bildfeldzerlegern zu den Kathodenstrahlröhren am meisten gefördert. Auf dieser Linie ist eine erfolgreiche Weiterentwicklung möglich. Es zeigen sich aber auch schon die Grenzen, die unserem Können durch die Probleme der Helligkeit und des Frequenzbandes gezogen sind. Glücklicherweise ist der Rahmen des Erreichbaren soweit gesteckt, daß wohl alle praktischen Anforderungen hinsichtlich Übertragungsgüte, Betriebssicherheit, Einfachheit und Bedienbarkeit der Anlagen erfüllt werden können.

1. Aufteilung eines Fernsehers.

Zur Erörterung der physikalischen Grundfragen gliedert man die Fernsehanlage zweckmäßig wie folgt:

I. Bildabtaster, enthaltend:

a) den mit der Empfängerseite gleichlaufenden Bildfeldzerleger, der die Auflösung in Lichtpunktzeilen vornimmt;

b) den lichtelektrischen Wandler (Fotozelle), der die vom Bilde modulierten Lichtströme in Telegrafiersignale umformt.

II. Übertragungsanlage, mit folgenden Teilen:

Sendeverstärker, Hochfrequenzsender, Hochfrequenzempfänger, Empfangsverstärker. Die für die drahtlose Übertragung bestimmten Teile können auch durch ein Kabel („Breitbandkabel") ersetzt werden.

III. Bildschreiber, enthaltend:

a) den mit der Senderseite gleichlaufenden Bildfeldzerleger, der ebenfalls die Auflösung in Lichtpunktzeilen bewirkt;

b) die Lichtsteuervorrichtung (Lichtmodulator), mittels deren die Telegrafiersignale den Helligkeitswert der Bildelemente regeln.

Durch diese Einteilung sind die zur örtlichen, optisch-elektrischen bzw. elektrisch-optischen Energieumformung dienenden Mittel geschieden von dem zwischen ihnen eingeschalteten Übertragungssystem, innerhalb dessen die Fortleitungsenergie ihre elektrische Form bewahrt, d. h. nur Verstärkungs- und Fernwirkungsprobleme bestehen.

In Abb. 1 S. 2 umfaßt der Bildabtaster die Projektionseinrichtung für den Film, die zur Zerlegung des Filmbildes dienende Kreislochscheibe 3 und die hinter derselben befindliche Fotozelle 4. Die Übertragungsanlage setzt sich zusammen aus dem Fotozellenverstärker, dem Sender 5 und dem Empfänger 6 (einschl. zwischengeschalteter Kabel, Antennen usw.). Der Bildschreiber besteht aus der Braunschen Röhre 9 mit den notwendigen Betriebseinrichtungen, insbesondere dem vom Empfänger mitgesteuerten, zur Gleichlaufregelung von Strahlablenkung und Lochscheibenabtastung dienenden Kippschwinger 8.

Die Teile Ia und IIIa vorstehender Gliederung sind Gegenstand der Vorträge III (Mechanische Bildfeldzerleger) und V (Fernseh-Kathodenstrahlröhren). Teil II ist unter Einschluß der Gleichlaufübertragung in den Vorträgen VI (Fernsehsendung) und VII (Fernsehempfang) zu behandeln. In diesem Vortrage wollen wir eingehen auf:

A. die optisch-elektrischen Energieumformungen durch die Wandlerorgane gemäß Ib und IIIb;

B. die quantitative Erörterung der maßgebenden Zerlegungs- und Übertragungsgrößen;

C. die mit den energetischen Umsetzungen verknüpften nachrichtentechnischen Probleme.

2. Die Wandlerorgane der Fernsehtechnik.

a) Die Fotozelle.

Sie beruht auf dem äußeren Fotoeffekt, der kathodischen Elektronenemission im luftleeren Raum (Hallwachs, Elster und Geitel). Die Quantengleichung des Hallwachseffektes:

$$\varepsilon V = h\nu - P = h(\nu - \nu_0)$$

(ε Elektronenladung $= 1{,}6 \cdot 10^{-19}$ Coul., V Aufladepotential, h Plancksches Energiequantum $= 6{,}53 \cdot 10^{-34}$ W $\cdot$ s^2, ν Frequenz, P Austrittsarbeit, ν_0 Grenzfrequenz) verknüpft eindeutig Aufladepotential der fotoelektrisch emittierenden, isoliert gedachten Fläche und Wellenlänge (nicht Intensität!) des einfallenden Lichtes. In der ursprünglichen Grundform der Zelle steht die aus einem Metallnetz mit genügend lichtdurchlässigen Maschen hergestellte Anode der die Gefäßwand des Glaskolbens bedeckenden Alkalimetallkathode in konstantem Abstande gegenüber. Die hineingebrachte, den primären Fotoeffekt durch Ionenbildung verstärkende Gasfüllung hat man wegen Trägheitsgrenzen und mangelnder Empfindlichkeitskonstanz verlassen.

In der modernen Form der Elster- und Geitelschen Alkalimetallzelle verwendet man als elektronenabgebende Fläche eine Zäsium-Silberoxydschicht auf Silber im Hochvakuum. Der Wirkungsgrad beträgt optimal etwa 1%, d.h. nur jedes 100. Lichtquant löst ein Elektron aus. Die

Empfindlichkeit geht bis zu 60 μA/Lumen bei weißem Glühlampenlicht von 2600° absoluter wahrer Temperatur der Wendel hinauf. Ausgenutzt wird der „selektive" Fotoeffekt, d.h. ein Gebiet erhöhter Empfindlichkeit in einem bestimmten Spektralbereich. Bei den für sichtbares Licht allein in Frage kommenden Alkalimetallen höheren Atomgewichtes, Kalium, Rubidium, Zäsium, rückt der selektive Fotoeffekt in der genannten Reihenfolge immer mehr nach den längeren Wellen hin; die Verteilungskurve einer reinen Zäsiumschicht schmiegt sich im Gegensatz zu Kalium, dessen Höchstempfindlichkeit im Blau liegt, der Augenempfindlichkeitskurve (Zapfenkurve), die das Maß der Helligkeitsempfindung für verschiedene Spektralbereiche bei gleicher Energie wiedergibt, sehr gut an. Das Maximum befindet sich im Gelbgrün. Bei den hochaktiven Zäsium-Silberoxydschichten ist die Hauptempfindlichkeit noch weiter gegen Rot hin verlagert und erstreckt sich bis ins Infrarot (Grenze etwa 1,2 μ).

Um sämtliche vom Licht ausgelösten Elektronen zur Anode abzusaugen, ist eine beschleunigende Spannung erforderlich, die je nach Bauart der Zelle zwischen wenigen Volt und etwa 100 V betragen muß. Der gesättigte Elektronenstrom ist proportional dem einfallenden Lichtstrom und bis zu 10^8 Hz frequenzunabhängig. Die von der Zelle am Schließungswiderstand ($R\Omega$) gelieferte Steuerwechselspannung ist aber eine Funktion der Elektroden- und Aufbaukapazität (C in Abbildung 15). Durch den über C fließenden Blindstrom wird die an der Gleichspannung 2 liegende, als Generator wirkende Zelle 1 bei wachsender Kreisfrequenz ω in erhöhtem Maße belastet; die zwischen dem Steuergitter 4 und der Kathode 5 der Verstärkerröhre erhältliche Wechselspannung des Bildsignals sinkt entsprechend ab. Die Größe des komplexen Eingangswiderstandes ergibt sich aus folgendem:

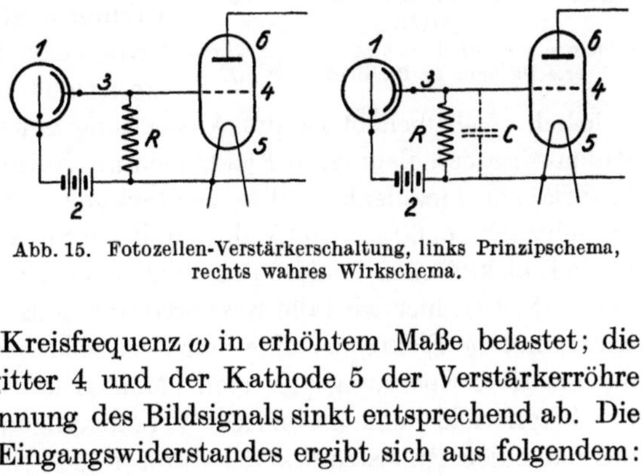

Abb. 15. Fotozellen-Verstärkerschaltung, links Prinzipschema, rechts wahres Wirkschema.

$$\text{Scheinleitwert } 1/R + i\omega C \qquad (i = \sqrt{-1})$$

$$\text{Sein Betrag } \sqrt{1/R^2 + \omega^2 C^2}$$

$$= \frac{1}{R} \cdot \sqrt{1 + \omega^2 R^2 C^2} \qquad (\omega RC = \operatorname{tg} \varphi)$$

$$\text{Eingangswiderstand } \mathfrak{R}_e = \frac{R}{\sqrt{1 + \omega^2 R^2 C^2}} \,.$$

Um die Benachteiligung der hohen Bildfrequenzen nicht zu groß werden zu lassen, muß man, bei gegebenem C, R soweit herabsetzen, daß es der Gleichung genügt:

$$R \cong 1/\omega_{max} C\ .$$

Der Eingangskreis besitzt dann eine ausreichend kleine Zeitkonstante, so daß das Potential des Steuergitters 4 auch den schnellsten zu übertragenden Helligkeitswechseln noch folgen kann. Grundsätzlich bedeutet aber die schädliche Kapazität im Fotozellenkreis stets eine Abflachung des Signals, d.h. der Amplituden der in ihm enthaltenen höheren Frequenzen, und in der modernen Fernsehtechnik bemüht man sich daher, diesen schädlichen Einfluß durch erhöhte Nachverstärkung jener höheren Frequenzen (Frequenzentzerrung, z.B. mittels Induktivitäten) wieder auszugleichen.

Für diejenigen mechanischen Bildfeldzerleger, die mit einem den Übertragungsgegenstand abtastenden Lichtfleck arbeiten, hat man zur Ausnutzung eines möglichst großen Raumwinkels der Rückstrahlung großflächige Spezialformen der Zäsium-Fotozelle entwickelt (BELL-Laboratorium, AEG, PRESSLER). Neuerdings nutzt man zur Verstärkung des primären Fotoeffektes ein- oder mehrfache Sekundäremission an zäsiumaktivierten Prallflächen im Hochvakuum aus (SLEPIAN, FARNSWORTH, ZWORYKIN, WEISS [11]). Das Prinzip ist aus Abb. 16 ohne weiteres ersichtlich.

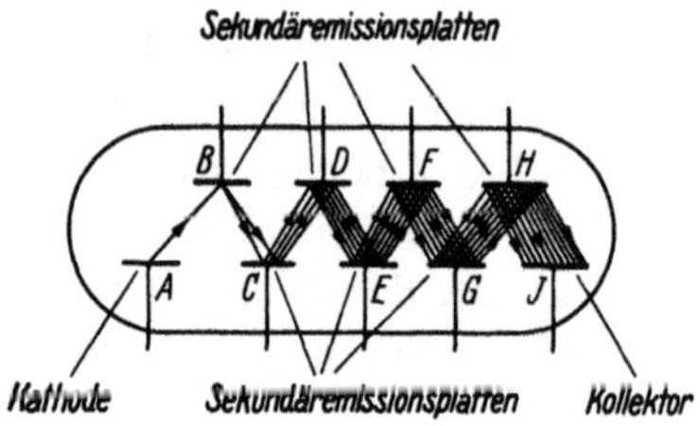

Abb. 16.
Prinzip der Fotozelle mit Sekundäremissions-Vervielfachung an Prallflächen *B—H*.

Sehr beliebt ist die Anwendung eines Magnetfeldes, um die stufenweise beschleunigten Elektronen in Kreisbahnen auf die einzelnen Prallflächen hinzulenken. Die Verstärkung je Stufe ist im Mittel vier- bis achtfach bei 60 . . . 100 V durchfallener Spannung. Einen statischen, nur mit elektrischen Feldern arbeitenden Vervielfacher zeigen die Abb. 6 und 7 (S. 16); hier wird die Sekundäremissionsverstärkung dadurch bewirkt, daß die Elektronen eine Folge von engmaschigen Netzen wachsender positiver Spannung passieren. Man erhält bei zehnstufigen Röhren mit Magnetfeld nach ZWORYKIN Verstärkungen von über 10^6. Infolge des fehlenden Ruhestromes, der durch seinen Schrotpegel bei normalen Verstärkerröhren eine Rauschspannung am Gitter hervorbringt und dadurch der ausnutzbaren Lichtmenge der Bildabtastung nach unten hin eine Grenze setzt, lassen sich im Vergleich mit den bisherigen, widerstandsgekoppelten Schaltungen (nach Abb. 15) 50- bis 100mal schwächere Lichtsignale störspiegelfrei verstärken.

Die Zäsium-Silberoxydschicht bildet auch die Grundlage der rein elektronischen Fernseh-Bildfänger, des Ikonoskops und der Farnsworth-Röhre (Vortrag V). Beim Ikonoskop besteht der Bildschirm aus isolierten Fotozellen von der Größe 1 μ bis 4 μ.

b) Die Lichtmodulatoren.

Sie bezwecken die Umkehrung der Fotozellenfunktion, d. h. die Rückumformung der Stromwechsel in Helligkeitswechsel für den Aufbau des Fernbildes. Hierbei besteht also die Notwendigkeit stetiger elektrischer Steuerung von Eigenlicht oder Fremdlicht durch das verstärkte Telegrafiersignal. Im geschriebenen Bildelement verdünnt sich die Leuchtdichte des bewegten Lichtflecks nach dem Talbotschen Gesetz:

$$H = \text{const.} \int I(t)\,dt\,.$$

(H = Leuchtdichte, I = Momentanwert der Lichterregung, t = Zeit), daher sind bei normaler Zerlegung wegen der im Verhältnis zur Dunkelpause sehr geringen Aufhellungsdauer des Bildelementes extreme Leuchtdichten erwünscht.

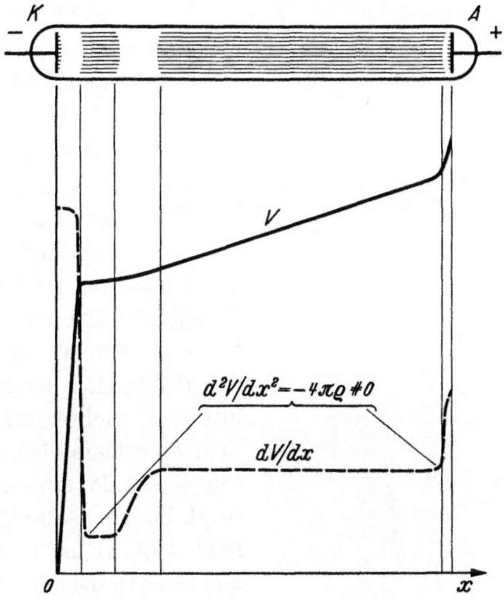

Abb. 17. Potentialgefälle und Raumladungsgebiete einer Glimmröhre.

A. Trägheitslos modulierbare Selbstleuchter.

Eine bedeutende Rolle hat bei der vergangenen Entwicklung innerhalb gewisser Grenzen das trägheitslos steuerbare Leuchten elektrischer Gasentladungen gespielt. Man wird auf diese Möglichkeit künftig für Sonderfälle zurückkommen. Abb. 17 zeigt den Verlauf des Potentials V, des Potentialgradienten dV/dx und der Raumladungen, d. h. der Ansammlungsstellen freier Elektrizität der Dichte ϱ zwischen Anode A und Kathode K einer Glimmröhre. Besonders hell sind die positive Lichtsäule, das Gebiet konstanten Potentialgefälles, und die vor der Kathode liegende negative Glimmschicht, in der die durch den hohen Kathodenfall stark beschleunigten energiereichen Elektronen zur Wirkung gelangen. Unter Druckverhältnissen, bei denen die Ionisierung und Entionisierung schnell genug vor sich gehen, kann man die positive Lichtsäule oder das negative Glimmlicht als modulierbare Fernsehlichtquelle ausnutzen. Folgende Formen haben Bedeutung erlangt:

I. Neon-Glimmlampe (Abb. 18) mit Ausnutzung der freien, rötlich leuchtenden Kathoden-Glimmhaut in Verbindung mit Nipkow-Scheibe.

Wegen zu geringer Leuchtdichte (0,05 Stilb) ist sie nur bei kleinen Zeilenzahlen verwendbar. Die ebene Flächenkathode aus poliertem Eisenblech hat die Größe des durch die Nipkow-Scheibe gegebenen Bildfeldes und ist von einem rahmenförmigen Anodendraht umrandet (Wirkungsweise siehe Vortrag III). Die scheinbare Beleuchtungsstärke erreicht bei 2000 Bildelementen etwa 1 ... 2 Lux bei etwa 0,4 dm² Bildgröße.

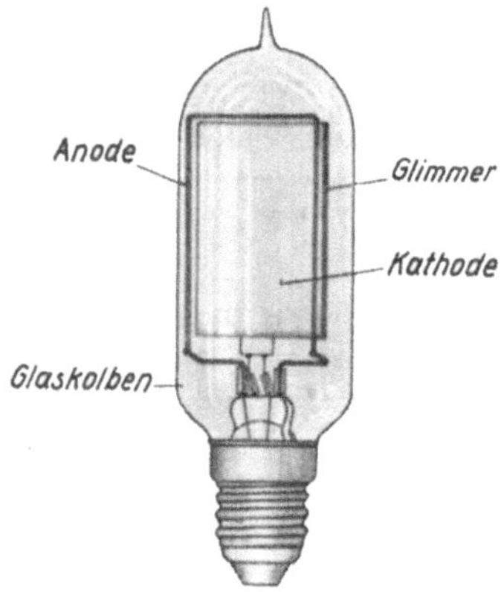

Abb. 18. Neon-Kathodenglimmlampe mit Großflächenkathode für Nipkow-Scheibenfernseher.

II. Neon-Punktlampe mit Hohlkathoden-Glimmentladung für projizierende Bildfeldzerleger (Weiller-Rad). Die Lichtenergie ist auf die Fläche des Bildelements konzentriert. Abb. 19 zeigt im Glaskolben eine geschlossene zylindrische Metallhülse, in der sich die oxydbedeckte Glühkathode befindet. Die Entladung geht durch ein seitlich angesetztes Metallröhrchen zu der dieses umgebenden ringförmigen Anode im Außenraum [*12*]. Innerhalb des Röhrchens herrscht hohe Stromdichte, d. h. intensive Lichtentwicklung, deren Helligkeit sich über eine Tiefe gleich der Länge der eingeschnürten Gassäule summiert. Die Leuchtdichte beträgt bis zu >100 Stilb, in Sonderausführungen nach PIRANI bis zu 800 Stilb. Bei 2000 Bildelementen erhält man 5 ... 10 Lux bei etwa 3 dm² Bildgröße.

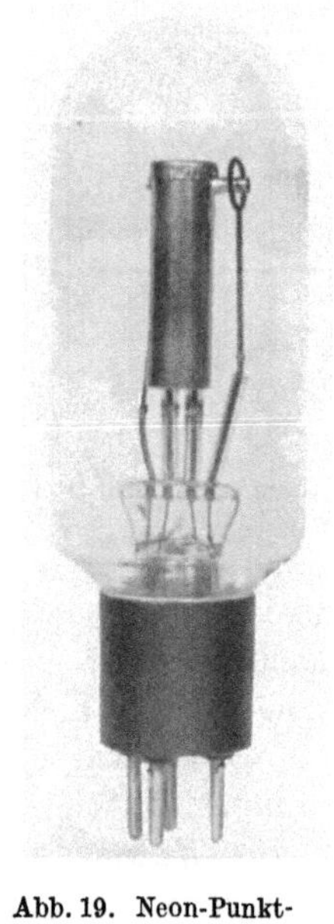

Abb. 19. Neon-Punktglimmlampe mit verdichteter Entladung für Spiegelradfernseher.

III. Natriumdampflampe. Sie beruht auf der Ausnutzung der positiven Lichtsäule einer Na-Dampfentladung zwischen Glühkathode und Anode. Ihre Flächenhelligkeit erreicht etwa 10 Stilb, hinter ausgleichender Mattscheibe (homogene Bildfeldbeleuchtung) rd. 3,5 Stilb. Der Lichtgewinn ist daher unter den Verhältnissen von I ein 70facher; deshalb wurde die Na-Dampflampe mit Erfolg sogar für Bilder mit 90 Zeilen und rd. 10000 Bildelementen benutzt. Die Trägheitsschwelle ist bei derartigen Auflösungsgraden noch nicht erreicht.

Die Wechselwirkleistung aller dieser Lichtquellen für die Modulation von $I \sim 0$ aufwärts muß der Bildverstärker aufbringen, daher ist meist erhebliche Leistungsverstärkung erforderlich. Einen Ausnahmetypus bildet wegen der wattlosen Steuerbarkeit durch den Wehnelt-Zylinder, dessen Funktion der des Gitters einer gewöhnlichen Dreielektroden-Verstärkerröhre entspricht, die

IV. Braunsche Röhre mit intensitätsgesteuertem Fluoreszenzfleck. Dieser erreicht > 300 Stilb. Wegen weitgehender Vermeidung aller optischen Verluste beträgt die Schirmhelligkeit bei beliebigen Zeilenzahlen und 6 dm² Bildgröße etwa 20 Lux, gemessen mit 5000 ... 6000 V Anodenspannung und rd. 100 μA Strahlstärke. Die Zeitkonstante der Helligkeitssteuerung ist $< 10^{-7}$ s, daher arbeitet die Braunsche Röhre bis zu den höchsten Anforderungen praktisch trägheitsfrei. Da sie Lichtsteuervorrichtung und Bildfeldzerleger in einem einzigen Organ vereint, erfolgt ihre eingehende Behandlung in Vortrag V (Fernseh-Kathodenstrahlröhren) und z. T. in Vortrag VII (Fernsehempfang).

B. Trägheitslose Modulatoren für Fremdlicht (Lichtrelais).

Die trägheitslosen Modulatoren für Fremdlicht wirken relaisartig, d. h. wie strom- oder spannungsgesteuerte Ventile, auf den durch sie geleiteten Lichtstrom einer konstant brennenden, unabhängigen Strahlungsquelle. Ihre Steuerleistung kann also in günstigen Fällen auch für große Lichtintensitäten klein sein. Sie haben daher in der Ära der mechanischen Bildfeldzerleger gegenüber den Glimmlampen bedeutende Vergrößerungen der Fernbildhelligkeit ermöglicht, bis die Entwicklung der Braunschen Röhre als Bildschreiber durch die lichttechnischen und optischen Vorzüge, auf die wir zurückkommen, einen neuen Umschwung herbeiführte. Von den für Fernseh-Lichtrelais bei hohen Anforderungen hinsichtlich der Rasterung verwendbaren physikalischen Mitteln seien hier nur zwei erwähnt, die zur Weiterentwicklung und künftigen Verwendung in Sonderfällen befähigt erscheinen.

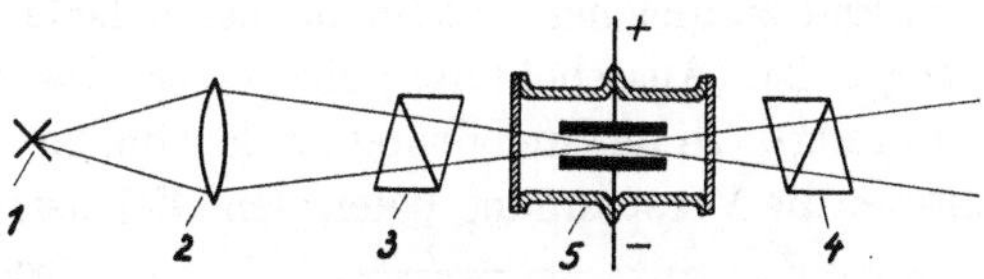

Abb. 20. Kerr-Zelle als Lichtmodulator, grundsätzliche Anordnung.

I. Kerr-Zelle, beruhend auf dem elektrostatischen Doppelbrechungseffekt an polarisiertem Licht, das unter 45° Neigung der Schwingungsebene zu den elektrischen Feldlinien des Kondensators in das durchsichtige Dielektrikum (Nitrobenzol, Zinksulfid) eintritt (Sutton, Karolus, von Okolicsanyi [*13*]). In Abb. 20 bedeutet *1* die Lichtquelle, *2* eine Sammellinse, *3* das Nicolsche Polarisator-Prisma, *4* das Analysator-Prisma, *5* den Zellentrog mit den Kondensatorplatten. Die Steuergleichung lautet unter Berücksichtigung der Nicols:

$$\Phi = \frac{\Phi_0}{4}(1 - \cos 2\pi\,\varphi_\lambda) \quad \text{mit} \quad \varphi_\lambda = Bl\mathfrak{E}^2$$

(Φ durchgelassener, Φ_0 eintretender Lichtstrom, φ_λ Phasenwinkel der beiden Strahlen $\perp$ und $\parallel$ zu den Feldlinien, B Kerr-Konstante, l Länge des Lichtweges im Kondensator, $\mathfrak{E}$ elektrische Feldstärke). Die „Hellspannung" V_m wird bei $\varphi_\lambda = 0{,}5$ (180° Vektordrehung) erreicht (Abb. 21):

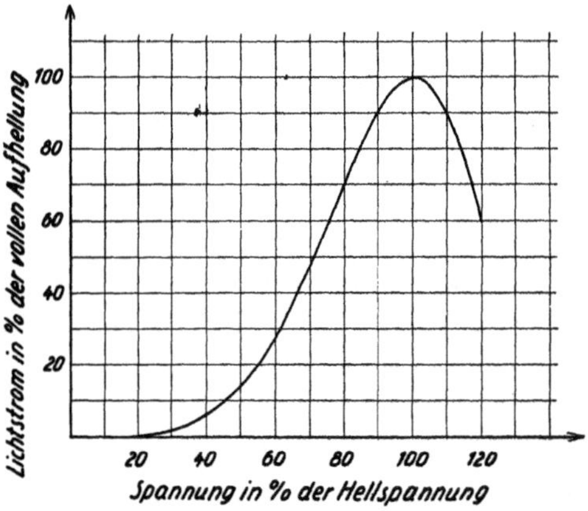

Abb. 21. Aufhellungsgrad der Kerr-Zellen-Optik als Funktion der Steuerspannung.

$$V_m = a\sqrt{\frac{0{,}5}{B\,l}}$$

(a Elektrodenabstand). Karolus führte eine Gleichvorspannung an den Elektroden der Kerr-Zelle ein, wodurch wegen der quadratischen Natur des Aufhellungseffektes der Arbeitspunkt auf der Charakteristik in ein Gebiet erhöhter Steuersteilheit verlegt wird und zu gleicher Zeit für höchsten Isolationswert des Dielektrikums gesorgt ist (Ausscheidung leitfähiger Bestandteile durch die Gleichspannung). In der Schaltung nach Abb. 22 liegt die Kerr-Zelle in Reihe mit der die Vorspannung liefernden Gleichstromquelle und dem Anodenwiderstand R der Steuerröhre, so daß die an R auftretende Bildwechselspannung sich der Vorspannung überlagert. Abbildung 23 zeigt die Gleichrichternatur des Aufhellungseffektes, der über eine volle Periode der Steuerwechselspannung in Prozenten der Hellspannung aufgetragen ist. Auch die negative Halbwelle hat trotz vorübergehender Umpolung des Kondensators aufhellend gewirkt, weil der Effekt quadratisch ist. Die Kerr-Zelle ist also ein Detektor.

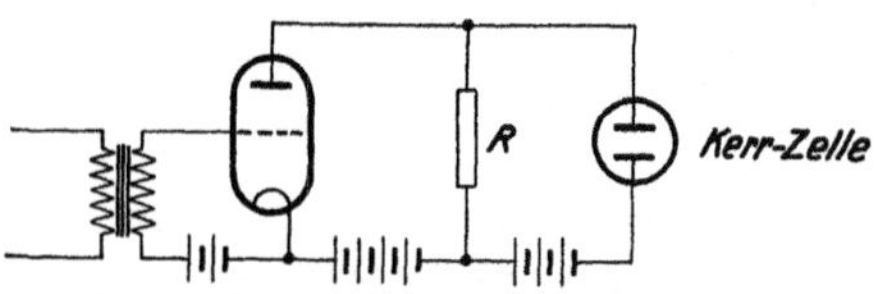

Abb. 22. Steuerschaltung der Kerr-Zelle mit Gleichvorspannung.

Abb. 24 veranschaulicht eine Ausführung nach dem Prinzip des Mehrplattenkondensators; die im runden Fenster des Zellentroges sichtbaren Lamellen entgegengesetzter Polung greifen ineinander. Man kann so dank dem großen optischen Querschnitt starke Lichtströme mit tragbaren Spannungen voll durchsteuern. Folgende Daten geben ein Bild des Erreichbaren: V_m für Fernsehzwecke einige 1000 V; Steuerleistung bei hohen Frequenzen mehrere Watt. In Verbindung mit Bogenlampe und Spiegelrad sind bei 5000 Bildelementen auf 1 m² Schirmfläche noch 3 . . . 5 Lux erhältlich. Die Zeitkonstante ist $< 10^{-8}$ s. Zur Empfindlichkeitserhöhung führte v. Ardenne [*14*] nach dem Vorgange von L. Pungs eine $\lambda/4$-Platte in den Strahlengang ein; sie erspart einen Teil der Steuerspannung[1]. In neueren Formen wird zur Verminderung des bisherigen

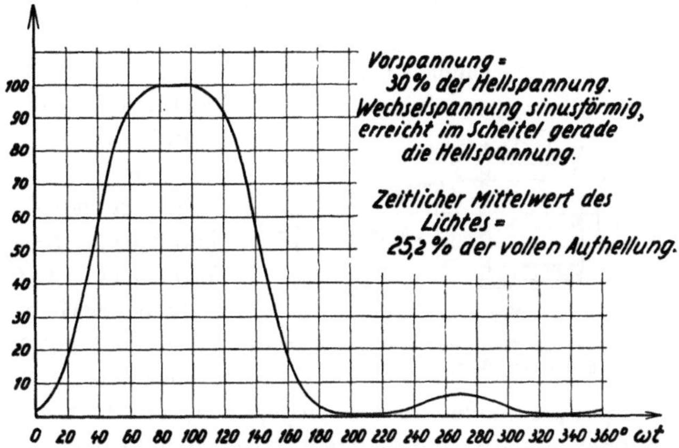

Abb. 23. Aufhellungsverlauf der Kerr-Optik über eine volle Wechselspannungsperiode.

Lichtverlustes von 50% im Polarisator-Nicol neben dem ordentlichen auch der außerordentliche Strahl verwertet.

II. Zelle mit Debye-Sears-Effekt, beruhend auf Ausnutzung eines durch Ultraschallwellen in einem Flüssigkeitstrog mit Paraffinöl oder Tetrachlorkohlenstoff erzeugten optischen Beugungsgitters (Karolus, Becker, Hanle und Maercks, Scophony-Gesellschaft). Es besteht die Möglichkeit der Erregung stehender Wellen durch einen schwingenden Piezoquarz (Abb. 25). Die parallelgemachten Strahlen einer Lichtquelle L, die im Ruhezustand nach b abgebildet wird, durchsetzen den Flüssigkeitstrog. Wird die von der hochfrequent erregten Quarzplatte Q ausgehende Wellenbewegung von einem Reflektor R zurückgeworfen, so bildet sich eine stehende Welle aus, die nach Debye als optisches Beugungsgitter wirkt. Die durch die Longitudinalwellen-Fortpflanzung bedingte Schichtung des Mediums entsteht und verschwindet mit der doppelten Schwingfrequenz des Quarzes;

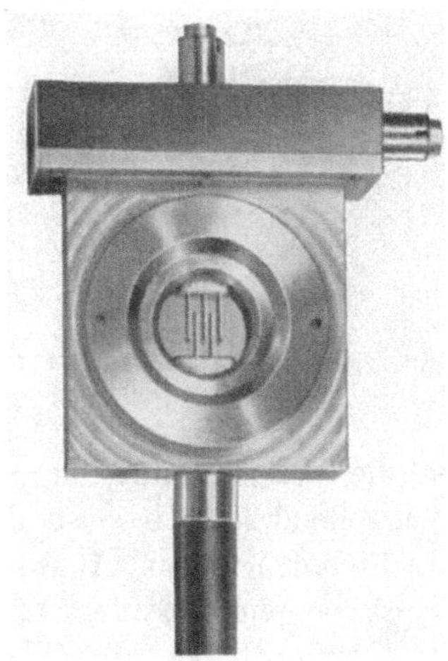

Abb. 24. Kerr-Zelle nach dem Prinzip des Mehrplatten-Kondensators.

[1] Vgl. den älteren Vorschlag von L. Pungs und H. Hoyer, DRP. Nr. 555249 vom 6. Februar 1931, der das Grundsätzliche vorwegnimmt, sowie Arch. Elektrotechn. Bd. 27 (1933) S. 691.

in gleicher Periode ist das Licht bei *b* durch Abbeugung geschwächt, und zwar im Falle starker Erregung des Quarzes weitgehend. Man kann die Lichtänderung bei *b* selber ausnutzen (Interferenz nullter Ordnung) oder aber die in den seitlich liegenden Beugungsstreifen; dabei sind gute Modulationsgrade erhältlich. Obere Grenze etwa $3 \cdot 10^7$ Hz. Steuerleistung ca. 0,05 ... 0,2 W, Steuerspannung in der Größenordnung 20 V.

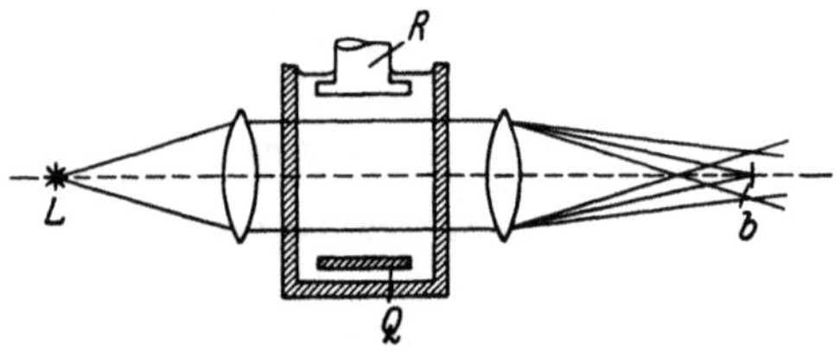

Abb. 25. Lichtsteuerzelle, beruhend auf dem Debye-Sears-Effekt, nach BECKER, HANLE und MAERCKS.

Erzeugt man in dem Flüssigkeitstrog fortschreitende Wellenzüge (deren Energie kontinuierlich, nämlich durch Reibung und Brechung, verzehrt wird), so ruft ein amplitudenmoduliert schwingender Quarz *Q* nach Abb. 26 längs des entstehenden Beugungsgitters verschiedene Größen der Dichteschwankungen hervor, denen die abgebeugten Lichtbeträge proportional sind. Die Ultraschallwellensäule gibt den steuernden Amplitudenverlauf, d. h. die Änderungen des Senderfotostromes, getreu wieder. Man projiziert nun eine größere Strecke dieser Schichtfolge über ein Spiegelrad auf den Fernbildschirm und bildet sie dort stehend ab, indem man durch richtige optische Bemessung dafür sorgt, daß in der Schirmebene *S* die Laufgeschwindigkeit der Ultraschallbewegung der Schreibgeschwindigkeit des Spiegelrades entgegengesetzt gleich ist. Es ist dann eine längere Reihe von Bildpunkten gleichzeitig, jeder an seinem richtigen Orte verweilend, sichtbar, so daß durch diese Art von Speicherung des Lichteindrucks im Auge ein erheblicher Helligkeitsgewinn erreicht wird (Scophony-System mit Hochleistungsbogenlampe, große Schirmflächen noch bei 240 Bildzeilen, entsprechend etwa 70000 Bildelementen, mit >5 Lux erhellbar). Für Heimempfänger erscheint der optische und mechanische Aufwand des gesamten Bildschreibers zu groß, um den Wettbewerb mit der Braunschen Röhre aufnehmen zu können.

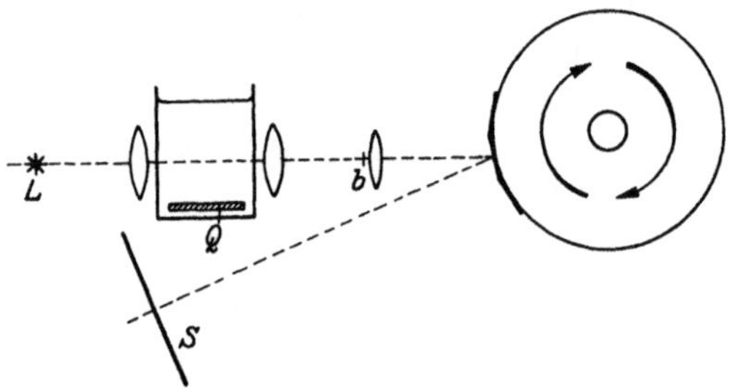

Abb. 26. Stehende Abbildung des Ultraschallgitters mittels Spiegelrad.

Die trägheitslosen Lichtrelais gestatten die Ausnutzung der höchsten in der Beleuchtungstechnik verfügbaren Leuchtdichten (Kohlebogenlampe, Hochdruck-Metalldampflichtbögen). Für Übertragungen mit mehr als etwa 100000 Bildelementen sind sie jedoch wegen der an das Fernbild gestellten Helligkeitsanforderungen nur noch in solchen mechanischen Geräten diskutabel, die nach der Mehrkanalmethode arbeiten (s. Vortrag VIII, Großbildproblem beim Fernsehen).

3. Die Grunddaten der Fernsehübertragung.

Die Nachbildung des Gesichtsfeldes durch die elektrischen Empfangssignale ist vergleichbar mit dem Aufbau eines regelmäßigen Mosaiks aus gleichgroßen „Bildelementen" verschiedener Lichtstärke. In Wirklichkeit ist der Helligkeitswechsel längs der Zeile kontinuierlich. Das Bildelement ist also nur ein Hilfsbegriff, der keine reale Bedeutung, aber doch für viele Betrachtungen einen gewissen orientierenden Sinn hat. Das Fernbild entsteht erst im trägheitsbehafteten Auge; objektiv ist momentan nur der schnell bewegte Lichtpunkt vorhanden. Die Vollkommenheit der Wiedergabe wächst mit der absoluten Zahl der Bildelemente oder „Bildpunkte" (ϱ). Ist (nach Abb. 27) k die Zeilenzahl und l/q das Verhältnis von Breite zu Höhe des Bildfeldes, so sind bei quadratisch gedachtem Bildelement deren im ganzen $\varrho = l k^2/q$ vorhanden. Zur Übertragung zeitlich veränderlicher Erscheinungen müssen wir, entsprechend der Kinematografie, das ganze Zeilenfeld so häufig wiederholen (n/s), daß die Folge der Einzelbilder stroboskopisch zu einem geschlossenen Helligkeits- und Bewegungseindruck verschmilzt.

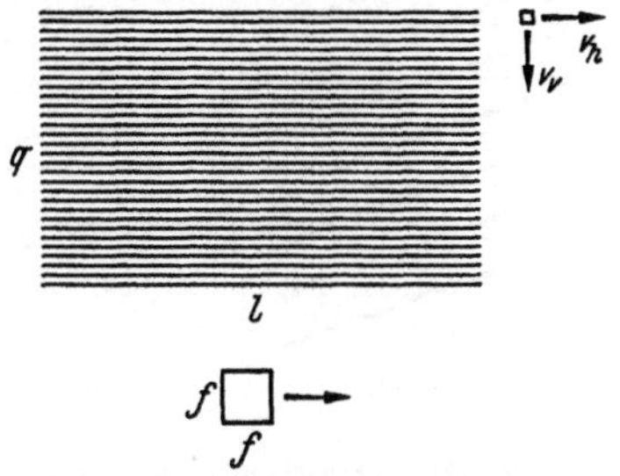

Abb. 27. Fernseh-Zeilenraster mit quadratischem Lichtfleck,

Die hierbei maßgebenden physiologischen Größen sind:

a) die stroboskopische Grenzfrequenz m für das Verschmelzen von Bewegungsvorgängen, $m > 16\ \mathrm{s}^{-1}$;

b) die Visionspersistenz (Nachwirkung eines kurzzeitigen ortsfesten Lichteindrucks); Größenordnung 0,1 s;

c) die Flimmerfrequenz. Im Gegensatz zur Kinematografie, wo die Helligkeit auf der ganzen Bildfläche gleichzeitig wechselt, führt die Fernsehzerlegung einen ausgesprochenen Wandereffekt der Hellzone auf der Netzhaut, d.h. Flackerempfindung, herbei. Nur bei wenigen Lux ist $n = 25\ \mathrm{s}^{-1}$ ausreichend, oberhalb 10 Lux $n = 50\ \mathrm{s}^{-1}$ notwendig.

Die geforderte Übertragungsleistung eines Fernsehers je Sekunde wird hiernach durch die Flimmerfrequenz bestimmt und beträgt:

$$z = n\varrho = n l k^2/q$$

als quadratisch angenommene Bildelemente. Die Seitenlänge dieser

Quadrate wäre q/k, und auf die Zeilenlänge l entfielen davon $l \cdot k/q$. Der physiologisch bedingte Mindestwert von n zwingt uns angesichts der durch elektrische Verhältnisse begrenzten Größe von z dazu, mit mäßigen Bildpunktzahlen vorlieb zu nehmen, im Gegensatz zur Fototelegrafie.

Das Zeilensprungverfahren (bereits im Vortrag I erwähnt) beseitigt die Flimmerempfindung durch Vortäuschung einer höheren Zahl von Bildern/s, ohne die in der Zeiteinheit zu übertragenden Bildelemente (z) proportional zu vermehren. Indem der Lichtpunkt abwechselnd nur die ungeradzahligen oder die geradzahligen Zeilen überfährt, wird der Empfangsschirm quer zur Zeilenrichtung mit doppelter Frequenz (statt $25\,s^{-1}$ also $50\,s^{-1}$) durchlaufen. Gegen 50 Durchläufe/s ist das Auge träge, es tritt völlige Beruhigung ein.

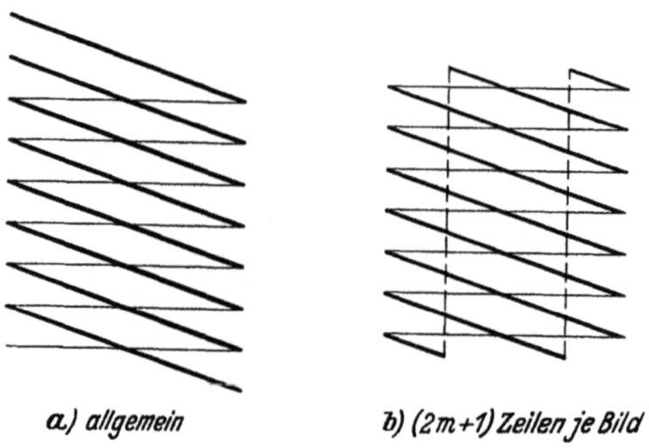

Abb. 28. Zur Veranschaulichung des Zeilensprungprinzips.

Bei genügend hohem k läßt der Übergang zum Zeilensprung, während er die Breite des zuvor benötigten elektrischen Frequenzbandes halbiert, die volle durch k definierte Schärfe bestehen, falls die Anordnung zur Übertragung der Zeilen- und Rasterwechselimpulse vom Sender auf den Empfänger und die Erfüllung der bei letzterem bestehenden Konstanzbedingungen ein sehr exaktes Ineinanderfallen der beiden Linienraster sichert [*15*]. Hierfür sind spezielle, bei der Braunschen Röhre erprobte Steuerschaltungen entwickelt: Verfahren der (2 m + 1) Zeilen. Abb. 28 zeigt links den allgemeinen Fall der Zeilenüberspringung; die Hinläufe des bildabtastenden bzw. bildschreibenden Lichtpunktes sind stark, seine im Vergleich dazu sehr kurzzeitigen Rückläufe schwach ausgezogen. Rechts ist das Verfahren der ungeraden Zeilenzahl erläutert. Die Abstände zweier aufeinanderfolgender Bildrückläufe (vertikale gestrichelte Linien, entsprechend dem ungeradzahligen und dem geradzahligen Zeilenraster) liegen in horizontaler Richtung genau eine halbe Zeilenlänge voneinander ent-

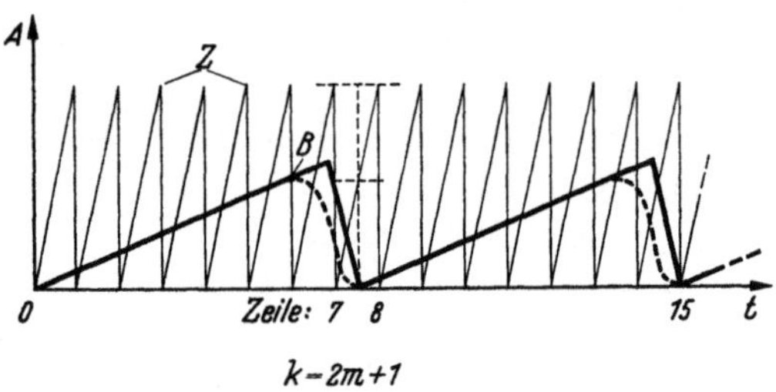

Abb. 29. Wirkungsweise des Zeilensprungverfahrens bei ungerader Zeilenzahl.

fernt. Abb. 29 erläutert unter der vereinfachenden Annahme von nur 15 Bildzeilen folgendes:

Die sägezahnförmigen Spannungen oder Ströme, die zur Ablenkung des Kathodenstrahls dienen, sind für die Zeilenkoordinate mit Z, für die senkrecht dazu stehende Bildkoordinate (Zeilenvorschub) mit B bezeichnet. Auf 15 Zeilenhin- und -rückläufe entfallen genau zwei Bildsägezähne, und man sieht, daß nach der Übertragung des ersten Halbrasters der Einsatz des zweiten räumlich genau inmitten der Zeilenlücken des ersten, nämlich zu einem Zeitpunkt erfolgt, in dem der Zeilensägezahn seine halbe Höhe, d.h. die Zeilenablenkung die halbe Bildbreite durchlaufen hat. Es gilt also für den Abstand der beiden Bildrückläufe in horizontaler Richtung das mit Bezug auf Abb. 28 rechts Gesagte. Im übrigen lassen die punktiert gezeichneten, der Wirklichkeit besser entsprechenden Bildrücklauflinien erkennen, daß der zeitliche Einsatz und Verlauf dieser Rückführungsbewegung des Kathodenstrahles vom unteren zum oberen Bildrande ganz gleichgültig ist, vorausgesetzt, daß der elektrische Spannungs- oder Stromhub des Bildsägezahnes konstant bleibt. Stets wird durch das einfache Gesetz der auf zwei Bildsägezähne entfallenden ungeraden Zahl von Zeilensägezähnen die richtige Lage der beiden Halbraster ineinander gesichert.

Man erzeugt die den Bild- und Zeilenwechsel bestimmenden Frequenzen durch elektrische Röhrenschaltungen in starrem Verhältnis zur Netzfrequenz ν_N (in Europa $\simeq 50\ s^{-1}$, in Amerika $\simeq 60\ s^{-1}$). ν_N wird bei dem System der RCA durch selektive Verstärkung von Harmonischen in einem ungeraden Betrage vervielfacht (z.B. im Verhältnis $343 = 7 \cdot 7 \cdot 7$). Die Halbwertfrequenz von $343 \cdot \nu_N = 2\,\nu_Z$ ist die gewünschte Zeilenfrequenz ν_Z; zugleich wird durch weiteren Abbau von $2\,\nu_Z$ die Frequenz $\nu_R \simeq 60$ als Rasterwechselfrequenz p h a s e n s t a r r zur Zeilenfrequenz zurückgewonnen. Mit Hilfe dieser Grundfrequenzen ν_Z und ν_R stellt man die Synchronisierimpulse zur Auslösung der Lichtfleckverschiebung in Zeilen- und Bildrichtung her und erhält mit besonderen Kippschaltungen dann eine absolut exakte Stellung der beiden Teilraster zueinander. Beim Telefunken-System wird die Frequenz $2\,\nu_Z$ unmittelbar von einem Röhrengenerator geliefert, dessen Schwingungszahl regelbar ist. Die Regelspannung ergibt sich aus dem Vergleich der durch ungeradzahlige Teilung von $2\,\nu_Z$ wie oben hergestellten Rasterfrequenz ν_R mit der Netzfrequenz ν_N (vgl. Vortrag V).

Das „Zwischenzeilenflimmern“ (vgl. Vortrag I), ein dem Zeilensprungverfahren grundsätzlich anhaftender Nachteil, verschwindet bei $k > 350$ aus derjenigen Betrachtungsentfernung, die erforderlich ist, um das Fernbild gut zu übersehen. (RCA hat 343 Zeilen, Marconi-EMI 405 Zeilen normalisiert, die Funkausstellung 1936 brachte bei deutschen Systemen 375 Zeilen.)

4. Das Frequenzbandproblem.

Überfährt gemäß Abb. 27 der Abtastlichtpunkt das Bild mit den Geschwindigkeiten v_l und v_q (Zeilen- und Bildkomponente der Zerlegung), so wird bei der Auflösungsgrenze $\sim f$ die Höchstfrequenz der Modulation:

$$\nu_m = \frac{v_l}{2f} = \frac{n\varrho}{2} = \frac{n l k^2}{2q}.$$

An sich enthält bei der Abtastung eines unendlich scharfen Helligkeitssprunges (Bildkontur) durch einen Lichtspalt von der endlichen Weite f der Fotostrom noch die ungeraden Harmonischen von ν_m. Bei Berücksichtigung der ebenfalls endlichen Ausdehnung des synchron laufenden bildschreibenden Lichtspaltes (die zur Quadratur der mit der Ordnungszahl rasch abnehmenden Amplitudenkoeffizienten führt) zeigt sich aber die Geringfügigkeit, mit der die Oberfrequenzen zum Schwärzungsübergang im Fernbilde beisteuern („optische Spaltdämpfung"). Abb. 30 veranschaulicht in allgemeingültiger Form den durch die Spalt- oder Lichtfleckweite f hervorgerufenen Abfall des Modulationsgrades m einer mittleren Helligkeit H_0. Die Ausdehnung der betrachteten Schwärzungsperiode in der Abtastrichtung (Pfeil) sei s. Hat die Mitte des Spaltes Sp den Ordinatenabstand x, so ist ihr der Helligkeitswert $H_x = H_0 \cdot \left(1 + m \sin\frac{2\pi x}{s}\right)$ zugeordnet; innerhalb der Durchlaßöffnung ändert sich H sinusförmig. Der die Fotozelle treffende Lichtstrom Φ_{ph} ist dann stets der schraffierten Fläche proportional. Das ihn darstellende Integral:

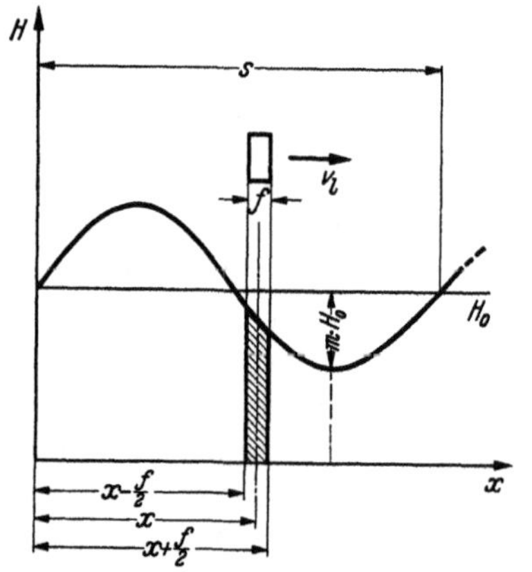

Abb. 30. Abtastung periodischer räumlicher Helligkeitsschwankungen durch Lichtfleck endlicher Weite f.

$$\Phi_{ph} = H_0 \cdot \int \left(1 + m \sin\frac{2\pi x}{s}\right) dx$$

ist zwischen den Spalträndern $(x - f/2)$ und $(x + f/2)$ zu bilden. Man erhält:

$$\Phi_{ph} = H_0 \cdot \int_{(x-f/2)}^{(x+f/2)} \left(1 + m \sin\frac{2\pi x}{s}\right) dx = f \cdot H_0 \cdot \left(1 + m \cdot a \cdot \sin\frac{2\pi x}{s}\right)$$

mit $a = \frac{s}{\pi f} \sin\frac{\pi f}{s}$, also die abgetastete Periodizität, aber mit der durch a

ausgedrückten Verminderung des Aussteuerungsgrades. Es wird

$$\alpha = 0 \text{ für } \frac{s}{f} = 1, \frac{1}{2}, \frac{1}{3} \cdots$$

und

$$dH_x/d\Phi_{ph} \text{ negativ für } \frac{1}{2} < \frac{s}{f} < \frac{1}{1}; \quad \frac{1}{4} < \frac{s}{f} < \frac{1}{3}; \cdots,$$

d. h. die Änderung der Helligkeit in der Spaltmitte kann bei relativ weiter Öffnung gegenphasig zur Änderung des hindurchgelassenen Gesamtlichtstromes sein. Betrachtet man nun die Empfangsseite unter Voraussetzung eines gleichen Spaltes, der von einem proportional Φ_{ph} gesteuerten Lichtstrom homogen durchflutet wird, so liefert die 2. Integration zwischen den Grenzen $(x - f/2)$ und $(x + f/2)$ nach Einführung einer für den Umsatz von Strom in Licht maßgebenden Konstanten:

$$H'_x = \text{const} \cdot f^2 \cdot H_0 \cdot \left(1 + m \cdot \alpha^2 \cdot \sin \frac{2\pi x}{s}\right).$$

Es tritt also der Dämpfungsfaktor α im Fernbilde quadriert auf; die Periodizität s bleibt erhalten. Abb. 31 zeigt diesen Einfluß für verschiedene Werte von f/s. Eine im Urbild 100prozentige Modulation wird, sobald s der Abmessung f nahekommt (Auflösungsgrenze!), erheblich verflacht. Kennt man die in einem Helligkeitsübergang vorhandenen verschiedenen Frequenzen, so läßt sich für ein gegebenes f ihr reduzierter Aussteuerungsgrad einzeln berechnen und der Gesamtverlauf der Wiedergabe durch Superposition der Komponenten ermitteln. Oft läßt sich aber auch ein Schwärzungssprung als einmaliger, unperiodischer Vorgang betrachten (vgl. Abb. 32).

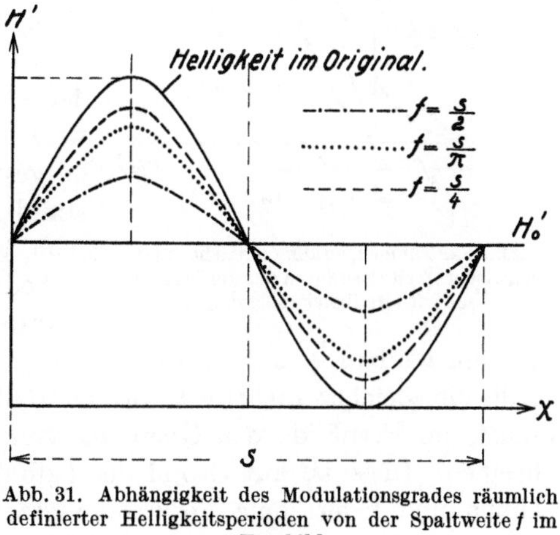

Abb. 31. Abhängigkeit des Modulationsgrades räumlich definierter Helligkeitsperioden von der Spaltweite f im Fernbild.

Die Zeitkonstanten der elektrischen Übertragungsglieder (Schwingkreise, Siebketten, Kabel, Verstärkerschaltungen) dürfen, um keine zusätzliche Unschärfe herbeizuführen, nicht größer als $\frac{1}{2\,\nu_m}$ s sein. Der Einschwingvorgang muß daher schnell genug verlaufen. Hierin liegt die Hauptaufgabe der Fernsehtechnik. Dabei dürfen keine groben Verzerrungen der Einhüllenden des Einschwingvorganges entstehen (sog. „Plastik"). Eingeschwungene Zustände höherer Frequenz kommen in einem Fernsehbilde praktisch nicht vor. Ein System von gekoppelten Kreisen (Resonanzgebilde, abgestimmte Röhrenstufen, Bandfilter) mit der Halbwertbreite $\Delta\nu$ hat stets die An- bzw. Abschwingdauer:

$$\tau = 1/\Delta\nu \quad (\mathrm{s}),$$

wobei man gemäß dem Ausdruck „Halbwertbreite“ an den Frequenzgrenzen den Abfall der Schwingamplitude auf das $\sqrt{\frac{1}{2}}$ fache, d.h. der Leistung auf das $\frac{1}{2}$ fache, annimmt. Dabei mißt τ die Zeit, die erforderlich ist, um die Amplitude von 10% auf 90% ihres Endwertes zu bringen.

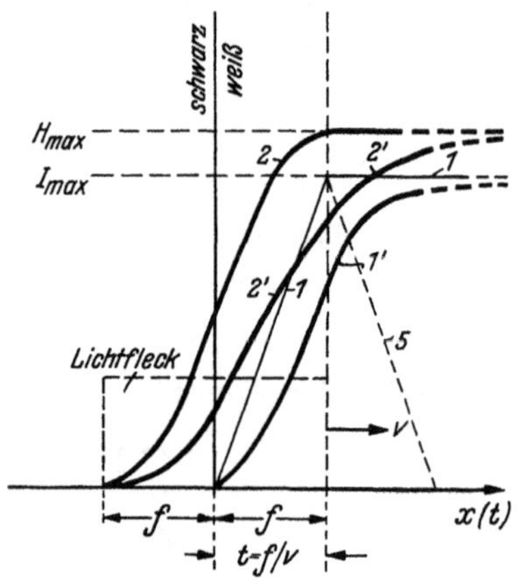

Abb. 32. Summenwirkung optischer und elektrischer Zeitkonstanten auf die Fernbildschärfe (Helligkeitsübergänge).

Den verzögernden Einfluß der elektrischen Zeitkonstanten und seine Vergrößerung durch die optischen Zeitkonstanten zeigt Abb. 32. Ein Abtastspalt der Weite f, der mit konstanter Geschwindigkeit v läuft, hat am Orte eines unendlich steilen Helligkeitssprunges (Schwarz-Weiß-Grenze) die Übergangsdauer $t = f/v$; der Anstieg des Fotostromes auf I_{max} wird durch die schräge Gerade 1 dargestellt. Die zum Eingangswiderstand R des Fotoverstärkers (vgl. Abb. 15) parallel liegende Kapazität C bedingt nun durch die Zeitkonstante $R \cdot C$ den tatsächlichen Steuerspannungsverlauf gemäß Kurve 1'. Ohne diese elektrische Abflachung würde ein gleicher Lichtfleck, dessen Helligkeit wie bei 1 linear mit t wächst, im Fernbilde den Übergang von 0 auf H_{max} gemäß Kurve 2 schreiben. Diese ist auf Grund des Talbotschen Gesetzes leicht zu berechnen und liefert eine Verwaschungszone der Breite $2f$ (an jedem mathematischen Punkt entsteht ein Lichtreiz proportional dem zeitlichen Mittelwert der Steuerfunktion während der Übergangsdauer). Unter Berücksichtigung des in Wirklichkeit nach Kurve 1' verlaufenden Fernsehsignals ergibt sich jedoch der stark verflaute Übergang entsprechend der Kurve 2'. Diese weich abschattierte Wiedergabe der scharfen Hell-Dunkel-Kante würde bei den heutigen Anforderungen an die Bildgüte unerträglich werden, wenn wir uns nicht des Kunstgriffes bedienten, den schädlichen Einfluß der optischen und der elektrischen Zeitkonstanten des Gesamtsystems durch Mehrverstärkung der hohen Übertragungsfrequenzen zu kompensieren, eine Maßnahme, die stets eine Versteilerung, d.h. größere Abbildungsschärfe, der Konturen bedeutet. Den Beitrag der optischen Spaltdämpfung können wir jedoch durch engere Lichtöffnungen bzw. schmälere Lichtflecke leider nur innerhalb der Grenzen bekämpfen, die uns durch die notwendige Mindesthelligkeit bei der Abtastung bzw. bei der Fernbildschrift gezogen sind. Auch dieses Verfahren stellt übrigens nichts anderes dar, als die relative Verstärkung und Bevorzugung solcher höheren Frequenzen, die bei weiterem Spalt durch Absinken des Modulationsgrades praktisch verlorengehen. Man erkennt hierin die enge Verknüpfung des Helligkeitsproblems mit dem Frequenzbandproblem des Fernsehens.

Betrachten wir nun die untere Grenze der zu übertragenden Periodizitäten zu dem Zwecke, das vollständige Frequenzspektrum zu erfassen. Das ruhende Bild läßt sich bei genügend hoher Zeilenzahl, d. h. geringer Ausdehnung des Lichtflecks quer zur Zeilenrichtung, in erster Näherung als einfache Fourierreihe von Schwärzungswechseln auffassen, mit der Zeilenfrequenz $\nu_Z = n \cdot k$ als Grundfrequenz. Die Helligkeitsverteilung längs der Zeile liefert die Harmonischen von ν_Z mit verschiedenen Amplituden und Phasenwinkeln. Bei bewegten Bildern ändern sich letztere Größen zeitlich, außerdem treten bei langsamen Helligkeitsänderungen über größere Flächen Frequenzen zwischen 0 und $n \cdot k$ auf, die, abgesehen von dem Bereich zwischen etwa 1 Hz und $(n - 1)$ Hz, der kaum jemals vorkommt, im Fernbilde unentbehrlich sind. Weiterhin sind auch die Bildwechselfrequenz n selber und ihre Multipla im Abtastspektrum vertreten, sei es unmittelbar, sei es als Modulation der Zeilenfrequenz und ihrer Harmonischen. Der Frequenz 0 entspricht der Helligkeitsmittelwert H_0, der ebenfalls übertragen werden muß, am einfachsten im Zuge der Verstärkung unter Benutzung einer künstlich einzuführenden Hilfsfrequenz oder Zwischenfrequenz $\nu_h > 2\,\nu_m$ als Trägerin der Hell-Dunkelverteilung. ν_h wird vor dem Modulieren der Sendewelle ausgefiltert. Die resultierenden Gleichstromimpulse sind H_0 proportional, und man überträgt diese Größe dann unmittelbar durch proportionale Herauftastung des Antennenstromes von Null oder einem definierten „Schwarzpegel" aus mit Hilfe jener Impulse.

R. D. Kell (S. 14, Vortrag I) hat gezeigt, daß bei Voraussetzung objektiv gleicher Bildschärfe längs und quer zur Zeile die Gleichung für ν_m einer Berichtigung bedarf. Nach Kell gilt:

$$\nu_m \cong 0{,}7 \cdot \frac{n}{2} \cdot \frac{l\,k^2}{q}\,.$$

Der für Auflösungsgleichheit im Sinne von Kell bei gegebener Höchstfrequenz ν'_m des Telegrafierkanals erforderliche Wert von k folgt zu:

$$k \cong 1{,}7 \cdot \sqrt{\frac{\nu'_m\,q}{n\,l}}\,.$$

Testfiguren scheinen vorstehende Annahme zu bestätigen. Bei manchen

Bildern kommt jedoch subjektiv ein günstigerer Eindruck zustande, wenn man die Übergangsschärfe längs der Zeilenrichtung einseitig zu ungunsten der Größe von k übertreibt.

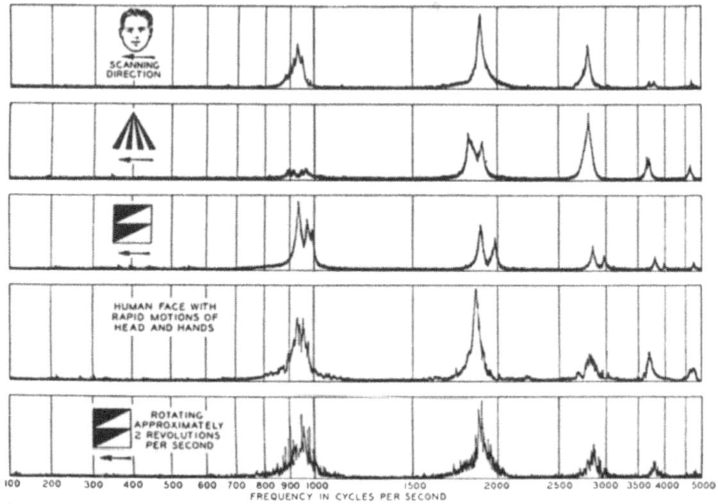

Abb. 33. Abtast-Frequenzspektrum der Fernsehübertragung nach Mertz und Gray (Bell-Labor).

Eine genauere Analyse der Bildabtastung rührt von Mertz und Gray [*16*] her. Sie zeigt folgendes:

I. Das Abtastspektrum ist stets (auch bei Bewegungen) ein vielfaches System von Banden mit Abständen gleich der Zeilenfrequenz; etwa die Hälfte des ganzen Schwingungsintervalles ist leer von Bildkomponenten (Abb. 33, $\nu_Z = 940$ Hz).

II. Um die Vorgänge exakt zu erfassen, muß man die durch die Flächenausdehnung des Lichtspaltes oder Lichtpunktes in das Abtastsignal eingehende Querverteilung der Schwärzung berücksichtigen. Man kommt dann zur Darstellung des Frequenzspektrums durch eine doppelte Fourierreihe.

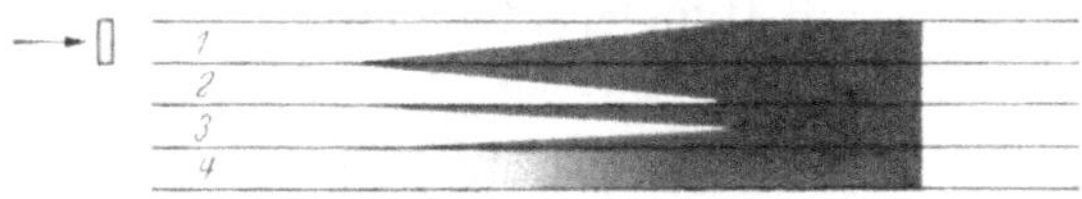

Abb. 34. Zur Veranschaulichung der Mehrdeutigkeit des Abtastsignals.

III. Das Abtastsignal ist also mehrdeutig. Die superponierten Beiträge der Längs- und der Querverteilung sind später nicht mehr zu trennen (Abb. 34; die drei verschiedenen Schwärzungsverteilungen in Zeile 1 bis 3 liefern identisch im Fernbild eine Helligkeitsverteilung gemäß Zeile 4).

IV. Infolgedessen entstehen im Fernbilde durch die Übertragungscharakteristik des Schreiblichtpunktes Störmuster, deren Konfiguration und Modulationsgrad vom Urbild, von der Form der Abtast- und Schreibspalte und der Zeilenbreite abhängen. Die der geringsten Störmusteramplitude entsprechende Spaltform ist nicht die günstigste in bezug auf Bildschärfe (Abb. 35 und 36; in letzterer verläuft die Zeilenabtastung horizontal!).

Je höher k wird, desto geringere Bedeutung haben die vorstehend erörterten Einflüsse; dies spricht ebenso wie die Tendenz zur Ver-

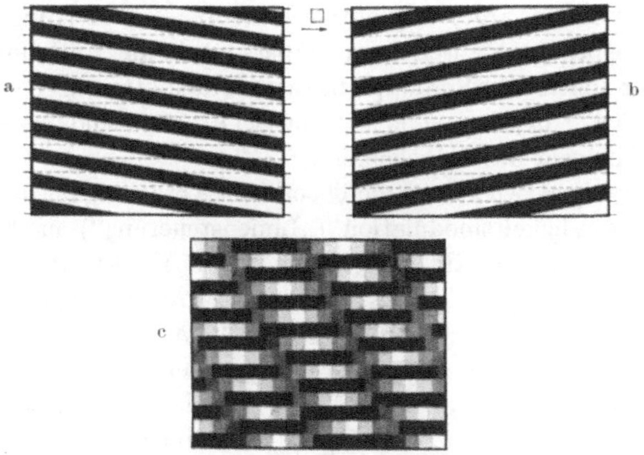

Abb. 35. Störmuster und Mehrdeutigkeit im Empfangsbilde (a, b Originale, c identische Übertragung).

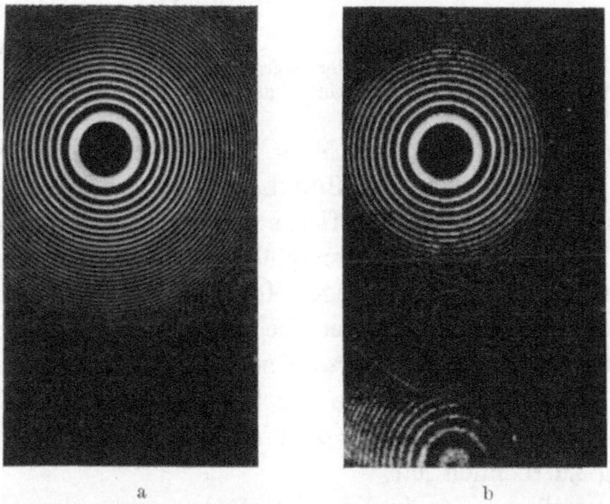

Abb. 36. Störmuster bei Übertragung Fresnelscher Ringfiguren (Mertz und Gray, Bell-Labor); links Original, rechts Übertragung.

größerung des Empfangsbildes dafür, k über die durch die Anforderungen in bezug auf Bildschärfe gerechtfertigten Werte hinaus noch zu steigern. Der Sehwinkel der Bildzeile soll an der Grenze der Auflösbarkeit liegen.

Die Interferenz des Zerlegungsvorganges mit gegebenen Bewegungen im Bildfelde führt prinzipiell zu Koordinatenverzerrungen mannigfaltiger Art (Lagendrehungen, Verwindungen, „Fransen"- und „Treppen"effekte bei Zeilensprung). Abb. 37 zeigt das Kippen eines während der Abtastung genügend schnell parallelverschobenen Vertikalstriches im Fernbilde, herrührend von der endlichen Aufbauzeit des Zeilenfeldes. Erfolgen solche Bewegungen sehr rasch, so können sich, je nach der Phase in bezug auf die Zerlegung, arge, ja groteske Koordinatenverzerrungen ergeben. Das Zeilensprungverfahren kann dabei durch die Aufteilung in zwei Halbraster zusätzliche Verdopplungen und Aufsplitterungen vortäuschen. Bei $n = 25\ s^{-1}$ bzw. $\nu_R = 50\ s^{-1}$ und bei $k > 350$ sind diese Störungen jedoch schon sehr unwahrscheinlich.

Noch wenig entwickelt ist die Theorie der Abtastung für das Verfahren der Geschwindigkeitsmodulation („Liniensteuerung") nach R. THUN, auf das hier nur flüchtig hingewiesen wird. Variiert man die Zeilengeschwindigkeit v_l eines Lichtflecks konstanter Intensität, so nimmt nach dem Talbotschen Gesetz die an einem Punkte des Fernbildes wahrgenommene Helligkeit in dem Maße zu bzw. ab, wie die Übergangsdauer f/v_l größer bzw. kleiner wird. Hierauf gründet THUN sein grundsätzlich interessantes Übertragungsprinzip, das von M. v. ARDENNE experimentell untersucht und von BEDFORD und PUCKLE in England durch zusätzliche Intensitätssteuerung des Lichtflecks im Kontrastumfang verbessert wurde [1]. Die Geschwindigkeitsmodulation ist zwar mit Hilfe des trägheitslos allen Beschleunigungen folgenden Kathodenstrahls physikalisch durchführbar und bietet theoretisch eine Reihe beachtlicher Vorteile, beinhaltet aber andererseits so viele röhren- und übertragungstechnische Schwierigkeiten sowie ungeklärte optisch-physiologische Probleme, daß man in absehbarer Zeit nicht mit ihrer praktischen Verwirklichung zu rechnen hat.

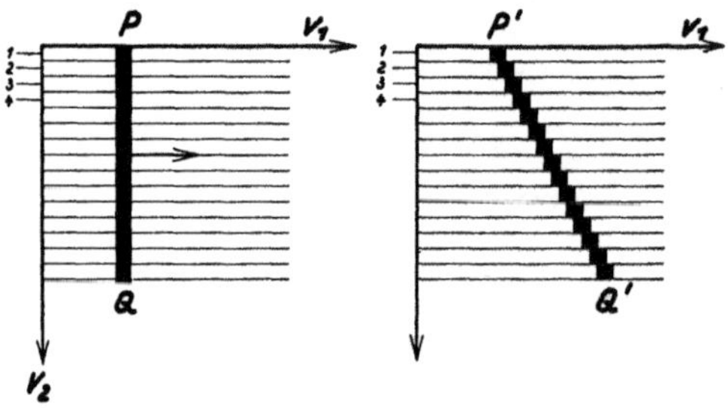

Abb. 37.
Beispiel für verzerrte Wiedergabe bewegter Gegenstände als Folge der endlichen Zerlegungsgeschwindigkeit.

Die Behandlung der in den Verstärkern hinzukommenden Verzerrungen (Laufzeiteffekte im RC-Verstärker, Nichtübertragung von H_0 usw.) gehört nicht zu den Grundlagen. Grundsätzlich soll das gesamte System verzerrungsfrei sein, d.h. $d\alpha = t_0 \cdot d\omega$ (α Übertragungswinkel, t_0 Laufzeit, ω Kreisfrequenz).

[1] Eingehender behandelt in F. SCHRÖTER: Handbuch der Bildtelegraphie und des Fernsehens, Kap. III S. 147. Berlin: Julius Springer 1932. — S. ferner M. VON ARDENNE: Fernsehen und Tonfilm, S. 210 (1932). — L. H. BEDFORD und O. S. PUCKLE: Exp. Wirel. Bd. XI Nr. 126 (1934) S. 137—141.

Durch Modulation der Sendewelle mit dem Bildabtastspektrum wird im Äther bzw. auf der Fernleitung die Frequenzbandbreite $2\,\nu_m$ beansprucht (bei Ausscheidung des problematischen Falles der Einseitenbandübertragung). Gemäß der Kurve in Abb. 38 muß der telegrafische Kanal das Intervall $2\,\nu_m$ insoweit bis zur empfangsseitigen Lichtsteuervorrichtung durchlassen, daß die Gesamtcharakteristik der Kette von Übertragungsgliedern beiderseits des Trägers ν_t für die Seitenbandfrequenzen $(\nu_t + \nu_m)$ und $(\nu_t - \nu_m)$ einen Abfall auf höchstens das 0,7 fache der maximalen Amplitude ergibt (Halbwertbreite). Sämtliche abgestimmten Schwingkreise (die zu trennscharfer Übertragung erforderlich sind) müssen deshalb sehr breite Resonanzkurven haben. Sie bedürfen bei den heutigen ν_m künstlicher Ohmscher Dämpfung. Dann ist die mit Schirmgitterröhren (Pentoden) zu erwartende Verstärkung:

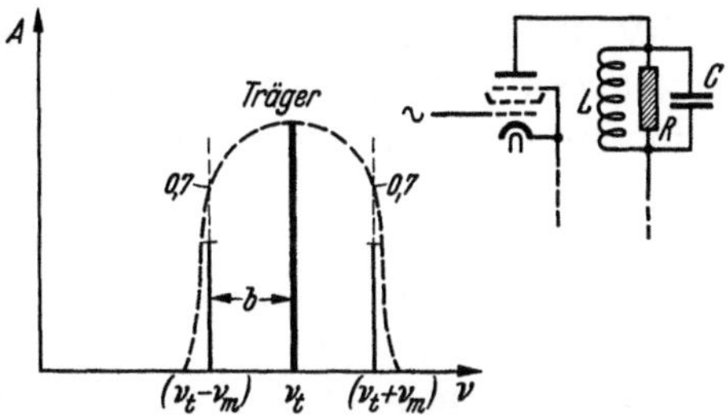

Abb. 38. Zur Definition der Durchlaßkurve eines Fernsehverstärkers und der resultierenden Röhrenverstärkung.

$$V_{\sim} = S \cdot \mathfrak{R}_a = \frac{S}{4\,\pi\,\nu_m\,C}\,.$$

Beispiel: $\nu_m = 2$ MHz, $C = 30$ pF, $S = 6$ mA/V, $V_{\sim} = 8$.

Die für vorstehende Beziehung maßgebende Bedingung $R_i \gg \mathfrak{R}_a$ ist bei Pentoden wegen $R_i \simeq \infty$ erfüllt. Man erkennt die generelle Bedeutung des S/C-Verhältnisses. Die modernen Knopfröhren besitzen, abgesehen von weitgehender Herabsetzung des schädlichen Einflusses der Elektronenlaufzeit auf die Verstärkung sehr hoher Frequenzen, besonders günstige S/C-Werte. Die Einschwingzeit eines abgestimmten Verstärkers mit der Halbwertbreite $2\,\nu_m$ ist $\sim 1/2\,\nu_m$ s und entspricht den übertragungstechnischen Anforderungen. Die Dekremente der Abstimmkreise beim drahtlosen Sender und Empfänger müssen aber in Grenzen bleiben, die noch genügende Resonanzamplituden bzw. Trennschärfen gegenüber Nachbarwellen zulassen. Daher benötigt das Fernsehen, das heute auf ν_m-Werte bis zu 2 MHz hinaufgeht, als Träger dieser an sich schon hochfrequenten Modulationen die ultrakurzen Wellen, und zwar in dem Bande von etwa 7 m abwärts, weil in diesem Wellenbereich bis mindestens zum geometrischen Horizont der Sendeantenne normalerweise eine schwundfreie Ausbreitung ohne bildstörende Echos (Reflexionen) stattfindet.

Die Ausführungen der Abschnitte 3 und 4 zusammenfassend, können wir folgende wichtigsten Sätze aufstellen:

I. Entscheidend für die Fernbildschärfe sind allein die Zeilenzahl (k) und das durchkommende Frequenzband (ν_m). Der Begriff des „Bildpunktes“ ist ohne reale Bedeutung, aber für elementare Betrachtungen nützlich.

II. Die Bedingung der Flimmerfreiheit erfordert $n > 25\ s^{-1}$; sie wird bei geringster Beanspruchung des elektrischen Übertragungskanals durch das Zeilensprungverfahren erfüllt.

III. Mindestwerte der Zeilenzahl k sind nicht allein durch die Ansprüche hinsichtlich Fernbildschärfe gegeben, sondern zugleich durch das Bestreben, die Linienstruktur bei dem gewählten Betrachtungsabstand zum Verschwinden zu bringen. D.h. die Länge q/k soll an der Grenze der Auflösbarkeit durch das Auge liegen (Sehschärfe etwa 1′ bis 1½′).

IV. Zur Forderung möglichst hoher k-Werte führt die Gefahr der Interferenz zwischen Zeilenauflösung und bildlichen Feinstrukturen (Störmuster); hierin zeigt sich eine neu erkannte Grenze der störfreien Wiedergabemöglichkeit.

V. Die mittlere Helligkeit H_0 des Bildes bzw. ihre langsamen Änderungen müssen mitübertragen werden; am besten eignet sich dafür eine Trägerfrequenzmethode.

VI. Die Stufenverstärkung sinkt mit der Frequenzbandbreite; bei 2 MHz werden aber mit steilen Pentoden noch brauchbare Einzelverstärkungen erhalten.

VII. Die Ultrakurzwellen sind als Träger der hochfrequenten Fernsehsignale unentbehrlich. Sie allein ermöglichen in den abgestimmten Schwingkreisen trotz absolut großer Durchlaßbreite noch hinreichende Resonanzfähigkeit, d.h. beim Empfang Trennschärfe, und sind innerhalb des geometrischen Senderhorizonts echofrei.

Zusammenstellung neuzeitlicher Fernsehsysteme auf rein elektronischer Basis.

I.	Telefunken	$k = 375$,	$n = 25$,	Zeilensprung,	$\nu_m \backsimeq 1{,}6$ MHz.
II.	Marconi-EMI . . .	$k = 405$,	$n = 25$,	Zeilensprung,	$\nu_m \backsimeq 2$ MHz.
III.	RCA-Victor-Co.. . .	$k = 343$,	$n = 30$,	Zeilensprung,	$\nu_m \backsimeq 1{,}4$ MHz.

5. Die Begrenzung der Verstärkung durch den Störspiegel. Helligkeitsproblem.

Die Grenze der Verstärkbarkeit eines Bildsignals ist durch den Störspiegel der Eingangsröhre (Fotoverstärker, Empfangsverstärker) gegeben, und zwar hauptsächlich durch den Schroteffekt, die Diskontinuität des Elektronenflusses. Dem Ruhestrom I_a entspricht bei Raumladung am Steuergitter eine mittlere Spannung:

$$\overline{U}_g = \frac{F}{S} \cdot \sqrt{2\,\varepsilon\, I_a\, \Delta\, \nu_{kHz}} \quad (\mu\mathrm{V}).$$

($F < 1$ eine Röhrenkonstante, S Steilheit, ε Elektronenladung, $\Delta\nu$ Frequenzbandbreite) [*17*].

Das hinzukommende Wärmegeräusch, hervorgerufen durch eine Art Brownscher Bewegung der Elektronen im Eingangskreis, ist bei den geringen Scheinwiderständen der Fernsehübertragung etwa von gleicher Größenordnung und ebenfalls proportional $\sqrt{\Delta\nu}$. Weitere Quellen von „Störgrieß" liegen in den mechanischen Eigenschaften der Röhren und im „Funkeleffekt", einer niederfrequenten Schwankung der örtlichen Emissionsdichte. Bei $2\nu_m = 4$ MHz müssen wir mit etwa 30 μV Störspannung rechnen. In den vom Verstärkerausgang betriebenen heutigen Braunschen Röhren rufen 0,1 V merkliche Aufhellung, 10 V maximale Aufhellung hervor. Soll also der Störgrieß im Bildhintergrunde unauffällig bleiben, so darf die Gesamtverstärkung höchstens etwa 3000fach sein. Damit ist eine naturgegebene Grenze der Verstärkbarkeit schwacher Bildsignale aufgezeigt. Für die Übertragbarkeit ist stets ein gewisser Mindestwert des Verhältnisses Nutzsignal : Störspiegel Voraussetzung. In dem vorstehenden Falle müßte der Fernsehsender am ersten Steuergitter des Empfängers etwa 3 mV aufbringen, um den Rauschpegel durch Gegenspannung genügend „abriegeln" zu können und ein ausreichendes Intervall für angenähert lineare Helligkeitsmodulation zu behalten. Es gibt aber Leistungsgrenzen der Ultrakurzwellensender bei gegebener Wellenlänge; denn man kann hierfür nicht beliebig viele Röhren parallel schalten. Man hilft sich mit möglichst hochgelegenen Strahlern.

Das Bestehen eines naturgegebenen Störspiegels proportional $\sqrt{\Delta\nu}$ wirkt sich nun entscheidend aus bei der Bildabtastung am Sender. Mit wachsender Zeilenzahl k wird der vom Bildelement gelieferte Lichtstrom rasch kleiner. Näheres hierüber im Vortrag III (Mechanische Bildfeldzerleger). Im gleichen Verhältnis sinkt die fotoelektrische Signalamplitude. Die Grenze für die Steigerung der Rasterfeinheit ist das Untergehen der Bildwechselspannungen im Störpegel der Eingangsröhre des Sendeverstärkers (Kompensation durch erhöhten Eingangswiderstand und spätere Frequenzentzerrung ist in gewissen Grenzen möglich). Diese Erkenntnis hat in der Vergangenheit zur Heranziehung von Lichtquellen höchster Leuchtdichte geführt, um den auf das Bildelement entfallenden Lichtstrom so groß wie möglich zu erhalten bzw. dessen Verringerung durch wachsendes ϱ wettzumachen. Solche Lichtquellen sind z. B.:

Positiver Krater des Reinkohlebogens . . .	18 000 Stilb,
Krater der Goerz-Beck-Bogenlampe	30 000 . . . 50 000 Stilb,
Quecksilberdampf-Höchstdrucklampe . . .	5000 . . . 200 000 Stilb.

Durch Heranziehung dieser hohen Leuchtdichten, besonders lichtstarker Optiken und der Fotozellen mit Sekundäremissions-Vervielfachung wird es der Technik möglich sein, den in Zukunft berechtigten Werten für k und ϱ mit mechanischen Bildfeldzerlegern zu genügen (abgesehen von deren Grenzen durch Material, Dimensionen, Betriebsfragen usw.).

Grundsätzlich liegt aber für alle diese Geräte (zuzüglich der FARNSWORTH-Bildfängerröhre) eine physikalische Grenze ihrer Leistungsfähigkeit darin, daß sie den fotoelektrischen Effekt des Lichtstromes vom einzelnen Bildelement nur während der äußerst kurzen Abtastdauer desselben, $\tau' = 1/n\varrho$ s, ausnutzen. Da alle Übertragungseinrichtungen mit Kapazität behaftet sind, wird dann die Größe des Nutzsignals durch die geringe in der Zeit τ' freigemachte elektrische Ladung bestimmt.

Einen fundamentalen Fortschritt bedeutet demgegenüber bei der Fernsehabtastung die Einführung des Speicherprinzips, z. B. in der Form des Ikonoskops von ZWORYKIN. Hier wird auf den Mikrofotozellen des vom Sendebild belichteten Schirmes, die zugleich isolierte Kapazitäten darstellen, der lichtelektrische Effekt für jedes einzelne Bildelement über das ganze Abtastintervall $1/n$ s akkumuliert. Anschließend wird jede Speicherzelle innerhalb weniger als 10^{-6} s vom Kathodenstrahl überstrichen und mittels Sekundäremission der betr. Elementarfläche über einen Widerstand entladen, der die Gitterspannung des Sendeverstärkers erzeugt. Für den Aufbau des Nutzsignals steht nunmehr also der Integralwert der lichtelektrischen Aufladung über $1/n$ s (d.h. 1/25 s) zur Verfügung. Damit ist es gelungen, den Mindestbedarf an Beleuchtungsstärke soweit zu erniedrigen, daß mit der grundsätzlich einfachen, leichtbeweglichen Ikonoskopkamera bei $k > 300$ alle Szenen übertragen werden können, deren Helligkeit für gewöhnliche fotografische Aufnahmen ausreicht.

Während früher als Steuergröße nur die Lichtleistung des Bildelementes über dessen Abtastdauer $1/n\varrho$ s verfügbar war, ist es jetzt dank dem Speicherverfahren theoretisch ein ϱfach höherer Wert, d. h. wir hätten unter den Verhältnissen des künftigen Fernsehbetriebes auch bei schlechtem Wirkungsgrad die Möglichkeit einer Verbesserung von über 10000 : 1. Da kaum noch mit weiteren Fortschritten von ähnlicher Tragweite zu rechnen ist, kann als absolute Grenze der Übertragbarkeit diejenige maximale Bildpunktzahl bzw. diejenige Mindestbeleuchtung des Gegenstandes gelten, bei welcher das Fotostromzeitintegral des hellsten Bildelementes, in Steuerspannung ausgedrückt, zwei Größenordnungen über dem naturgegebenen Verstärkerrauschen liegt. Man wird so auch bei Personenabtastung bis zu $k = 600$ und damit zu den Rasterungsverhältnissen des heutigen Kinobildes kommen.

Auch auf der Empfängerseite wirkt sich das Helligkeitsproblem aus: Die Leuchtdichte des Lichtflecks verdünnt sich nach dem Talbotschen Gesetz im Verhältnis ϱ, daher auch hier in der Ära der mechanischen Bildfeldzerleger das Streben nach Lichtquellen mit möglichst großen Leuchtdichten (in Verbindung mit trägheitslosen Lichtrelais). Allerdings mildert sich der Verdünnungsgrad der Helligkeit rein physiologisch durch die logarithmische Augenempfindlichkeit, entsprechend dem Weber-

Fechnerschen Gesetz:

$$E = \text{const} \cdot \ln I,$$

wonach sich bei der Wahrnehmung von Helligkeitsunterschieden die Kontrastempfindung (E) in arithmetischer Progression, der Reiz (I) dagegen in geometrischer Progression ändert. Dieser Umstand nützt uns jedoch praktisch nichts; denn es kommt ja lediglich darauf an, wie der Gesichtssinn die Empfindungsstufen bewertet. Wir müssen also versuchen, das Verdünnungsgesetz der Bildfeldzerleger primär zu bekämpfen. Die Braunsche Röhre hilft auch hier weiter. Sie gestattet mit Hilfe elektronenoptischer Mittel die Konzentration der verfügbaren Strahlleistung auf Leuchtflecke, deren Durchmesser, je nach der Anodenspannung, auf 0,4 mm bis 0,1 mm sinkt, d.h. praktisch kann im Verhältnis zum gesamten Bildfeld stets die ϱ entsprechende Kleinheit des Schreiblichtpunktes erreicht werden. Bei konstanter Schirmfläche und Strahlleistung bleibt dann natürlich die resultierende Helligkeit unabhängig von ϱ und k dieselbe. Die Zahlentafel 1 zeigt die außerordentliche Tragweite dieser Tatsache durch Vergleich mit mechanischen Bildfeldzerlegern, die in Verbindung mit bestimmten Lichtquellen und Steuermethoden arbeiten. Man erkennt den raschen Abfall des optischen Wirkungsgrades bei jenen älteren Vorrichtungen und seine Unveränderlichkeit bei der Braunschen Röhre. Auch bei noch höheren Zeilenzahlen, wie sie heute allein interessieren, bleibt die Helligkeit des kathodenstrahlerregten Fluoreszenzschirmes in weiten Grenzen erhalten. Dies ist einer der Hauptgründe für den Erfolg der Braunschen Röhre und für den Wandel, den sie in der Fernsehempfangstechnik herbeigeführt hat.

Zahlentafel 1. Helligkeitsverhältnis verschiedener Bildpunktverteiler als Funktion der Rasterzahl bei konstanter Bildfeldgröße und Leistungsaufnahme der Lichtquelle. Quadratisches Bildformat.

Zahl der Bildzeilen $k =$	35	71	100	200
Zahl der Rasterelemente $\varrho =$ . . .	1250	5000	10000	40000
Nipkow-Scheibe mit Bogenlampe und Kerr-Optik (einfach, Leuchtfläche direkt anvisiert) $H' =$	400	100	50	12,5
Weillersches Spiegelrad mit Bogenlampe und Kerr-Optik (einfach, projiziertes Mattscheibenbild) $H' =$	10000	300	53	1,7
Braunsche Röhre (Phosphor ungesättigt) $H' =$	1000	1000	1000	1000

III. Die mechanischen Bildfeldzerleger und ihre Synchronisierung.

Von Dr. R. MÖLLER, Berlin.

1. Einteilung der Geräte.

Die Vorgeschichte der heutigen mechanischen Bildfeldzerleger wurde im Vortrag I berührt. Überragend ist seinerzeit die Erfindung von PAUL NIPKOW gewesen (DRP. Nr. 30105 vom 6. Januar 1884). Die Nipkow-Scheibe löst die Aufgabe der Zerlegung so vollendet, daß man in den folgenden 50 Jahren nichts besseres an ihre Stelle hat setzen können. Der Erfolg der ersten praktischen Fernsehvorführungen (A. KAROLUS 1924, J. L. BAIRD 1926) beruhte auf der Anwendung dieser Scheibe. Während die meisten Erfinder vor NIPKOW das flächenhafte Bild in seinen beiden Koordinaten durch zwei getrennte, mechanisch gekoppelte Vorgänge (z. B. senkrecht zueinander schwingende Spiegel bzw. umlaufende Spiegelräder) zerlegen wollten, führte NIPKOW dieses Problem auf eine einzige mechanische Bewegung zurück, und zwar auf eine reine Drehbewegung.

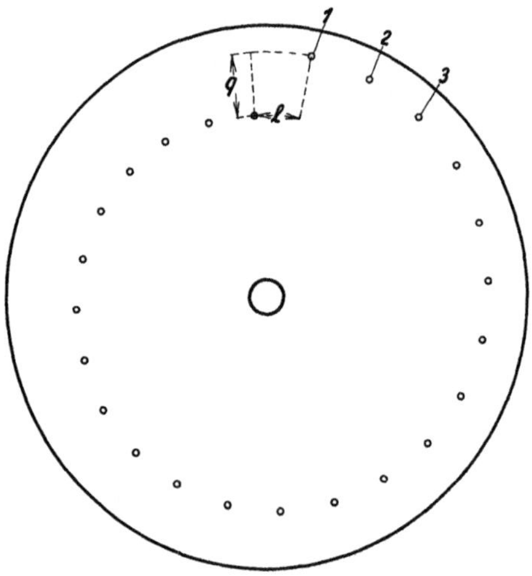

Abb. 39. Anordnung der Abtastöffnungen bei der Nipkow-Scheibe.

Die Nipkow-Scheibe (s. Abb. 39) enthält in der Nähe ihres Randes eine Anzahl (k) von Abtastöffnungen 1, 2, 3, ..., die auf einer arithmetischen Spirale liegen. Projiziert man auf das Feld von der Höhe q und Breite l den zu übertragenden Gegenstand, so durchqueren beim Drehen der Scheibe die Abtastöffnungen nacheinander die Bildfläche und zerlegen sie, da jede folgende Öffnung der Drehachse um die eigene Breite näherliegt, in k dicht aneinander anschließende parallele Zeilen.

Längs jeder Zeile blendet die Abtastöffnung entsprechend der gegebenen Helligkeitsverteilung zeitlich schwankende Lichtstromwerte heraus, die auf das fotoelektrische Umwandlungsorgan einwirken und dort das Bildsignal erzeugen. Die Bildhöhe q ist der radiale Abstand der äußersten und der innersten Abtastöffnung, die Bildbreite l der Abstand zweier benachbarter Abtastöffnungen, während die Breite der Zeile durch den Durchmesser der kreisförmigen (oder die Kantenlänge der quadratisch geformten) Abtastöffnung gegeben ist. Bei jeder vollen Umdrehung der Nipkow-Scheibe wird das ganze Bild einmal in seine Rasterelemente zerlegt. Deren Anzahl ϱ kann man als den Quotienten Bildfläche: Querschnitt der Abtastöffnung definieren.

Das von Nipkow erdachte Übertragungssystem beruht auf der Anwendung von zwei synchron und konphas umlaufenden Spirallochscheiben nach Abb. 39. Der die Abtastöffnung der Sendescheibe durchsetzende, von der Helligkeitsverteilung des fernzusehenden Bildes modulierte Lichtstrom soll durch eine Selenzelle in einen entsprechend schwankenden elektrischen Strom umgewandelt werden, der beim Empfänger ein auf dem Faraday-Effekt beruhendes Lichtrelais steuert. Dieses läßt von der konstanten Strahlung einer Lichtquelle, die das Bildfeld der Empfangsscheibe gleichmäßig ausleuchtet, jeweils soviel durch, daß der Betrachter die gerade wirksame Öffnung proportional der Lichtintensität des senderseits abgetasteten Bildelements erhellt sieht. Da nun die Gleichphasigkeit der synchron umlaufenden Scheiben mit Bezug auf das Bildfeld stets die Lagengleichheit der Abtastöffnung beim Sender und der Durchlaßöffnung beim Empfänger gewährleistet, wird an jeden Punkt des Fernbildes der richtige Helligkeitswert übertragen, und durch periodische Wiederholung dieses Vorganges nimmt das Auge bei $n \geqq 25$ Umdrehungen/s der Scheibe ein stetiges Gesichtsfeld wahr.

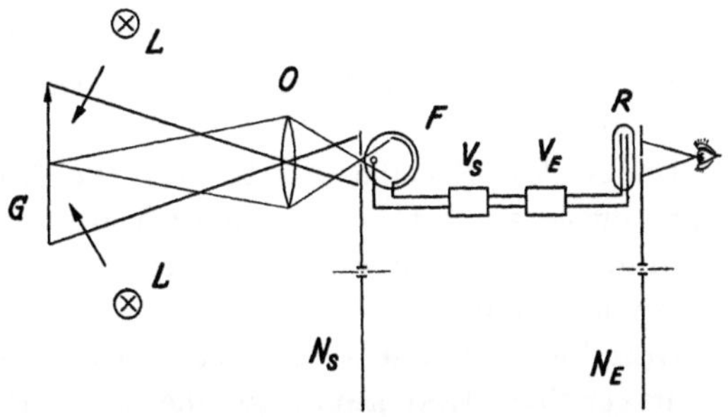

Abb. 40. Schema der Gesamtanordnung eines Fernsehers mit Nipkow-Scheiben.

An dem einfachen Fernseherschema Abb. 40 erkennt man, daß der in der Ebene G befindliche, von den Lichtquellen L angestrahlte und daher im erborgten Licht leuchtende Übertragungsgegenstand mittels des Objektives O auf das Zerlegerfeld der Nipkow-Scheibe N_S abgebildet wird. Durch deren wirksame Abtastöffnung fällt dann auf die Fotozelle F ein Lichtstrom $\Phi = \frac{\text{Gesamtlichtstrom auf dem Zerlegerfeld}}{\text{Zahl der Rasterelemente } (\varrho)}$. Mit zunehmender Verkleinerung der Abtastöffnungen, d.h. mit wachsendem ϱ, wird also bei konstantem Zerlegerfeld auch Φ proportional schwächer.

Der vom Licht in der Fotozelle ausgelöste Strom wird über einen Sendeverstärker V_S dem Empfangsverstärker V_E zugeleitet, der die Helligkeit einer Glimmlampe R moduliert. Die lichtumhüllte Flächenkathode füllt den Bildausschnitt der Scheibe N_E aus und wird durch diesen hindurch betrachtet; dabei fällt in das Auge jeweils nur der von der Durchlaßöffnung ausgeblendete, durch ϱ bestimmte Bruchteil des gesamten Kathodenglimmlichtes. Bei genügend hoher Drehzahl der Nipkow-Scheibe entsteht dann der physiologische Eindruck, als ob der durchgelassene Lichtstrom gleichmäßig über das ganze Bildfeld verdünnt sei, und zwar sinkt nach dem Talbotschen Gesetz an jedem Punkt die scheinbare Leuchtdichte proportional dem Quotienten $\frac{\text{Dauer des Lichteindrucks}}{\text{Zeitabstand zweier Lichteindrücke}} = \frac{1}{\varrho}$. Allerdings liegen dabei wegen der logarithmischen Augenempfindlichkeit (Weber-Fechnersches Gesetz) die quantitativen Verhältnisse etwas anders.

Die Nipkow-Scheibe arbeitet also im Prinzip sehr unökonomisch; denn sowohl auf der Sende- als auch auf der Empfangsseite wird nur der durch die Bildpunktzahl (ϱ) gegebene Bruchteil des vorhandenen Lichtes ausgenutzt.

Grundsätzlich anders als vorstehende Art der Zerlegung ist die sog. Lichtstrahlabtastmethode, die von RIGNOUX [*18*] erfunden und später von J. L. BAIRD [*19*] für Personenübertragung in die Praxis eingeführt wurde. Wie aus Abb. 41 hervorgeht, wird das Zerlegerfeld der Nipkow-Scheibe N_S mittels Kondensoroptik K und Bogenlampe L intensiv beleuchtet. Bildet man es nun durch das Objektiv O in die Ebene des Übertragungsgegenstandes G ab, so wandert über diesen beim Drehen der Scheibe ein intensiver Lichtfleck hinweg, der die Größe des Rasterelementes bestimmt. Der entsprechend dem Reflexionsvermögen des abgetasteten Bildpunktes zurückgeworfene, diffuse Lichtstrom wird zum Teil von den beiden Fotozellen F_1 und F_2 aufgenommen und dient entsprechend Abb. 40 auf der Empfangsseite zur Modulation einer steuerbaren Lichtquelle R.

Wie der Vergleich von Abb. 40 und 41 zeigt, haben Fotozelle und Lichtquelle ihren Platz vertauscht. Während gemäß Abb. 40 der ganze durch die Abtastöffnung der Nipkow-Scheibe tretende Lichtstrom fotoelektrisch ausgenutzt werden kann, gilt dies nach Abb. 41 nur für einen Bruchteil des von G diffus reflektierten Lichtes, der je nach Abstand und Auffangfläche der Fotozellen in der Größenordnung 1/100 liegt. Doch hat die Lichtstrahlabtastung den ungeheuren Vorteil, daß man den fernzusehenden Gegenstand, z.B. eine Person, nicht dauernd im ganzen zu beleuchten braucht, sondern immer nur gerade an dem zu übertragenden Punkt. Daher geht die durch das bewegte Lichtbündel hervorgerufene Blendung gemäß dem Talbotschen und dem Weber-Fechnerschen Gesetz auf einen Bruchteil zurück, oder aber es lassen sich in dem Abtaststrahl Leuchtdichten anwenden, an die man bei Vollbelichtung des Objektes nicht im entferntesten denken könnte.

Nipkow hat in seinem Patent eine Reihe weiterer Angaben gemacht, die von erheblicher geistiger Durchbildung seines Fernsehsystems zeugen, auch hat er vorausschauend Mittel zur Lösung von Schwierigkeiten angegeben, die sich erst viel später herausgestellt haben. So schlägt er z.B. vor, die Achse der Scheibe nach jeder zweiten Umdrehung um einen kleinen Betrag seitlich zu verlagern. Damit ist bereits das Zeilensprungverfahren angedeutet, bei dem man sich in Deutschland heute noch über-

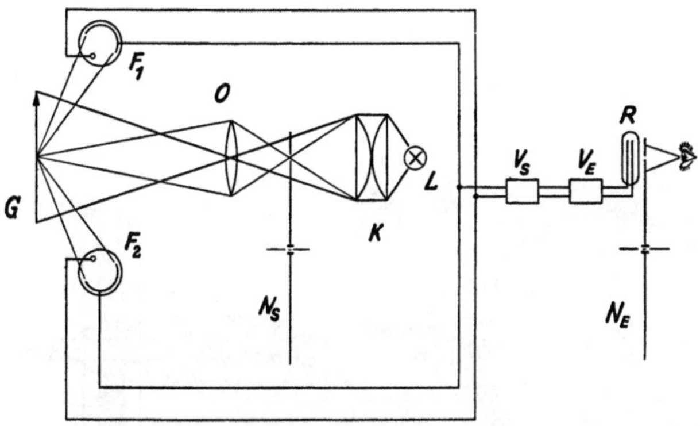

Abb. 41. Prinzipschema der Lichtstrahlabtastung mit Nipkow-Scheibe.

legt, ob man es für die allgemeine Fernsehsendung normieren will. Nipkow dachte auch schon daran, den durch die Scheibenlöcher tretenden Lichtstrom durch vorgesetzte Linsen zu vergrößern, und wenn er diese Anordnung zur Abtastung von Diapositiven bei Beleuchtung mit parallelem Licht empfiehlt, so hat er damit einen Weg vorgezeichnet, der erst in allerneuester Zeit bei modernen mechanischen Abtastgeräten praktisch beschritten worden ist. Eine Abart der Nipkow Scheibe, die Lochtrommel nach Nisco [*20*], hat F. Jenkins [*21*] benutzt und damit als einer der ersten Fernsehübertragungen durchführen können.

Sonderbarerweise ist noch Jahrzehnte später die Bedeutung des Nipkow-Patentes gewissen anderen Erfindern offenbar nicht recht klar geworden, da sie sich unentwegt mit abweichenden, komplizierteren Abtastvorrichtungen beschäftigten, z.B. mit gekreuzten Schlitzen [*22*] und Lochbändern [*23*].

Zur Erzeugung und Bewegung des Abtastlichtstrahls kann auch das im Jahre 1889 von Weiller [*24*] angegebene Spiegelrad dienen [*25*].

Eine Trommel (Abb. 42, links) trägt auf ihrem Umfang eine Anzahl von gleichgroßen spiegelnden Flächen 1 ... k. Der Zentriwinkel aller dieser Flächen in bezug auf die Rotationsachse ist konstant. Wenn man, wie gezeichnet, die beleuchtete Blende durch das Objektiv O über den Spiegel 12 auf das Bildfeld projiziert, so bewegt sich der dort erzeugte Lichtfleck beim Drehen des Rades in einer Zeile von I (linker Bildrand, Eintrittsstelle) nach II (rechter Bildrand, Austrittsstelle). Sobald der Spiegel 12 die Lage 13 erreicht hat, ist der nächste an seine Stelle ge-

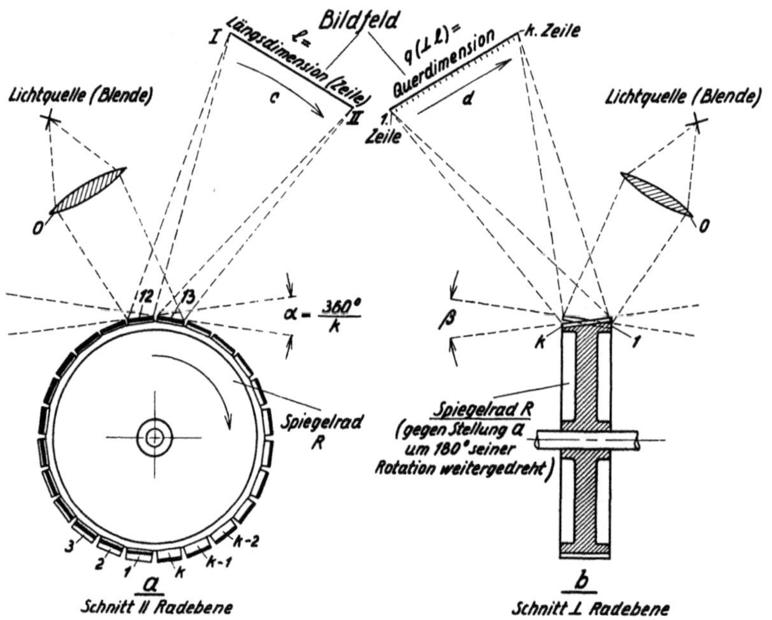

Abb. 42. Grundsätzliche Anordnung des Weiller-Spiegelrades.

rückt, um vom linken Bildrand ausgehend die anschließende Lichtfleckzeile zu schreiben usf. Bei diesem ständig wiederholten Spiel durchläuft der reflektierte Strahl jedesmal den Winkel 2α, wenn $\alpha = \frac{360^\circ}{k}$ die Neigung zweier benachbarter Spiegel zueinander ist. Der in der Bildfeldebene gemessene Abstand zwischen zwei von benachbarten Spiegeln herrührenden Blendenbildern definiert also die Länge l der Zeile. In Wirklichkeit ist l etwas kürzer, da jeweils nur 1 Lichtfleck ausgenutzt werden kann, um das Signal einem bestimmten Bildpunkt eindeutig zuzuordnen.

Damit nun die Zeilen zu einer Fläche aneinandergereiht werden, erhält ferner jeder Spiegel gegen den vorhergehenden eine kleine Winkelneigung $\beta = \frac{360^\circ}{k}$ im Schnitt senkrecht zur Radebene. Dies zeigt

Abb. 42 rechts. Hier sind die beiden Spiegel 1 bzw. *k* an der Sprungstelle gezeichnet, also diejenigen Spiegel, welche die oberste bzw. die unterste Lichtfleckzeile erzeugen. Die beiden von 1 und von *k* reflektierten Strahlenkegel begrenzen die Höhe *q* des Zeilenrasters. Demnach tastet bei einmaliger Umdrehung des Rades das von den Spiegeln bewegte Lichtbündel die rechteckige Bildfläche einmal ab. Die Fotozellen wären vor dieser entsprechend Abb. 41 anzuordnen.

Für den Empfangszweck wird die Helligkeit der Lichtquelle (Blende) durch die vom Sender übertragenen Bildimpulse gesteuert. Der modulierte Strahl schreibt auf dem Schirm das Fernbild. Man erkennt dabei, daß der lichttechnische Wirkungsgrad des Spiegelrades bedeutend besser ist als der der Nipkow-Scheibe; es braucht nämlich nicht das ganze Bildfeld gleichzeitig ausgeleuchtet zu werden, sondern nur die Blende von der Größe des Rasterelements, und das umlaufende Spiegelrad besorgt dann die Verteilung dieser konzentrierten Lichtmenge über die Projektionsfläche. Da die Schwierigkeit, große Lichtströme trägheitslos zu steuern, naturgemäß ein Problem der Empfangsseite ist, hat sich hier von den mechanischen Bildfeldzerlegern nur das Spiegelrad behaupten können.

Ist bei der Sendung das Bildfeld ohnehin voll beleuchtet, z. B. durch Tageslicht, so erzeugt man über das Weiller-Rad ein reelles Bild des Übertragungsgegenstandes und führt es beim Drehen der Spiegel, Zeile nach Zeile, über eine feststehende Blende hinweg, hinter welcher sich die Fotozelle befindet. Im Gegensatz zur Nipkow-Scheibe, die das ruhende Bild mit *k* bewegten Blenden zerlegt, läßt sich dann die Größe des Rasterelements im Betriebe an der einen, unbewegten Blende beliebig einstellen.

Dem Weiller-Rad äquivalent ist ein Paar von prismatischen Spiegelrädern (B. Rosing) [*26*], deren Achsen senkrecht aufeinanderstehen, wobei das schnellrotierende Prisma die Aufrasterung in Zeilenrichtung vornimmt, während das langsamer rotierende die Zeilen zur Bildfläche aneinanderreiht. Genau so wirken schwingende Spiegel (Szczepanik) [*27*], mit denen D. v. Mihaly sein „Telehor" ausgerüstet hat. Diese ergeben zwar einen gedrängten Aufbau des Zerlegers, lassen jedoch die grundsätzlich notwendige, ruckweise erfolgende Umkehrbewegung bei genügender Fläche, d. h. Helligkeit, aus Trägheitsgründen kaum zu und fallen infolge der hin- und hergehenden Abtastung aus der Reihe der heute wohl ausschließlich benutzten Vorrichtungen für konstante Lichtfleckgeschwindigkeit heraus. Um dem schwierigen Umkehrantrieb aus dem Wege zu gehen, hat Codelli [*28*] die prinzipiell schon von Carey angegebene Spiralabtastung weiterentwickelt; er benutzte dabei die Taumelbewegung eines Hohlspiegels von 8 cm Durchmesser.

Ähnlich wie umlaufende Spiegelflächen arbeiten Anordnungen, bei denen das den Abtaststrahl erzeugende optische System selbst bewegt wird. Dieser Fall liegt vor bei der später zu behandelnden Linsenscheibe oder Linsentrommel (Brillouin) [29].

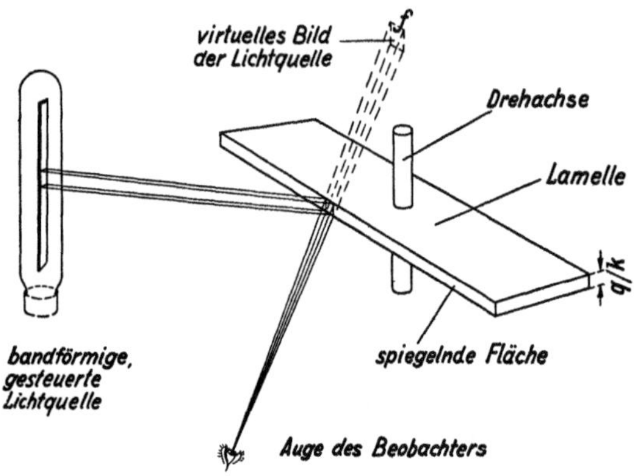

Abb. 43. Zur Veranschaulichung der Wirkungsweise der Spiegelschraube.

Die Spiegelschraube [30], die von F. v. Okolicsany [31] zum erstenmal auf der Empfangsseite verwendet wurde, läßt sich in die bisher besprochenen Arten mechanischer Bildfeldzerleger nicht einreihen, da bei ihr die Definition des Rasterelements aus zwei verschiedenen Ebenen heraus erfolgt (aufgeteilte Abbildung). Gemäß Abb. 43 ist eine Lamelle, die auf einer Rotorwelle sitzt, an ihrer Vorderkante spiegelnd ausgeführt. Visiert man über diese Fläche eine linien- oder bandförmige steuerbare Lichtquelle an, deren Längsachse parallel zur Drehachse steht, so sieht man an irgendeiner Stelle der spiegelnden Lamelle einen elementaren Ausschnitt des Lichtbandes. Die Größe dieses Ausschnittes ist gegeben 1. durch die Höhe der Lamelle (q/k), 2. durch die Dicke (f) der gespiegelten Leuchtlinie. Man wird f so wählen, daß das virtuelle Bild quadratisch erscheint. Beim Drehen der Lamelle wandert dieser Lichtpunkt längs der spiegelnden Kante und beschreibt eine Zeile. Während also die reflektierende Vorderfläche der Lamelle selbst die Zeile bestimmt, erfolgt die Definition der Bildpunktbreite in der Ebene der Lichtquelle. Wenn man jetzt eine der Anzahl der Bildzeilen entsprechende Zahl k solcher Spiegelleisten übereinanderschichtet und durch Verdrehen derselben um konstante Winkel dafür sorgt, daß der Ausschnitt der Lichtquelle jedesmal im Augenblick seines Verschwindens beim Ende einer Lamelle am An-

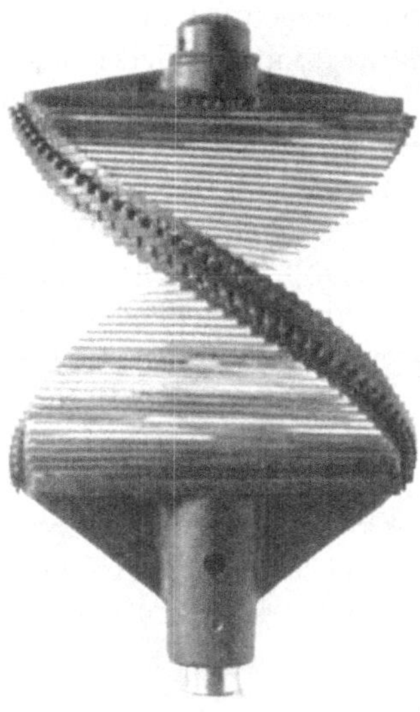

Abb. 44. Ausführung der Spiegelschraube.

fang der nächsten wieder auftaucht, so erhält man die sog. Spiegelschraube, deren Aufbau aus Abb. 44 hervorgeht.

Verteilt man die Lamellen auf 360°, so wird das Bild bei jeder vollen Umdrehung einmal zusammengesetzt. Die Spiegelschraube hat den Vorteil, daß ihre äußeren Abmessungen gleich denen des erzeugten Bildfeldes sind. Sie stellt, vom Standpunkt der Wirtschaftlichkeit aus betrachtet, ein Mittelding dar zwischen Nipkow-Scheibe und Weiller-Rad, da die notwendige Ausdehnung der Lichtquelle nur in der einen Koordinate der Zerlegung mit einer Bilddimension (Höhe q) vergleichbar ist [*32*, *33*], während sie sich in der anderen Koordinate auf die Breite des Rasterelements beschränkt. Der wohl zuerst von WALTON [*34*] angegebene Gedanke, die Größe des Bildpunktes aus verschiedenen optischen Ebenen heraus zu definieren („split focus"), hat, wie später gezeigt wird, auch auf der Sendeseite zu interessanten Lösungen geführt.

2. Der Gleichlauf.

Da die hin- und herschwingenden Spiegel zu keiner praktischen Bedeutung gelangt sind, läuft das Problem der Synchronisierung bei den mechanischen Bildfeldzerlegern auf die Erhaltung vollkommen übereinstimmender Umlauffrequenz von gleichförmig rotierenden Massen (Nipkow-Scheibe, Spiegelrad, Spiegelschraube usw.) hinaus. Es kommt allein darauf an, wie man bei diesen Geräten die geforderte synchrone Drehzahl unabhängig von allen Schwankungen der Antriebsspannung bzw. der Belastung sichert. Die einzige, hierfür im Laufe der Entwicklung bewährte Anordnung ist das La Coursche Rad [*35*]. Es ist im wesentlichen ein primitiver Wechselstrommotor, der z. B., wie in Abb. 45 dargestellt, eine Nipkow-Scheibe im Gleichlauf halten soll. Dabei deckt man zumeist den mittleren Wattbedarf (bei der Nipkow-Scheibe hauptsächlich die Verluste durch Luftreibung) aus der Leistungsabgabe eines asynchronen Antriebsmotors, läßt also lediglich die jeweilige Differenzleistung vom La Courschen Rad aufbringen. Gemäß Abb. 45 besteht der Läufer dieses kleinen Synchronmotors aus einem Zahnrad, der Ständer aus diametral angeordneten Magnetpolen, die eine vom Synchronisierstrom durchflossene Wicklung tragen. Während die Synchronisierfrequenz bei der örtlichen Gleichlaufregelung (Normaltakt-

Abb. 45. La Coursches Rad mit Nipkow-Scheibe.

geber auf Sende- und Empfangsseite, Regelfall der Bildtelegrafie) von unabhängigen, sorgfältig abgeglichenen Stimmgabeln oder frequenzkonstanten Röhrengeneratoren in Verbindung mit Leistungsverstärkern geliefert wird, hat es sich in der Fernsehentwicklung der letzten Jahre als zweckmäßiger herausgestellt, periodische Synchronisierimpulse vom Sender zum Empfänger zu übertragen, und zwar auf der gleichen Trägerwelle, die zur Übermittlung der Bildzeichen dient. Der Zweck ist dabei, nur einen Telegrafierkanal in Anspruch zu nehmen. Damit diese Synchronisierimpulse im Bilde keine störende Helligkeitssteuerung hervorrufen, verlegt man sie an das Ende jeder Abtastzeile. Die empfangsseitig mit elektrischen Mitteln (Frequenzfilter, Amplitudensiebe, meist kombiniert miteinander) von den Bildzeichen getrennten Stromstöße werden direkt, besser jedoch unter Zwischenschaltung eines mäßig gedämpften Schwingkreises entsprechender Abstimmung oder eines im Mitnahmebereich gesteuerten Röhrengenerators, dem La Courschen Rade zugeführt [*36*]. Entsprechend der Aussendung von Gleichlaufimpulsen am Ende jeder Zeile erhält das La Coursche Rad ebenso viele Zähne, wie die Nipkow-Scheibe Abtastöffnungen trägt.

Die automatische Einstellung der richtigen Phase, d.h. gleicher Höhenlage der jeweils übertragenen Zeile im Sende- und im Fernbild, war bei den Anordnungen nach Abb. 45 meist nicht vorgesehen. Sie erfolgte auf der Empfangsseite von Hand nach dem Augenschein, und zwar durch (nötigenfalls wiederholtes) kurzzeitiges Abschalten des La Courschen Rades oder durch stetige Drehung seines Ständers.

Bei der beschriebenen Methode der übertragenen Synchronisierimpulse braucht der senderseitige Bildfeldzerleger nur insoweit konstant zu laufen, als das im Empfänger vorhandene La Coursche Rad die Differenzleistung ausgleichen kann. Daher treibt man das rotierende Abtastorgan des Fernsehgebers in der Regel durch einen vom Netz gespeisten Synchronmotor an. Die Erzeugung der zum Empfangsgerät zu übermittelnden Stromstöße geschah früher derart, daß man das auf die Nipkow-Scheibe projizierte Bild schmaler machte, als es dem Abstand zweier benachbarter Abtastöffnungen entsprach. Dadurch entstand eine Dunkelpause, die in der Fotozelle plötzlichen Stromabfall, d.h. einen negativen Steuerimpuls, hervorrief. Natürlich waren diese Impulse weder nach Phase noch nach Amplitude vom Bildinhalt unabhängig, so daß die Gleichlauferhaltung bisweilen versagte.

Später, insbesondere nach Einführung der Braunschen Bildschreibröhre, die mangels träger Massen grundsätzlich außerstande war, Unregelmäßigkeiten in Aufeinanderfolge und Stärke der Synchronisierzeichen auszugleichen, ist man dazu übergegangen, die Regelungssignale in ihrer Kurvenform besonders sorgfältig auszubilden und sie außerdem in einen anderen Amplitudenbereich, als den der Helligkeitsmodulation, zu legen. Man kann solche, meist rechteckigen Zeichen durch elektrische Kontaktgebung erzeugen [*37*]. In der Regel werden sie jedoch dadurch hergestellt, daß der sendeseitige Bildfeldzerleger außer den die Aufrasterung bewirkenden Organen (Abtastöffnungen, Linsen usw.) eine regelmäßige zyklische Folge von zusätzlichen Blenden (z. B. radiale Schlitze in der Nipkow-Scheibe) [*38*] trägt, die über eine spaltförmige Beleuchtungsoptik und eine Fotozelle gesonderte Signale hervorrufen. Diese werden gewöhnlich nach getrennter Vorverstärkung im Zuge der anschließenden Verstärker- und Modulationsschaltung mit den Bildzeichen gemischt und zusammen mit ihnen über einen einzigen Kanal gesendet.

Es bleibt noch die vor einigen Jahren vielfach erörterte Frage der Synchronisierung von Sender und Empfänger durch am gleichen Wechselstromnetz laufende Synchronmotoren zu behandeln. Wie SCHUBERT [*39*] (vgl. dazu Zahlentafel 2) gezeigt hat, ist das Verfahren wegen der im Netz auftretenden inkonstanten Phasenverschiebungen für höhere Bildpunktzahlen unbrauchbar. Es war dabei im übrigen vorausgesetzt, daß der vom Fernsehsender überdeckte Bereich, z. B. Groß-Berlin, ein einheitliches, d. h. absolut frequenzgleiches Wechselstromnetz hat, was bekanntlich nicht der Fall ist. Abgesehen hiervon gilt für alle rotierenden mechanischen Zerleger der Erfahrungssatz, daß die Gleichförmigkeit der Drehzahl bei Mehrphasenstromantrieb stets weit größer ist, als bei Speisung mit Einphasenwechselstrom.

Zahlentafel 2. Grenzen der Netzsynchronisierung.

Sender und Empfänger liegen	Praktisch während der Hauptbelastungszeit gemessene Phasenverschiebung in elektr. Graden	Phasenverschiebung in Bildpunkten bzw. % der Bildbreite bei 25 Bildwechseln und einer Bildpunktzahl von					
		1200	3072	4800	10 800	19 200	43 000
Am gleichen synchronlaufenden Netz innerhalb Groß-Berlins	max. 2,5° elektr.	4,16 10,4%	10,6 16,6%	16,6 20,8%	37,5 31,3%	66,7 41,6%	150,0 62,5%
An 2 durch Hochspannungsleitungen über größere Entfernungen (200 km) verbundenen synchronlaufenden Netzen (Berlin-Leipzig)	max. 3,8° elektr.	6,33 15,7%	16,23 25,4%	25,3 31,6%	57,0 47,5%	101,5 63,1%	228,0 95%

Prinzipiell ist zu dem Gleichlaufproblem der mechanischen Bildfeldzerleger zu bemerken, daß die erforderliche Synchronisierleistung mit dem Trägheitsmoment der bewegten Masse ansteigt. Deshalb ging das Bestreben aller Gerätebauer dahin, die umlaufenden Massen und deren Achsenabstände so klein wie möglich zu halten. Beispiele folgerichtiger Anwendung dieser Regel sind der mit einem Miniatur-Spiegelprisma bei 300 Umdr./s arbeitende Filmabtaster der Scophony-Gesellschaft in London ($k = 240$, $n = 25$, s. Abb. 209) und der durch Umkehrung des Weiller-Rades entstandene Zerleger von Mihaly-Traub (kleiner Spiegelrotor mit herumgestelltem Kranz von ruhenden Reflektoren). Näheres hierüber s. später.

3. Das Helligkeitsproblem auf der Sendeseite.

Bei der Überlegung, welche Voraussetzungen für eine einwandfreie Fernsehübertragung erfüllt sein müssen, stößt man neben dem Frequenzbandproblem, d.h. der Bedingung genügend kleiner Zeitkonstanten, und dem Gleichlaufproblem, d.h. der Forderung genauer örtlicher und zeitlicher Koinzidenz von abgetastetem und ferngeschriebenem Rasterelement, auf die Frage, wieviel Halbtöne ein gutes Empfangsbild enthalten soll. Damit kommen wir direkt auf den Kernpunkt der folgenden Betrachtungen: das Helligkeitsproblem [*40*].

Genau so, wie dem Auge eine Reizschwelle eigen ist und auch mit der fotografischen Platte nur oberhalb einer gewissen Mindesthelligkeit Aufnahmen möglich sind, haben das lichtelektrische Umwandlungsorgan und der anschließende Verstärker einen Grenzwert der Intensität, unterhalb dessen auf die Fotozelle fallende Lichtimpulse nicht mehr nachgewiesen, geschweige denn zur Fernübertragung verwertet werden können. Bei der Bromsilber-Emulsion gehen im Falle zu schwacher Belichtung sämtliche Halbtöne im Grundschleier der Platte verloren. Die Parallele dazu ist in der Fernsehtechnik der Störpegel des Verstärkers, dessen Ursachen bereits im Vortrag II genannt wurden (Schroteffekt, Wärmerauschen, Funkeleffekt). Die Höhe dieses Störpegels hängt außer von den Eigenschaften der Röhre und ihres Eingangswiderstandes von der Breite des übertragenen Frequenzbandes ab und läßt sich für das Folgende mit einigen 10^{-5} V annehmen. Der Fotostrom muß am Steuergitter eine solche Nutzspannungsamplitude erzeugen, daß die im Empfangsbild durch die angegebene Störspannung hervorgerufenen unregelmäßigen Schwankungen — häufig als „Grieß" bezeichnet — bei für das Fotosignal ausreichender Verstärkung relativ zu letzterem verschwinden.

Der Fototechniker beurteilt ein Bild als gut, wenn es zwischen Schwarz und Weiß 30 Grauwerte enthält, d.h. sich aus 30 Helligkeitsstufen aufbaut. Jede derartige Stufe ist dabei so definiert, daß das Auge innerhalb derselben keine Helligkeitsdifferenzierung mehr machen kann. Wenn wir also beim Fernsehen der hellsten Stelle des Fernbildes eine

Amplitude zuordnen, die 30 mal so groß ist wie die Störamplitude, dürfen wir eine einwandfreie Wiedergabe erwarten.

Wegen der punktweise erfolgenden Abtastung können wir der Fotozelle nur den Lichtstrom des gerade übertragenen Rasterelements zuführen. Dessen Fläche wird nun aber mit wachsendem k und ϱ immer geringer und damit auch der umsetzbare Lichtstrom selbst. Zugleich nehmen die beim Abtasten auftretenden Frequenzen zu, so daß man wegen der unvermeidlichen Parallelkapazitäten (s. Vortrag II) den Fotozellenwiderstand verkleinern muß, um jene höheren Frequenzen nicht zu benachteiligen. Die erzielte Steuerspannung sinkt also beschleunigt ab.

In diesem Dilemma, das von bisher als unüberschreitbar geltenden, im Wesen der gewohnten Verstärkerschaltungen liegenden Grenzen herrührt, kommen uns nun die Sekundärelektronen-Vervielfacher von Ph. T. Farnsworth, G. Weiss und V. K. Zworykin zu Hilfe. Wie diesbezüglich im Vortrag II ausgeführt wurde, kann ein schnelles Primärelektron beim Aufprallen auf eine mit Zäsium aktivierte Oberfläche mehrere neue (langsame) Elektronen auslösen. Jedes derselben kann sich in weiteren Sekundärprozessen vermehren. Damit ist die direkte Vervielfachung des ursprünglichen Fotostromes möglich geworden und demnach die anschließende Verstärkung nicht mehr wie früher begrenzt durch eine Störamplitude von naturgegebener Größe. Der Mindestwert des Lichtstromes ist jetzt ausschließlich noch bedingt durch die Diskontinuität des Elektronenstromes, d. h. die Tatsache seiner Zusammensetzung aus einzelnen diskreten Elementarladungen. Es kennzeichnet die Anforderungen des Fernsehens, daß man dabei wohl zum erstenmal in der Technik überhaupt mit einem Grenzwert rechnen muß, der aus der Quantenstruktur des Elektrons, d. h. aus der Beschränkung der Unterteilbarkeit einer Emissionsmenge, folgt.

Wir gehen nun davon aus, daß bei der Übertragung eines Rasterelements bestimmter Helligkeit der von ihm gelieferte Lichtstrom an der Fotokathode eine gewisse Anzahl von Elektronen auslösen soll. Dann muß bei der nächst höheren Helligkeitsstufe mindestens 1 Elektron mehr freiwerden. Unter dieser Voraussetzung käme man annahmegemäß für das hellste Element zu einem Minimum von 30 Elektronen, die während der Dauer seiner Abtastung (z. B. bei $\varrho = 40000$ und $n = 25$ während 10^{-6} s) die Fotoschicht verlassen müßten. Dabei ist allerdings nicht berücksichtigt, daß die logarithmisch verlaufende Augenempfindlichkeit (Weber-Fechnersches Gesetz) eigentlich auch ein logarithmisches Anwachsen der Elektronenzahlen verlangt, wenn gleiche Abstufungen des physiologischen Eindrucks entstehen sollen. Wir wollen aber in diesem Zusammenhange davon absehen, da es zunächst nur darauf ankommt, einen Anhalt für den notwendigen Minimallichtstrom zu gewinnen, mit dem wir die späteren Rechnungen durchzuführen haben.

Nun treten die Fotoelektronen aus der belichteten Zäsiumschicht nicht in zeitlich konstanter Folge aus; sie besitzen vielmehr eine statistische Verteilung, und zwar entspricht die mittlere Schwankung Δ_m des Flusses der Quadratwurzel aus der emittierten Durchschnittsmenge. Hiernach wäre z.B. bei 100 Elektronen $\Delta_m = 10$ Elektronen.

Messungen von G. Weiss [*41*] und von der Fernseh-A.-G. haben gezeigt, daß man tatsächlich mit diesen Werten rechnen kann. Die Übereinstimmung mit der Theorie ist sogar außerordentlich gut. So ergab sich z.B. bei einem mittleren Fotostrom von 10^{-10} A und einer zeitlichen Registrierung bis auf 10^{-6} s, d.h. bei einer Gesamtemission von etwas über 600 Elektronen, der Quotient Nutzamplitude : Störamplitude zu ~ 20, während die Rechnung ungefähr den Wert 25 fordert.

Um von dieser statistischen Verteilung unabhängig zu werden, wollen wir fortan 5 Elektronen als Differenz von Helligkeitsstufe zu Helligkeitsstufe, d.h. für den hellsten Bildpunkt 150 Elektronen annehmen. Dann werden die dunkelsten Grautöne sicher richtig wiedergegeben, die stärksten Lichter allerdings etwas gefälscht, da bei 150 Elektronen eine mittlere Schwankung von 12 Elektronen, d.h. um zwei Helligkeitsstufen, zu erwarten ist. Indessen hilft da das Weber-Fechnersche Gesetz, das bei größeren Helligkeits*werten* auch höhere Helligkeits*stufen* vorschreibt. Im übrigen müßten diese Voraussetzungen noch experimentell bestätigt bzw. berichtigt werden.

Die weiter oben erwähnten Messungen sprechen ferner gegen die Annahme, daß während der *Sekundär*elektronenauslösung eine besonders große statistische Verteilung zusätzlich auftritt und daß die *thermische* Emission der Fotokathode wesentlich stört.

Um nun den für die Abgabe von 150 Primärelektronen je Rasterelement erforderlichen Lichtstrom zu bestimmen, kann man entweder mit der Quantenausbeute der Fotoschichten rechnen oder aber folgenden einfacheren Weg einschlagen: Ein Elektron trägt, roh gerechnet, die Ladung $2 \cdot 10^{-19}$ Coulomb. Bei 150 Elektronen für das hellste Rasterelement ergibt sich, da solche Elemente n mal in der Sekunde belichtet werden, die Auslösung von $150 \cdot \varrho \cdot n$ Elektronen/s, entsprechend einer Stromstärke $3 \cdot \varrho \cdot n \cdot 10^{-17}$ A. Die heutigen Zäsiumfotozellen liefern durchschnittlich 40 μ A/Lumen. Unter Zugrundelegung dieses Wertes wäre für die angegebene Stromstärke ein Lichtstrom von $7{,}5 \cdot \varrho \cdot n \cdot 10^{-13}$ Lumen notwendig, der also auf keinen Fall unterschritten werden darf. Dieser Lichtstrom Φ entspricht dann einer Lichtmenge pro Bildpunkt von $M = \Phi \cdot t_b$, wo $t_b = 1/\varrho\, n =$ Abtastdauer des Rasterelements ist. Sonach wäre $M = 7{,}5 \cdot 10^{-13}$ Lumen · sec.

Es fragt sich nun, unter welchen Bedingungen die berechnete Mindestlichtmenge der Fotozelle von einem mechanischen Bildfeldzerleger geliefert [*48d*] werden kann bzw. wo die Grenzen dieser Geräte in bezug auf ϱ und k liegen. Vergegenwärtigt man sich die große Zahl der in Betracht kommenden Abtastvorrichtungen und ihrer Kombinationsmöglichkeiten, so erscheint es auf den ersten Blick verwickelt und mühsam, sich über die hierbei maßgebenden lichtoptischen Verhältnisse ein quantitatives Bild zu machen. Natürlich kann man eine für alle mechanischen Zerleger geltende Grundgleichung aufstellen, doch müßte dieselbe für jeden Einzelfall besonders umgeformt werden. Es ist daher zweckmäßiger, nach THUN [*42*] die einschlägigen Geräte in zwei Gruppen zu teilen: 1. Vorrichtungen mit bewegter Abtastöffnung oder bewegtem abbildenden System; 2. Vorrichtungen mit bewegten Spiegelflächen. Für beide Gruppen lassen sich allgemeingültige, übersichtliche Gleichungen ableiten, die viele interessante Schlußfolgerungen erlauben und zum Teil auch bei Elektronenabtastern gelten. Die eigentlich eine dritte Gruppe bildenden Anordnungen, bei denen das Rasterelement aus verschiedenen optischen Ebenen heraus definiert wird („split focus"-Prinzip von WALTON), lassen sich meist auf eine Kombination der ersten beiden Gruppen zurückführen. Es wird deshalb darauf verzichtet, besondere Grundgleichungen für solche Zerleger zu entwickeln, vielmehr soll später bei der Beschreibung von entsprechend ausgeführten Geräten auf ihre lichtoptischen Eigentümlichkeiten kurz eingegangen werden.

Gruppe 1.

Gemäß dem Schema Abb. 46 wird der Übertragungsgegenstand in die Ebene der Nipkow-Scheibe abgebildet und der durch die wirksame Abtastöffnung hindurchtretende Lichtstrom Φ von einer Fotozelle aufgenommen. Nach den von O. REEB [*43*] zusammengestellten Gesetzen der Projektionsoptik ist Φ proportional der in der Abtastöffnung herrschenden Leuchtdichte B in Stilb (HK/cm^2), ferner ihrer Fläche f^2 (quadratische Blende mit der Kantenlänge f), endlich dem Raumwinkel ω, unter dem die Objektivöffnung vom abgetasteten Rasterelement aus erscheint: $\Phi = Bf^2\omega$. B ist praktisch gleich der Leuchtdichte des abgebildeten Gegenstandes selbst. Die Größe von f finden wir durch folgende Überlegung: In der für den einzelnen Bildpunkt verfügbaren Zeit hat sich die Abtastblende um ihre eigene Breite f fortbewegt. Werden $\varrho \cdot n$ Rasterelemente/s übertragen, so muß die Blende in der Sekunde den Weg $f \cdot \varrho \cdot n = v$ (Lineargeschwindigkeit) zurücklegen. Daraus folgt:

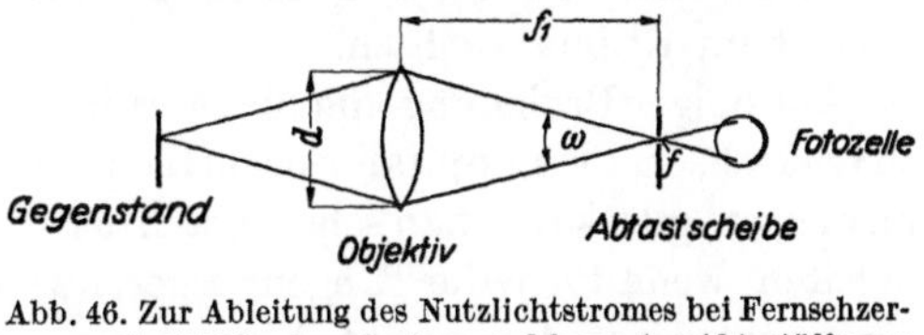

Abb. 46. Zur Ableitung des Nutzlichtstromes bei Fernsehzerlegern mit abbildendem System und bewegter Abtastöffnung.

$$f = \frac{v}{\varrho \cdot n}.$$

Der Raumwinkel ω ist:

$$\omega = \frac{\pi\, d^2}{4 f_1^2} = \frac{\pi\, ö^2}{4},$$

wenn d den Durchmesser, f_1 die Brennweite des Objektivs und $ö = \frac{d}{f_1}$ das Öffnungsverhältnis desselben bedeutet.

Durch Einsetzen der Werte für f und ω in die Grundgleichung erhält man:

$$\Phi = B \cdot \frac{\pi}{4} \cdot ö^2 \cdot \frac{v^2}{(\varrho \cdot n)^2}.$$

Diese Gleichung gilt jedoch exakt nur für große Gegenstandsentfernung, andernfalls sie zu multiplizieren wäre mit $\left(\frac{p}{1+p}\right)^2$, wenn p das Vergrößerungsverhältnis ist. Die Lichtmenge M pro Bildpunkt, auf die es ja wesentlich ankommt, ergibt sich aus Φ durch Multiplikation mit der Abtastdauer bzw. Division durch die Anzahl der Bildpunkte/s. Also wird:

$$M = B \cdot \frac{\pi}{4} \cdot ö^2 \cdot \frac{v^2}{(\varrho \cdot n)^3}.$$

Wie man sieht, geht in M die Leuchtdichte des Bildes linear ein, das Öffnungsverhältnis des Objektivs (analog wie in der fotografischen Technik) und die Geschwindigkeit der Blende quadratisch, die in der Sekunde übertragene Zahl von Bildpunkten sogar in der dritten Potenz (im Nenner!). Die letztgenannte Abhängigkeit von M ist leider entscheidend, und man könnte demnach sagen, daß die Schwierigkeiten mit der Verfeinerung des Rasters und der Vergrößerung der Flimmerfreiheit im Kubus wachsen.

Aus obiger Beziehung, die für sämtliche Zerleger mit bewegter Blende (Kreislochscheiben, Spirallochscheiben, gekreuzte Blenden, Lochtrommeln usw.) gilt, kann man sehr einfach den Spezialfall der Nipkow-Scheibe ableiten, wenn für v die Tangentialgeschwindigkeit der Abtastöffnungen eingesetzt wird. Das ergibt dann:

$$v = D_N \cdot \pi \cdot n,$$

wo D_N den mittleren Durchmesser der Lochspirale und n ihre Umdrehungszahl/s = Bilderzahl/s bedeutet. Also wird:

$$\Phi = B \cdot \frac{\pi^3}{4} \cdot ö^2 \cdot \frac{D_N^2}{\varrho^2}.$$

Interessant ist dabei, daß der nutzbare Lichtstrom proportional dem Quadrat des mittleren Durchmessers der Lochspirale steigt. Bei sehr geringen Werten von B wäre man also unter Umständen gezwungen, unhandlich große Scheiben zu verwenden. Um dies zu vermeiden, läßt man in der Praxis die Scheibe mit dem Nfachen ihrer normalen Tourenzahl laufen ($N > 1$). Dieses N geht dann quadratisch ein:

$$\Phi = B \cdot \frac{\pi^3}{4} \cdot \ddot{o}^2 \cdot \frac{D_N^2}{\varrho^2} \cdot N^2 ,$$

und so kommt man wieder auf vernünftige Abmessungen zurück.

Handelt es sich um die Abtastung eines Filmes, bei der die gleichförmige Weiterbewegung des Bildstreifens den Zeilenwechsel selbsttätig bewirkt und die Lage der überquerenden Lichtpunktbahn unveränderlich bleibt, so müssen die Abtastöffnungen einen Kreisring bilden (vgl. Abb. 1, S. 2); in diesem Falle reduziert sich die Zahl derselben bei Nfacher Umdrehungsfrequenz zwangsläufig auf den Nten Teil. Soll dagegen die Scheibe das Bildfeld nach beiden Koordinaten zerlegen, so führt die Erhöhung der Tourenzahl zur Mehrfach-Spirallochscheibe [*44*], bei der sich die archimedische Spirale der Abtastöffnungen Nmal um die Drehachse herumwindet.

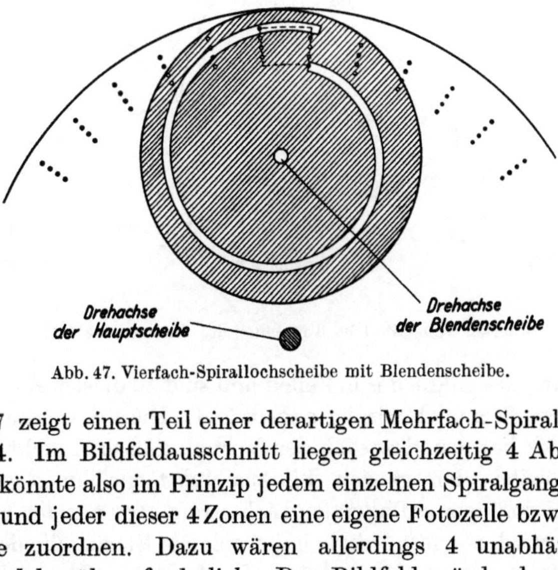

Abb. 47. Vierfach-Spirallochscheibe mit Blendenscheibe.

Abb. 47 zeigt einen Teil einer derartigen Mehrfach-Spirallochscheibe mit $N = 4$. Im Bildfeldausschnitt liegen gleichzeitig 4 Abtastöffnungen. Man könnte also im Prinzip jedem einzelnen Spiralgang ein Viertel des Bildes und jeder dieser 4 Zonen eine eigene Fotozelle bzw. gesteuerte Lichtquelle zuordnen. Dazu wären allerdings 4 unabhängige elektrische Sendekanäle erforderlich. Das Bildfeld würde dann mit einer einzigen Umdrehung der Scheibe vollständig zerlegt sein. Steht dagegen für die Übertragung nur 1 Kanal zur Verfügung, so darf auch die Abtastung jeweils nur in einer der vier Zonen stattfinden. Die übrigen drei Spiralgänge müssen also abgedeckt werden. Hierzu dient die in Abb. 47 dargestellte Blendenscheibe. Sie trägt einen spiralförmigen Schlitz, der bei einmaliger Umdrehung gerade die ganze Höhe des Bildausschnittes durchwandert, während die Hauptscheibe 4 Umläufe macht und erst nach dieser Zeit die Summe aller Rasterelemente abgetastet hat.

Statt im Sinne von Nipkow die Blendenöffnungen zu bewegen, während das Objektiv feststeht, kann man umgekehrt einen ruhenden Zerlegerspalt vorsehen und relativ dazu eine Folge von Objektiven umlaufen lassen. Das ist die Methode des optisch bewegten Bildes. Für diese ist die vorstehend abgeleitete Gleichung ebenfalls anwendbar. Die Ausführung erfolgt in Form der sog. Linsenscheibe [*29*], die bei zweidimensionaler Abtastung und gleicher Zeilenzahl ebenso viele Einzellinsen besitzen muß wie die Nipkow-Scheibe Öffnungen trägt. Die Linsenscheibe hat nach Busse [*45*] den Vorteil, daß das in der Lichtstromgleichung als Korrekturfaktor hinzukommende Vergrößerungsverhältnis p wegfällt. Ihre am weitesten entwickelte Abart ist der Linsenkranzabtaster von E. Mechau, Telefunken. Mechau erzeugt von einer feststehenden Blende (vgl. Abb. 48) mittels umlaufender Linsen ein bewegtes optisches Abbild, das der Abtastöffnung einer Nipkow-Scheibe entspricht. Die Linsen (sehr kurzbrennweitige Mikroobjektive) bewirken auch hier

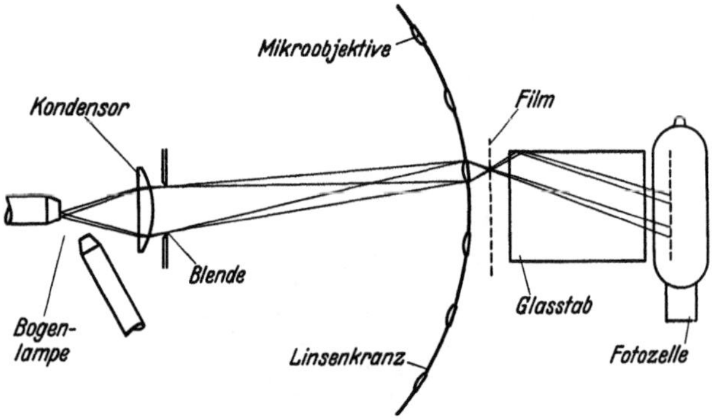

Abb. 48. Grundsätzliche Anordnung des Linsenkranzabtasters.

die Zerlegung des Bildfeldes in Zeilen und sind zu diesem Zweck auf einer zylindrischen Trommel spiralig angeordnet. Die Verwendung dieser bewegten Optik hat grundsätzlich den Vorteil, daß man nicht, wie bei der Nipkow-Scheibe, den ganzen Bildausschnitt gleichmäßig beleuchten muß, wobei von dem auffallenden Lichtstrom aber nur der Bruchteil $1/\varrho$ ausgenutzt wird, sondern lediglich die ruhende Blende, die der Größe des Rasterelements entspricht, zu bestrahlen braucht. Die zeitliche Verteilung des konzentrierten Lichtstromes auf die abzutastende Fläche besorgen ja die rotierenden Mikroobjektive. Wir können die für die Nipkow-Scheibe abgeleitete Gleichung auch hier anwenden, da die Geschwindigkeiten der Abtastöffnungen bei Nipkow bzw. der abtastenden Lichtpunkte bei Mechau gleichzusetzen sind und praktisch der Durchmesser des Linsenkranzes wegen der außerordentlich kleinen Bildweite des Blendenabbildes dem Durchmesser der Nipkow-Scheibe äquivalent ist. Die Bauform der Linsentrommel ist aus Abb. 49 ersichtlich. Man erkennt die für eine saubere Geometrie notwendige massive Ausführung. Die Doppelspirale von Linsen in der unteren Hälfte arbeitet in Verbindung mit einer untersetzt angetriebenen Abdeckblende, die innerhalb der Trommel angeordnet ist; das Bildfeld wird in zwei Umdrehungen einmal zerlegt (Prinzip wie in Abb. 47). Mit dem oberen Linsenkreisring wird ein kontinuierlich bewegter Film abgetastet; zugleich erzeugt MECHAU damit auf lichtelektrischem Wege die Zeilen-Synchronisierimpulse. Die von den Mikroobjektiven auf das Bildfeld projizierte feststehende

Abb. 49. Ausführung des Linsenkranzes.

Blende ist während des Betriebes einstellbar und erlaubt so eine Steigerung der Auflösung in der Zeilenrichtung. Darüber hinaus läßt sich mit den Mikroobjektiven in den abtastenden Lichtpunkten eine wesentlich höhere Leuchtdichte erzielen als in den Löchern der Nipkow-Scheibe.

Gruppe 2.

Bei der Abtastung mittels bewegter Spiegelflächen sei der in Abb. 50 dargestellte Fall angenommen: Von dem Übertragungsgegenstand wird über einen Spiegel mit der Fläche F und zwei gestrichelt eingezeichnete Objektive in der Ebene eines feststehenden Zerlegerspaltes ein Bild entworfen, das bei Drehung des Spiegels über die Spaltöffnung wandert. Der von dieser durchgelassene Lichtstrom fällt auf eine Fotozelle. Der Spiegel wirkt im Strahlengang zwischen Gegenstand und Spalt als Aperturblende, vorausgesetzt, daß nicht die Objektive den Lichtkegel begrenzen. Der durch die Fläche f^2 der Spaltöffnung fallende Lichtstrom ergibt sich dann wie früher zu: $\Phi = B \cdot f^2 \cdot \omega$,

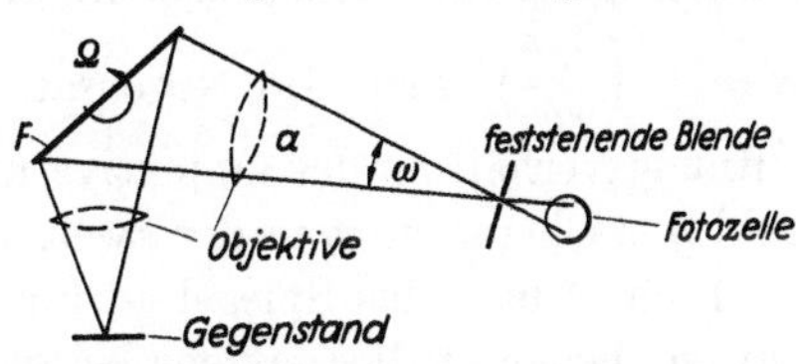

Abb. 50. Zur Ableitung des Nutzlichtstromes bei Fernsehzerlegern mit bewegten Spiegelflächen.

wenn B wieder die Leuchtdichte, ω den Raumwinkel

$$= \frac{\text{Spiegelfläche}}{\text{Abstandsquadrat}} = \frac{F}{a^2}$$

bedeutet. Während der Abtastdauer eines Rasterelements hat sich das Bild des Übertragungsgegenstandes in der Spaltebene um Bildpunktbreite, d.h. die Strecke f, weiterbewegt und der Spiegel um den halben Winkel gedreht, unter dem von ihm aus die Strecke f erscheint, also um $\frac{f}{2a}$. Da pro Sekunde $\varrho \cdot n$ Bildpunkte überstrichen werden, ist also die Winkelgeschwindigkeit des Spiegelrades:

$$\Omega = \frac{f}{2a} \cdot \varrho \cdot n .$$

Hiermit erhält man für den Lichtstrom nach Substitution von f und ω:

$$\Phi = 4B \cdot F \frac{\Omega^2}{(\varrho \cdot n)^2},$$

und für die Lichtmenge M pro Rasterelement denselben Wert, nochmals dividiert durch die Anzahl Rasterelemente in der Sekunde, d.h. durch $\varrho \cdot n$.

Vorstehende Gleichung stellt die zweite Helligkeitsgrundgleichung dar und gilt für sämtliche Fälle, in denen ein Bildfeld durch kreisende Spiegel abgetastet wird, also auch für das Weillersche Rad. Bei diesem ergibt sich aus der Tatsache, daß die Spiegeldrehung pro Umlauf 360° beträgt und die Breite eines Spiegels $= \frac{\text{Umfang des Spiegelrades}}{\text{Spiegelzahl}}$ ist:

$$\Phi = 32 \cdot B \cdot \pi^4 \cdot \frac{D_s^2}{\varrho^3} . \qquad (D_s = \text{Raddurchmesser})$$

Der Einfachheit halber wurde dabei die Spiegelzahl = Zeilenzahl $k = \sqrt{\varrho}$ gesetzt, also ein quadratisches Bildfeld angenommen. Bedingung ist ferner, daß sich zur Vermeidung eines Helligkeitsabfalls nach den Enden der Zeile hin gleichzeitig zwei Spiegel voll ausgeleuchtet im Strahlengang des entsprechend großen Objektivs befinden, so daß $F = 2 \cdot \left(\frac{D_s \pi}{\sqrt{\varrho}}\right)$ wird. Im Gegensatz zur Nipkow-Scheibe tritt jetzt das Öffnungsverhältnis des Objektivs nicht mehr auf, und die Bildpunktzahl ϱ erscheint statt in der zweiten in der dritten Potenz.

Richtet man das Spiegelrad für das Nfache der normalen Drehzahl ein, so bedeutet dies erstens bei gleichem Durchmesser eine Vergrößerung der Spiegelflächen, deren Anzahl jetzt auf k/N sinkt, zweitens die Nfache Winkelgeschwindigkeit $N \cdot \Omega$. Infolgedessen wächst der Lichtstrom mit der 4. Potenz der Drehzahlerhöhung:

$$\Phi = 32B \cdot \pi^4 \cdot \frac{D_s^2}{\varrho^3} \cdot N^4 .$$

Unter Voraussetzung gleicher Durchmesser und Drehzahlen ergibt die Gegenüberstellung der Helligkeitsgleichungen für Gruppe 1 und 2 der mechanischen Bildfeldzerleger Gleichheit des Lichtstromes von Nipkow-Scheibe und Weiller-Rad bei 40 Zeilen; bei höheren Zeilenzahlen ist die Nipkow-Scheibe im Vorteil [*46*, *47*]. Betreibt man die beiden Vorrichtungen mit vierfacher Umlaufzahl, so werden sie bei $k = 160$ gleichwertig. Damit scheint also die Nipkow-Scheibe bei noch weiter gesteigertem k bzw. ϱ eindeutig überlegen zu sein, besonders wenn man den erheblich größeren technischen Aufwand des Spiegelrades berücksichtigt. Doch hat dieses auf der Empfangsseite den ausschlaggebenden Vorzug, daß man mit der gesteuerten Lichtquelle nur die feststehende Blende von der Größe des Rasterelements auszuleuchten braucht und nicht das ganze Bildfeld wie bei der Nipkow-Scheibe. Das ist besonders wichtig im Hinblick auf die Schwierigkeit, große Lichtintensitäten trägheitslos zu modulieren.

Um nun auf Grund der Helligkeitsgleichungen einige Zahlenbeispiele und Grenzwerte angeben zu können, muß noch auf die erreichbare Leuchtdichte der Übertragungsobjekte eingegangen werden. Bei Filmabtastung erzielt man sehr hohe B-Werte durch die Bogenlampe oder durch Ausleuchten der konstanten Zeilenspur einer Kreislochscheibe mittels Einfaden-Wolframdrahtlampe. B liegt dabei zwischen 2000 und 10000 Stilb (HK/cm^2) [*48b*], und da man die Lichtquelle direkt in die Filmebene abbildet, kann man auch hier mit den entsprechenden Leuchtdichten rechnen, die im übrigen abhängig bleiben von der Art des Zerlegers, z. B. Nipkow-Scheibe oder Mechau-Linsenkranz.

Wird ein Gegenstand nach der Methode des bewegten Lichtstrahls abgetastet, so lassen sich zwar im beleuchteten Rasterelement ähnliche Werte von B erzeugen, die Fotozelle nimmt aber von dem diffus reflektierten Gesamtlichtstrom, je nach Größe und Entfernung, nur einige Hundertstel auf. (Man kann heute Fotozellen mit einer lichtempfindlichen Fläche bis zu 500 cm² bauen; ihr Abstand ist jedoch durch die Maße des zu übertragenden Bildfeldes bestimmt und meist etwa gleich der doppelten Diagonale.) Hiernach wären für mittlere Bildgrößen in die Gleichungen für Φ äquivalente Leuchtdichten von 10 . . . 100 Stilb einzusetzen. Ordnet man den Übertragungsgegenstand und die Fotozelle (oder eine Mehrzahl solcher) in einem geschlossenen Raum mit stark reflektierenden Wänden an, so wird nicht nur das die Zelle direkt erreichende Licht ausgenutzt, sondern zusätzlich das an den Wänden ein- oder mehrmals zurückgeworfene, wodurch sich ein drei- bis fünffacher Lichtgewinn erzielen und störende Schattenwirkung vermeiden läßt.

Bei voller Beleuchtung des Objektes im Sonnenlicht kann man mit Werten von 30000 . . . 150000 Lux rechnen. Das entspräche einer Leuchtdichte von 1 . . . 5 Stilb. Bei Anstrahlung mit künstlichem Licht, wo lästige Erwärmungs- und Blendungserscheinungen hinzukommen, hat B Werte von 0,3 ... 1 Stilb, wie sie auch bei Filmaufnahmen vorliegen.

Wir besitzen damit alle Grundlagen zur Beantwortung der interessanten Frage, bei welchen Zeilenzahlen die mechanischen Bildfeldzerleger theoretisch versagen müssen. Soll z. B. ein Film mit Nipkow-Scheibe abgetastet werden, so liefert die weiter oben abgeleitete Gleichung (s. S. 66) für die Bildpunktzahl den Ausdruck:

$$\varrho = \sqrt[3]{\frac{\pi^3}{4} \cdot B \cdot \ddot{o}^2 \cdot \frac{D_N^2 \cdot N^2}{n \cdot M}} .$$

Die Leuchtdichte des Filmbildes soll unter Berücksichtigung der Verluste in der abbildenden Optik $B = 1000$ Stilb betragen, das Öffnungsverhältnis des Objektivs $\ddot{o} = 1 : 2$, der Durchmesser der Lochspirale auf der Nipkow-Scheibe $D_N = 40$ cm. Wenn dieselbe bei $n = 25$ volle Bilder/s mit 6000 Umdr./min rotiert, ist $N = 4$. Für die notwendige Mindestlichtmenge M wurde früher der Wert:

$$M = 7{,}5 \cdot 10^{-13}\ \mathrm{Lm} \cdot \mathrm{s}$$

gefunden. Daraus errechnet sich dann als obere Grenze:

$$\varrho = 1000000$$

entsprechend einer Zeilenzahl von:

$$k \simeq \sqrt{\varrho} = 1000 .$$

Diese Überschlagsrechnung entspricht allerdings nicht ganz den tatsächlichen Verhältnissen. Denn man kann den früher (S. 66) erwähnten Korrekturfaktor $\left(\frac{p}{1+p}\right)^2$ für den Lichtstrom nicht mehr vernachlässigen. Da nämlich das Filmbild auf der Nipkow-Scheibe mit ihrem $k = 1000$ entsprechenden Kreisring von 250 Abtastöffnungen in je $\sim 0{,}5$ cm Abstand (bei $D_s = 40$ cm) wie 4 : 1 verkleinert ist, nimmt $\left(\frac{p}{1+p}\right)^2$ den Wert 0,04 an. Dieser Verlust läßt sich nun aber grundsätzlich dadurch ausgleichen, daß man mit Objektiven größerer Lichtstärke arbeitet. Man würde hierzu wie üblich zwei Objektive in Reihe schalten und dabei die Brennweiten im Verhältnis der Vergrößerung wählen.

Im oben berechneten Falle (Verkleinerung 4 : 1) läge dann allerdings das kurzbrennweitige Objektiv zur Nipkow-Scheibe zugewandt und sein Öffnungsverhältnis würde die Apertur begrenzen. Bei Berücksichtigung dieses Umstandes erscheint es rein optisch, unter Außerachtlassung der mechanischen Probleme einer den gestellten Anforderungen entsprechenden Scheibe, als zweckmäßigste Bemessung, die Dimensionen des Bildausschnittes auf der Nipkow-Scheibe gleich denen des Filmbildes zu wählen. Darüber hinaus brächte eine Vergrößerung des Bildausschnitts lichttechnisch nicht sehr viel, während mit einer Verkleinerung der Lichtstrom annähernd proportional absinken würde.

Wenn wir mit der oben angenommenen Lochscheibe an einem Herbstnachmittag ein von der Sonne beleuchtetes Szenenbild übertragen wollen, müssen wir mit 1/1000 der für den Film eingesetzten Leuchtdichte rechnen. Dann ergibt sich aus dem Gesetz der dritten Wurzel $\varrho \sim 100000$, d.h. eine Grenzzeilenzahl von $k \sim 350$. Beim Linsenkranz für Personenabtastung kann man im Vergleich zum Filmbild nur 1/100 jener Leuchtdichte annehmen, jedoch die vierfache Lichtstärke der Objektive, andererseits aber nur die halbe Umfangsgeschwindigkeit. Wir erzielen dann bestenfalls ein $k = 650$.

4. Das Helligkeitsproblem auf der Empfangsseite.

Um einen mechanischen Bildfeldzerleger für Fernbildempfang [*48*] zu verwenden, muß man die bisher vorausgesetzte konstante Lichtquelle durch eine gesteuerte Lichtquelle (Lichtmodulator) und die Fotozelle durch das Auge des Beobachters ersetzen. Während man auf der Sendeseite den Lichtstrom kennen will, der die Fotozelle trifft, interessiert auf der Empfangsseite der Lichtstrom, der vom Rasterelement in die Pupille gelangt, m. a. W. die scheinbare Helligkeit des Fernbildes. Auch hier ist die Leuchtdichte einer Blende maßgebend, wenn man wissen möchte, welche Intensität die hellste Stelle erreichen kann, nachdem die gesteuerten Strahlen den Bildfeldzerleger passiert haben. Demnach behalten die weiter oben abgeleiteten Gleichungen ihre Gültigkeit, und es ist nur danach zu fragen: welche Leuchtdichte erzielt man in der Empfangsbildebene bei einem bestimmten, von der Blende ausgehenden Lichtstrom?

Betrachten wir z. B. durch die Abtastöffnungen einer Nipkow-Scheibe hindurch das Kathodenlicht einer konstant brennenden Neon-Flächenglimmlampe, so fällt zwar von dem Gesamtlichtstrom Φ immer nur ein nach Stärke und Ort gegebener Bruchteil Φ/ϱ in unser Auge; oberhalb der Flimmergrenze scheint uns jedoch wegen der Netzhautträgheit der ganze Bildausschnitt der Scheibe gleichmäßig ausgeleuchtet zu sein. Die Verteilung des ausgeblendeten Lichtstromes läßt die von Φ/ϱ in jeder Abtastöffnung hervorgebrachte Leuchtdichte, entsprechend dem Talbotschen Gesetz (s. Vortrag II), im Verhältnis der Aufhellungszeit zur Dunkelpause jedes Punktes, d. h. $1/\varrho$, absinken. Dieses Verhältnis bleibt natürlich vom jeweiligen Modulationsgrad des Kathodenlichtes völlig unabhängig bestehen.

Eine Flächenglimmlampe [*49*] mit $B = 0{,}1$ Stilb erzeugt sich gewissermaßen selber eine Beleuchtungsstärke von 3000 Lux (Umrechnung s. a. Vortrag VIII, S. 244). Ihr Feld muß daher bei Betrachtung durch eine 30zeilige Nipkow-Scheibe ($\varrho = 1000$ Bildpunkte) mit 3 Lux beleuchtet erscheinen. Dem physiologischen Eindruck nach nimmt aber die vom Gesichtssinn empfundene „Helligkeit“ nicht auf 1/1000 ab, sondern nur auf 1/30 bis 1/100, entsprechend der logarithmischen Augenempfindlichkeitskurve (Weber-Fechnersches Gesetz). Da schon der angegebene Wert von 3 Lux — er bedeutet nicht mehr als das 12fache der Beleuchtungsstärke bei Vollmond und 1/30 der Schirmhelligkeit des Kinos — sehr klein ist, erkennt man, daß mit der Flächenglimmlampe kaum höhere Bildpunktzahlen als $\varrho = 1000$ zu erreichen sind. Mit der Natriumdampflampe [*50*] ist man in Verbindung mit der Nipkow-Scheibe erheblich weiter gekommen (vgl. Vortrag II).

Bei der Spiegelschraube liegt das Helligkeitsproblem genau so wie bei der Nipkow-Scheibe, da man die bandförmige Lichtquelle gleichfalls direkt betrachtet; auch hier sinkt also die scheinbare Leuchtdichte annähernd im Verhältnis der Bildpunktzahl. Anders verhält sich dies beim Projektionsempfänger mit Weillerschem Spiegelrad, bei dem ein modulierter Lichtstrahl das Fernbild auf einer Schirmfläche schreibt. Hier erzeugt der projizierende Lichtstrom Φ, der nach der weiter oben abgeleiteten Gleichung berechnet wird, bei seiner Verteilung auf die Fläche F_B eine scheinbare Leuchtdichte:

$$B_s = \frac{\Phi}{\pi \cdot F_B} \quad [51],$$

falls der Bildschirm absolut weiß ist (Albedo = 1) und nach dem Lambertschen Cosinus-Gesetz reflektiert. Aus dieser in Stilb gemessenen Leuchtdichte B_s erhält man die Beleuchtungsstärke des Empfangsbildes in Lux durch Multiplikation mit $\pi \cdot 10000$.

Beispiele praktisch erreichter Projektionsbildgrößen s. in Vortrag VIII. Grenzzeilenzahlen wären hier mit Rücksicht auf die Fortschritte der Kathodenstrahl-Bildschreiber nicht besonders interessant, da die verfügbaren Lichtmodulationsanordnungen (mit Ausnahme einer später zu besprechenden Form) mangels genügender Leuchtdichten und Kontrastintervalle unbefriedigende Bildqualität liefern, deren Beurteilung hinsichtlich der Beleuchtungsstärke völlig subjektiven Momenten unterliegt. Im übrigen sind derartige Rechnungen bereits früher von F. SCHRÖTER und Mitarbeitern[1] sowie von anderer Seite durchgeführt worden [*48a, 48b*].

5. Geforderte mechanische Genauigkeit.

Die exakte geometrische Zuordnung der Rasterelemente im abgetasteten und im geschriebenen Bilde hängt naturgemäß außer vom Gleichlauf von der mechanischen Präzision in der Ausführung der Zer-

[1] SCHRÖTER, F. und Mitarbeiter: Handbuch der Bildtelegrafie und des Fernsehens, Berlin: Julius Springer 1932, W. Ilberg S. 242ff.

leger ab. Man kann im allgemeinen nur Abweichungen von Bruchteilen der Dimensionen des Rasterelementes zulassen. Infolgedessen muß z. B. bei der Nipkow-Scheibe der Ortsfehler der Abtastöffnungen klein sein gegenüber ihrer eigenen Größe. Liegen z. B. die Abtastöffnungen nicht genau auf einer Spirale, so erfolgt beim Sender die Zerlegung nicht in sauber aneinander anschließenden Zeilen. Im Fernbild wird daher die Höhenlage von Einzelheiten gefälscht. Verwendet man eine solche ungenaue Nipkow-Scheibe zum Empfangen, so treten Hell- oder Dunkelstreifen zwischen den Zeilen auf, je nachdem, ob benachbarte Lichtpunktbahnen sich überlappen oder zu großen Abstand haben. Aus diesem Grunde hat man den Abtastöffnungen die Form eines gleichseitigen Sechsecks [*25*] gegeben, um durch partielle Überdeckung eine Übergangszone von Zeile zu Zeile zu schaffen. Schwankt der Zentriwinkel zwischen zwei Öffnungen, so entstehen im zeitlichen Einsatz und in der Relativlage der entsprechenden Zeilen Differenzen, denen zufolge ein im Urbild vorhandener glatter Vertikalstrich im Fernbild ausgezackt erscheint.

Mit zunehmender Zahl der Bildzeilen wurde die Herstellung der Nipkow-Scheibe eine Angelegenheit der Präzisionstechnik. In der Winkelteilung mußte mit Bruchteilen von Bogenminuten gerechnet werden. Jeder, der sich einmal mit derartigen Teilungen beschäftigt hat, weiß, welche Anforderungen dies bedeutet. Man kann ja in der Scheibe, die aus Blech von einigen $^1/_{10}$ mm Dicke besteht, die Abtastöffnungen nur im ruhenden Zustand anbringen, muß dabei aber verlangen, daß später beim Umlaufen mit 3000 oder 6000 Touren/min kein Verziehen eintritt. Die Abtastöffnungen mußten mit zunehmender Kleinheit zwecks Vermeidung von Kanalwirkungen in sehr dünnes Blech eingelassen werden, das auf größere Aussparungen in der Trägerscheibe aufgesetzt wurde. Es ist der Fernseh-A.-G. gelungen, Spirallochscheiben für 375 Zeilen zu bauen; hierbei hat die einzelne Abtastöffnung nurmehr 0,04 mm Durchmesser (der Fehler in der Fertigung der Scheibe muß also unter diesem Betrage liegen). Trotzdem ist jede dieser Öffnungen sauber als gleichseitiges Sechseck ausgeführt, wie dies die mikrofotografische Vergrößerung Abb. 51 zeigt.

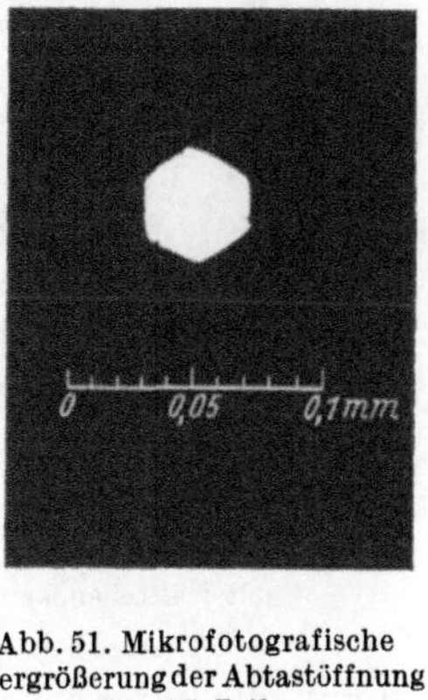

Abb. 51. Mikrofotografische Vergrößerung der Abtastöffnung für 375 Zeilen.

Beim Linsenkranz sind die Genauigkeitsanforderungen von derselben Größenordnung. Man umgeht zwar die Schwierigkeit, eine Vielheit von Abtastöffnungen mit präzise innezuhaltender Gestalt und Weite herstellen zu müssen, doch ist dafür die gleiche Zahl von Linsen übereinstimmender Brennweite in der Trommel zu befestigen und zu justieren.

Die klassische Form des Spiegelrades hat beim Übergang zu hohen Zeilenzahlen nicht nur deshalb an Wertschätzung verloren, weil sie lichtoptisch ungünstig abschnitt, sondern auch weil sie konstruktiv an der Frage der mechanischen Präzision scheiterte. Bei einem Weiller-Rad für 180 Zeilen (= 180 Spiegel) muß die Lage jedes einzelnen Spiegels auf 6″ genau sein. Wenn beim Auflegen eines Spiegels von 5 cm Breite auf seine Unterlage ein Staubkörnchen von $^1/_{100}$ mm Dicke dazwischen käme, so entspräche das schon dem 10fachen des zulässigen Winkelfehlers. Die durch 6″ gegebene Toleranz von $^1/_{1000}$ mm würde auch bereits durch sehr kleine thermische oder mechanische Spannungen des Spiegelradkörpers überschritten werden.

6. Mechanische Fernsehempfänger.

Die vorstehend erörterten Ausführungsschwierigkeiten des Weiller-Rades sind von der International Television Corporation (Mihaly-Traub-System) beim Bau eines bis zu 240 Bildzeilen verwendbaren Fernsehempfängers durch folgenden Kunstgriff überwunden worden: Das Spiegelrad rotiert mit dem Nfachen der normalen Drehzahl, und zwar ist $N = 4$. Dadurch wird die erforderliche Genauigkeit auf den vierten Teil herabgesetzt. Außerdem hat das Spiegelrad nur einige Zentimeter Durchmesser. Daher konnte man es (als Mehrkantprisma) aus dem Vollen herstellen, und zwar aus Glas und unter Anwendung der Schleifmethoden der Präzisionsoptik. Diese mit hochreflektierendem Metall überzogenen Drehprismen haben zwar im Prinzip nachteilig kleine Abmessungen; man kommt aber durch die sinnreiche Anordnung nach Abb. 52 mit einer sehr geringen Zahl von spiegelnden Ebenen aus und kann deshalb den einzelnen Spiegel relativ groß genug halten: Es ist nämlich jeder reflektierenden Fläche des Rotors eine Mehrzahl von Zeilen zugeordnet, indem der von ihr zurückgeworfene Strahl nacheinander auf einen Kranz von stillstehenden Spiegeln fällt, die so gegeneinander geneigt justiert sind, daß die geschriebenen Zeilenbahnen sich in der Abbildungsebene der Blende decken. Um diese einzelnen Zeilen durch Querverschiebung zum Bilde auseinanderzuziehen, muß, wie dies Abb. 53 im

Abb. 52. Spiegelradempfänger nach Mihaly-Traub mit feststehender Spiegelreihe.

Querschnitt und Abb. 54 in der Ansicht zeigt, ein zweites Spiegelrad F hinzugefügt werden. Der Strahl wird an dem kleinen Spiegelrotor zweimal reflektiert; zur Modulation seiner Helligkeit dient eine Kerr-Zelle. Bei 6000 Umdr./min = 100 Umdr./s des 10 flächigen Rädchens nach Abb. 52 und bei einem Kranz von 6 ruhenden Spiegeln erhält man für $n = 25$ Bilder/s die eingangs erwähnten $k = 240$ Zeilen.

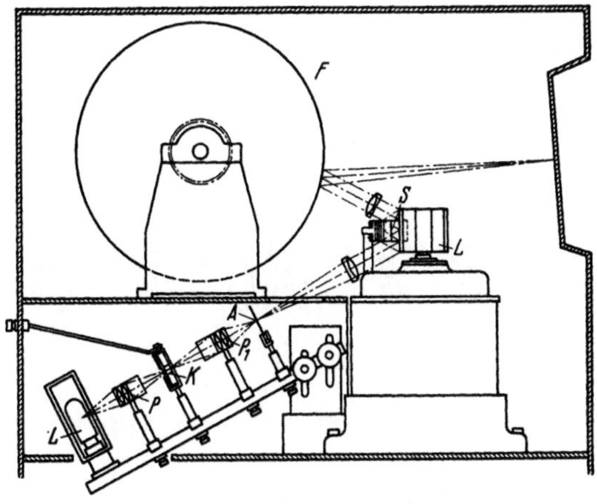

Abb. 53. Schema des vollständigen Fernsehempfängers mit Kerr-Zelle nach MIHALY-TRAUB.

Die Tekade (Nürnberg), die sich seit Jahren mit der

Abb. 54. Ausführung des Spiegelrad-Fernsehempfängers nach MIHALY-TRAUB.

Weiterentwicklung der Spiegelschraube beschäftigt hat [52], zeigte auf der Berliner Funkschau 1936 einen damit hergestellten Projektionsempfänger. Aufbau und Wirkungsweise desselben erkennt man aus den

Abb. 55 und 56, die einen Schnitt durch das optische System in der Vertikal- und Horizontalebene wiedergeben [*53*].

Sp ist der Spalt des Lichtrelais, β und α der Öffnungswinkel des Strahlenbündels in beiden Schnitten, L_1', L_1'' sind Zylinderlinsen des mit *LK* bezeichneten, umlaufenden Linsenkranzes. L_2 ist eine zur optischen Achse rotationssymmetrische, für große Öffnungen korrigierte

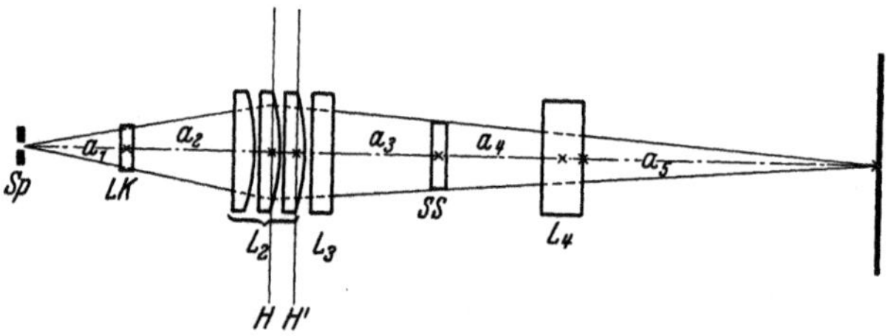

Abb. 55. Vertikalschnitt durch den Spiegelschrauben-Projektionsempfänger der Tekade.

Objektivlinse, L_3 ein Zylinderkondensor, L_4 eine achromatische Zylinderlinse und *SS* die Spiegelschraube mit ebenen Lamellen. Der Strahlengang ist zur Vereinfachung nicht reflektiert, sondern durch die Spiegelschraube hindurch verlängert gezeichnet. Die Bildpunktbreite wird bestimmt durch Abbildung der Spaltweite auf den Schirm mittels L_2, während sich die Bildpunkthöhe aus der Projektion der Spiegel-

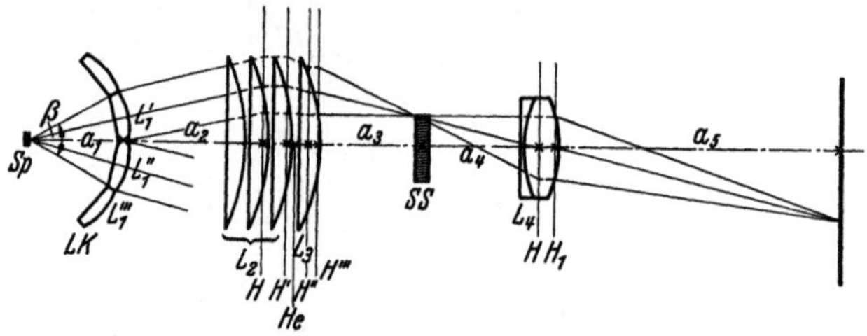

Abb. 56. Horizontalschnitt durch den Spiegelschrauben-Projektionsempfänger der Tekade.

schraubenlamellen durch L_4 ergibt. Das Hinzufügen des Linsenkranzes *LK* in Verbindung mit der zur Systemachse rotationssymmetrischen Linse L_4 ermöglicht außerdem die Abbildung der Spalthöhe auf die bei richtiger Phase für die Bilderzeugung gerade wirksame Spiegellamelle fast im Verhältnis 1 : 1. Mit dieser Optik wird daher die maximal erhältliche Lichtmenge des aus dem Spalt austretenden Strahlenbündels erfaßt, und zwar bei praktisch vollkommener Freiheit von Bildfehlern. Die früher für bewegte Spiegelflächen abgeleitete Gleichung gilt hier nicht mehr, da die Spiegelschraubenlamellen nur in ihrer Längserstreckung als Aperturblende wirken, während die Lichtstärke in der anderen Ebene durch die Öffnungsweite der Linsen des Kranzes bestimmt wird. (Man könnte also „split focus“, s. S. 65, übersetzen mit „Zwitterapertur“). Die mit der beschriebenen Optik erzielte Lichtausbeute war so gut, daß hinreichend helle 180zeilige Bilder von 50 cm × 60 cm projiziert werden konnten.

Die Scophony-Gesellschaft hat den mechanischen Bildfeldzerlegern durch ihr Ultraschallwellen-Lichtrelais, das auf dem Debye-Sears-Effekt (vgl. Vortrag II) beruht und von Jeffree [*54*] durchgebildet worden ist, eine neue, interessante Entwicklungsmöglichkeit erschlossen. Einzelheiten über den Aufbau und die Leistung des Gerätes s. in Vortrag VIII.

Zur Frage des lichtoptischen Wirkungsgrades dieses Bildfeldzerlegers mit Ultraschallzelle sei hier nur das Grundsätzliche gesagt: Der Lichtstrom hängt ab 1. von der Zeilenzahl, 2. von den Dimensionen der Lichtquelle, deren Längsausdehnung (quer zur Zeilenrichtung) durch die Apertur der Abbildungsoptik, deren ausnutzbare Breite aber durch die Daten der Ultraschallzelle bestimmt ist. Der wesentliche Faktor ist dabei der Abstand der Beugungsmaxima. Dieser wiederum ist eine Funktion der „Gitterkonstante“ der Zelle, die man daher zweckmäßig mit möglichst hoher Frequenz betreibt. Traub (International Television Corporation Ltd., die auch ein Ultraschallwellen-Lichtrelais verwendet) findet den Lichtstrom proportional der Leuchtdichte der Lichtquelle, der Lichtgeschwindigkeit, der Wellenlänge des verwendeten Lichtes und der Breite der Zelle, umgekehrt proportional der Zeilenzahl, der Schallgeschwindigkeit in der Zelle und der Wellenlänge der Druckverteilung [*55*]. Interessant ist, daß das Zeilenspiegelrad außerordentlich kleine Dimensionen annehmen kann, wenn man es sehr dicht an die Ebene des Beugungsbildes heranbringt.

7. Die Ausführung der mechanischen Sende-Bildabtastgeräte.

Prinzipiell lassen sich die im voraufgehenden Abschnitt beschriebenen mechanischen Empfangs-Bildfeldzerleger auch auf der Sendeseite verwenden. So benutzt z. B. die Scophony-Gesellschaft zur Abtastung eines kontinuierlich vorgeschobenen Filmes ein Gerät mit Spiegelrad ähnlich dem nach Abb. 208, bei dem die Methode der „aufgeteilten Abbildung“ (split focus) zur Anwendung gelangt. An die Stelle der Zelle Z tritt das Filmbild, und in der Ebene des Projektionsschirmes hat man sich eine Blende zu denken, hinter der die Fotozelle angeordnet ist. Abb. 57 zeigt einen etwas modifizierten, sehr wirksamen Filmgeber der gleichen Gesellschaft. Das abtastende Strahlenbüschel durchsetzt einen spiegelradähnlichen Glaskörper (Höhe = Zeilenbreite) in radialer Richtung. Diese Glasvielkantscheibe wird von einem Motor mit 9000 Umdr./min angetrieben. Die Lichtquelle (rechts) beleuchtet einen Spalt, der im waagerechten Schnitt direkt in die Filmebene entworfen wird, während in der Ebene senkrecht dazu die Glasvielkantscheibe auf dem Film zur Abbildung gelangt. Hinter diesem (links) konzentriert eine Optik das durchfallende Licht auf die Fotozelle.

Abb. 57. Filmgeber der Scophony-Gesellschaft nach dem „split focus"-Prinzip.

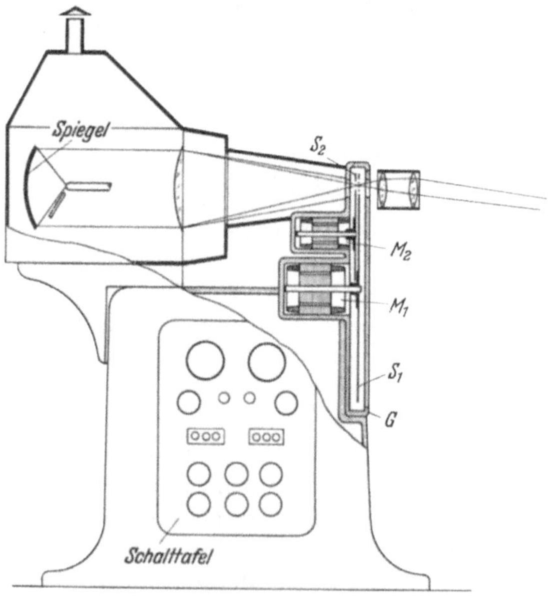

Abb. 58. Lichtstrahlabtaster der Fernseh-A.-G. mit Spirallochscheibe im Vakuum.

Auch der Filmzerleger System Mihaly-Traub hat einen sehr guten lichtoptischen Wirkungsgrad. Er liefert nach Traub bei einem Spiegelrad-Durchmesser von 5 cm und 400 Zeilen noch 0,01 Lumen.

In Deutschland ist auf dem Gebiet der modernen mechanischen Sende-Abtastgeräte Pionierarbeit geleistet worden, vor allem von der Fernseh-A.-G. und von Telefunken.

Abb. 59. Lichtstrahl-Abtastanlage für Fernsehsprechdienst, gebaut von der Fernseh-A.-G.

In Abb. 58, die einen Querschnitt des Gerätes [*56*] der Fernseh-A.-G. gibt, erkennt man die Spirallochscheibe S_1, die wegen ihres kleinen Trägheitsmomentes geringe Synchronisierleistung erfordert. Um einen genügenden Lichtstrom noch bei 40000 Bildpunkten (180 Zeilen) zu erhalten, wurden große Abtastöffnungen, d.h. eine sehr hohe Umfangsgeschwindigkeit, vorgesehen. Der Scheibendurchmesser beträgt demgemäß 0,75 m bei 6000 Umdr./min. Da nun, wie Vorversuche zeigten, bei derartigen Scheiben mit einigen 10 PS Luftreibung gerechnet werden mußte und da ferner bei der hohen Drehzahl Vibrationserscheinungen und -geräusche die in der Nähe anzuordnenden Fotozellen gestört hätten, wurde die Scheibe S_1 im luftverdünnten Raum (Gehäuse G) untergebracht. Auf diese Weise gelang es, die Antriebsleistung bis auf einige 10 W hinunterzudrücken und dabei den Scheibenkörper aus $^1/_{10}$ mm star-

Abb. 60. Filmgeber mit Kreislochscheibe, gebaut von der Fernseh-A.-G., Fernseh-Aufnahmeraum Berlin-Witzleben.

kem Aluminiumblech herzustellen, so daß auch sein Trägheitsmoment und damit die Synchronisierleistung entsprechend klein wurden. Durch das schallisolierende Vakuum lassen sich bei gut ausgewuchteter Masse die auftretenden Geräusche selbst bei einer Umfangsgeschwindigkeit von 230 m/s (!) fast ganz unterdrücken. Außer der vom Motor M_1 mit 6000 Umdr./min angetriebenen Hauptscheibe S_1 sieht man in Abb. 58 eine Blendenscheibe S_2 mit Motor M_2, der nur 1500 Umdr./min macht. Sie dient zur zyklisch wechselnden Ausblendung je einer der 4 Lochspiralen. Beide Motoren sind Synchron-Kurzschlußläufer, die synchron mit der Netzfrequenz fahren, und zwar M_1 über ein zwischengeschaltetes

100 Perioden-Aggregat. Sie arbeiten gleichfalls im luftleeren Raum, und da die Läufer sich hierbei mangels Wärmekonvektion stark aufheizen, sind die Ständer und die Lager wassergekühlt.

Das Vakuum beträgt in G einige Millimeter Quecksilbersäule; es wird von Zeit zu Zeit durch eine rotierende Ölpumpe wieder hergestellt. Zum Einregulieren der Phase von S_1 und S_2 ohne isolierte elektrische Durchführungen durch die Wand des entlüfteten Gehäuses dient ein Dreh-

Abb. 61. Filmgeber für 375 Bildzeilen mit Zeilensprung, gebaut von der Fernseh-A.-G.

transformator, der zusammen mit der Ölpumpe im Unterbau des Gerätes sitzt. Die zur Beleuchtung des auf S_1 entworfenen Bildfeldes verwendete Magnasolbogenlampe liefert bei 120 A Betriebsstromstärke ca. 22000 Lumen. Zur Unschädlichmachung ihrer intensiven Wärmestrahlung ist das Lichteintrittsfenster von G wassergekühlt und besteht aus Quarzglas. Ein Revolverkopf mit Objektiven abgestufter Brennweite gestattet die Lichtstrahlabtastung verschieden großer Bildausschnitte.

Das beschriebene Gerät hat seit Februar 1935 im Dienst der Deutschen

Reichspost gearbeitet, und zwar im Rahmen der täglichen Fernseh-Versuchssendungen über den Ultrakurzwellensender Witzleben. Wie Abb. 59 zeigt, sind ähnliche Anlagen im Betrieb auf den am 1. März 1936 eingerichteten postalischen Gegensehstationen (Fernseh-Sprechstellen) in Berlin und Leipzig. Auch für die Übertragung von Filmen hat die Fernseh-A.-G. mechanische Abtaster mit im Vakuum laufenden Nipkow- bzw. Kreislochscheiben entwickelt, so z. B. die in Abb. 60 dargestellte Apparatur, die seit Herbst 1934 zur Bildsendung von Witzleben dient. Man sieht auf dem langgestreckten Unterbau links das Gehäuse der

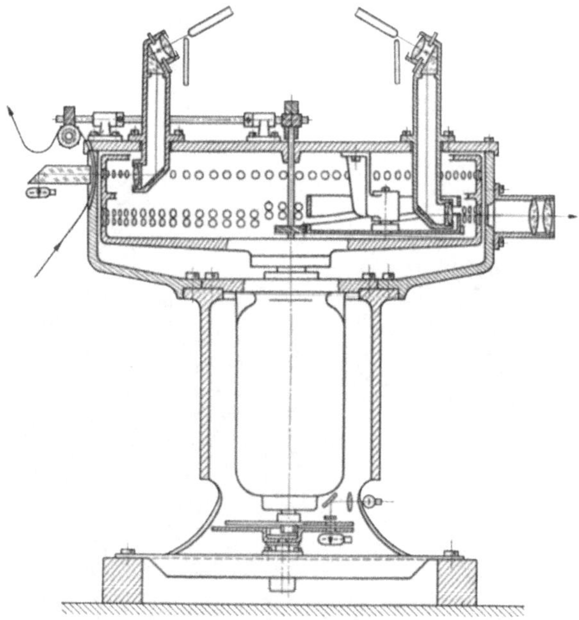

Abb. 62. Schnitt durch den Linsenkranzabtaster von Telefunken.

Bogenlampe mit Abzugrohr, in der Mitte das Filmfortschaltwerk mit der oben aufgesetzten Vorratstrommel, anschließend das Vakuumgehäuse der Zerlegerscheibe und ganz rechts die Behälter für Fotozelle und Verstärker.

Abb. 61 zeigt einen modernen Filmzerleger, der für Zeilensprung gebaut ist. Trotz kontinuierlichem Filmvorschub ist hierbei eine Spirallochscheibe mit zwei vollen Gängen (1 Ganghöhe = $^1/_2$ Filmbildhöhe) erforderlich, da jedes Einzelbild zweimal abgetastet werden muß. Die in der Doppelspirale liegende Sprungstelle dient dazu, das während der ersten Zerlegung um seine halbe Höhe fortgeschrittene Filmbild einzuholen und ein zweites Mal zu zerlegen. Dieses Gerät, das mit 375 Zeilen arbeitet, besitzt Abtastöffnungen nach Abb. 51. Da der Filmstreifen abwechselnd auf die obere und die untere Hälfte des sektorförmigen Bildfeldes der Scheibe projiziert wird, war zum Ausgleich der Zeilenlängenunterschiede beider Halbraster eine optische Vorverzerrung der Filmbildbreite notwendig. Sie erfolgt durch eine die halbe Bildhöhe bedeckende Zylinderlinse im Filmfenster.

Abb. 62 zeigt im Schnitt den Linsenkranzabtaster von Telefunken, der neuerdings von der Deutschen Reichspost im Programmbetrieb

Abb. 63. Linsenkranzabtaster von Telefunken für 2 Filme, Diapositiv- und Bühnenabtastung, Fernseh-Aufnahmeraum Berlin-Witzleben.

des Fernsehens eingesetzt worden ist. Man erkennt den Einbau des Linsenkranzes, der um eine senkrechte Achse rotiert und durch einen darunterliegenden, vom Wechselstromnetz gespeisten Synchronmotor angetrieben wird. Die rechte Seite gibt einen Querschnitt der optischen Anordnung für Lichtstrahlabtastung von Personen: Wir sehen die Bogenlampe, die über eine Kondensoroptik eine feststehende, einstellbare Blende beleuchtet, die zweimalige Abknickung des Strahlenganges, die in einer Doppelspirale angeordneten kleinen Mikroobjektive und die sehr lichtstarke Optik, die das abgetastete Zeilenfeld in die zu übertragende Ebene abbildet. Die Blendentrommel (Wechselblende), deren Funktion bereits auf S. 69 beschrieben wurde, sitzt exzentrisch in der Linsentrommel und erhält ihren Antrieb von der Hauptachse über eine Zahnradübersetzung. Links ist die Anordnung für Filmzerlegung dargestellt: Die den Bildstreifen fortschaltende Zahntrommel wird ebenfalls von der Hauptachse aus in Umdrehung versetzt. Die Abtastung erfolgt jetzt aber mit dem oberen, kreisförmigen Linsenkranz. Der Lichtweg ist hier bis zur Fotozelle angedeutet. Die Bogenlampen verbrauchen nur 6 ... 20 A. Das Gerät gestattet außer Personen- und Diapositivübertragung mit Hilfe von zwei diametral angebauten Filmvorschubwerken eine pausenlose Filmsendung (Überblenden). Sein Äußeres zeigt Abb. 63. Trotz seines schweren Aussehens ist es durch und durch hochwertige Präzisionsarbeit.

IV. Geometrische Elektronenoptik.

Von Dr.-Ing. habil. E. Brüche[1], Berlin.

1. Entwicklung und Bedeutung.

Der in unserer Vortragsfolge schon mehrfach erwähnte Übergang der Fernsehtechnik von den mechanischen zu den elektrischen Bildfeldzerlegern (vgl. Vorträge I und II) wurde allein ermöglicht durch die geometrische Elektronenoptik, die Lehre von den Bahnen der Elektronen in elektrischen und magnetischen Feldern, entwickelt als Analogon zur geometrischen Lichtoptik.

Die Elektronenoptik besteht eigentlich seit den ältesten Versuchen mit Kathodenstrahlen. Als Beispiele seien die noch vor der Jahrhundertwende durchgeführten Versuche von Goldstein über die Abbildung von Geldstücken durch Elektronenbündel genannt, ferner die magnetischen Spektrografen zur Analyse von β-Strahlen. Auch bei der Braunschen Röhre (Kathodenoszillograf) sind frühzeitig Maßnahmen elektronenoptischer Natur angewandt worden (z.B. Wiecherts magnetische Sammelspule und Rogowskis Vorkonzentration). Jedoch fehlten 1. die theoretische Begründung, daß rotationssymmetrische elektrische und magnetische Felder auf Elektronenbündel so wirken, wie optische Linsen auf Lichtkegel, 2. der experimentelle Beweis, daß einwandfreie Abbildungen von Elektronenquellen durch die von ihnen ausgehenden Kathodenstrahlen mit Hilfe stromdurchflossener Spulen bzw. geeigneter aufgeladener Kondensatoranordnungen wirklich erzielbar sind (z.B. bei der Braunschen Röhre die scharfe Abbildung einer punktförmigen Kathode auf den Fluoreszenzschirm, wo der Strahl den schreibenden ,,Bildpunkt" erzeugt). Den ersten dieser beiden Schritte hat 1927 H. Busch getan, der durch seine fundamentale theoretische Erkenntnis der ,,Elektronenlinse" zum Begründer der heutigen geometrischen Elektronenoptik geworden ist. Welche Rolle diese bei der Entwicklung der Kathodenstrahlröhren für Fernsehsendung und -empfang gespielt hat, soll hier durch Behandlung ihrer Elemente und ihrer Wesensart, gekennzeichnet durch eine neuartige Auffassung altbekannter Erscheinungen, verständlich gemacht werden [*57*][2].

---

[1] Aus dem Forschungsinstitut der AEG.

[2] Die Einzelzitate sind im Literaturverzeichnis in Gebietsgruppen zusammengefaßt, und zwar: [*58*] Theorie der Elektronenlinse; [*59*] Elektronenspiegel und

2. Die Grundgesetze der Elektronenbewegung.

a) Grundelemente. Das Elektron wird durch elektrische und im bewegten Zustande auch durch magnetische Felder beeinflußt. Demgemäß unterscheiden wir in den Elementen der Elektronenoptik beide Arten der Einwirkung. Zahlentafel 3 gibt eine Gegenüberstellung der Felder und ihrer Wirkungen.

Zahlentafel 3.

	Elektrisch	Magnetisch
Feld	$\mathfrak{E}$ wirbelfrei Wirkung auf die Ladung Wirkung in Richtung des Feldes	$\mathfrak{H}$ quellenfrei Wirkung auf den Strom Wirkung senkrecht zur Kraftrichtung und Bewegung
Bewegung im Feld	Energieänderung Beschleunigungs- und Verzögerungselemente	Energiekonstanz
Elemente	Analog zur Lichtoptik	Komplizierte Wirkungsweise, Bilddrehung
Praktische Verwendung	Statische Wirkung, also kein Energieverbrauch. Einfach in der Herstellung. Für endgültige technische Konstruktionen (Fernsehröhren) daher bevorzugt	Wirkung durch die Glaswand des Versuchsgefäßes, daher leichteres Experimentieren. Für Forschungs- und Entwicklungsarbeiten oft bevorzugt

Bei der Bewegung in elektrischen Feldern findet eine Energieänderung des Elektrons statt; es wird in der Feldrichtung beschleunigt bzw. verzögert. Im magnetischen Felde dagegen bleibt die Energie und demnach die Geschwindigkeit des Elektrons konstant, da der Vektor der Kraft stets senkrecht zur Bahn steht.

Die elektrischen Elemente entsprechen hinsichtlich des Strahlverlaufs weitgehend den normalen Elementen der Lichtoptik, während die magnetischen Elemente diesen zwar im Endergebnis analog, in den Einzelheiten ihrer Wirkungsweise jedoch nur mit komplizierten optischen Anordnungen zu vergleichen sind. Auch für die praktische Verwendung bestehen zwischen den elektrischen und magnetischen Elementen, insbesondere bei den Elektronenlinsen, Unterschiede. Mit magnetischen Linsen läßt sich leichter experimentieren, da sie (als über das Versuchsrohr geschobene Spulen) durch die Glaswände hindurchwirken. Die elektrischen Linsen verbrauchen für ihre Erzeugung keine Energie und sind (z.B. als Rohr- oder Lochblendenlinsen) grundsätzlich einfacher herzustellen. So zeigt sich denn auch, daß man zu ersten Versuchen

Steuerung; [*60*] Elektronenmikroskop; [*61*] Übermikroskop; [*62*] Strukturuntersuchungen; [*63*] Bildwandler; [*64*] Fernsehen und Elektronenoptik. Weitere Zitate finden sich in den Zusammenfassungen über Elektronenoptik [*57*].

meist magnetische Elemente benutzt, wogegen für die endgültige, technisch ausgereifte Röhrenkonstruktion (z. B. bei der modernen Braunschen Fernsehröhre mit Hochvakuum) elektrostatische Sammelvorrichtungen bevorzugt werden.

b) Elektrische und magnetische Ablenkung. Bevor wir auf die Elektronenlinsen näher eingehen, wollen wir die Bahnen des bewegten Elektrons beliebiger Anfangsrichtung im elektrischen und magnetischen Querfeld miteinander vergleichen, um die maßgebenden Kraftwirkungen klarzustellen. Das Elektron möge die Voltenergie Ue-Volt haben, d.h. es hat seit dem Austritt aus der Kathode vom Potential 0, wenn wir die kleine Austrittsenergie von z. B. 0,1 V vernachlässigen, ein Anodenpotential vom Betrage U durchfallen. Das Elektron beginnt nun unter dem Einfluß des Querfeldes eine Kreisbahn, deren Radius r sich aus der Gleichheit von (zentripetal wirkender) Feldkraft K und Zentrifugalkraft $Z = \frac{m v^2}{r} = \frac{2eU}{r}$ ergibt. (Dabei ist m die Masse und $v = \sqrt{\frac{2eU}{m}}$ die Geschwindigkeit des Elektrons.)

Im elektrischen Querfelde von der Stärke $\mathfrak{E}$ ist $K = e\mathfrak{E}$; damit wird die Gleichgewichtsbedingung:

$$\frac{2eU}{r} = e\mathfrak{E}.$$

Daraus folgt:

$$r_e = \frac{2U}{\mathfrak{E}}$$

als Krümmungsradius der Parabelbahn am Scheitelpunkt, in dem das Elektron von seiner Anfangsrichtung abzuweichen und dem Einfluß der Querkraft zu folgen beginnt.

Im homogenen magnetischen Querfelde von der Stärke $\mathfrak{H}$ beschreibt das Elektron, da die Kraft stets senkrecht zur Geschwindigkeit gerichtet bleibt, wirklich einen Kreis nach Abb. 64, dessen Radius sich in entsprechender Weise aus den Gleichungen:

$$\frac{2eU}{r} = ev\mathfrak{H} \quad \text{und} \quad v = \sqrt{\frac{2eU}{m}}$$

zu:

$$r_m = \frac{1}{\mathfrak{H}} \cdot \sqrt{\frac{2mU}{e}} = 3{,}4 \cdot \frac{\sqrt{U_{(\mathrm{Volt})}}}{\mathfrak{H}_{(\mathrm{Gauß})}}\ \mathrm{cm}$$

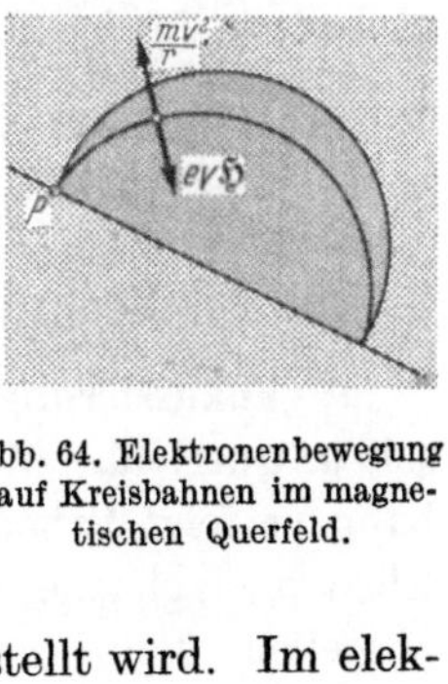

Abb. 64. Elektronenbewegung auf Kreisbahnen im magnetischen Querfeld.

berechnet. Hier geht also in r die Masse m ein, so daß bei gegebenem $\mathfrak{H}$ beispielsweise schon für Elektronen und Protonen die Parabelbahnen $r_m^2 = (2m/e\mathfrak{H}^2) \cdot U$ außerordentlich voneinander abweichen, wogegen bei elektrischer Ablenkung die Beziehung $r_e = 2U/\mathfrak{E}$ durch eine für alle Teilchen, unabhängig von m, identische Gerade dargestellt wird. Im elektrischen Felde hängt nämlich die auf den bewegten Ladungsträger ausgeübte Kraft nur von der Ladung selbst ab, im magnetischen Felde dagegen außerdem noch von seiner Geschwindigkeit v, d. h. entsprechend $\frac{m v^2}{2} = e U$ zugleich von seiner Masse m. Deshalb ergeben sich auch für die magnetische Ablenkung die weniger einfachen Wurzelausdrücke.

Die Zeit, innerhalb der ein Elektron im magnetischen Felde seine Kreisbahn in der zur Richtung der Kraftlinien senkrechten Ebene durchläuft, ist:

$$T = \frac{2 r \pi}{v} = \frac{2 \pi}{v} \cdot \frac{m v}{e \mathfrak{H}} = \frac{2 \pi m}{e \mathfrak{H}} .$$

Es fallen also v und r heraus, und wir erhalten den Satz: In einem gegebenen magnetischen Felde durchlaufen Elektronen verschiedener Geschwindigkeit senkrecht zu den Kraftlinien ihre Kreisbahnen trotz verschiedener Radien in gleicher Zeit. Doppelte Geschwindigkeit bedingt verdoppelten Kreisdurchmesser.

Einige Werte für die elektrische und die magnetische Ablenkung gibt Zahlentafel 4. Wir merken uns als Größenordnung: 220 e Volt-Elektronen brauchen zur Bewältigung der Länge des Erdradius rd. 1 s. Sie beschreiben im Erdfeld ($\mathfrak{H} = 0{,}47$ Gauß) einen Kreis von $r_m = 1$ m, den sie in rd. 10^{-6} s durchlaufen.

Zahlentafel 4.

	$U = 1 e$ Volt	220 e Volt	10 000 e Volt
Lineargeschwindigkeit $v = 600 \sqrt{U}$ km/s	600 km/s	1½ Erdradien in 1 s	60000 km/s
Anfangskrümmung im elektrischen Feld $r_e = 2\, U/\mathfrak{E}$; bei z. B. $\mathfrak{E} = 100$ V/cm	0,02 cm	4 ½ cm	2 m
Krümmungsradius im magnetischen Feld $r_m = 3{,}4 \sqrt{U}/\mathfrak{H}$; bei z. B. $\mathfrak{H} = 0{,}47$ Gauß	7 cm	1 m	7 m
Umlaufzeit in der Kreisbahn $T = 3{,}6 \cdot 10^{-7}/\mathfrak{H}$; bei z. B. $\mathfrak{H} = 0{,}47$ Gauß	$8 \cdot 10^{-7}$ s	entsprechend	10^6 Uml./s
De Broglie-Elektronenwellenlänge $\lambda = 12{,}3/\sqrt{U}$ in Å	12,3 Å	1 Å	0,12 Å

3. Die Elektronenlinse als Aufgabe der Bahnmethode. [58]

a) Fokussierung im homogenen magnetischen und im elektrischen Querfeld. Während wir bisher nur eine einzelne Elektronenbahn verfolgt haben, sollen jetzt vom Ursprungsort zwei oder mehrere Elektronen gleicher Geschwindigkeit, aber etwas verschiedener Richtung ausgehen. Beim magnetischen Querfeld (Abb. 64) ist es ohne weiteres klar, daß die schwach divergierenden Bahnen sich nach einem Halbkreis in erster Näherung wieder treffen werden. Wir haben es mit einem

Fokussierungseffekt, dem Charakteristikum der Elektronenoptik, zu tun, wie er in diesem Falle für die magnetische Geschwindigkeits-Spektrografie wichtig ist. Beim elektrischen Querfeld liegt es ähnlich; hier findet z. B. im Zylinderkondensator die Fokussierung nach 127° statt.

b) Bedingung für die Fokussierung im Längsfeld. Indem wir uns nunmehr dem Bahnverlauf im Längsfeld zuwenden, kommen wir zu den eigentlichen Elektronenlinsen. Sie sind der wichtigste Teil der konstruktiven geometrischen Elektronenoptik, ebenso wie die Glaslinsen das wichtigste Bauelement der optischen Geräte sind. Wir denken uns gemäß Abb. 65 drei Elektronen gleicher Geschwindigkeit v in dem gleichen Augenblick vom Achsenpunkt P eines rotationssymmetrischen Feldes ausgehend. Die Anfangswinkel α gegen die Achse seien so gering, daß für jedes Elektron die z-Komponente der Geschwindigkeit $v_z = v \cos \alpha \sim v$ ist. In der z-Richtung sind also die Elektronen nach gleichen Laufzeiten stets gleich weit fortgeschritten; sie treffen demnach, wenn überhaupt Fokussierung eintritt, auch zur gleichen Zeit T am Punkte F zusammen. Umgekehrt ergibt sich aus dieser Feststellung folgender Satz:

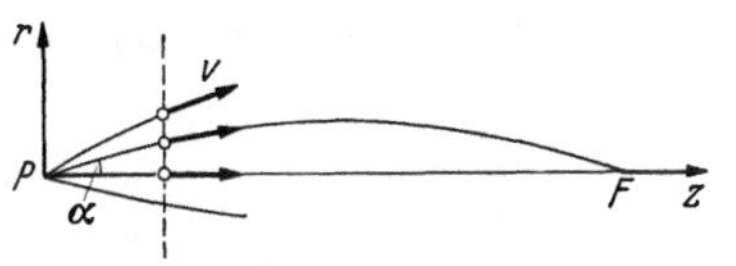

Abb. 65. Fokussierung von achsennahen Elektronenbahnen im Längsfeld.

Die Fokussierung tritt ein, wenn die Elektronen, die gleichzeitig ($t = 0$) unter kleinen Winkeln von der Achse ausgegangen sind, diese in dem gleichen Zeitpunkt ($t = T$) wieder erreichen.

c) Fokussierung im homogenen magnetischen Längsfeld. Die soeben betrachtete Achse sei jetzt eine magnetische Kraftlinie. Da die Fortbewegung längs dieser z-Richtung für alle Elektronen mit angenähert konstanter Geschwindigkeit $v \cos \alpha \sim v$ erfolgt, brauchen wir als Bedingung der Fokussierung nur noch nachzuweisen, daß auch die Elektronenbahnen in der zur Achse senkrechten Ebene nach gleicher Zeit zusammenführen. Für das magnetische Feld wissen wir aber aus (2b) bereits, daß die verschieden großen Kreise, die den Quergeschwindigkeiten $v_r = v \sin \alpha$ der Elektronen entsprechen, trotzdem in der konstanten Zeit $T = \frac{2\pi m}{e \mathfrak{H}}$ durchlaufen werden. Es gilt also folgender Satz:

Im homogenen magnetischen Feld bewegen sich Elektronen gleicher Geschwindigkeit, die unter kleinen Winkeln zu den Kraftlinien ausgehen, in Schraubenlinien und treffen sich nach einem Umlauf wieder auf der Ausgangskraftlinie (Abb. 66).

Zahlenbeispiel für die Bewegung im magnetischen Erdfeld: Elektronen durchlaufen ihre Kreisbahn im Erdfeld in $8 \cdot 10^{-7}$ s. Während dieser Zeit würden sich 10 000 e Volt-Elektronen um 50 m fortbewegt haben. Dies ist also die Höhe eines Schraubenlinienganges. Die Fo-

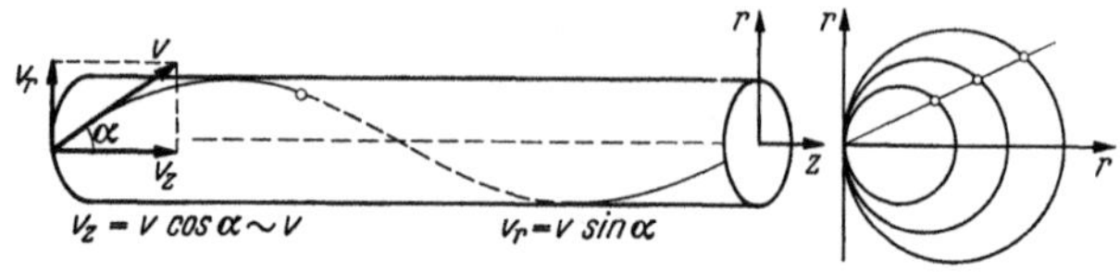

Abb. 66. Schraubenlinienbewegung der Elektronen im homogenen magnetischen Längsfeld.

kussierung von Elektronen, die mit 10 000 V beschleunigt sind, erfolgt demgemäß im Erdfeld nach 50 m; der Radius der Schraube ist 7 m.

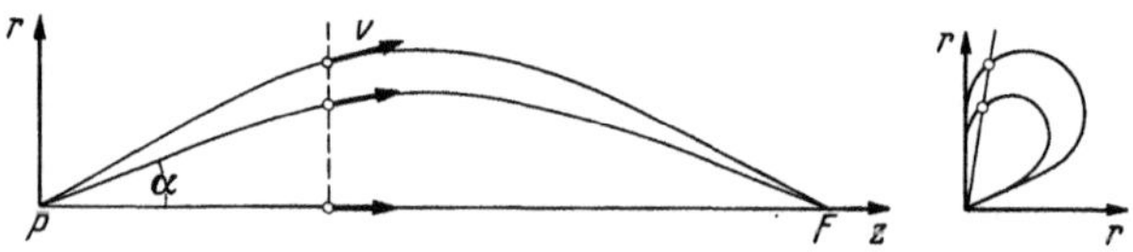

Abb. 67. Bewegung der Elektronen durch eine kurze magnetische Linse.

d) Die kurze magnetische Elektronenlinse. Bei der „kurzen" magnetischen Linse, die in ihrer einfachsten Form durch einen Kreisstrom gebildet wird (z-Achse senkrecht auf der Kreisebene), ist der Mechanismus ganz entsprechend dem bei der „langen" magnetischen Linse (3c), die ein homogenes Längsfeld darstellt. Die Geschwindigkeit der Elektronen in der z-Richtung ist konstant. In der dazu senkrechten Ebene erfolgt die Rückkehr zur Achse nach gleicher Zeit auf Schleifenbahnen (Abb. 67). Die Durchrechnung der Bewegung, bei der die Schräglage der Kraftlinien zur Achse besonders zu berücksichtigen ist, ergibt für die Brechkraft:

$$\frac{1}{f} = \frac{e}{8\,m\,U}\int \mathfrak{H}_z^2\,dz = \frac{0{,}022}{U}\int \mathfrak{H}_z^2\,dz\,,$$

wobei f die Brennweite in Zentimetern, U die Voltenergie der Elektronen und $\mathfrak{H}_z$ die Feldstärke auf der magnetischen Achse in Gauß bedeutet.

Abb. 68. Magnetische Elektronenlinse mit Eisenpanzer.

Für den Kreisstrom (Kreisradius r; Strom i) läßt sich das Integral leicht auswerten, da $\mathfrak{H}$ in bekannter Weise von r und i abhängt.

Man erhält:

$$\frac{1}{f} = \frac{3\pi^3}{16} \cdot \frac{e}{m} \cdot \frac{i^2}{U} \cdot \frac{1}{r}; \qquad f = 100 \cdot \frac{U_{\text{Volt}} \cdot r_{\text{cm}}}{i^2_{\text{Amp.}}} \text{ cm.}$$

Beispiel: Eine Ringspule von 5 cm Radius und 500 Amperewindungen hat für Elektronen von 10 000 *e*V eine Brennweite von 20 cm. Die magnetische Linse wird zur Verringerung der Feldausdehnung und zur Erreichung höherer Feldstärke meist mit einem Eisenpanzer versehen (Abb. 68).

e) **Kraftfeld des gaskonzentrierten Elektronenstrahls.** Bei dem gaskonzentrierten Elektronenstrahl („Knotenstrahl") der älteren Braunschen Röhre wird die Fokussierung durch positive Ionenraumladung bewirkt, die man in erster Näherung im Strahl als homogen verteilt annehmen kann [*58*]. Sie ist umgeben von einer schlauchartigen Hülle diffundierter Elektronen. Auch jetzt gilt wieder, daß die von der Achse unter geringen Neigungswinkeln ausgegangenen Elektronen in der zur Strahlrichtung senkrechten Ebene unabhängig von der Größe ihrer Maximalauslenkung gleichzeitig zur Achse zurückkehren müssen. Diese Bedingung ist erfüllt, da die seitliche Elektronenbewegung im Strahl eine Sinusschwingung und daher die konzentrierende, radial nach der Achse zu gerichtete Kraft jeweils proportional dem Achsenabstand ist. Umgekehrt erhalten wir den Satz:

Die Wiedervereinigung (Fokussierung) des von der Kathode divergierenden Bündels tritt ein, wenn die auf die Elektronen durch das radialsymmetrische elektrische Feld ausgeübten rücktreibenden (oder ablenkenden) Kräfte der Entfernung von der Achse überall proportional sind.

4. Die elektrische Elektronenlinse. [*58*]

Nachdem wir durch die Ableitung der Elektronenbahnen einen Eindruck vom physikalischen Mechanismus der Fokussierung in magnetischen und elektrischen Feldern gewonnen haben, wollen wir jetzt zur rein optischen Anschauungsweise übergehen. Dabei beschränken wir uns auf die elektrische Linse, weil die magnetische Linse sich nicht so einfach behandeln läßt. Sie ist nur in ihrer Wirkung der optischen Linse analog (2a).

a) **Elektronenoptisches Brechungsgesetz.** Wie in der Lichtoptik (Snellius), können wir auch in der Elektronenoptik ein Sinusgesetz der Brechung aufstellen. Wir erhalten es aus einer einfachen Betrachtung über das eine elektrische Doppelschicht durchfliegende Elektron (Abb. 69). Beim Durchgang durch diese Schicht, in der sich das Potential sprunghaft ändern möge, denken wir uns die Geschwindigkeit v des Elektrons zerlegt in die rechtwinkligen Komponenten v_y (senkrecht zur Schicht) und v_x

(parallel zur Schicht). Da v_x beim Durchgang durch die Schicht keine Änderung erfährt, gilt:

$$v_{1x} = v_{2x}.$$

Damit wird:

$$\sin i_1 = \frac{v_{1x}}{v_1}; \quad \sin i_2 = \frac{v_{2x}}{v_2} = \frac{v_{1x}}{v_2},$$

und es entsteht durch Division die dem Snelliusschen Brechungsgesetz entsprechende Beziehung:

$$\frac{\sin i_1}{\sin i_2} = \frac{v_2}{v_1}.$$

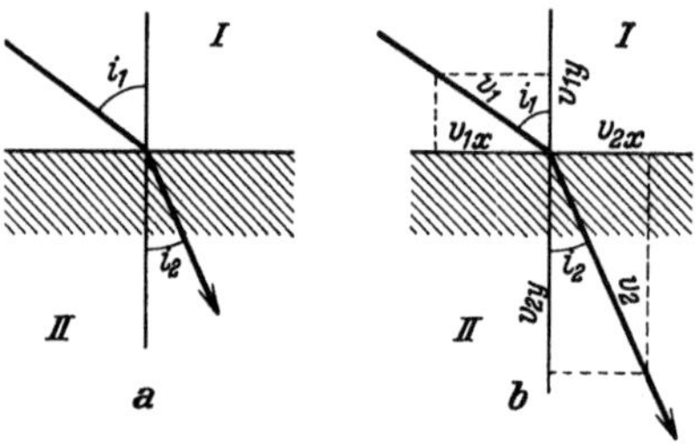

Abb. 60. Zur Ableitung des elektronenoptischen Brechungsgesetzes.

An Stelle der lichtoptischen Brechungsindizes stehen hier die Geschwindigkeiten des Elektrons oder (unter Berücksichtigung des Energiesatzes) die Quadratwurzeln aus den Voltenergien U, d.h.:

Der elektronenoptische Brechungsindex wird durch die Geschwindigkeit des Elektrons gegeben.

b) Die statische (elektrische) Elektronenlinse. Die Existenz des unter (4a) abgeleiteten Brechungsgesetzes beweist die Möglichkeit elektronenoptischer Abbildungssysteme, die aus elektrostatischen Feldern aufgebaut sind. Man braucht ja nur in Anlehnung an die Lichtoptik kugelförmig gekrümmte Doppelschichten mit den Krümmungsmittelpunkten auf einer Achse hintereinander anzuordnen. Die praktische Durchführung dieses Gedankens scheitert daran, daß man keine für den gedachten Zweck brauchbaren Doppelschichten — etwa aus Netzen, die wie trübe Linsen wirken würden, — herstellen kann. Doch hilft hier folgende Überlegung weiter: Wenn man die Änderungen des Brechungsindex nicht sprunghaft, sondern auf Grund des elektrostatischen Felddurchgriffs passend geformter Elektroden (Abb. 70) stetig vornimmt, so wird die fokussierende Eigenschaft erhalten bleiben. Daraus folgt: Das Potentialfeld, das sich an dem kreisförmigen Loch einer Elektrode ausbildet, die gegenüber einer zweiten unter Spannung steht, ist eine Elektronenlinse. Ein solches Potential-

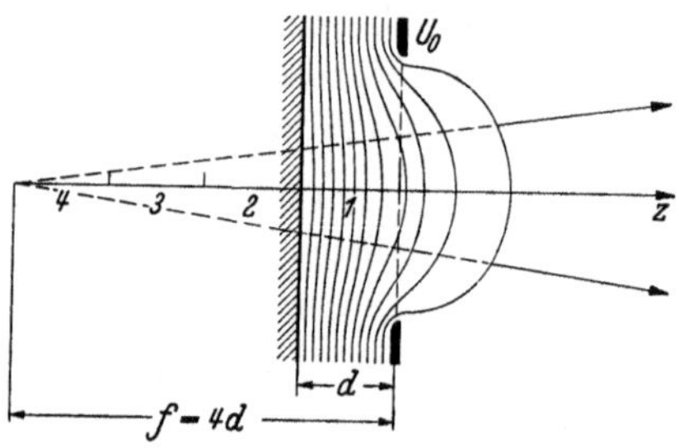

Abb. 70. Elektrostatische Durchgriffslinse (Lochblendenlinse); Verlauf der Potentialflächen und Brennweite.

feld lenkt die Elektronen mit einer dem Abstand von der Achse proportionalen Kraft ab und erfüllt damit die in (3e) erwähnte Voraussetzung der elektronenoptischen Linsenwirkung. Dieser wird offenbar stets genügt, wenn die Potentialflächen, die die brechenden Flächen darstellen, als hinreichend kugelförmig angesehen werden können. Das gilt aber für achsennahe Strahlen bei jedem rotationssymmetrischen elektrischen Felde, so daß wir sagen können:

Jedes rotationssymmetrische elektrische (oder magnetische) Feld ist eine Elektronenlinse.

c) Differentialgleichung der elektrischen Linse. Die Brennweiten elektrischer Linsen kann man aus den Potentialfeldern auf zwei Wegen ableiten: entweder nach der optischen Methode (PICHT, GLASER), indem man sich das Potentialfeld aus vielen Glaslinsen aufgebaut denkt, über deren lichtbrechende Wirkung integriert wird, oder nach dem direkten Verfahren, indem man an die Bewegungsgleichung des Elektrons (SCHERZER) anknüpft, wie wir es hier tun wollen. Wir betrachten wieder allein die Bewegung, die in der zur z-Achse senkrecht stehenden Ebene (Koordinate r) erfolgt, und gehen dabei von $\mathfrak{E}_r$ nach einer Gleichung der Potentialtheorie zu dem uns experimentell zugänglichen $\mathfrak{E}_z$ über. Die Kraft senkrecht zur z-Richtung ist:

$$m \frac{d^2 r}{d t^2} = -e \mathfrak{E}_r .$$

Da wir die Bahn errechnen wollen, ersetzen wir die Zeit durch die z-Koordinate und das Potential U, das an der Kathode Null sei[1]:

$$d z = v_z \cdot dt \approx v \cdot dt; \quad \frac{m v^2}{2} = e U; \quad v = \sqrt{\frac{2 e}{m}} \cdot \sqrt{U} .$$

Damit erhält unsere Differentialgleichung die Form:

$$m \cdot \frac{d}{dt}\left(\frac{dr}{dt}\right) = m \sqrt{\frac{2 e}{m}} \cdot \sqrt{U} \cdot \frac{d}{dz}\left(\sqrt{\frac{2 e}{m}} \sqrt{U} \frac{dr}{dz}\right) = -e \mathfrak{E}_r$$

oder

$$\sqrt{U} \frac{d}{dz}\left(\sqrt{U} \frac{dr}{dz}\right) = -\frac{1}{2} \mathfrak{E}_r .$$

Nun gilt nach der Potentialtheorie für ein quellenfreies Feld:

$$\mathfrak{E}_r = -\frac{1}{2} \frac{\partial \mathfrak{E}_z}{\partial z} r \approx \frac{1}{2} \cdot \frac{d}{dz}\left(\frac{dU}{dz}\right) r ,$$

so daß die Differentialgleichung schließlich übergeht in:

$$\sqrt{U} \cdot \frac{d}{dz}\left(\sqrt{U} \frac{dr}{dz}\right) = -\frac{1}{4} \frac{d^2 U}{dz^2} r .$$

[1] Dabei ist angenommen, daß die Bahnen wenig gegen die Achse geneigt sind und in Achsennähe verlaufen. U ist demnach das auf der Achse vorhandene Potential.

d) Brennweite der Lochblendenlinse. Mit Hilfe vorstehender Beziehung, die für alle rotationssymmetrischen elektrischen Felder gilt, wollen wir jetzt die Brennweite der einfachsten statischen Linse, der Lochblende, berechnen (Abb. 70). Wir nehmen an, daß Elektronen aus einer ebenen Kathode austreten und von einer gegenüberliegenden planparallelen Anode beschleunigt werden. Diese habe ein kreisförmiges Durchtrittsloch. Hier bildet sich (vgl. 4b) die Linse aus. Sie ist eine Zerstreuungslinse, wie es das Potentialmodell nach Abb. 71 sogleich erkennen läßt[1]. Ihre Brennweite finden wir auf Grund der Tatsache, daß zwischen Kathode und Blende für die übergehenden Elektronen angenähert $r = r_a =$ konst. und ferner U nahe der Blende gleich U_0 ist (Abb. 70).

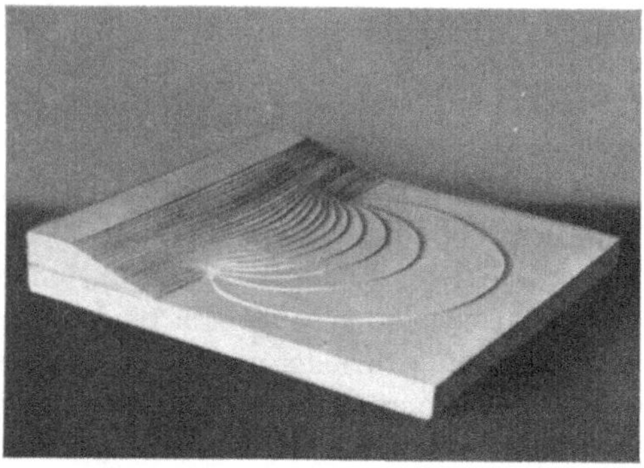

Abb. 71. Räumliches Potentialmodell einer elektronenoptischen Zerstreuungslinse.

Die Differentialgleichung:

$$\sqrt{U_0} \cdot \frac{d}{dz}\left(\sqrt{U}\,\frac{dr}{dz}\right) = -\frac{r_a}{4} \cdot \frac{d^2 U}{dz^2}$$

läßt sich dann integrieren:

$$\sqrt{U}\,\frac{dr}{dz} = -\frac{r_a}{4\sqrt{U_0}} \cdot \frac{dU}{dz}\Bigg|_{\text{Kathode.}}^{\text{hinter der Blende.}}$$

Damit wird, falls hinter der Anodenblende kein Feld herrscht:

$$\operatorname{tg}\alpha = \frac{r_a}{f} = -\left(\frac{dr}{dz}\right)_{\text{hinter der Blende}} = -\frac{r_a}{4\,U_0} \cdot \frac{U_0}{d} = -\frac{r_a}{4\,d},$$

und es folgt:

$$f = -4\,d.$$

e) Übersicht über die elektrischen Linsen. Die Gesamtheit der verschiedenartigen und verschiedengestaltigen elektrischen Linsen können wir uns aus dem aufgeladenen Kreisring entwickelt denken (Abb. 72a), der auch der Prototyp der magnetischen Linse ist. Gegen die Umgebung auf negatives oder positives Potential gebracht, verhält sich der Ring

[1] Dabei wird das negative Potential (Fallpotential) als Höhe aufgetragen. Es entsteht so ein Potentialgebirge, in dem die Elektronen als Kugeln rollen und das uns bei komplizierten Linsenfeldern erlaubt, schnell ihre Wirkungsweise zu erkennen.

gegenüber der Elektronenstrahlung wie eine einzeln im Raum stehende Glaslinse gegenüber Lichtstrahlen. Wie bei letzterer ist auf beiden Seiten der „Brechungsindex" (Potential U) in genügender Entfernung vom Ringe („Einzellinse") gleich groß. Denken wir uns um diesen (dünnen) Ring in seiner Ebene einen zweiten, etwas größeren in leitender Verbindung herumgelegt, dann einen dritten ebenso hinzugefügt usw., so kommen wir schließlich zu einer Lochscheibe, der „Lochscheibenlinse" oder „Lochblendenlinse" (Abb. 72b). Infolge der Ausdehnung der relativ zur Umgebung aufgeladenen Ebene praktisch bis ins Unendliche wird die Feldstärke in größerer Entfernung von der Linse nicht verschwinden, sondern einen konstanten endlichen Wert annehmen. Sie kann dabei beiderseits der Ebene gleich oder verschieden sein und einseitig auch Null werden. Die Lochblendenlinse kann im Gegensatz zur Einzellinse, die immer eine Sammellinse ist, auch zerstreuend wirken (Abb. 71). Sie ist übrigens die einzige Zerstreuungslinse, die die Elektronenoptik kennt. Setzen wir zwei Lochblenden koaxial nebeneinander, so erhalten wir den dritten Haupttyp, die „Immersionslinse" (Abb. 72 c). Sie entspricht einer einzelnen brechenden Fläche in der Lichtoptik insofern, als der elektronenoptische Brechungsindex auf ihren beiden Seiten konstant ist. Die Immersionslinse kann Beschleunigungs- oder Verzögerungslinse sein, sie ist stets eine Sammellinse. Von großer praktischer Wichtigkeit ist das „Immersionsobjektiv", eine Immersionslinse gegenüber einer Platte, an der das Feld mit einer von Null verschiedenen Feldstärke ($dU/dz \neq 0$) ansetzt (Abb. 72d). Es hat für die Abbildung von Flächen, aus denen Elektronen austreten, besondere Bedeutung und wird oft als elektrisches „Elektronenmikroskop" bezeichnet.

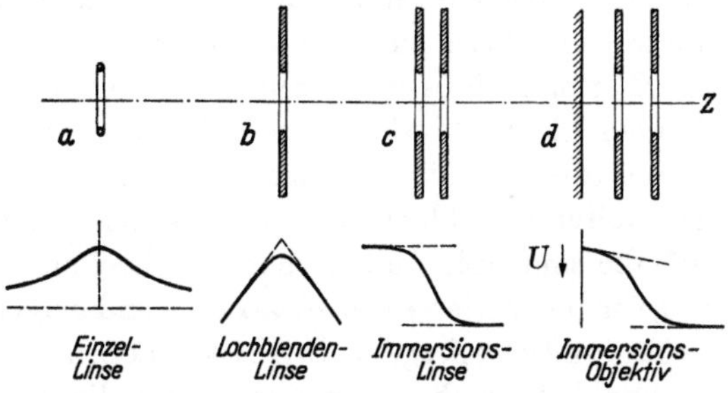

Abb. 72. Die Entwicklung der statischen Elektronenlinsen.

5. Das Elektronenmikroskop [*60*].

a) Arbeitsrichtungen in der Elektronenmikroskopie. Eine charakteristische Anwendung der Elektronenlinse ist das Elektronenmikroskop. Seine Aufgabe entspricht ganz der des Lichtmikroskops, d.h. es sollen geeignete Gegenstände mit Hilfe der Elektronenstrahlung vergrößert auf einen zur Lumineszenz erregten Leuchtschirm abgebildet werden.

Während der Entwicklung haben sich zwei Arbeitsrichtungen herausgebildet, die in der Problemstellung und damit zum Teil auch in der experimentellen Methode verschiedene Wege verfolgen. Die erste Problemstellung betrifft die Abbildung winziger biologischer Objekte, deren Einzelheiten infolge der dem Lichtmikroskop durch die Wellennatur des Lichtes gezogenen Grenze nicht mehr aufgelöst werden können. Die zweite schließt sich enger an die Besonderheiten der Elektronenstrahlung an. Hier handelt es sich darum, die Emissionsvorgänge der Elektronen, die dem Lichtmikroskop von Natur aus unzugänglich sind, zu klären. Bei der ersten Gruppe werden Durchstrahlungsbilder aufgenommen, bei der zweiten die Bilder von kathodischen Eigenstrahlern. Für die erste Aufgabe sind bisher allein magnetische Linsen zur Anwendung gekommen, für die zweite werden elektrische und magnetische Linsen verwendet.

b) Auflösungsfragen. Das Mikroskop bildet eine gitterartige Struktur nur richtig ab, wenn außer dem direkten Strahl mindestens ein Beugungsmaximum der am Untersuchungsgegenstand abgebeugten Strahlung in das Objektiv gelangt. Aus Abb. 73 läßt sich unmittelbar ablesen, bei welchem Mindestabstand d der Gitterstriche die Grenze der „Auflösbarkeit" erreicht ist, d.h. das erste Beugungsmaximum noch gerade in die verwertbare Linsenöffnung vom Radius R hineinfällt. Da sich der Brechungsindex beim magnetischen Mikroskop, für das diese Überlegung von besonderer Wichtigkeit ist, zwischen Gegenstand und Linse nicht ändert, gilt einfach:

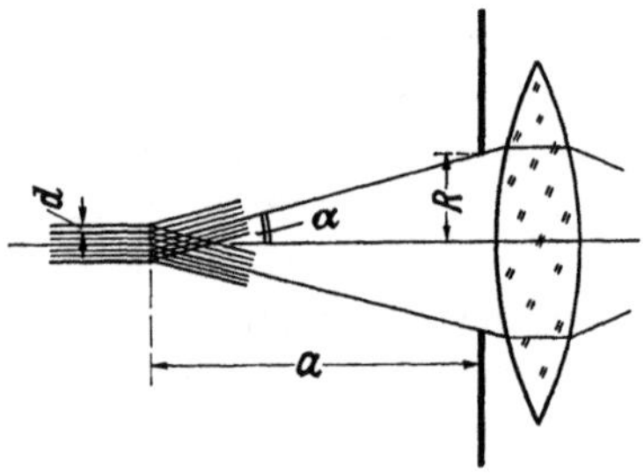

Abb. 73. Zur Ableitung der Auflösungsgrenze eines Lichtmikroskops.

$$\frac{\lambda}{d} = \sin\alpha = \frac{R}{a},$$

wobei λ die Wellenlänge der Strahlung am Objekt und a die optische Gegenstandsweite bedeutet, die der Linsenbrennweite praktisch gleich ist.

Benutzen wir Elektronen von $U = 10000\,e$ V, so ist deren Wellenlänge nach der de Broglie-Gleichung:

$$\lambda = \frac{\sqrt{150}}{\sqrt{U}} = \frac{12{,}3}{100} = 0{,}12\ \text{Å}.$$

Gute magnetische Objektive haben eine numerische Apertur $\frac{R}{a} = 0{,}02$. Sonach wird:

$$d = \frac{0{,}12}{0{,}02} = 6\ \text{Å}.$$

Die Auflösungsgrenze des magnetischen Elektronenmikroskops läge demnach in der Größenordnung 1/1000 Wellenlänge des gelben Lichtes, während sie beim optischen Mikroskop $\lambda/2$ des blauen Lichtes beträgt.

c) Übermikroskop [*61*]. Das magnetische Übermikroskop, das die dem Lichtmikroskop unzugänglichen Dimensionen unserer Beobachtung erschließen soll, ist von RUSKA aus dem Kaltkathoden-Oszillografen entwickelt worden und diesem daher in seinem inneren und äußeren Aufbau sehr ähnlich. Die Elektronen werden durch eine Vorkonzentrationsspule auf das Objekt gesammelt und dieses mit magnetischen Linsen von etwa 6 mm Brennweite in zwei Stufen auf den Leuchtschirm abgebildet. Die bisherigen Ergebnisse sind vielversprechend. Man hat Hell- und Dunkelfeldaufnahmen durchgeführt. Von biologischen Objekten sind, teils nach Präparierung mit Wismutsalzen, teils ohne Präparierung, beachtliche Vergrößerungen erzielt worden. Heute wird daran gearbeitet, den exakten Beweis für die Überschreitbarkeit der Auflösungsgrenze des Lichtmikroskops zu erbringen. Als Testobjekte sind dazu die Kieselschalen von Diatomeen mit ihren regelmäßig wiederkehrenden Strukturen ebenso geeignet wie beim Lichtmikroskop. Einstweilen zeigen diese Aufnahmen allerdings noch nicht mehr als Aufnahmen mit dem Lichtmikroskop. Man vermutet, daß das Fehlen weiterer Feinheiten nicht am Elektronenmikroskop, sondern an den untersuchten Strukturen liegt.

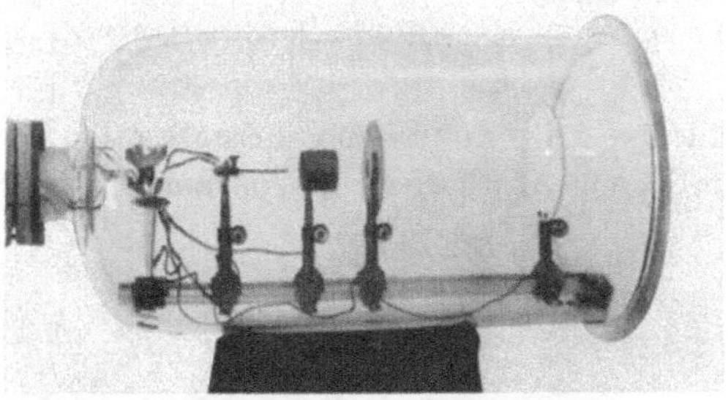

Abb. 74. Eines der ersten elektrischen Mikroskope.

d) Mikroskop zur Emissionsuntersuchung [*62*]. Im Gegensatz zum Übermikroskop handelt es sich hier vorwiegend um das Studium von Metallen in den Besonderheiten ihrer Emission. Die Vergrößerungen übersteigen selten den Wert 100. In den elektrischen Mikroskopen (Abb. 74) wird das bereits erwähnte Immersionsobjektiv von JOHANNSON (Abb. 72d und 75) benutzt, das ein abbildendes Potentialfeld darstellt. In den magnetischen Mikroskopen nach KNOLL und Mitarbeitern werden die Elektronen beim Austritt aus der Kathode erst durch ein normales, nicht abbildendes Potentialfeld beschleunigt; sodann wird die Abbildung durch eine oder zwei magnetische Linsen (Abb. 68) bewirkt, die meist als „gepanzerte", daher wenig streuende Spulen ausgeführt sind.

Das Elektronenmikroskop hat uns das Emissionsbild von Oxyd-, Azid- und anderen Kathoden gezeigt (Abb. 76a). Die Austrittsvorgänge an solchen Elektronenstrahlern konnten verfolgt, der Einfluß von Sauerstoff und anderen Gasen studiert werden. Bei dergleichen glühelektrischen Untersuchungen an Metalloberflächen wurde entdeckt, daß mit und auch ohne sehr dünne Auflagerungen aktiver Metalle (Barium, Zäsium, Thorium) die kristalline Struktur in der Emission hervortreten kann (Abb. 76b). Vermutlich sind bei den verschiedenen Kristalliten die Austrittsarbeiten und demnach auch die Oberflächenpotentiale ungleich. Die übliche Vorstellung von der Konstanz des Potentials einer Metallfläche ist also nur eine Näherung, und die Gesetze des Elektronenaustritts (Richardson-Gerade, Schottky-Gerade) erfahren entsprechende Korrekturen.

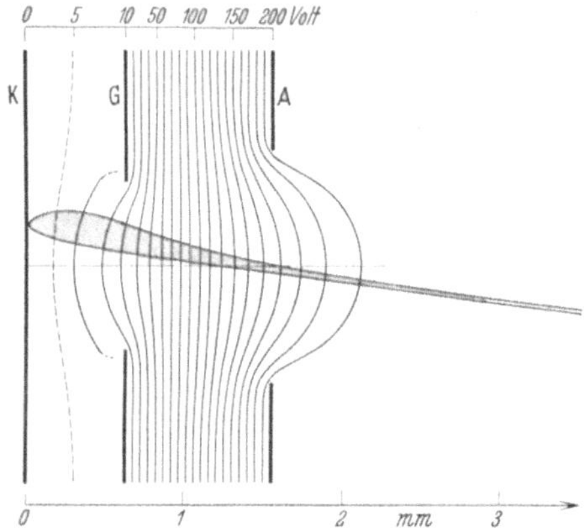

Abb. 75. Verlauf des abbildenden Elektronenbündels im Immersionsobjektiv.

Das elektronenmikroskopische Emissionsbild ist ferner für die Metallografie von Interesse, da es gestattet, Strukturänderungen glühender Metalle — z.B. die Eisenumkristallisation bei 900° C (Knecht) — zu verfolgen. An thoriertem Wolfram (Mahl) zeigt sich, wie das Thorium

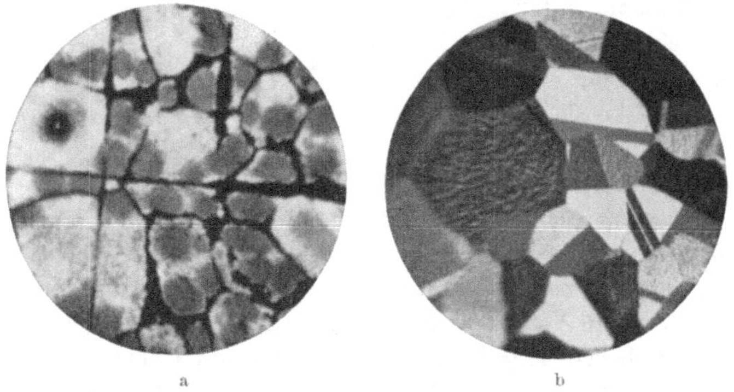

Abb. 76. Emissionsbilder im Elektronenmikroskop; a Abbildung einer Oxydkathode, b Abbildung der Kristallstruktur des Trägermetalles.

durch Poren mitten in den Kristalliten oder an den Korngrenzen zur Oberfläche durchdringt und sich dort mit verschiedener Geschwindigkeit, abhängig von den Richtungen der Kristalle, auf diesen ausbreitet.

6. Weitere Elemente des Strahlenganges.

Beim Elektronenmikroskop und anderen Geräten, die ausschließlich für ruhende Abbildung dienen, brauchen wir nur sphärische Linsen. Damit ist aber die Elektronenoptik keineswegs erschöpft. Es bleiben hier als weitere Elemente des Strahlenganges, im Hinblick auf deren lichtoptische Analoga, Zylinderlinse, Prisma und Spiegel zu betrachten.

a) Zylinderlinse. Zylindrische und sphärische Linse verhalten sich in der geometrischen Elektronenoptik ähnlich zueinander wie in der Lichtoptik. Ersetzen wir die elektrostatischen Lochblenden durch Spalte oder die koaxialen Röhren durch plane und parallele Platten, so geht die sphärische Elektronenlinse in die zylindrische über. Entsprechend

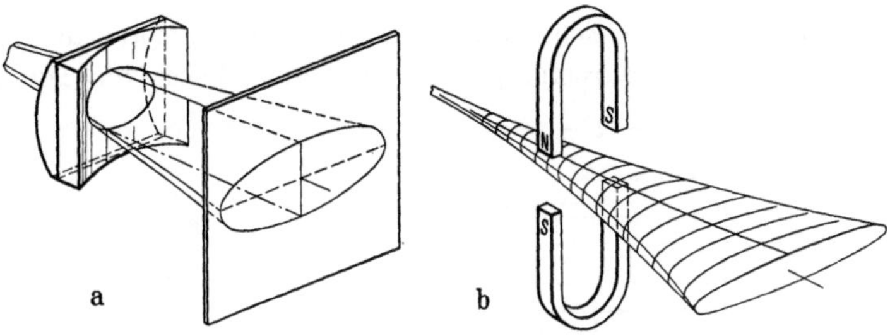

Abb. 77. Nachbildung der Wirkung gekreuzter optischer Zylinderlinsen mittels magnetischer Zylinderlinsen.

sind auch die Brennweitengleichungen usw. sehr ähnlich. Beispielsweise unterscheiden sich bei Spalt- und Kreisloch-Blendenlinse die Brennweiten nur um den Faktor 2 (die stärker gekrümmten Potentialflächen bei der spaltförmigen Öffnung bedingen die doppelte Brechkraft).

Abb. 78. Bilddehnung durch elektronenoptische Zylinderlinsen. Mitte Ausgangsbild.

Bei jeder Art von magnetischer Elektronenlinse sind die physikalischen Verhältnisse wegen der Bilddrehung prinzipiell komplizierter als im Falle der elektrischen Linse. Doch lassen sich gerade hier Systeme kombinierter Zylinderlinsen angeben, die, mit einfachen Mitteln herstellbar, auch einfache Wirkungen bedingen. Nähern wir einem Elektronenstrahl symmetrisch zur optischen Achse zwei Hufeisenmagnete in der Polung nach Abb. 77b, so wird das Schirmbild in regelmäßiger Weise immer stärker so deformiert (Abb. 78), wie es der Wirkung zweier gekreuzter Zylinderlinsen entspricht (Abb. 77a). Die Anordnung hat praktische Bedeutung für die Herstellung eines feinen Leuchtstriches zur Tonfilmaufnahme (die Elektronenstrahlröhre muß in diesem Falle noch eine Steuerelektrode zur Beeinflussung der Strahlstromstärke besitzen).

b) Elektronenprisma. Auch dieses könnte man aus der elektrischen Zylinderlinse entwickeln. Besser aber wendet man den bereits in Kapitel 2 besprochenen Feldtypus an, nämlich das elektrische und magnetische Querfeld, dargestellt durch das Ablenkplattenpaar bzw. das Ablenkspulenpaar.

Zur mathematischen Behandlung des Ablenkplattenpaares denkt man sich gewöhnlich das elektrostatische Querfeld unter Vernachlässigung der

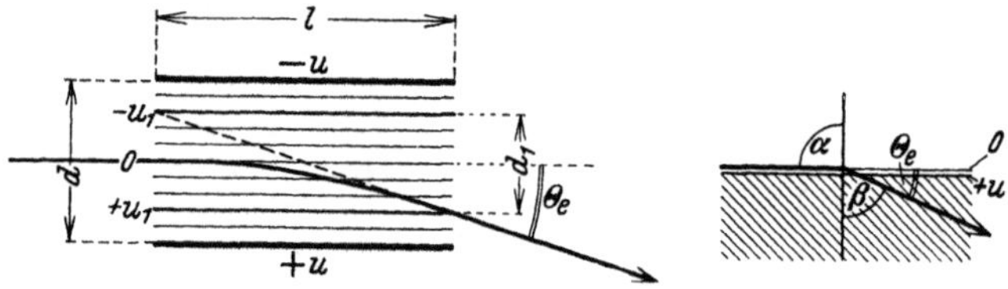

Abb. 79a.

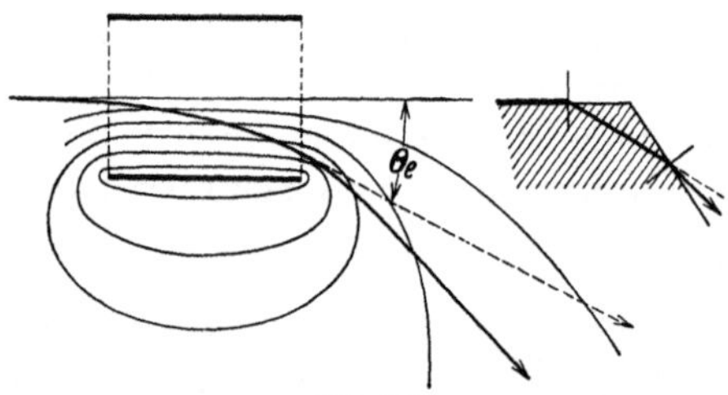

Abb. 79b.

Abb. 79. Zur Behandlung der Strahlablenkung im elektrostatischen Querfeld.

Streuung scharf abgeschnitten (Abb. 79a) und das Elektron auf der Symmetrieachse eintretend. Dieses beschreibt dann ein Parabelstück, an das sich nach Verlassen des Feldes wieder eine Gerade ansetzt. Der Strahl möge beim Austritt aus dem Kondensator eine Potentialfläche schneiden, die $+u_1$ Volt gegenüber der Mittelebene (U Volt) hat. Dann können wir uns gemäß Abb. 79a, rechts, das zwischen diesen beiden Potentialflächen befindliche Feld zu einer „Doppelschicht" zusammengeschrumpft denken, ohne daß sich dadurch der Ablenkwinkel Θ_e ändert. Also wird unter Beachtung des elektronenoptischen Brechungsgesetzes:

$$\frac{\sin\alpha}{\sin\beta} = \frac{\sin 90^\circ}{\cos\Theta_e} = \sqrt{\frac{U+u_1}{U}} = \sqrt{1+\frac{u_1}{U}},$$

oder

$$\operatorname{tg}\Theta_e = \sqrt{\frac{u_1}{U}}.$$

Der Strahl wird in ein Medium „hineingebrochen", wobei er die höhere Geschwindigkeit entsprechend $U + u_1$ erreicht. Bei der üblichen Ableitung denkt man sich nun, daß das abgelenkte Elektron nach Verlassen des Querfeldes in gleicher Richtung und mit gleicher Geschwindigkeit weiterfliegt, so, als ob es keinen Feldkräften mehr unterläge. Man vergißt dabei, daß das Elektron wieder auf das ursprüngliche Potential zurückgeführt werden muß oder, optisch gesprochen, daß es auch die „zweite" Grenzfläche des „prismatischen" Ablenkelementes durchsetzt, so wie dies Abb. 79b links für die resultierende Elektronenbahn, rechts für Licht anschaulich macht. Die Ablenkung ist wegen des Streufeldeinflusses[1] größer, als man früher unter Vernachlässigung dieses Umstandes berechnet hatte. Auch war übersehen worden, daß der Ablenkkondensator (ebenso wie das magnetische Querfeld) zugleich eine Fokussierungswirkung ausübt.

Ein fokussierungsfreies Prisma kann man erhalten durch Überlagerung eines homogenen Magnetfeldes mit einem magnetischen Dipolfeld und dem elektrischen Feld eines Zylinderkondensators. Ein achromatisches Prisma entsteht durch Hintereinanderschaltung von elektrischem und magnetischem Querfeld, wie dies ASTON bei seinem Massenspektrografen gezeigt hat. Schließlich ergibt sich das geradsichtige Prisma mit Fokussierung bei der Überlagerung beider Arten von Querfeld.

c) Elektronenspiegel [*59*]. Er ist, ebenso wie das Elektronenprisma im optischen Sinne nicht als ein reines Prisma bezeichnet werden kann, auch kein wahrer Spiegel. Vielmehr ist er ein System, das stets Linsenwirkung aufweist und das letzten Endes die Zurückwerfung der Strahlung immer durch Totalreflexion hervorruft.

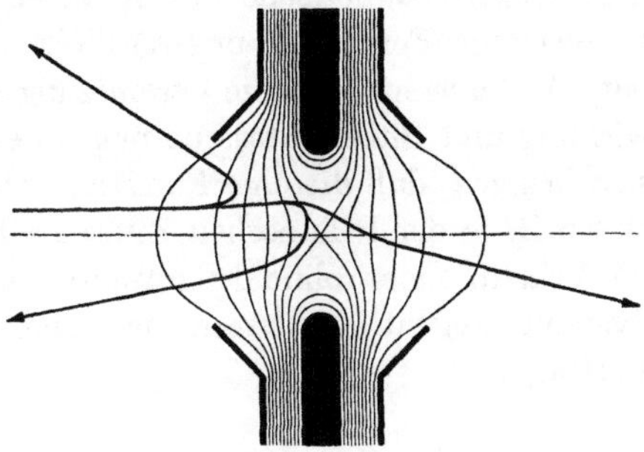

Abb. 80. Übergang von Linsenwirkung zu Spiegelwirkung.

Wenn wir das bremsende Potential an der Mittelelektrode einer Elektroneneinzellinse ständig erhöhen, so wird ihre Brennweite dauernd kürzer. Schließlich „sperrt" sie, d.h. die Elektronen vermögen den Potentialwall in der Linsenmitte nicht mehr zu übersteigen (Abb. 80). Dieser Vorgang ist theoretisch genauer untersucht worden (RECKNAGEL). Dabei zeigte sich, daß die Linse mit wachsendem Verzögerungspotential nicht etwa plötzlich als Ganzes, sondern stetig von außen nach innen zunehmend zum undurchlässigen Spiegel wird, gerade so, als ob eine

[1] Elektrotechnisch, nicht elektronenoptisch ausgedrückt.

spiegelnde Irisblende allmählich zugezogen würde. Mit welcher Steuersteilheit das Sperren bei einem gegebenen System vor sich geht, ist für das Fernsehen deswegen interessant, weil bei der Braunschen Röhre der Wehnelt-Zylinder, der z.T. als ein solches elektronenoptisches Element an der Grenze zwischen Linsen- und Spiegelfunktion anzusehen ist, auf Grund dieses spannungsabhängigen Umschlagens zur Helligkeitsmodulation des Kathodenstrahles dient.

d) Blende, Verschluß. Außer brechenden und spiegelnden Organen begegnen wir in der Optik häufig mechanischen Zusatzteilen zur Einschränkung bzw. dauernden oder intermittierenden Unterbrechung des Strahlenganges: Blende, Verschluß, rotierende Lochscheibe u. dgl. Auch die Elektronenoptik kennt die metallische Blende, bei deren Einbau man jedoch zu beachten hat, daß sie, um den Strahlengang nicht zu stören, entweder der Krümmung der Potentialflächen anzuschmiegen oder, als ebene Wand, dort anzubringen ist, wo die Potentialflächen an sich gleichfalls eben sind. Dagegen wird die Funktion des lichtoptischen Verschlusses in der Elektronenoptik von den Refraktions- oder Reflexionselementen, d.h. von vorhandenen Ablenksystemen oder sperrenden Linsen (Wehnelt-Zylinder) mitübernommen, falls man sie nicht einfacher durch Unterbrechen der Anodenspannung nachbilden kann. Der Ersatz beweglicher mechanischer Teile durch trägheitslos veränderliche elektromagnetische Felder ist ein grundlegender Vorteil, der das hochwertige Fernsehen unserer Zeit überhaupt erst möglich gemacht hat. Andererseits muß die Vereinigung zweier Zwecke, z.B. von Sammelwirkung und Intensitätssteuerung, in einem Element den Nachteil mit sich bringen, daß die eine Funktion mit der anderen gekoppelt ist, daß also z.B. in der Braunschen Bildschreibröhre die Helligkeitsmodulation im Prinzip nicht ohne Brennweitenänderung des elektronenoptischen Systems abgeht. Indessen hat man dem abzuhelfen gewußt (vgl. Vortrag V).

7. Eigenarten und Möglichkeiten der Elektronenoptik.

In den Anfängen der Elektronenoptik suchte man die Analogien mit der Lichtoptik möglichst scharf herauszuarbeiten. Unterschiede waren fast peinlich, denn sie ließen die Verwandtschaft der beiden Gebiete und die Berechtigung der neuen Lehre zweifelhaft erscheinen. Nachdem mittlerweile aber die elektronenoptische Betrachtungsweise selbstverständlich geworden ist, liegen die Verhältnisse heute gerade umgekehrt. Man forscht nach den Punkten, in denen Abweichungen von der Lichtoptik vorhanden sind, und bemüht sich, diese Erkenntnisse zum Bau von Elektronengeräten neuer Art auszunutzen, deren Gegenstücke in der angewandten Lichtoptik fehlen.

a) Die trägheitsfreie Steuerbarkeit des Strahlenganges durch elektrische und magnetische Felder ist jene markante Eigentümlichkeit, der alle Verstärker- und Kathodenstrahlröhren ihre technische Bedeutung verdanken. Es handelt sich hier sowohl um die Intensitätsbeeinflussung (Stromstärkesteuerung) durch gitterartig wirkende Elektroden, die den axialen Verlauf des Bündels nicht verändern, als auch um die Ablenkung von der ursprünglichen Richtung (Bildfeldzerlegung beim Fernsehen).

b) Die Richtwirkung, der die aus einer Kathode emittierten Elektronen im Absaugfeld unterliegen, ist außerordentlich stark (Abb. 81). Nehmen wir als Austrittsenergie 1 *e* V und zur Beschleunigung ein System paralleler Potentialflächen an, so hat bei 1000 V Saugspannung das von einem Kathodenpunkt ausgehende Strahlenbündel nur 4° Öffnungswinkel. Diese sehr beträchtliche Richtwirkung bedingt die große Tiefenschärfe mancher Elektronengeräte mit veränderlicher Strahllänge und ermöglicht z. B. die Schrägstellung des fotoelektrischen Schirmes zur optischen Achse bei V. K. Zworykins Ikonoskop. Sie erklärt auch bei Röhren ohne Elektronenlinse, wie sie Goldstein zur „Abbildung" von Geldstücken benutzt hat, die verhältnismäßig gute Bildschärfe. Man könnte geradezu von elektronenoptischen Kontaktabzügen sprechen.

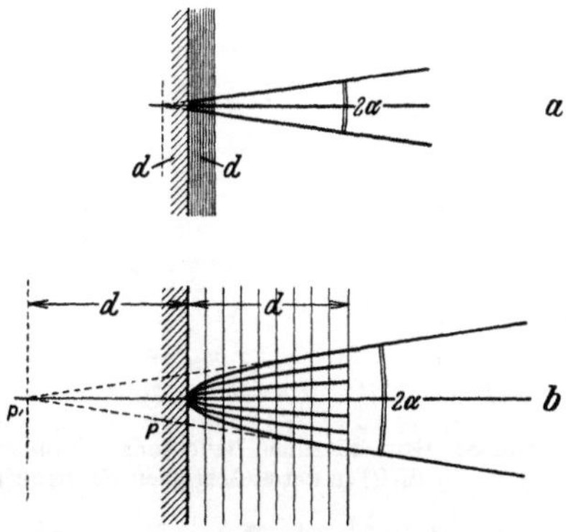

Abb. 81. Richtwirkung des Absaugfeldes auf divergierend austretende Elektronen an der Kathode.

c) Die Speicherfähigkeit der Elektronenstrahlung für Energie wird im „Bildwandler" ausgenutzt (Holst) [*63*]. Er dient z.B. dazu, ein lichtschwaches Primärbild durch Beschleunigung und Fokussierung der von ihm an einer Fotoschicht ausgelösten Elektronen zu verstärken, indem man die gesteigerte Bewegungsenergie dieser Ladungsträger sich beim Aufprallen auf den Leuchtschirm in Fluoreszenzstrahlung umsetzen läßt.

d) Die Bilddrehung erscheint bei der kurzen magnetischen Linse als unerwünschte Zugabe. Umgekehrt kann man aber auch sagen, daß man es hier bequem in der Hand hat, ohne zusätzliche Mittel, wie sie im lichtoptischen Falle unerläßlich wären, das elektronenoptische Bild eines Objektes gegenüber seinem Auffangorgan um wählbare Beträge zu verdrehen.

e) Die Sammelwirkung, die alle[1] Elektronenlinsen ausüben und die sich auch durch Umkehren der angelegten Potentiale nicht in eine

[1] Nur die Lochblendenlinse kann, wie [4e] erörtert, auch Zerstreuungslinse sein.

Zerstreuungswirkung verwandeln läßt, erschwert die Angabe korrigierter Systeme. Andererseits eröffnet gerade diese Eigenart, insbesondere bei der Verzögerungslinse, die Möglichkeit, im Strahlengang zu geringer Elektronengeschwindigkeit überzugehen und damit eine erwünschte Fokussierung zu verbinden. Als Beispiel sei der in der Schule von Rogowski entwickelte Oszillograf erwähnt, der die Kathodenstrahlen in einem Gasentladungsrohr mit hoher Spannung erzeugt, dann aber beim Übertritt in einen hochentlüfteten Raum durch die als Verzögerungslinse wirkende Blendenanordnung stark abbremst, wonach nunmehr die Ablenkempfindlichkeit sehr groß ist.

f) Die Bedeutung des Spannungsquotienten. Nur die Spannungsverhältnisse, nicht die Absolutwerte der Spannung, bestimmen bei den rein elektrischen, magnetfeldfreien Abbildungssystemen den Strahlengang (Abb. 82). Halbieren wir also bei der Fernsehröhre alle Potentialdifferenzen, die für die Fokussierung der Kathodenoberfläche oder einer von ihr mit Elektronen „ausgeleuchteten“ Öffnung auf den Leuchtschirm maßgebend sind (d. h. Beschleunigungspotential, Linsenpotential, Wehneltzylinderspannung, Ablenkspannungen), so bleibt der Lichtfleck in seiner Schärfe, Größe und Lage erhalten. In der Praxis bedeutet dies für den Betrieb der Geräte

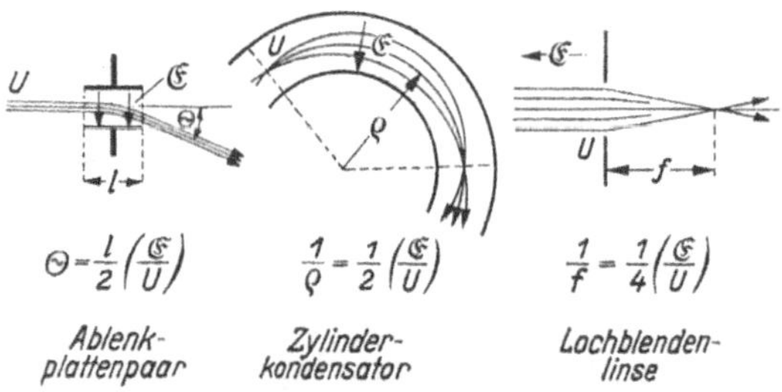

Abb. 82. Grundsätzliche Bedeutung des Spannungsquotienten ($\mathfrak{E}/U$) in der elektrischen Elektronenoptik.

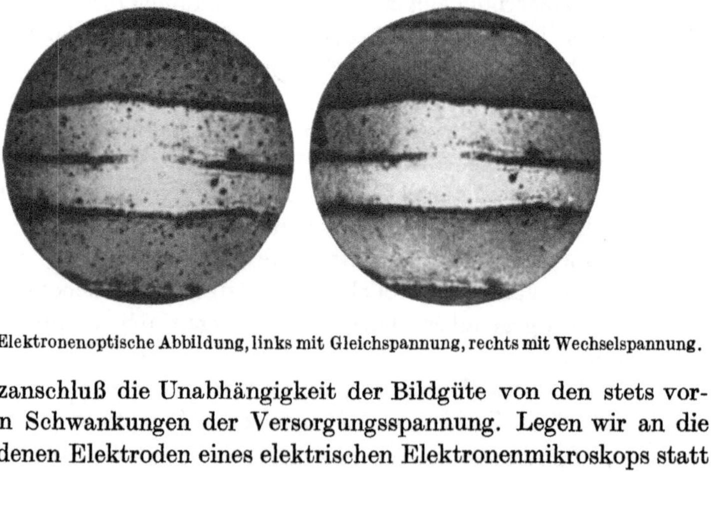

Abb. 83. Elektronenoptische Abbildung, links mit Gleichspannung, rechts mit Wechselspannung.

mit Netzanschluß die Unabhängigkeit der Bildgüte von den stets vorhandenen Schwankungen der Versorgungsspannung. Legen wir an die verschiedenen Elektroden eines elektrischen Elektronenmikroskops statt der Gleichspannung eine entsprechende Wechselspannung, so können wir trotzdem scharfe Bilder beobachten, die natürlich nur von den Kuppen der positiven Halbwellen gezeichnet werden (Abb. 83).

g) **Trennung von Ladungsträgern.** Die Existenz elektrischer und magnetischer Beeinflussungselemente erlaubt uns (vgl. 2b), Strahlenbündel von Ladungsträgern verschiedener Masse, die von der gleichen Quelle stammen und das gleiche Beschleunigungsfeld durchlaufen haben, zu entmischen und so zu analysieren. Ein einfacher und trotzdem in grundsätzlicher Beziehung elektronenoptisch vollendeter Massenspektrograf ist die Braunsche Röhre selbst. Bei rein elektrischer Abbildung der Kathode werden die von dieser ausgehenden Elektronen und negativen Ionen verschiedener Masse an der gleichen Stelle zum Leuchtfleck konzentriert. Durch ein elektrisches Querfeld (Ablenkkondensator) werden sämtliche räumlich zusammenfallenden Emissionsteilbilder um die gleiche Strecke verlagert. Wenden wir dagegen ein magnetisches Querfeld an, so werden die Strahlen großer Masse wenig, die Elektronen aber stark abgelenkt. Die verschiedenen Teilbilder trennen sich; wir erhalten nach BARTELS und DIELS das Massenspektrogramm der kathodischen Emission (Abb. 84).

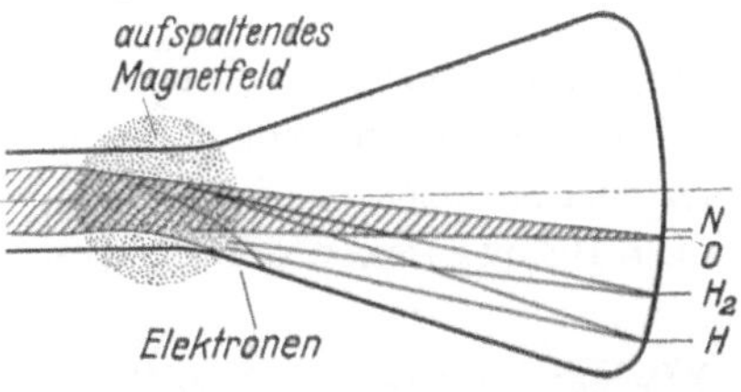

Abb. 84. Braunsche Röhre als Massenspektrograf.

8. Elektronenoptik im Fernsehen [*63, 64*].

Wir haben nun bereits die wichtigsten Grundelemente kennengelernt, die in den elektronenoptischen Hilfsmitteln der Fernsehtechnik benötigt werden, und können jetzt auf deren Zusammensetzung zu arbeitsfähigen Geräten eingehen. Dabei beschränken wir uns auf die Hauptmerkmale (Näheres im Vortrag V) und auf einige allgemeine Betrachtungen.

a) **Bildfänger.** Als Bildfeldzerleger für die Aufnahmeseite kennen wir die Röhren von PH. T. FARNSWORTH und von V. K. ZWORYKIN. Beide Geräte sind bis zu einer gewissen Reife entwickelt. Beide arbeiten ohne alle bewegten mechanischen Teile, unterscheiden sich aber trotzdem sehr stark voneinander (vgl. Vortrag V).

Beim Farnsworth-Verfahren, dem der elektronenoptische Bildwandler zugrundeliegt, wird der Übertragungsgegenstand auf eine durchscheinende Fotoschicht projiziert. An den einzelnen Punkten dieser Kathode werden nach Maßgabe der auffallenden Lichtintensität Elektronen ausgelöst (Abb. 85). Die Gesamtemission über die ganze Fläche wird durch ein homogenes Längsfeld in die Ebene eines Schirmes abgebildet, in den die Durchlaßöffnung zu einem Auffängerkäfig, und zwar in der Größe des

Rasterelements, gebohrt ist. Magnetische Ablenkfelder bewegen das Elektronenbild nach beiden Koordinatenrichtungen im Sinne der Zeilenzerlegung periodisch über die Käfigöffnung hinweg und bewirken so die Abtastung. Dabei wird natürlich nur ein sehr geringer Bruchteil der dauernd zur Verfügung stehenden Elektronenemission ausgenutzt. Die großen Verluste ersetzt Farnsworth durch folgenden Vervielfachungsprozeß (Abb. 85, rechter Teil): Die in den Käfig eintretenden Fotoelektronen werden gezwungen, zwischen aktivierten Metallflächen beschleunigte Hin- und Herbewegungen (gewissermaßen umgekehrte Bremsfeldschwingungen) von sehr hoher Frequenz auszuführen, wobei sie sich beim Aufprallen auf die wirksamen Schichten durch die Auslösung von Sekundärelektronen innerhalb gewisser beherrschbarer Grenzen vermehren.

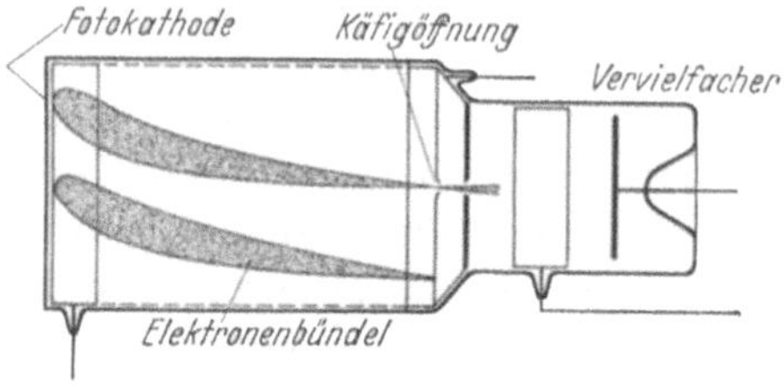

Abb. 85. Wirkschema der Fernseh-Bildabtaströhre nach Farnsworth.

Die Hauptaufgabe der Elektronenoptik ist bei dem Bildfeldzerleger nach Farnsworth die Erzielung guter Abbildungseigenschaften des Bildwandlers. Außerdem soll die Anordnung möglichst einfach sein und für die Fokussierung magnetische Felder bzw. stromdurchflossene Spannungsteiler zweckmäßig vermeiden, d. h. mit den beiden Polen einer rein statisch benutzten Spannungsquelle auskommen. Dieses Ziel ist heute mittels gekrümmter Kathodenflächen im Prinzip bereits erreicht, wie die neueren Bildwandleraufnahmen (Schaffernicht) beweisen, die mit solchen einfachen Systemen aufgenommen sind (Abb. 86).

Abb. 86. Abbildungsgüte des Bildwandlers.

Beim Zworykin-Verfahren (Ikonoskop) ist die Fotokathode, auf die das elektrisch zu übertragende Bild projiziert wird, in sehr viele kleine isolierte Elemente unterteilt (Mosaikschirm, vgl. Vortrag V). Diese Elemente laden sich nach Maßgabe der einfallenden Lichtintensität auf und werden mit der Periode des Bildwechsels durch einen Elektronenstrahl abgetastet, wobei ihre gesamten gespeicherten Elektrizitätsmengen sich in Stromimpulse umsetzen. Es wird also der Fotoeffekt über die ganze Periodendauer eines Bildes, nicht nur, wie bei FARNSWORTH, über die der Größe eines Rasterelements entsprechende Zeit ausgenutzt. Elektronenoptisch liegt beim Ikonoskop das Problem, wie bei der Braunschen Wiedergaberöhre, in der Herstellung eines sehr kleinen Strahlquerschnitts, jedoch mit der Erschwerung, daß der Mosaikschirm — mit Rücksicht auf den Licht- und Elektroneneinfall von der gleichen Seite — schräg zum Strahl stehen, die Länge des letzteren also bei der Abtastbewegung ungleich werden muß. Diese Forderung bedeutet aber bei der engen Bündelung der Elektronenstrahlung selbst für geringe Anodenspannungen und hohe Zeilenzahlen keine allzu große Schwierigkeit.

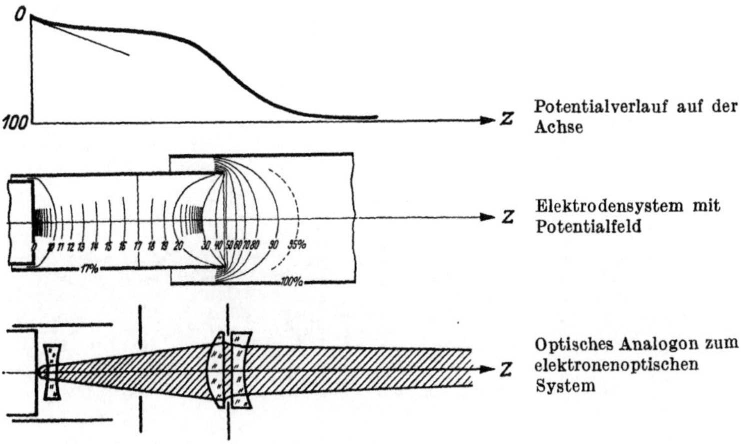

Abb. 87. Anwendung von Immersionssystemen in der Braunschen Röhre.

b) Problem und Entwicklung der Braunschen Röhre. Die Braunsche Röhre ist das wichtigste elektronenoptische Gerät der neueren Fernsehtechnik. Sie beherrscht heute die Empfangsseite vollkommen. Für scharfe Bildwiedergabe bei Zeilenzahlen von der Größenordnung 400 wie auch für reine Oszillografenzwecke bestehen die Hauptaufgaben in der Herstellung eines definierten, kleinen und intensitätsreichen „Elektronenflecks", in hoher Empfindlichkeit und guter Linearität der Ablenkung sowie in der Erhaltung konstanter Fleckgröße sowohl bei der Intensitätsmodulation als auch bei der Bewegung über die ganze Leuchtschirmfläche.

Noch vor fünf Jahren war man bei der Lösung dieser Aufgaben gänzlich auf Probieren angewiesen. Da man die optischen Parallelen noch nicht voll erkannt hatte, half man sich durch Anwendung der Gaskonzentration, die in erster Näherung einer Linse in der Mitte zwischen Anode und Schirm entspricht, über die herrschende Unklarheit in bezug auf richtige Ausbildung der Kathode und des Beschleunigungssystems hinweg. Nachteile, wie z.B. Nullpunktsanomalie, Geometriefehler, „Ionenschwingungen", waren die unausbleiblichen Folgen. Dann begann die Auffassung der Braunschen Fernsehröhre als elektronenoptisches Gerät sich ebenso durchzusetzen, wie dies beim Kaltkathoden-Oszillografen bereits geschehen war. Wie oft, war auch hier der Weg von

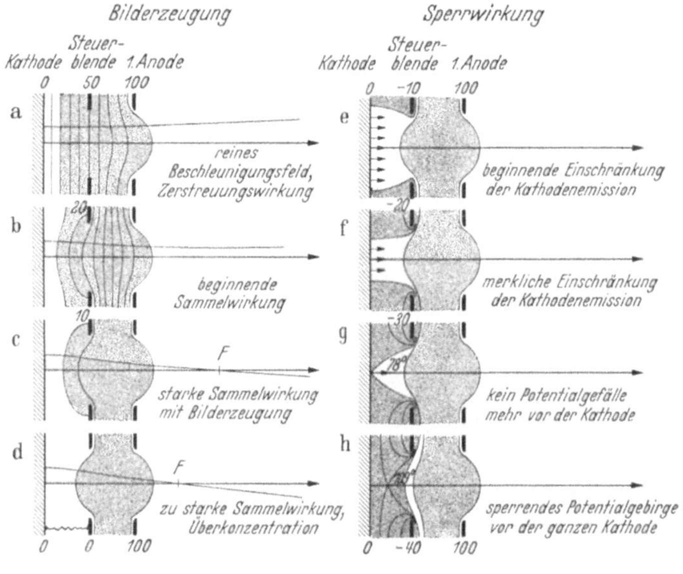

Abb. 88. Zur Veranschaulichung der Intensitätssteuerung in der Braunschen Röhre.

der klar erkannten Aufgabe bis zu einer vernünftigen Lösung nur noch kurz. Diese Lösung bestand im einfachsten Falle in einem Immersionssystem mit einer weit von der Kathode fortgeschobenen Immersionslinse (Abb. 87), wodurch die schon früher benutzte „Nachbeschleunigung" einen neuen Sinn bekam. Heute zeigen wohl alle Typen Braunscher Oszillografenröhren im Prinzip diesen Aufbau. Es sind rein elektrische Abbildungsobjektive, deren Vergrößerungsmaßstab V in erster Näherung gegeben wird durch:

$$V = \frac{b}{a} \cdot \sqrt{U_a/U_b}\,.$$

Hierin ist a die Gegenstandsweite = Abstand der Elektronenquelle (-blende oder -einschnürungsstelle) von der Hauptlinse, b die Bildweite

= Abstand der Hauptlinse vom Leuchtschirm, U_a, U_b sind die den beiden Seiten zugeordneten Beschleunigungspotentiale. Beispiel: $a \sim 5$ cm; $b \sim 30$ cm; $U_a = 120$ V, $U_b = 3000$ V, also $V = 6 \cdot \sqrt{1/25} = 1{,}2$. Die Bildweite b muß mit Rücksicht auf den notwendigen Hebelarm des Strahles (Ablenkempfindlichkeit, Bildabmessungen!) möglichst groß sein.

Ein solches, richtig dimensioniertes System bildet gut ab und ermöglicht auch hinreichende Kleinheit der Ablenkwinkel, wodurch einwandfreie Fleckform und Wiedergabegeometrie bis zum Schirmrand gewährleistet werden.

c) Prinzip der Intensitätssteuerung [*59*]. Um den Elektronenstrahl der Braunschen Röhre zur Zeichnung des Fernsehbildes zu benutzen, brauchen wir eine genügend lineare Steuervorrichtung für seine Stromstärke. Eine solche Vorrichtung besonders einfacher Form ist das Immersionsobjektiv, das wir in Abschnitt 5 (Abb. 75) als elektrisches Elektronenmikroskop kennenlernten. Laden wir die Blende zwischen Kathode und Anode mehr

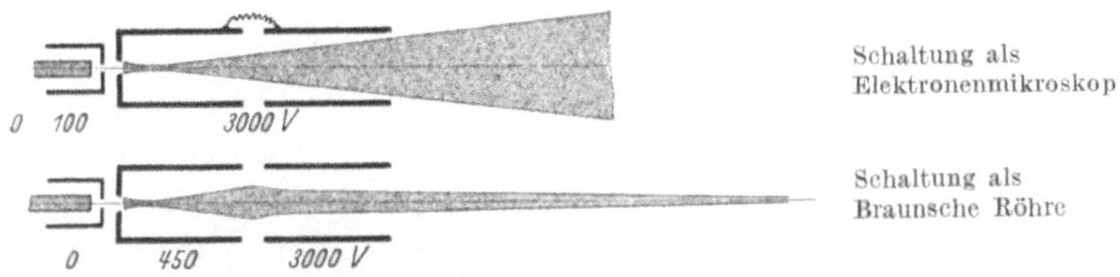

Abb. 89. Steuer- und Abbildungssystem einer Braunschen Röhre.

und mehr negativ auf, so stellt sich das Potentialfeld so um, wie es in Abb. 88 schematisch veranschaulicht ist. Die Potentialfläche Null beginnt auf der Kathode aufzusitzen und engt damit, wenn wir in erster Näherung die Austrittsenergie der Elektronen und die Raumladung vernachlässigen, den emissionsfähigen Bereich auf ein entsprechendes zentrales Gebiet ein. Dann wird die Fläche, an der das Beschleunigungsfeld noch angreift, ein Punkt, bis schließlich vor der Kathode ein vollkommen sperrender Potentialwall liegt. Außer dieser rein potentialmäßig bedingten Größenänderung des emittierenden Kathodenbereichs dürfte bei ausgeführten Systemen noch die Einschnürung des Strahlenbündels durch Umstellung der Elektronenlinse zum Spiegel (6c) (Einfluß der Austrittsgeschwindigkeit der Elektronen) sowie die sich vor der Kathode in verschieden starkem Maße anlagernde Raumladung mitspielen, deren Wirkung von der Mitte nach den Rändern zunehmen wird.

Kombinieren wir nun ein solches System mit der weiter oben in diesem Abschnitt besprochenen Immersionslinse (Hauptlinse) oder, besser gesagt, ersetzen wir die Kathodenplatte in Abb. 87 durch unser steuerndes Immersionsobjektiv, so erhalten wir eine Gesamtanordnung, wie wir sie für die Fernsehwiedergabe benötigen (Abb. 89)[1]. Als Gegenstand der Abbildung dient die Einschnürungsstelle des Strahles, die sich nahe der ersten Anodenblende ausbildet. Dabei wird man das Ganze so zu gestalten suchen, daß sich beim Erhöhen der Strahlstärke durch den Wehnelt-Zylinder trotz der Verschiebung des Brennpunktes der Einschnürungsquerschnitt und mit ihm naturgemäß der Leuchtfleckdurchmesser möglichst wenig vergrößern. Über die praktische Ausführung siehe Vortrag V, wo der Einstellfehler des Steuersystems und die Mittel zu seiner Behebung näher besprochen sind.

[1] Der Abbildung liegt das Fernsehröhrensystem des Reichspostzentralamtes zugrunde, dessen Daten mir freundlicherweise von Herrn Postrat Dr.-Ing. Heimann mitgeteilt wurden. Die Einschnürungsstelle ist entsprechend der Abb. 88 in dem Zwischenzylinder gezeichnet, während sie in Wirklichkeit wohl näher an der Kathode liegen wird.

V. Die Kathodenstrahlröhre in der Fernsehtechnik.

Von Dr.-Ing. **M. Knoll**, Berlin.

1. Allgemeine Anwendung, Bezeichnungen.

Kathodenstrahlröhren sind Elektronenröhren mit einem im Verhältnis zu seinem Durchmesser langen Strahlbündel, das durch begrenzte elektrische oder magnetische Felder nach Lage und Intensität beeinflußt werden kann. P. Lenard *[66]* hat solche Röhren und die darin vorkommenden Erscheinungen schon vor vielen Jahren quantitativ untersucht. Ihre erste elektrotechnische Anwendung als Oszillograf stammt bekanntlich von F. Braun (1897), der erste Vorschlag ihrer Anwendung als ,,Bildschreibröhre" von B. Rosing *[67]* (1907), als ,,Bildabtaströhre" von A. Campbell Swinton *[68]* (1908). Von dieser Zeit bis heute ging die Entwicklung der Kathodenstrahlröhren Schritt für Schritt in mühevoller experimenteller Arbeit vor sich; erwähnt seien hier nur die deutschen Namen Wehnelt, Zenneck und Rogowski, ferner die elektronenoptischen Arbeiten, die im Hochspannungslaboratorium und im Physikalischen Institut der Technischen Hochschule Berlin sowie im AEG-Forschungsinstitut durchgeführt worden sind.

Die Kathodenstrahlröhre stellt zur Zeit für die Übertragung höherer Bildpunktzahlen das technisch einfachste und daher auch billigste Mittel dar. Die Senderöhre vereinigt Bildfeldzerleger und Fotozelle, die Empfangsröhre Bildfeldzerleger, Lichtsteuerorgan und streuenden Wiedergabeschirm in einem Gerät. Es sind keine bewegten, lärmenden Massen vorhanden, Zerlegung und Intensitätssteuerung erfolgen trägheitslos, der Kathodenstrahl kann außerordentlich energiereich gemacht werden — z. Z. bis über 100 W/mm^2. Alle diese Vorzüge haben zur Verdrängung der mechanischen Systeme (Spiegelräder, Lochscheiben) geführt, so daß die Braunsche Röhre heute den Fernseh-Empfängerbau vollkommen beherrscht und der Kathodenstrahl-Bildfänger überall dort Fuß gefaßt hat, wo man sich nicht an ortsfeste schwere Maschinen binden will.

Eine normale Braunsche Glühkathodenröhre wäre gänzlich ungeeignet zur Wiedergabe hochwertiger Fernsehbilder mit $k = 200 \ldots 400$ Zeilen. Man braucht dazu sehr stromstarke Kathodenstrahlen, Leuchtsubstanzen hoher Lichtausbeute, Fokusquerschnitte des Elektronenbündels von der Größenordnung einiger Zehntel Quadratmillimeter, deren Elektronenbelegung sich durch wenige Volt in weiten Grenzen modulieren läßt, unverzerrte Ablenkung des Strahls bis zu 20° von der Mittellage und eine relativ geringe Gesamtlänge des Strahlbündels im Verhältnis zu seinem Durchmesser; d. h. vorwiegend elektronenoptische Eigenschaften, wie sie die bisher bekannten Oszillografenröhren keineswegs besaßen. Bei den Bildsenderöhren liegt der Schwerpunkt der Entwicklung zum Teil ebenfalls in der Durchbildung einer fehlerfreien Linsen- und Ablenkelektronenoptik, zum anderen Teil aber in der gleichmäßigen Herstellung der für die Bildübertragung notwendigen, zusammenhängenden oder gerasterten lichtelektrischen Schichten.

2. Bildfeldzerlegung mit Kathodenstrahlröhren.

Bildabtast- und Bildschreibröhre bewirken die synchrone Auflösung des Bildfeldes in Zeilen bzw. Bildpunktreihen, wobei die Bildabtaströhre zugleich den Umsatz der Helligkeitswerte in Stromimpulse vornimmt, während die Bildschreibröhre die umgekehrte Funktion hat (Abb. 90). Das beiden gemeinsam zugehörige elektronenoptische System mit ablenkbarem Elektronenstrahl, das bei Gleichlauf die geometrisch exakte Zuordnung der Punkte des Empfangsbildfeldes zu denen des Sendebildfeldes ermöglicht, stellt nach der im Vortrag II gegebenen Definition den „Bildfeldzerleger" dar.

a) Synchronisierung von Bildabtast- und Bildschreibröhre (Abb. 90).

Über die Flächenelemente des fernzusehenden Bildes streicht der Kathodenstrahl der Bildabtaströhre mit hinreichender Periodenzahl in dicht gedrängten Zeilen hinweg. Er verwandelt hierbei die Helligkeitsverteilung unter Zuhilfenahme des weiter unten beschriebenen fotoelektrischen Mechanismus in eine Folge proportionaler elektrischer Impulse. Diese gelangen (durch Kabel oder drahtlos) zur Steuerelektrode der Bildschreibröhre. Sie beeinflussen dort die Stromstärke des gleichlaufend und gleichphasig bewegten Strahles und damit die Helligkeit der synchron aufleuchtenden Flächenelemente des Empfangsbildfeldes. Die zur periodischen Ablenkung beider Strahlen erforderlichen elektrischen oder magnetischen Felder werden durch besondere, in Kipp- oder Verzerrungsschaltungen betriebene Ablenkröhren mit sägezahnförmigen Spannungs- oder Stromkurven erzeugt; ihre Intritthaltung geschieht gewöhnlich von der Sendeseite aus mittels eines gemeinsamen Taktgebers. Weiteres hierüber siehe später, sowie Vorträge II und VII.

Die früher verwendeten Glimmlampen- und Thyratron-Kippanordnungen sind heute durch wesentlich sicherer und exakter wirkende Hochvakuumröhren-Schaltungen ersetzt. In diesen erfolgt z.B. die Aufladung des Kondensators wie gewöhnlich über einen ohmschen Widerstand, die Entladung dagegen über eine parallel zur Kapazität liegende Hochvakuumröhre, die während der Ladung gesperrt bleibt und nur kurzzeitig durch positive Spannungsimpulse am Steuergitter geöffnet wird (Rücklauf). Dabei benutzt man natürlich nur den praktisch genügend zeitlinearen Anfang der nach einer e-Funktion verlaufenden Ladekurve. Die sägezahnförmigen Kippspannungen steuern meist eine Endstufe, die ihrerseits auf die Ablenkplatten bzw. die Ablenkspule arbeitet. Diese Methode des „verstärkten Sägezahns" stößt bei magnetischer Ablenkung für hohe Zeilenfrequenzen wegen der Eigenkapazität der Ablenkspule

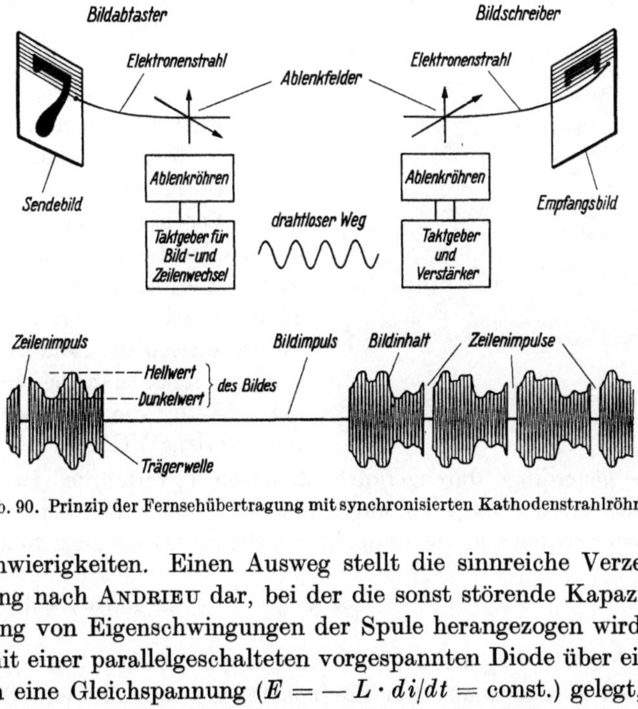

Abb. 90. **Prinzip der Fernsehübertragung mit synchronisierten Kathodenstrahlröhren.**

auf Schwierigkeiten. Einen Ausweg stellt die sinnreiche Verzerrungsschaltung nach Andrieu dar, bei der die sonst störende Kapazität zur Anregung von Eigenschwingungen der Spule herangezogen wird. Wird diese mit einer parallelgeschalteten vorgespannten Diode über eine Pentode an eine Gleichspannung ($E = - L \cdot di/dt =$ const.) gelegt, so beginnt im Spulen-L ein nahezu linearer Stromanstieg (Schreiben der Zeile). Nach Ablauf der Zeilendauer wird durch einen negativen Impuls am Steuergitter der Pentode die Gleichspannung abgeschaltet. Die in der Spule aufgespeicherte magnetische Energie will sich in Form von schwach gedämpften Schwingungen des durch das L und das Eigen-C der Spulenwindungen gebildeten Kreises ausgleichen; der Schließungsweg über die Diode läßt aber nur eine Halbschwingung zustande kommen (Rücklauf). Dann beginnt das Spiel von neuem. Mit einer derartigen Kippschaltung, die einen um die Nullstromlinie symmetrisch schwankenden Wechselstrom-Sägezahn liefert (Ruhelage des Kathodenstrahles in der Zeilenmitte!), gelingt auch leicht eine Modulation der Zeilenamplitude zum Zwecke der auf S. 124 beim Ikonoskop beschriebenen Trapezentzerrung, z. B. durch Beeinflussung der Diodenspannung.

Abb. 91 zeigt eine solche Sägezahn-Ablenkstromkurve in der Projektion. Die starken Linien sind die relativ langsamen bildabtastenden bzw. bildschreibenden Hinläufe, die schwachen Linien stellen die raschen, höchstens etwa 10% der Zeilendauer verbrauchenden Rückläufe des Kathodenstrahles dar (die Steilabfälle der Sägezahnkurve). Man erkennt, mit welcher Exaktheit der zeitproportionale Stromanstieg während jeder Zeile erfolgt, und weiterhin, wie genau bei dem hier angewendeten „Zeilensprungverfahren" die zum ersten Halbraster gehörigen Zeilen in der Mitte zwischen den zum zweiten Halbraster gehörigen liegen.

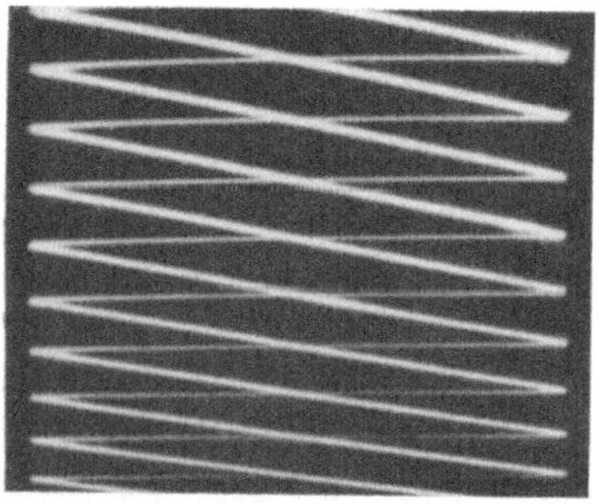

Abb. 91. Auseinandergezogen projiziertes verzerrungsfreies Zeilensprungraster.

Zeilen- und Bildfrequenz eines Fernsehrasters stehen zweckmäßig in einem festen Verhältnis zueinander. Die Kopplung kann entweder durch Vervielfachung der Bildfrequenz oder durch Abbau der Zeilenfrequenz erfolgen. Die notwendige Phasenstarrheit ist nur auf die letzte Weise erreichbar. Zur Frequenzteilung eignet sich besonders gut eine Kette von Sperrschwingern (vgl. Vortrag VII).

Das neuerdings durchgeführte Zeilensprungverfahren (zwei Raster pro Bild) erfordert (vgl. Vortrag II) zwischen der Zeilenfrequenz ν_Z und der Rasterfrequenz ν_R (= doppelte Bildfrequenz) die Beziehung:

$$\frac{\nu_Z}{\nu_R} = \left(X + \frac{1}{2}\right) \qquad (X \text{ ganze Zahl}),$$

woraus folgt, daß ν_R nicht auf Grund nur ganzzahliger Teilungen aus ν_Z gewonnen werden kann. Der Frequenzteiler muß daher eine Stufe von der doppelten Zeilenfrequenz zum Ausgang nehmen. Die Halbierung dieser Ausgangsfrequenz ergibt dann ν_Z, die Teilung durch $(2X + 1)$ die zu ν_Z phasenstarre Frequenz ν_R. Beispielsweise ist bei 375 Zeilen und 25 Bildern/s die Ausgangsfrequenz 18750 Hz; Teilung durch 2 liefert die zugehörige Zeilenfrequenz 9375 Hz, Teilung durch $3 \cdot 5 \cdot 5 \cdot 5$ die entsprechende Rasterfrequenz 50 Hz.

Zweckmäßig wird das Abtastfrequenzsystem mit dem Netz synchronisiert, um relativ zum Raster wandernde (und daher leicht erkennbare) Intensitäts- und Ablenkmodulationen zu vermeiden, die durch mangelhaft ausgefilterte Brummspannungen hervorgerufen werden. Diese Synchronisierung kann geschehen, indem eine Zusatzstufe aus dem Vergleich der Raster- mit der Netzfrequenz eine Regelspannung liefert, mit der die Frequenz der Ausgangsstufe des Frequenzteilers korrigiert wird.

Der Frequenzteiler erzeugt Steuersignale von Zeilen- und Rasterfrequenz, durch welche die für die gesamte Sendeanlage nötigen Ablenkspannungen und Impulsgemische (z. B. zum Austasten im Rücklauf des Elektronenstrahles) ausgelöst werden. Das Auslösen geschieht in einem besonderen Gerät unter Verwendung von Sperrschwingern und Multivibratoren, deren Dimensionierung sich zwecks Herstellung besonders steiler, d. h. zeitlich exakt wirkender Impulse von den üblichen Anordnungen unterscheidet (Einführung von Schwingkreisen und *RC*-Gliedern).

b) Grundversuch des Kathodenstrahl-Fernsehens.

Um den Mechanismus der Bildfeldzerlegung von dem der Bildsignalerzeugung zu trennen, betrachten wir die Anordnung nach Abb. 92a. Sie enthält als Abtaströhre eine gewöhnliche Braunsche

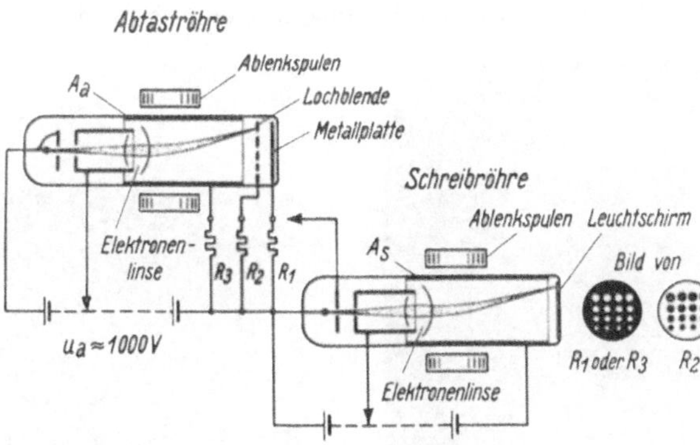

Abb. 92a. Synchrone Bildfeldzerlegung in Abtast- und Schreibröhre; Sekundäremissions-Bildsignal.

Röhre, deren Leuchtschirm durch eine einfache Metallplatte ersetzt ist. Unmittelbar vor dieser liegt als „künstliches Bild" ein Schirm mit 16 verschieden großen Löchern, die den bewegten Elektronenstrahl teilweise ausblenden. Die beim Auftreffen des Strahles auf die Metallplatte entstehenden Ströme fließen über den Widerstand R_1 zur Anode A_a bzw. zur Batterie zurück (R_2 und R_3 kurzgeschlossen). Legt man die an R_1 entstehende Spannung, passend verstärkt, an das Steuergitter einer Bildschreibröhre und sorgt man für synchrone Ablenkung beider Elektronenbündel, so erscheint auf dem Leuchtschirm das übertragene Bild der Mehrlochblende (Abb. 92c). Wie nun der Versuch zeigt (Abb. 92e), wird ein solches Bild auch dann sichtbar, wenn das Steuergitter der Schreibröhre nicht mit der Metallplatte, sondern über den Arbeitswiderstand R_3 mit der Anode A_a der Abtaströhre verbunden wird. Dies ist zunächst nicht verständlich, weil die Strahlelektronen auf ihrem Wege die sie zylindrisch

Abb. 92b. Versuchsaufbau für Kathodenstrahlröhren-Bildübertragung nach Abb. 92a.

umfassende Anode gar nicht berühren. Tatsächlich rührt das Bild jetzt von den auf der Mehrlochblende ausgelösten, nach A_a übergehenden

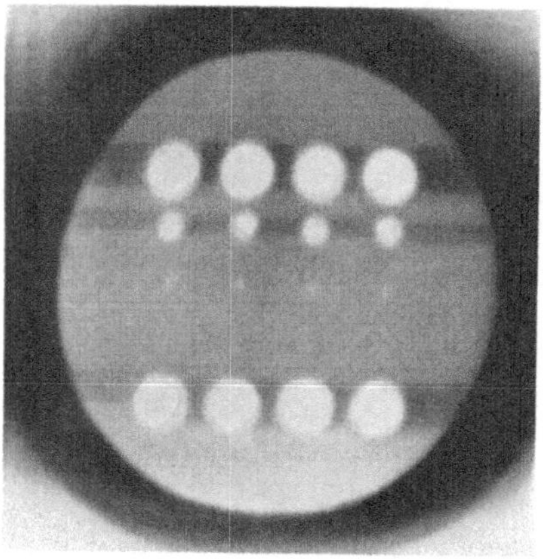

Abb. 92c. Primärelektronen-Abtastbild der Mehrlochblende.

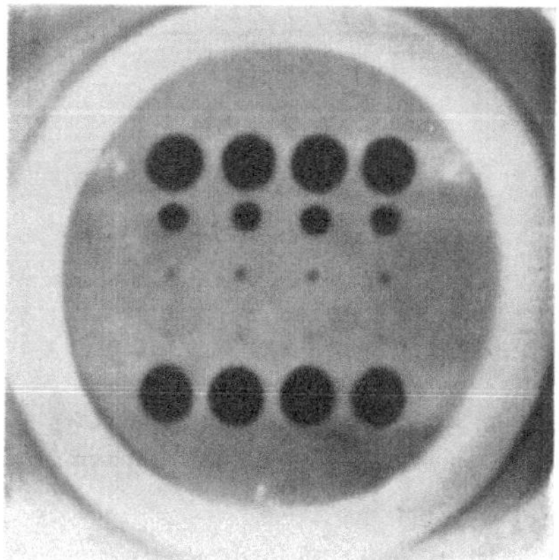

Abb. 92d. Umkehrung des Blendenbildes.

Sekundärelektronen her[1]; diese sind es auch, die in analoger Weise bei den zur wirklichen Bildübertragung benutzten Abtaströhren mit an

[1] Bei direkter Verbindung der Metallplatte bzw. Anode mit dem Steuergitter der Bildschreibröhre oder bei Zwischenschaltung eines Verstärkers mit einer geraden Zahl von Stufen erscheinen die Blendenlöcher hell auf dunklem Grund, wenn die Elektronengeschwindigkeit des Abtaststrahles etwa zwischen 100 V und 2000 V liegt, d. h. der Sekundäremissionsfaktor des Platten- oder Blendenmetalls >1 ist. In diesem Falle lädt nämlich der Kathodenstrahl innerhalb der Lochkreise die Platte positiv, außerhalb der Lochkreise (durch die an der Blende ausgelösten Se-

Stelle der Metallplatte angebrachter lichtelektrischer Rasterkathode die Entladung der einzelnen Elementarkathoden bewirken.

Abb. 92b zeigt die Ansicht einer derartigen Bildzerlegungsapparatur. Die Abtaströhre befindet sich links, die Schreibröhre rechts; dazwischen erkennt man den abgeschirmten Verstärker und die gemeinsamen Geräte für Ablenkung und für Herstellung der Anodenspannung. Zur Vereinfachung sind sämtliche Ablenkspulen für die Bildkoordinate in Reihe an die sinusförmige Netzfrequenz von 50 Hz, sämtliche Ablenkspulen für die Zeilenkoordinate an eine von einem Oszillator erzeugte, ebenfalls sinusförmige Wechselspannung von 10 000 Hz gelegt. Die Ablenkfelder verlaufen also beiderseits gleichphasig und bringen keine Verzerrung des Bildfeldes hervor.

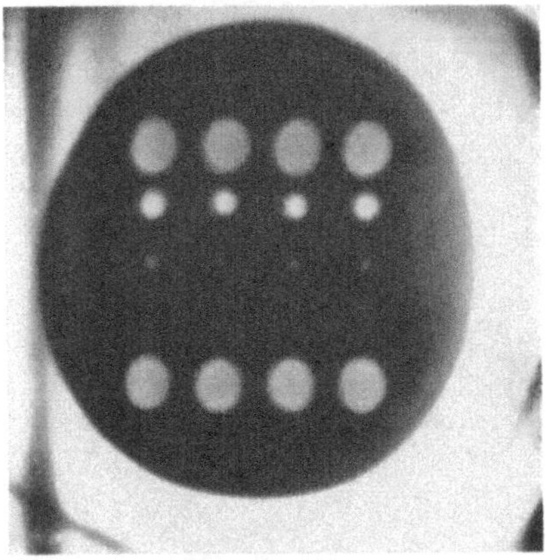

Abb. 92e. Sekundärelektronen-Abtastbild der Mehrlochblende.

Die drahtlose Übertragung von exakt definierten Bildern erfordert natürlich einen weit höheren Schaltaufwand, der insbesondere durch die

Abb. 93. Fernbilder der Steuerplatten von Sekundäremissions-Bildabtaströhren.

obengenannten Sägezahngeneratoren für die Ablenkspannungs- bzw. -stromkurven, die Impulsgeber zur Erzeugung der zugehörigen Syn-

kundärelektronen) die Anode negativ gegen die Blende auf. Aus demselben Grunde erscheinen die Blendenlöcher dunkel auf hellem Grund, wenn die Steuerscheibe der Bildschreibröhre unmittelbar mit der Blende verbunden wird (Widerstand R_2, Abb. 92d). Während der Nichtberührung durch den Abtaststrahl werden Platte und Blende durch langsame Streuelektronen (SE-Faktor < 1) stets wieder negativ gegen die Anode geladen.

chronisierstromstöße, durch den Ausgleich der bei Abtaströhren mit schrägstehender Platte auftretenden Trapezverzerrung und andere Umstände gegeben ist. Über Einzelheiten dieser Schalttechnik s. auch Vortrag VII [*69*].

c) Sekundäremissions-Bildabtaster.

Nach dem Vorhergehenden muß eine Abtaströhre, die eine Signalplatte mit inhomogener Sekundäremissionsverteilung an ihrer Oberfläche besitzt, ein genaues Bild dieser Verteilung liefern [*70*]. Bringen wir z. B. Kohleschrift auf einer Nickelplatte an, so erhalten wir eine recht kontrastreiche Wiedergabe (Abb. 93 links) und damit ein einfaches Mittel zur Prüfung der Rastergeometrie und des Auflösungsvermögens unserer Bildschreibröhren bzw. Bildabtaströhren. Die rechte Seite in Abb. 93 zeigt die natürliche Verteilung der Sekundäremission einer Siliziumeisen-Kristallschicht, Abb. 94 ein durch Klischeerasterung der Signalplatte erzeugtes Sekundäremissions-Halbtonbild (2 × 187,5 Zeilen).

Abb. 94. Fernbild mit 375 Zeilen, hergestellt mit Sekundäremissions-Bildabtaströhre.

3. Wirkungsweise und Ausführung der Bildabtaströhren.

Auf Grund ihrer Wirkungsweise, ihres Aufbaus und ihrer praktischen Verwendung unterscheiden wir drei verschiedene Typen:

a) Leuchtschirm-Abtaströhren (Abb. 95).

Man benutzte sie bisher nur zur Übertragung von Filmen oder von Diapositiven[1]. Auf den transparenten Bildträger wird das auf dem ebenen Schirm einer lichtstarken Braunschen Röhre erzeugte Zeilenraster mittels Glaslinse scharf abgebildet. Hinter dem Bildträger befindet sich eine Fotozelle zur Umwandlung der durch die örtlich verschiedene Schwärzung der fotografischen Schicht hervorgerufenen Lichtschwankungen in Stromschwankungen, die über einen Verstärker den Bildsender modulieren. Das Nachleuchten der verwendbaren Luminophore (zulässige Abklingdauer für ein 400zeiliges Bild nur etwa $2 \cdot 10^{-7}$ s!) be-

[1] Ausgeführt wurde das Verfahren wohl zuerst von M. v. ARDENNE [*71*].

schränkt zur Zeit die Nutzanwendung auf Bildübertragungen mit kleineren Bildpunktzahlen (Abb. 96). Die Lichtstärke einer 20 kV-

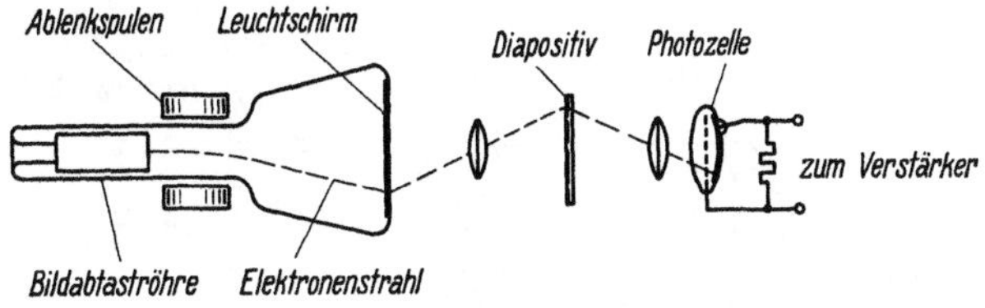

Abb. 95. Wirkschema der Leuchtschirm-Abtaströhre.

Leuchtschirm-Bildabtaströhre (bei einer Strahlstromstärke von 1 mA etwa 50 HK) erlaubt jedoch schon die Übertragung von lebenden Objekten (Abb. 96c).

a b c

Abb. 96. Übertragungsproben, hergestellt mit Leuchtschirm-Abtaströhre.

b) Bildabtaströhren mit mechanischer Blende.

Für diese Art hat sich nach der ersten technisch brauchbaren Ausführung der Name „Farnsworth-Röhre" eingebürgert. Man sollte sie eigentlich „Dieckmann-Röhre" nennen, denn M. Dieckmann und R. Hell [72] haben sie vor Farnsworth bereits mit der heute benutzten magnetischen Ablenkung angegeben (Abb. 97).

Der fernzusehende Gegenstand (Szene oder Filmbild) wird mittels lichtstarker Optik auf eine größere, zusammenhängende Fotokathode abgebildet und hier durch den Hallwachs-Effekt in ein „Elektronenbild" übergeführt. Das abgesaugte inhomogene Elektronenbündel wird parallel zur Ebene einer am Ende der Röhre angebrachten Blende bewegt, die ein Loch von der Größe des Rasterelements besitzt. Durch dieses empfängt bei Ablenkung des Bündels im Sinne normaler Zeilenzerlegung ein dahinter befindlicher positiver Auffänger nacheinander elektrische Stromimpulse, deren Amplitude jeweils der Helligkeit des gerade abgetasteten Bildpunktes proportional ist. Durch Anwendung einer Elektronenlinse erzielte Farnsworth [73] bedeutende Verbesserungen der

Bildschärfe, da hierbei die Emissionsverteilung der Fotokathode exakt in die Blendenebene entworfen wird.

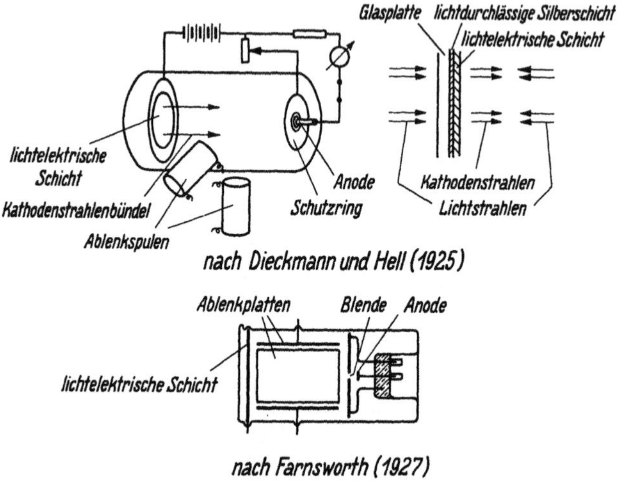

Abb. 97. Entwicklungsbeispiele der Bildabtaströhren mit mechanischer Blende (Bildwandler-Prinzip).

Die heutige Ausführung (Abb. 98) besitzt einen zylindrischen Glaskolben, eine undurchsichtige Fotokathode, eine lange magnetische Elektronenlinse, ein magnetisches Ablenkfeld und hinter der Blende einen Einbau für zusätzliche Vervielfachung des eintretenden Stromes durch wiederholte Sekundäremissionsanregung. Größenordnung des gesamten Bildstromes 10^{-5} A, der in der Röhre verstärkten Punktsignalströme 10^{-6} A. Abbildung 99 zeigt eine Ausführung mit transparenter Fotokathode.

Abb. 98. Bildabtaströhre nach dem Bildwandler-Prinzip, entwickelt von PH. T. FARNSWORTH.

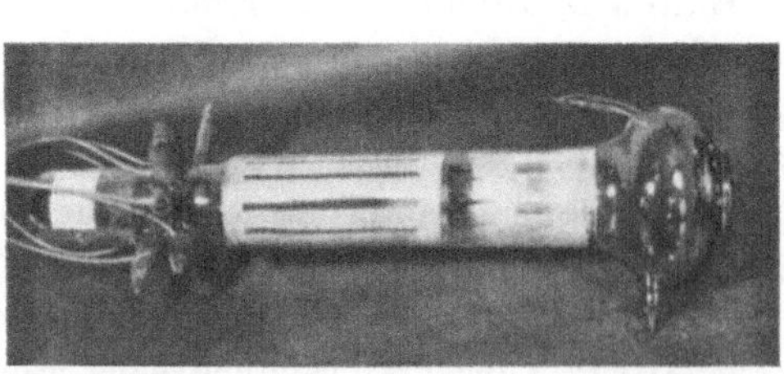

Abb. 99. Bildabtaströhre nach dem Bildwandler-Prinzip, entwickelt von W. HEIMANN und G. WEISS.

c) Ladungsspeicher-Bildabtaströhren.

Ihre Wirkungsweise beruht auf der Speicherung der elektrischen Ladung, die von den Lichtquanten des zu übertragenden Bildes durch Auslösen von Fotoelektronen hervorgerufen wird. Diese Speicherung erfolgt während der vollen Bilddauer auf isolierten, winzigen Elementarflächen (Zellen), die kleiner als ein Rasterelement sein müssen und einmal je Bildperiode ($1/n$ s) durch den abtastenden Elektronenstrahl über dessen Sekundäremissions-Entladungsstrecke wieder auf gleiches Ausgangspotential („Gleichgewichtspotential") zurückgebracht werden. Sämtliche Elementarzellen sind über eine gemeinsame Gegenelektrode kapazitiv mit dem Verstärkereingang verbunden; ihre Kapazität in bezug auf

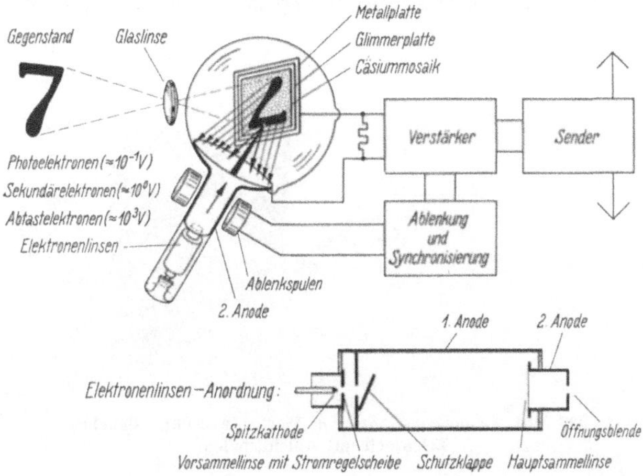

Abb. 100. Wirkschema der Ladungsspeicher-Bildabtaströhre (Ikonoskop).

die Gegenelektrode stellt gleichzeitig die Speicherkapazität dar. Das Prinzip der Ladungsspeicherung mittels Vielzellenanordnungen stammt von R. Round [*74*] (1926); die Abtastung solcher Anordnungen mit dem bewegten Kathodenstrahl beschrieb zuerst K. Tihanyi [*75*] (1928), die technische Lösung schuf V. K. Zworykin [*76*].

I. Ikonoskop. Wirkungsweise (Abb. 100). Das Bild des Übertragungsgegenstandes (Szene oder Film) wird auf den in ein Vakuumgefäß eingeschmolzenen Mosaikschirm entworfen; dieser trägt auf einer leitenden, mit dem Verstärker gekoppelten „Signalplatte" die voneinander und gegen die Platte isolierten lichtelektrischen Elementarkathoden als Überzug auf einer dünnen Glimmerschicht. Bei Belichtung verliert jede Elementarkathode um so mehr Elektronen, je größer der Helligkeitswert des auf sie einwirkenden Bildelements ist: die gesamten freigewordenen Fotoelektronen fließen vom Mosaikschirm in Form eines raumladungsbegrenzten, mit der mittleren Bildhelligkeit sich langsam ändernden Gleichstromes zur gegenüberstehenden, an der Gefäßwand angebrachten Anode. Das „Bildpunktsignal" entsteht, indem der Mosaikschirm periodisch durch ein schräg auftreffendes feines Elektronenbündel überfahren wird, dessen Querschnitt in der Schirmebene der Bildpunktgröße entspricht. Dieser Abtaststrahl entlädt bei Berührung die positiv aufgeladenen Elementarkathoden und stellt, indem er zwischen ihnen und der Anode eine leitende Sekundäremissionsbrücke schafft, das ursprüngliche Gleichgewichtspotential wieder her. Der zugehörige kapazitive Entladungsstoß auf der Signalplatte liefert den Übertragungsstrom, dessen Amplitude im Unterschied zur Bildabtaströhre mit mechanischer Blende nicht von der momentanen Fotostromstärke des Rasterelements, sondern vom Zeitintegral dieses Stromes über die ganze Bilddauer

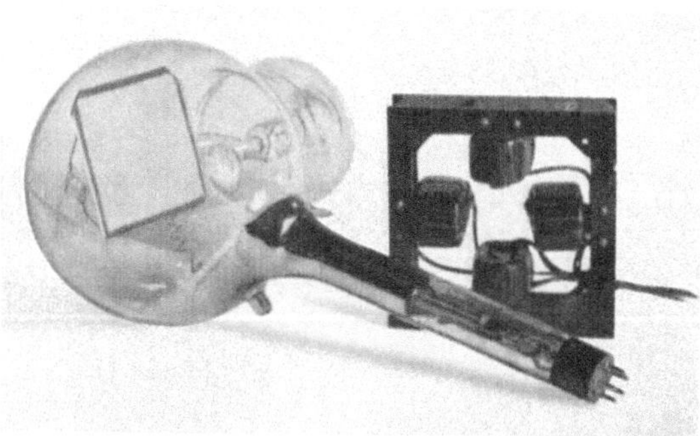

Abb. 101. Ikonoskop-Röhre von V. K. Zworykin, daneben Eisenjoch mit Ablenkspulen.

($2 \ldots 4 \cdot 10^{-2}$ s), d.h. von der akkumulierten Ladung, herrührt (Ladungsspeicherung und zugleich teilweise stattfindende Eliminierung des Störpegels!).

Abb. 101 zeigt ein Ikonoskop nach Zworykin, Abb. 102 eine im Fernsehlaboratorium von Telefunken entwickelte Röhre. Letztere trägt in dem kugelförmigen Glaskolben den senkrecht zum auffallenden Licht stehenden Mosaikschirm von 9 cm × 12 cm, der mit dem Abtaststrahl im Mittel einen Winkel von 30° bildet. Die Ablenkung erfolgt in beiden Richtungen magnetisch; die durch den schrägen Einfall des Elektronenbündels hervorgerufene trapezförmige Verzerrung des Fernbildes wird durch entgegenwirkende bildfrequente Sägezahnmodulation des Zeilenablenkstromes, d.h. Kompensation der verschiedenen Zeilenlänge mit Hilfe der elektrischen Amplitude, wieder aufgehoben.

Abb. 103 veranschaulicht die Lage der Bildabtaströhre in der Elektronenkamera; man erkennt das Objektiv und die Leitung von der Signalplatte zu den miteingebauten beiden ersten Verstärkerröhren.

Der Durchmesser der einzelnen Zäsium-Elementarkathoden des Ikonoskops beträgt nur 1 μ bis 4 μ, also kommen bei einem 400 Zeilen-Bild auf das Rasterelement von etwa $^1/_4$ mm Durchmesser noch 1000 bis 10000 solcher Mikrozellen (Isolationswiderstand gegeneinander $> 10^{10}\,\Omega$).

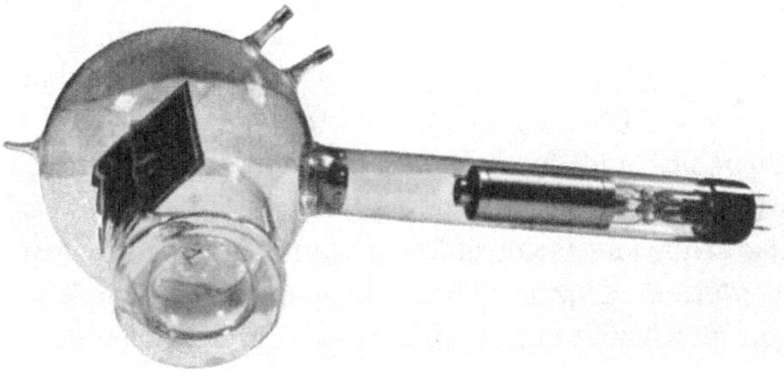

Abb. 102. Telefunken-Ladungsspeicher-Bildabtaströhre (Ikonoskop-Prinzip) für rein magnetische Ablenkung.

Störsignal. Wird der Schirm des Ikonoskops homogen ausgeleuchtet (oder auch gar nicht belichtet), so ergibt sich beim Abtasten in der Regel kein Empfangsfeld konstanter Helligkeit, sondern eine ungleich-

Abb. 103. Sende-Kamera mit Telefunken-Bildabtaströhre und Vorverstärker.

förmig abschattierte Fläche. Die Ursachen dieser als „Störsignal" bezeichneten inhomogenen Helligkeitsverteilung des Bildhintergrundes sind bislang noch nicht völlig geklärt[1]. Versuche zeigten, daß die Empfindlichkeit, d. h. das Spannungssignal bei einem bestimmten Schwarz-Weiß-

[1] Wesentlich erscheint die Mitwirkung langsamer Streuelektronen, der Abtastgeschwindigkeit und des Einfallswinkels des Strahles.

Kontrast, an allen Stellen der Mosaikplatte gleich groß ist. Da also nur das Grundniveau der Helligkeit vom Ort abhängt, kann die Abschattierung durch ein zur Bildmodulation hinzuaddiertes Kompensationssignal beseitigt werden, dessen zeitlicher Verlauf dem des Störsignals amplitudenmäßig genau entspricht, das jedoch in umgekehrter Polarität (phasenverkehrt) wirkt. Praktisch genügt hierzu ein Gerät, das in Zeilen- und Bildrichtung je einen linearen und einen parabolischen Helligkeitsanstieg bzw. -abfall auf dem Empfangsrohr mit einstellbarer Phase zu erzeugen vermag. Das zugehörige elektrische Signal wird durch Überlagerung der Bild- und der Zeilen-Sägezahnspannung mit der Bild- und der Zeilenparabelspannung gewonnen. Letztere kann auf einfache Weise durch Integration einer Sägezahnspannung mit Hilfe eines *RC*-Gliedes hergestellt werden. Durch richtige Dosierung der Amplituden und der Phasenlagen der Teilkomponenten des Kompensationsgemisches kann man in brauchbarer Näherung das Negativ jedes Störsignals nachbilden.

Verstärkeranlage. Zur Verstärkung der am Ikonoskop-Außenwiderstand auftretenden Signalspannung lassen sich Direktverstärker oder Trägerfrequenzverstärker verwenden. Das zu verarbeitende Frequenzband reicht dabei von der Bildwechselfrequenz (25 Hz bzw. 50 Hz bei Zeilensprung) bis zu annähernd 2 MHz bei 400 Zeilen pro Bild.

Der widerstandsgekoppelte Verstärker hat trotz seiner Einfachheit erhebliche Nachteile: z.B. schwierige Entkopplung der Stufen untereinander bei der niedrigen Lage der unteren Grenzfrequenz, Empfindlichkeit gegen Übersteuerungen und Schaltstöße; Erschwerung der notwendigen Einführung weiterer Wechselvorgänge, z.B. der Austastung der Strahlrückläufe.

Der Aufbau eines Trägerfrequenzverstärkers analog demjenigen beim Nipkow-Scheiben-Sender (Fotozelle in Brückenanordnung) ist beim Ikonoskop nicht möglich, weil keine analoge leitende Verbindung zwischen Mosaikschirm und Verstärkereingang besteht. Es erscheint am günstigsten, in die Kamera selbst einen kleinen Direktverstärker einzubauen, der die Bildwechselspannungen nur soweit verstärkt, daß am Ausgang des von der Kamera zum Speise- und Verstärkergestell führenden Kabels noch genügend hoch über der Rauschspannung liegende Signalamplituden vorhanden sind, die mit Hilfe einer geeigneten Vorrichtung eine Trägerfrequenz modulieren können.

Die Schwierigkeit des Modulationsverfahrens liegt in den hohen Modulationsgraden und den kleinen modulierenden Spannungen. Es kommen nur Brückenschaltungen in Frage. Die in der Telefunken-Anlage verwendete Brücke besteht aus zwei Röhren (Hexoden oder Pentoden), von denen jede zwei Steuergitter enthält. Die beiden Anoden sind in Gegentakt geschaltet; die Trägerfrequenz-Wechselspannung wird im Gleichtakt dem einen Gitterpaar zugeführt. Die Modulation erfolgt an dem dritten Gitter, während über das vierte Gitter ein weiterer Vorgang rückwirkungsfrei addiert werden kann (z.B. die Störsignal-Kompensationsspannung).

Stabiles Arbeiten einer solchen Brücke kann nur durch automatische Regelung des Arbeitspunktes erreicht werden. Wie bei der Schwundregelung im Rundfunkgerät wird von einem besonderen Ausgang des an die Brücke anschließenden Trägerfrequenzverstärkers ein Gleichrichter gespeist, dessen Gleichspannung nach Ausfilterung der restlichen Wechselkomponente einem Steuergitter zugeleitet wird. Die richtige Vorspannung dieses Gitters ist durch eine einstellbare Kompensationsspannung im Regelkreis gegeben. Zur Vermeidung von labilen Zuständen in der Brücke darf der zur Gewinnung der Regelspannung dienende Gleichrichter nur bei einer bestimmten Phasenlage der angelegten Wech-

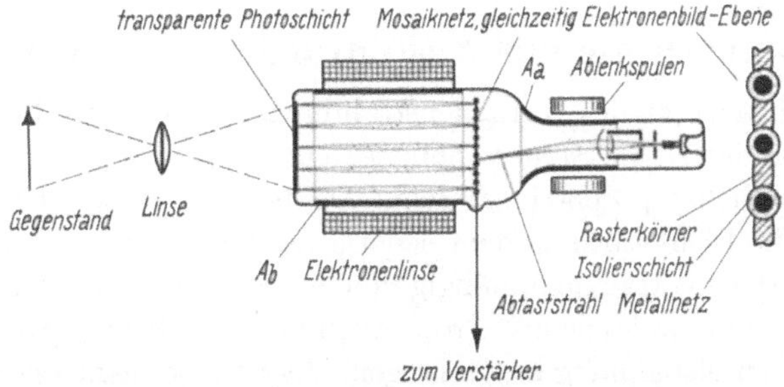

Abb. 104. Wirkschema der doppelseitigen Ladungsspeicher-Bildabtaströhre.

selspannung ansprechen. Die Regelvorgänge setzen Modulation um einen konstanten Mittelwert voraus („Telefoniemodulation").

Die zur Wiedergabe der mittleren Helligkeit nötige Gleichstromkomponente, die das Ikonoskop selbst nicht liefert, wird von einer zusätzlich in die Kamera eingebauten Hilfsfotozelle ausgewertet. Durch Einführung der in dieser Zelle entstehenden Gleichspannung in den Regelkreis der Brücke wird die Kompensationsspannung des Regelgitters von der mittleren Helligkeit abhängig gemacht. Der Mittelwert der abgegebenen Trägeramplitude ist dann proportional der mittleren Helligkeit.

II. Doppelseitige Bildabtaströhre. Das Ikonoskop können wir treffend als „einseitige Ladungsspeicher-Bildabtaströhre" bezeichnen. Von den verschiedenen anderen Vorschlägen für Speicherröhren [*77*] sei noch das Prinzip der doppelseitig wirkenden Röhre der EMJ-Marconi Co. (Lubszynski) und von V. K. Zworykin [*78*] (1930) betrachtet:

Der Übertragungsgegenstand wird auf eine (meist transparente) zusammenhängende Fotokathode entworfen; von deren Emissionsverteilung wird auf dem Speicherschirm elektronenoptisch ein Abbild erzeugt [*79, 80, 81*]. Der Speicherschirm besteht aus einem feinen, mit

Isolierstoff überzogenen Drahtnetz (Maschenweite < Bildpunktdurchmesser). In dessen Öffnungen sitzt je ein von allen anderen isoliertes Rasterkorn, das von den ankommenden Fotoelektronen positiv (Sekundäremissionsfaktor > 1!) aufgeladen wird. Der Abtastkathodenstrahl fällt auf der vom Elektronenbild abgewandten Seite ein (Abb. 104) und entlädt die von jedem Rasterkorn gespeicherte Ladung einmal pro Bildwechsel, wie bei der einseitigen Abtaströhre. Dieser gegenüber bringen Vorteile 1. die höhere Aufladung der Rasterkörner infolge der Sekundäremission, 2. die Verringerung der lichtelektrischen Raumladung vor jedem Rasterkorn, die ermöglicht wird durch Anordnung einer von der Anode des Abtaststrahles getrennten „Bildanode“ hinreichender Vorspannung (Sättigungsstrom), 3. die symmetrische Lage des Abtaststrahles zum Rasterschirm.

4. Wirkungsweise und Ausführung der Bildschreibröhren.

Die Intensität des Kathodenstrahlbrennflecks in der Leuchtschirmebene soll der an die Steuerscheibe (Steuergitter) gelegten Wechselspannung möglichst proportional sein. Da bei den verwendeten Luminophoren die Lichtstärke in dem benötigten Bereich ziemlich genau linear mit der Stromstärke, unabhängig von der Stromdichte, ansteigt, brauchen wir nur hinreichende Proportionalität des Strahlstromes mit der Steuerwechselspannung zu verlangen. Es ist also nicht notwendig, daß der Lichtfleckdurchmesser beim Steuervorgang völlig konstant bleibt; er darf nur einen zulässigen Höchstwert < Zeilenbreite nicht überschreiten. Die Stromdichte ist im Strahlbündel durch die abstoßenden Kräfte der Raumladung begrenzt; deshalb kann der Lichtfleck bei gegebener Stromstärke nicht beliebig klein gemacht werden, und es sind ferner zur Erzeugung genügend heller Bilder (bis zu 50 Lux scheinbare fotometrische Schirmbeleuchtung) bei Heimfernsehröhren Elektronengeschwindigkeiten entsprechend 2000 V bis 8000 V erforderlich. Die der Bildqualität abträglichen Störerscheinungen sind: Lichtfleckverzerrung, Verzeichnung des ganzen Bildes (Geometriefehler), Aufhellung der schwarzen Stellen, also Kontrastmangel; ihre Ursachen sind, wie eingangs erwähnt, größtenteils elektronenoptischer Art und dann durch geeignete Form und Dimensionierung der Elektronenlinsen auch stets zu beheben.

a) Gasgefüllte Bildschreibröhre.

Wegen des relativ mühelos erreichbaren kleinen Fleckdurchmessers wurden für die ersten Kathodenstrahl-Fernsehversuche — durchgeführt in Deutschland von F. SCHRÖTER, Telefunken (1928) und von M. VON ARDENNE (1930) — gasgefüllte Bildschreibröhren verwendet. Die Konzentration des Elektronenbündels erfolgt bei diesen Röhren durch ein axialsymmetrisches, radial gerichtetes elektrisches Feld, das sich praktisch trägheitsfrei zwischen den im Innern des Strahles durch Elektronenstoß gebildeten positiven Ionen und den gleichzeitig entstehenden (langsamen) Sekundärelektronen ausbildet, indem letztere infolge ihrer im Verhältnis zu den massebehafteten Ionen raschen Diffusion einen Schlauch um den Strahl bilden („Fadenstrahl", Abb. 105) [*82*]. Die gasgefüllte besitzt gegenüber der Hochvakuum-Bildschreibröhre den Vorzug einfacheren Aufbaus, geringer Lichtfleckgröße schon bei niedrigen Anodenspannungen und höherer spezifischer Elektronenemission der Oxydkathode; sie hat jedoch fast immer den Nachteil sehr erheblich verkürzter Lebensdauer. Ihre im folgenden aufgeführten typischen Bildfehler hängen größtenteils mit dem Verhalten der Gasfüllung zusammen.

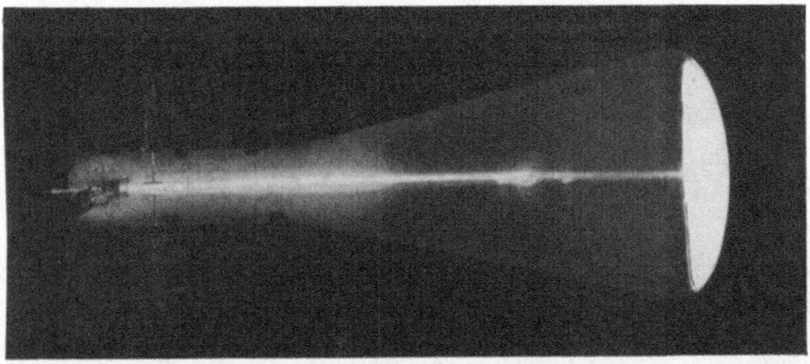

Abb. 105. Fadenstrahl in gasgefüllter Braunscher Röhre.

I. Nullpunktfehler (nur bei elektrischer Ablenkung) [*83*]. Der Elektronenstrahl hat in der Ablenkstellung ∼ Null eine geringere Schreibgeschwindigkeit als im übrigen Bildfeld; in der betreffenden Gegend entsteht daher eine Koordinatenverzerrung, verbunden mit erhöhter Helligkeit („Ionenkreuz"). Ursache: Verschwinden der Absaugfeldstärke in der Mittellage, infolgedessen Gradientabfall und Bremsung der Schreibgeschwindigkeit des abgelenkten Elektronenbündels. Durch passende Wahl von Gasdruck und Gasart oder durch Anbringen eines elektrostatischen Hilfsfeldes [*98*] zur Entfernung der Raumladung kann die Nullpunktsanomalie nahezu vollständig zum Verschwinden gebracht werden. Bei magnetischer Ablenkung tritt sie naturgemäß nicht auf.

II. Stromabhängige Bildpunktverlagerung. Eine für gasgefüllte Bildschreibröhren typische Erscheinung, die besonders an Schwarz-Weiß-Kanten störende „Plastik" hervorruft. Bei plötzlicher Zunahme des Stromes verschiebt sich der Strahl aus der Zeile heraus. Durch Drehen der Röhre läßt sich feststellen, daß die Verlagerungsrichtung unabhängig von der Ablenkrichtung ist. Ursachen: einseitige Pastierung der Kathode, unsymmetrische Lage der (direkt geheizten) Kathode oder anderer Elektroden zur Strahlachse, an der Innenwand des Glaskolbens stattfindende vorübergehende Aufladungen (durch im Gas gebildete Sekundärelektronen) und Entladungen (durch positive Ionen). Im letzteren Fall

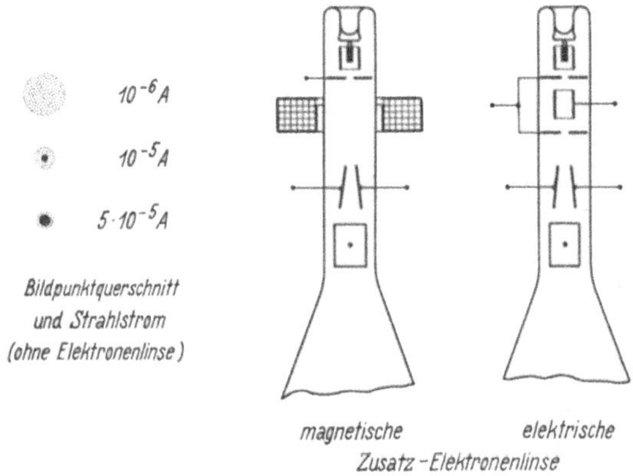

Abb. 106. Wirkung von Zusatz-Elektronenlinsen bei gasgefüllter Bildschreibröhre.

können regelrechte Eigenschwingungen des Strahlbündels parallel zum Leuchtschirm einsetzen, wie sie von W. Heimann [*84*] beobachtet und untersucht worden sind. Durch sorgfältig hergestellte Kathoden bzw. Aufbringen eines leitenden äußeren, besser inneren Überzuges auf den Röhrenhals wird die Störung beseitigt.

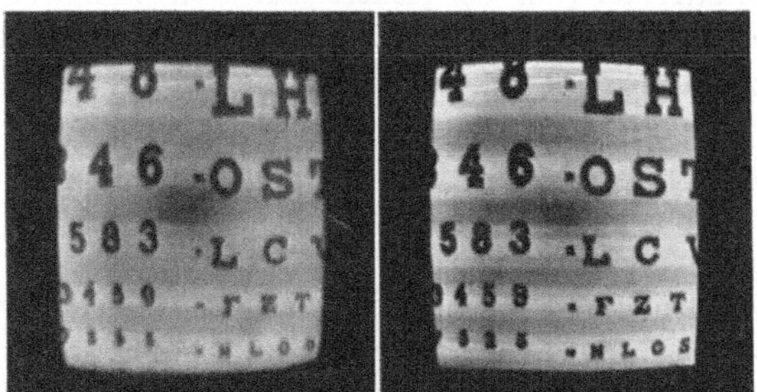

Abb. 107. Verbesserung (rechts) der Bildschärfe einer gasgefüllten Bildschreibröhre durch Zusatz-Elektronenlinse.

III. Stromabhängiger Bildpunktquerschnitt. Moduliert man den unabgelenkten Strahl einer gasgefüllten Bildschreibröhre, so beobachtet man auf dem Leuchtschirm bei kleinen Stromstärken einen ziemlich großen, diffusen Fleck, der sich aber mit wachsender Intensität immer mehr zusammenzieht. Dieser „Einstellfehler“ wird durch die Abhängigkeit der Brennweite des konzentrierenden Raumladungsfeldes vom Strahlstrom verursacht. Eine wesentliche Verbesserung bringen zusätz-

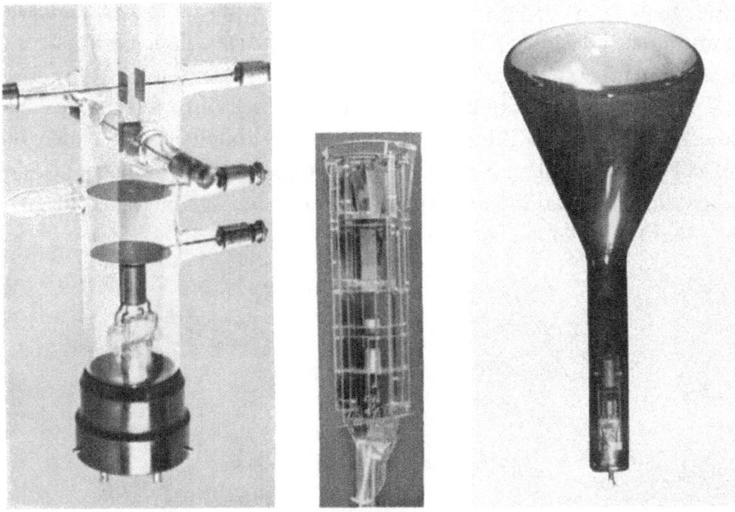

Abb. 108. Elektroden-Anordnungen verschiedener Ausführungen der Braunschen Gasfüllungsröhre, links mit Lochscheiben-Immersionslinse.

liche magnetische oder elektrostatische Elektronenlinsen (Abb. 106 und 107), deren Brechkraft auch bei völligem Ausfall der „Raumladungslinse“ (Strahlstrom $\sim$ Null) noch genügende Bündelung sichert.

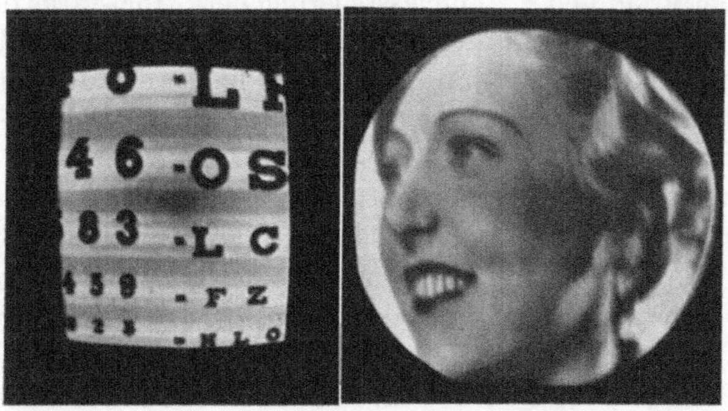

Abb. 109. Mit Braunscher Gasfüllungsröhre geschriebene Fernbilder bei 400 Zeilen.

Abb. 108 zeigt Elektrodensysteme bzw. die äußere Form verschiedener gasgefüllter Bildschreibröhren. Bei der links dargestellten findet sich schon relativ früh [*85*] die Anwendung elektrischer Lochscheiben-

Immersionslinsen, die vermutlich auch in dieser Form als Zusatzlinsen wirken und damit den Lichtfleckquerschnitt bei schwachen Strahlströmen herabsetzen. Man verwendet gewöhnlich eine Barium-Pastekathode mit kleiner Emissionsfläche (Bildpunkt = Kathodenbild!), als Füllgas Argon oder Neon-Helium-Gemisch von 10^{-2} bis 10^{-3} Tor und Anodenspannungen zwischen 500 V und 3000 V bei einem Strahlstrom von $10 \ldots 200 \cdot 10^{-6}$ A.

Abb. 109 zeigt mit einer alten Gasfüllungsröhre durch magnetische Ablenkung erzeugte Bilder mit dem heute üblichen 400 Zeilen-Raster. Selbst bei dieser hohen Schreibgeschwindigkeit ist in Zeilenrichtung noch keine die Bildqualität wesentlich beeinträchtigende Dekonzentration des Strahlbündels zu bemerken[1].

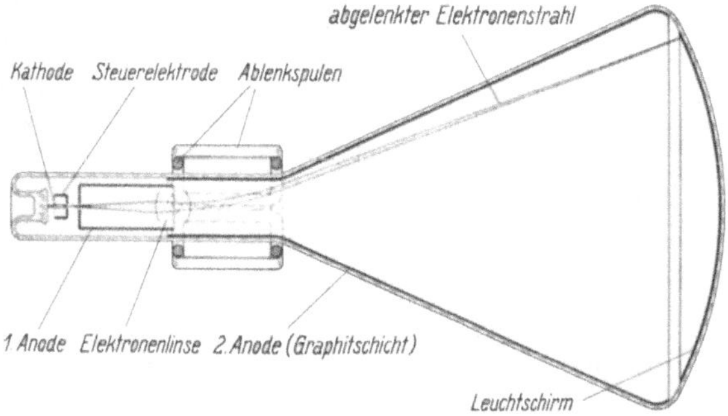

Abb. 110. Hochvakuum-Bildschreibröhre mit statischer Fokussierung und magnetischer Ablenkung im Querschnitt.

b) Hochvakuum-Bildschreibröhre [*70*].

Konzentration und Spannungssteuerung der Stromstärke des Kathodenstrahles erfolgen hier durch elektrische oder magnetische Elektronenlinsen (vgl. z.B. Abb. 110) [*86, 87*]. Die Öffnungsweite der Sammel- wie der Ablenkorgane, insbesondere der elektrostatisch wirkenden, ist meist mit Rücksicht auf die Gefäßabmessungen begrenzt; die Beseitigung der dadurch auftretenden elektronenoptischen Fehler spielt eine wesentliche Rolle, und zwar in höherem Maße als bei den hochentlüfteten Bildabtaströhren nach Abb. 101 und 102, in denen keine Strommodulation notwendig und wegen der geringeren Strahlstromstärke das Bündel beträchtlich enger ist. Infolge Wegfalls der durch den Gasinhalt bedingten Fehler und der Kathodenzerstäubung, deren Fehlen hohe Lebensdauer sichert, wird die Hochvakuum-Bildschreibröhre heute allgemein verwendet.

I. Elektronenlinsen und ihre Fehler [*88, 89, 90*]. Die für helle Bilder

[1] Die in dem linken Fotogramm sichtbaren horizontalen Streifen rühren nicht von der Bildschreibröhre, sondern wahrscheinlich von der für die tiefen Frequenzen ungenügenden Durchlässigkeit des Signalverstärkers her.

erforderliche Elektronendichte im Lichtfleck ($10^{-4} \ldots 10^{-3}$ A/mm²) ist im allgemeinen bedeutend höher als die den üblichen Barium-Pastekathoden entnehmbare. Der Fleck wird daher als verkleinertes Bild einer größeren, indirekt geheizten Emissionsfläche erzeugt, und zwar in zwei hintereinandergeschalteten Abbildungsstufen („Vor“- und „Haupt“-sammellinse), weil die Verkleinerung in einer Stufe durch die zur Erzielung genügender Ablenkempfindlichkeit notwendige Zeigerlänge des Kathodenstrahles sowie durch die Forderung möglichst kurzer Baulänge der Röhre begrenzt ist.

Bei den einfacheren Systemen übernimmt eine der Vorsammellinsen-Elektroden zugleich die Funktion der Intensitätssteuerung (Abb. 111a).

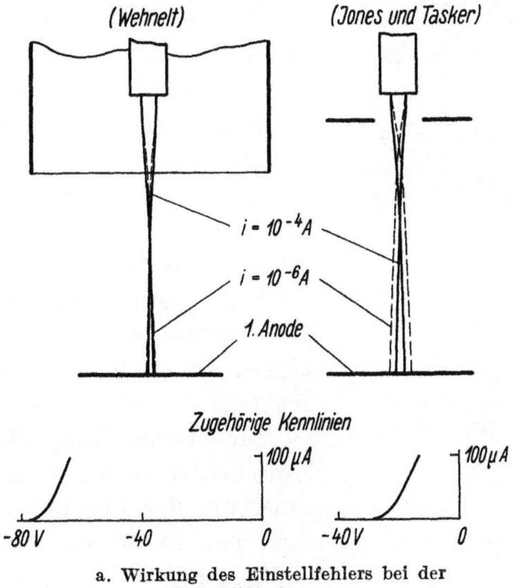

a. Wirkung des Einstellfehlers bei der Intensitätssteuerung,

b. Vorsammellinse, aufgeschnitten. Indirekt geheizte Kathode.

Abb. 111. Vorsammellinsen bei der Hochvakuum-Bildschreibröhre (Intensitätssteuerung); links Schema, rechts Ansicht.

Die beiden klassischen Anordnungen dieser Art sind der Wehnelt-Zylinder [*91*] und die konzentrierende Lochscheibe nach Jones-Tasker [*86*]. Bei beiden liegt unmittelbar vor der Kathode ein Elektronenfokus von außerordentlich kleinem Durchmesser, der, elektronenoptisch ausgedrückt, als „Gegenstand“ für die Abbildung auf den Leuchtschirm durch die Hauptsammellinse dient. Die genannten Elektrodenformen unterscheiden sich im übrigen wesentlich durch ihren Durchgriff. Da man beim Wehnelt-Zylinder eine höhere Sperrspannung benötigt als bei der Lochscheibe (vgl. die zugehörigen Kennlinien), wird im allgemeinen die letztere vorgezogen.

Bei derartigen Vorsammellinsen mit Kathodenabbildung wandert der kleinste Querschnitt des Strahlbündels in Abhängigkeit von der Stromstärke längs der Achse der Röhre (in Abb. 111a durch gestrichelte Linien angedeutet). Da die Hauptsammellinse aber stets auf eine feste Zwischenbildebene eingestellt bleibt, entsteht so der „Einstellfehler", d. h. das Wachsen des gesteuerten Lichtflecks mit steigender Intensität.

Wesentlich für genügende Helligkeit des Zeilenrasters ist die in Abb. 111 b dargestellte indirekt geheizte Kathode mit ihrer relativ großen Emissionsfläche. Abb. 112, unterer Teil, zeigt zwei typische Querschnitte. Derartige Kathoden erlauben Wechselstromheizung, die allerdings bei unsachgemäßer Ausführung leicht zu störenden „Brummstreifen" im Bilde führen kann (Abb. 112 oben links). Gibt man der Lochblende statt der für den bestimmungsmäßigen Gebrauch negativen Vorspannung eine positive und damit eine größere Brennweite, und schaltet man die Hauptsammellinse aus, so erhält man, wie schon JONES und TASKER fanden, ein elektronenmikroskopisches Bild der Kathode, das zur Beurteilung der Kathodenqualität und der mechanischen Ausrichtung der Elektronenlinsen von Wichtigkeit ist (Abb. 112 oben rechts).

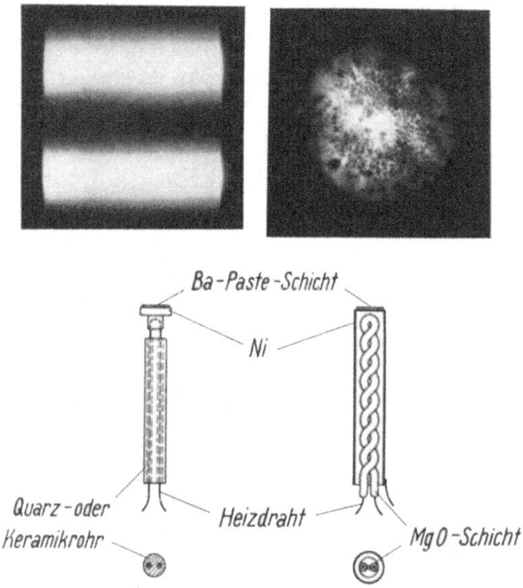

Abb. 112. Typische Querschnitte indirekt geheizter Kathoden für Braunsche Hochvakuum-Bildschreibröhren; oben links „Brummstreifen" im Bilde, rechts elektronenmikroskopisches Kathodenbild.

Zur Vermeidung der Zwischenbildverschiebung innerhalb der Vorsammellinse und damit des Einstellfehlers kann man, wie es beim Kathodenstrahl-Oszillografen seit langem üblich ist, den Querschnitt eines mehr oder weniger von Elektronen bestrahlten kleinen Blendenloches auf den Leuchtschirm abbilden. Die ersten Anordnungen dieser Art stammen von B. ROSING [*67*] (Steuerung mit Querablenkung, 1907) und von H. R. GEORGE [*92*] (Steuerung mit Lochscheibe, 1929).

Die Ausführung der elektrostatischen Hauptsammellinsen für Bildschreibröhren weist eine ziemliche Mannigfaltigkeit auf. Angestrebt wird möglichst große Apertur, um die elektronenoptischen Öffnungsfehler klein zu halten; diese lassen sich aber auch durch geschickte Wahl der Elektrodenform verringern. Als Bauelement verwendet man fast durchweg Hohlzylinder oder Lochscheiben verschiedener Dimensionierungen, deren Eignung durch Modellmessung im elektrolytischen Trog und anschließende Berechnung oder grafische Bestimmung der Elektronenbahnen festgestellt werden muß. Fehlerfreie elektrische Linsen ergeben bei gleicher Lage der Ersatzlinse und gleicher Strahllänge einen kleineren

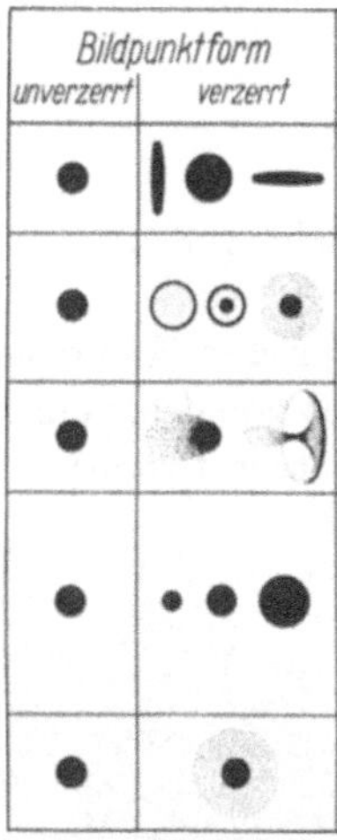

Bildpunktform (unverzerrt / verzerrt)	Bezeichnung	Ursache
	Astigmatismus	mangelhafte Rotationssymmetrie der Linsenfelder oder schief einfallendes Strahlbündel.
	Öffnungsfehler	verschiedene Linsenzonen geben den (Zwischen-) Bildpunkt in verschiedener Entfernung von der Linse.
	Koma	Öffnungsfehler bei schief einfallendem Strahlbündel.
	Einstellfehler bei Stromsteuerung	Verschiebung des Zwischenbildpunktes in Richtung der Strahlachse; nebenher Entstellung des Zwischenbildpunktes durch Fehler der Vorsammellinse und durch Elektronenabstoßung infolge Raumladung.
	chromatischer Fehler	inhomogene Elektronengeschwindigkeit. (Sekundärelektronen!)

Abb. 113. Zusammenstellung typischer Fehler von Elektronenlinsen und ihrer Ursachen.

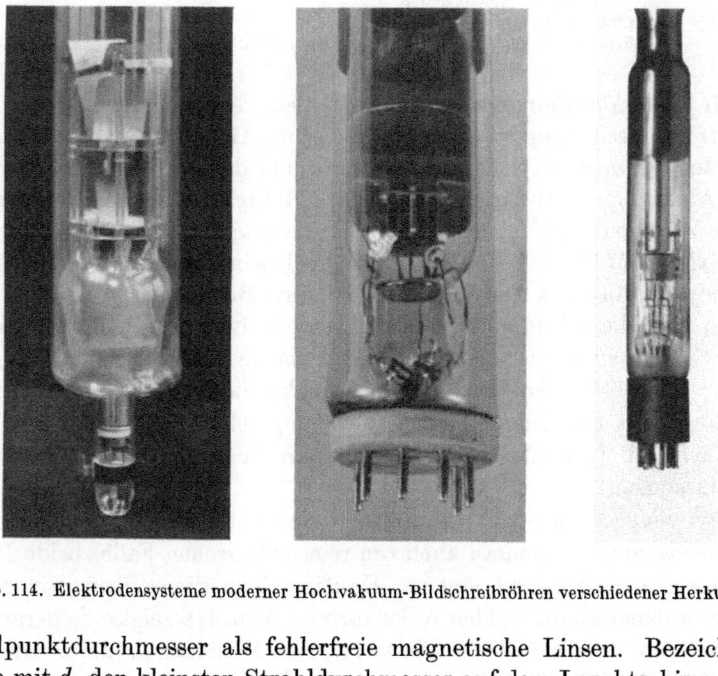

Abb. 114. Elektrodensysteme moderner Hochvakuum-Bildschreibröhren verschiedener Herkunft.

Bildpunktdurchmesser als fehlerfreie magnetische Linsen. Bezeichnet man mit d_s den kleinsten Strahldurchmesser auf dem Leuchtschirm, mit d_b den von der Hauptsammellinse abgebildeten Strahlquerschnitt, mit a

die Gegenstandsweite und mit b die Bildweite der Hauptsammellinse, so gilt für deren magnetische Ausführung: $d_s = d_b \cdot \frac{b}{a}$, und für die elektrische Beschleunigungs-Hauptsammellinse mit den Linsenspannungen U_1 und U_2 Volt ($U_2 > U_1$):

$$d_s = d_b \cdot \frac{b}{a} \cdot \sqrt{\frac{U_1}{U_2}}\,.$$

Die Bildweite ist im allgemeinen nicht sehr verschieden von der Zeigerlänge des Kathodenstrahles.

Abb. 113 gibt eine Zusammenstellung typischer Elektronenlinsenfehler und ihrer Ursachen, Abb. 114 die Ansicht von drei verschiedenen, bei Hochvakuum-Bildschreibröhren benutzten Elektrodensystemen.

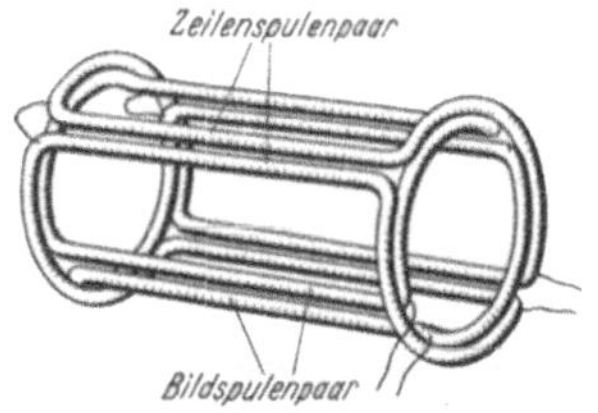

Abb. 115a. Korrigierte Ablenkspulen für Hochvakuum-Bildschreibröhren. Schemazeichnung.

Abb. 115b. Ausführung der Ablenkspulen.

II. Die Ablenkorgane und ihre Fehler. Angewendet werden rein elektrische, rein magnetische oder gemischte Ablenkung. Mit Rücksicht auf den zugehörigen Schaltungsaufwand und die relative Öffnungsweite der Ablenkorgane (bezogen auf gleichen Röhrendurchmesser) bevorzugt man im allgemeinen für größere Bilder die magnetische, für kleinere die elektrische Methode. Um ein genau rechtwinkliges, spannungs- bzw. stromproportionales Koordinatennetz („gute Bildgeometrie") und ferner keine zusätzliche Bildpunktverzerrung zu erhalten, müssen die ablenkenden Felder genau ausgerichtet und frei von merklichen Randstörungen sein. Abb. 115 zeigt korrigierte Ablenkspulen mit besonders guter Homogenität des Magnetfeldes. Sie entsprechen etwa der Form der vielfach für Kathodenstrahl-Oszillografen benutzten Erdfeldkompensationsspulen.

Bei genügend großer Öffnungsweite der Ablenkorgane können nicht nur beide Spulen, sondern auch (im rein elektrischen Falle) beide Plattenpaare in einer Ebene stehen. Häufiger liegt dieses Prinzip vor bei der Kombination der beiden Ablenkarten. Abb. 116 zeigt eine derartige Bildschreibröhre, bei der die Platten zwecks Erzielung größerer Ablenkempfindlichkeit gegeneinander geneigt und außerdem zur Verhinderung von Wirbelstrombildung durch das in der Ablenkspule mit Zeilenfrequenz umlaufende Feld aus mit dünnem Grafit überzogener Keramik hergestellt sind.

Bei den Hochvakuumröhren mit statischer Ablenkung ist es zur Vermeidung der Defokussierung des Kathodenstrahles wichtig, daß die Lage

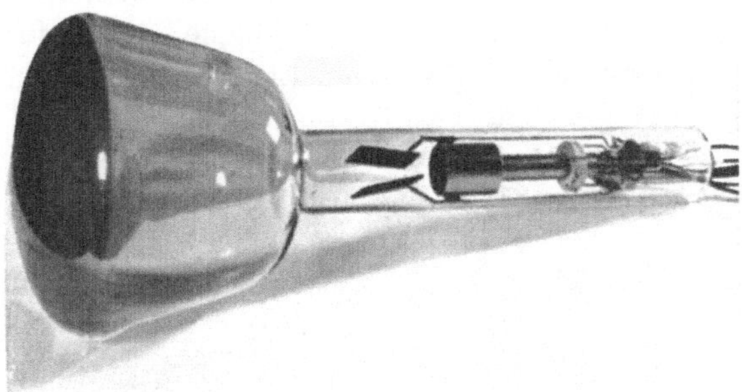

Abb. 116. Telefunken-Hochvakuum-Bildschreibröhre, Zeilenablenkung statisch (schräggestellte Platten), Bildablenkung magnetisch.

der maßgebenden Potentialflächen durch die sägezahnförmig veränderliche Ablenkspannung möglichst wenig beeinflußt wird; d.h. es muß das mittlere Potential im Raume zwischen den Ablenkplatten konstant bleiben. Man erreicht dies durch gleiche und gegensinnige Spannungsänderung, also Gegentaktsteuerung der Platten (Symmetrieschaltungen; Näheres s. Vortrag VII).

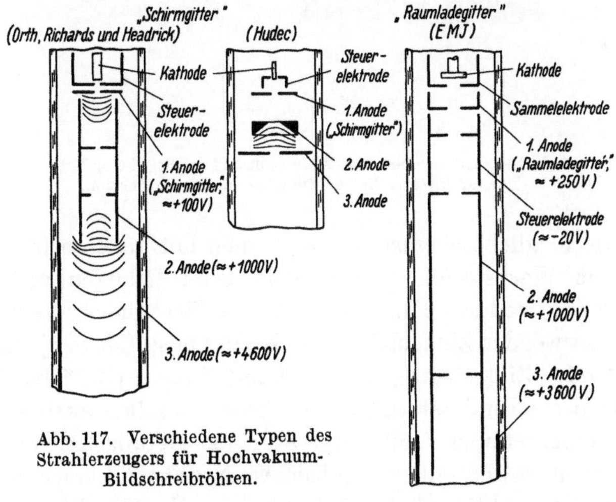

Abb. 117. Verschiedene Typen des Strahlerzeugers für Hochvakuum-Bildschreibröhren.

III. Die Elemente der Ausführung. Wesentlich sind folgende Punkte:

Elektrodenzahl. Man unterscheidet Dreipol-, Vierpol-, Fünfpol- und Sechspolröhren; je nach Anordnung und Schaltung der Elektroden entspricht dabei die Kennlinie des Strahlstromes einer Dreipol- bzw. einer Vierpol- (Schirmgitter- oder Raumladungsgitter-) Verstärkerröhre [*83*, *93*, *94*] usw., wobei man sich die Steuerscheibe als „Einlochgitter" vorstellen kann (Abb. 117). Tritt an einer der Elektroden Stromaufnahme ein, so kommen auch abweichende Charakteristiken vor.

Leuchtschirm. Maßgebend für die Auswahl der Leuchtstoffe sind Lichtausbeute [*95*, *96*], Temperaturbeständigkeit, Dampfdruck, Sekundäremission, Widerstandsfähigkeit gegen Elektronen- und Ionenbombardement, sowie mögliche chemische Reaktionen mit anderen in der Röhre vorhandenen Werkstoffen, insbesondere beim Erhitzen während des Pumpprozesses, wodurch Farbumschlag oder Flecken hervorgerufen werden. Man verwendet Zinksulfid, Zink-Kadmiumsulfide [*97*], Kadmiumwolframat oder Zinksilikate, die meist mit Spuren (10^{-3} bis 10^{-7} Gewichtsteile des Grundmaterials) von Schwermetallen aktiviert und je nach Zusammensetzung, Glühtemperatur und Metallgehalt in fast allen Spektralfarben sowie mit verschiedener Nachleuchtdauer herstellbar sind[1]. Ein guter Aktivator ist Silber (kurzes Nachleuchten).

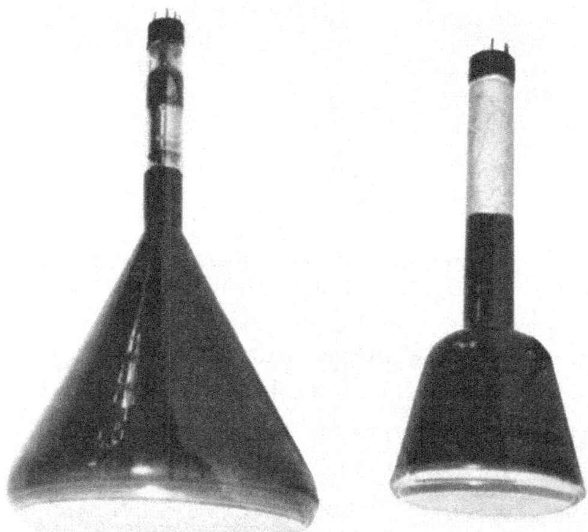

Abb. 118. Braunsche Hochvakuumröhren für Fernsehempfang; links für direkte Betrachtung, rechts für Projektion.

Weißleuchtende Schirme können durch Mischen komplementärer

[1] Die Entwicklung besonders helleuchtender Zink-Kadmiumsulfide verdanken wir Herrn Prof. A. SCHLEEDE.

farbiger Komponenten erhalten werden. Das Aufbringen auf die Kolbenwand erfolgt durch Bestäuben nach Benetzung mit einem Bindemittel, durch Aufsprühen oder Sedimentieren. Da der Sekundäremissionsfaktor der genannten Luminophore für die vorkommenden Geschwindigkeiten der Primärelektronen > 1 ist, wird der Schirm durch den Strahl im allgemeinen nicht oder nur wenig negativ gegen die Anode aufgeladen; jedoch können die entstandenen Sekundärelektronen wegen ihrer geringen Geschwindigkeit partielle Ladungen auf der Luminophorschicht oder auf der in der Nähe befindlichen Wand bewirken. Bei der gasgefüllten Bildschreibröhre werden diese Ladungen durch die vorhandenen positiven Ionen kompensiert.

Die Lichtstärke eines ZnS-CdS(Ag)-Leuchtschirmes nimmt etwa proportional mit der Anzahl und in gewissen Grenzen mit der Geschwindigkeit der auftreffenden Elektronen zu. Die im Brennfleck umgesetzte Leistung ist bei höheren Spannungen von der Größenordnung 50 . . . 100 W/mm². Durch von der Kathode

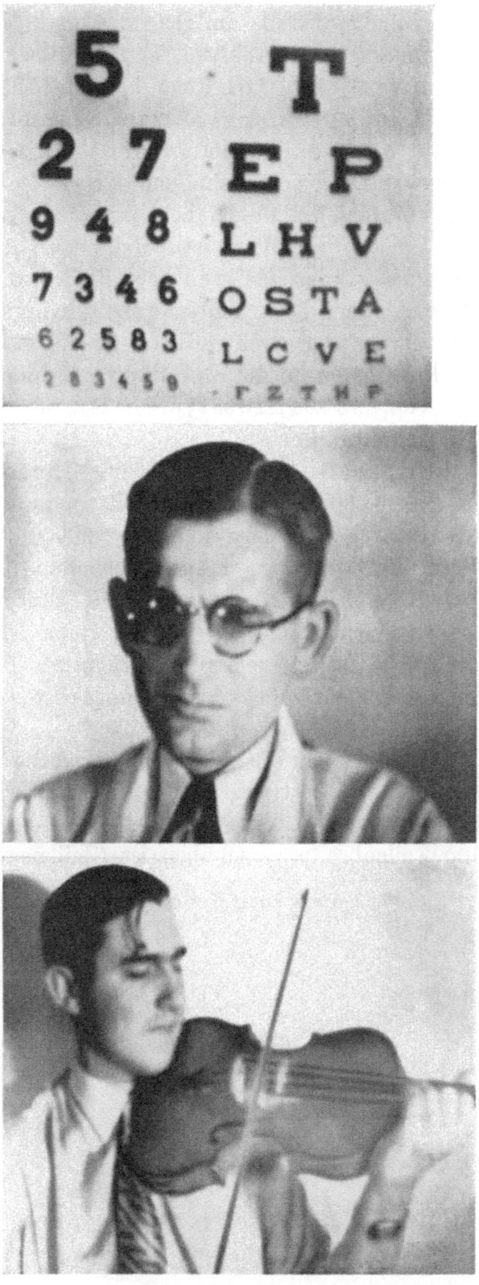

Abb. 119. Bildübertragungen mit Ladungsspeicher-Bildabtaströhre und Hochvakuum-Bildschreibröhre, System Telefunken, 375 Zeilen, Zeilensprung (Zeitaufn. v. Leuchtschirm).

ausgehende Teilchen tritt bei magnetischer Ablenkung eine Zerstörung der Leuchtsubstanz am Orte des unabgelenkten Elektronenstrahles ein. Die magnetische Analyse zeigt, daß es sich dabei im wesentlichen um negative O_2- bzw. OH-Ionen handelt [*65*].

Wandaufladungen und Störfelder. Bei geerdeter Kathode bleibt das Strahlbündel durch das zwischen der Anode und geerdeten Gegenständen sich ausbildende Störfeld nur dann unverzerrt, wenn auch der konische Teil des Kolbens innen oder außen leitend gemacht und mit der Anode verbunden ist. Meist wird die Innenbelegung der Außenbelegung vorgezogen, weil sie außerdem die sonst von langsamen Sekundärelektronen des Leuchtschirmes hervorgerufenen negativen Wandladungen, ferner aber auch (z. B. als Grafitschicht) die kontrastvermindernde Lichtreflexion an der Gefäßwand verhindert.

Abb. 118 zeigt zwei typische Ausführungsformen von Hochvakuum-Bildschreibröhren:

Bildschreibröhre für Fernsehempfänger. Bildgröße 10 cm × 10 cm bis 30 cm × 30 cm; Anodenspannung 3000 V bis 7000 V; aussteuerbarer Strahlstrom 50 . . . 200 · 10^{-6} A; scheinbare maximale Schirmbeleuchtung im Aussteuerbereich[1]: 10^1 bis 10^2 Lux.

Bildschreibröhre für Projektion. Bildgröße auf dem Leuchtschirm 3 cm × 3 cm bis 10 cm × 10 cm; Anodenspannung 10000 V bis 30000 V; aussteuerbarer Strahlstrom 0,5 . . . 2 · 10^{-3} A; scheinbare maximale Schirmbeleuchtung im Aussteuerbereich[1]: 500 . . . 3000 Lux. Vgl. Abb. 228.

Abb. 119 läßt die mit den heutigen Bildabtast- und Bildschreibröhren erreichbare Übertragungsgüte erkennen. Es handelt sich um 2 × 25 Bilder/s zu je 187,5 Zeilen, von denen jedes gegenüber dem vorhergehenden um Zeilenbreite verschoben ist (Zeilensprungverfahren, vgl. Abb. 28).

[1] Gemessen mit einer der Augenempfindlichkeit angepaßten Fotozelle.

VI. Die Fernsehsendung.

Von Dipl.-Ing. W. **Buschbeck**, Berlin.

Die Fernsehsendung umfaßt die eigentliche Bildübertragung und die Übermittlung der begleitenden akustischen Darbietung. Das außerordentlich breite Band der Modulationsfrequenzen von etwa 20 Hz bis 2000000 Hz, das, wie in Vortrag II bereits ausgeführt wurde, künftig beim Fernsehen verwendet werden wird, zwingt zur Benutzung eines Trägers, dessen Frequenz ein Vielfaches von $2 \cdot 10^6$ Hz ist. Dadurch wird man für die Bildsendung ganz von selbst in den Kurzwellenbereich ($\lambda \approx 10 \ldots 50$ m) gedrängt. Hier stößt man auf die Tatsache, daß dieser Bereich schon für andere Nachrichtenzwecke vergeben ist, zumal zu bedenken bleibt, daß ein einziger Fernsehsender mit $\pm 2 \cdot 10^6$ Hz Bandbreite die Übertragungsmöglichkeiten von 400 Stationen mit je 10 kHz Frequenzabstand unterbinden würde. Ferner aber wären die Kurzwellen für die optische Sendung noch aus einem anderen Grunde ungeeignet. Durch Schwund- und vor allem durch Echoerscheinungen würden die Empfangsbilder völlig unbrauchbar werden. Schon vor Jahren hat man bei Versuchen auf der 70 m-Welle zwischen Nauen und Geltow selbst bei dem groben Raster von nur 48 Bildzeilen zeitweise 6 oder mehr ineinander geschriebene Bilder beobachtet [*99*]. Diese Störungen hören nun glücklicherweise bei Wellenlängen unter etwa 9 m, d. h. im „Ultrakurzwellengebiet" auf, und darin liegt die wichtigste der für das neuzeitliche Fernsehen grundlegenden Erfahrungen, soweit es sich um die drahtlose Übertragung handelt. Allerdings haben die Ultrakurzwellen oder „quasioptischen" Wellen eine beschränkte Reichweite, die annähernd durch die Sichtmöglichkeit zwischen Sender und Empfänger gegeben ist [*100*]. Wenn auch die Schattengrenze längst nicht so scharf ausgeprägt erscheint wie bei Lichtwellen und daher die ausnutzbare Entfernung noch merklich über den Horizont hinausgeht, ist doch im wesentlichen freie Sicht für gute Bildübertragung vonnöten, da nur in diesem Ausbreitungsgebiet Schwunderscheinungen bisher nicht beobachtet worden sind. Als ein Vorteil der beschränkten Reichweite könnte angesehen werden, daß bei genügender räumlicher Trennung die mehrfache Verwendung der gleichen Ultrakurzwellenlänge ohne gegenseitige Störung im Prinzip möglich ist.

Da beim Fernsehen im allgemeinen nicht nur der optische, sondern auch der akustische Eindruck vermittelt werden muß, bedarf es noch eines zusätzlichen Tonsenders, der allerdings durch Leitungsrundfunk bzw. durch den meist ohnehin vorhandenen Ortssender ersetzt werden könnte. Um sich aber in der Programmgestaltung nicht einzuengen bzw. nicht von vornherein auf bestimmte Hörerkreise zu beschränken (Besitz elektrischen Anschlusses bzw. eines Telefons beim Leitungsrundfunk), zieht man in der Regel vor, für die Tonbegleitung einen eigenen Ultrakurzwellensender aufzustellen. Die technischen Bedingungen sind für diesen wegen seiner prozentual geringen Bandbreite wesentlich einfacher als für den der Bildübertragung dienenden Teil des Gesamtkomplexes. Ihre Erörterung interessiert hier nicht. Wir beschränken uns auf den eigentlichen Fernsehsender, für dessen Aufbau und Betrieb hauptsächlich die folgenden drei Aufgaben zu lösen sind:

1. die Erzielung der notwendigen, meist großen Leistung mit der nötigen Konstanz auf der verlangten ultrakurzen Welle;

2. die Schaffung der durch das Bild bedingten Modulationseigenschaften, in erster Linie der zu fordernden Durchlässigkeit für große Seitenbandbreiten im hoch- und mittelfrequenten Gebiet;

3. die Fortleitung der breitbandmodulierten Energie auf hochfrequentem Träger zum Sender bzw. zum Strahler ohne unzulässige Einbuße an Leistung und Bildqualität.

Naturgemäß greifen die im Vorstehenden getrennt umrissenen Gebiete ineinander über. Forderungen, die die Erfüllung einer Teilaufgabe erheischt, sind unverträglich mit anderen, so daß auch hier die Kunst des Ingenieurs darin besteht, das richtige Kompromiß zu finden. Da, wie Vortrag II bereits betonte, in Anbetracht des Störpegels am Empfängereingang die Endleistung des Fernseh-Rundfunksenders im Rahmen des technisch Durchführbaren so groß wie nur irgend möglich sein soll, ergibt sich von selbst, daß nur ein mehrstufiger, mit Rücksicht auf das Überlagerungsprinzip äußerst frequenzkonstanter Sender in Frage kommt.

1. Fragen der Leistungserzeugung.

a) Steuerstufe.

Der Wegfall des Wellenwechsels bzw. des Ausweichens macht die Kristallsteuerung zum gegebenen Mittel zur Erzielung der gewünschten Frequenzkonstanz, um so mehr, als bei geeignetem Winkel des Quarzschnittes Temperaturkoeffizienten der Größenordnung $10^{-6}/^\circ$ C. erzielt [*111*] und daher komplizierte Thermostaten entbehrt werden können. Bewährt ist die Röhren-Erregerschaltung von Pierce (Abb. 120a, Kristall zwischen Gitter und Kathode, Anodenkreis stark nach der induktiven Seite hin verstimmt, Rückkopplung über die Gitter-Anode-Kapazität).

Sehr dünn, auf Bruchteile von 1 mm, geschliffene Turmalin-Kristalle schwingen unmittelbar im Ultrakurzwellengebiet, ihre Abgleichung auf eine genau festgelegte Frequenz bereitet jedoch große Schwierigkeiten und das erreichbare Minimum des Temperaturkoeffizienten liegt bei $40 \cdot 10^{-6}/{}^{\circ}$ C. Man zieht deshalb für große Anlagen einen Quarzkristall mit längerer Eigenwelle vor und erzeugt die Endwelle mittels Frequenzvervielfachung, was bei Verwendung von Mehrgitterröhren keinen vergrößerten Aufwand an Verstärkerstufen zu bedingen braucht. Da genau geeichte temperaturunabhängige Quarze bis zu etwa $\lambda = 30$ m herzustellen sind, kommt man für den Fernsehbereich (z. Z. $\lambda = 5{,}7 \ldots 7{,}5$ m) gewöhnlich mit zweimaliger Frequenzübersetzung (Verdopplung und Verdreifachung) aus. Man kann sogar die erste Vervielfachung mit Hilfe der sog. elektronischen Kopplung direkt in der ersten, den Quarz erregenden Röhre vornehmen (Abb. 120b, Pierce-Schaltung mit Fünfpolröhre). Als Rückkopplungskapazität dient hier die innere Röhrenkapazität zwischen dem als Voranode benutzten, mit dem Bremsgitter verbundenen Schirmgitter und dem eigentlichen Steuergitter. Die durch das Schirm- und das Bremsgitter fliegenden Elektronen werden von der zwischen diesen Polen und der eigentlichen Anode angelegten Saugspannung zur letzteren gezogen und können einen vor sie geschalteten Schwingkreis entweder in der Grundfrequenz oder, bei genügend kurzer Dauer des Stromimpulses, die sich z. B. durch die Gittervorspannung des Kristallkreises einstellen läßt, in der gewünschten Harmonischen anregen. Da die von der Anode zum Steuergitter durchgreifende Kapazität bei Schirmgitter- und namentlich bei Bremsgitterröhren verschwindend klein gehalten werden kann, besteht, wie der Name dieser Schaltung besagt, zwischen Vervielfachungs- und Kristallkreis keine weitere Kopplung außer derjenigen, welche die durch das zweite und gegebenenfalls durch das dritte Gitter fliegenden Elektronen herbeiführen. Es ist also, namentlich bei Frequenzvervielfachung, keine unzulässige Rückwirkung auf die Kristallfrequenz zu befürchten.

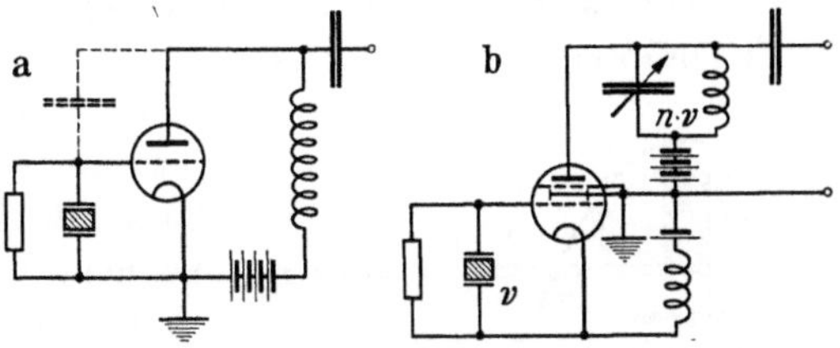

Abb. 120. Einfache Kristallschaltung und Kristallschaltung mit Frequenzvervielfachung in der gleichen Röhre mit Hilfe elektronischer Kopplung.

b) Zwischenverstärker.

Ob man nun anschließend die Leistung zunächst nur verstärkt und erst später auf die Endwellenlänge bringt oder ob man gleich zu Anfang alle notwendigen Vervielfachungen durchführt, um die Endleistung dann mit einem Geradeausverstärker zu erzielen, ist teils Geschmacksache, teils eine Frage der zur Verfügung stehenden Röhrentypen. Es ist sicherlich ebenso unzweckmäßig, mit minimalen Ursprungsleistungen in der gleichen Frequenz bis zur Antenne zu gehen (wobei alle Rückwirkungen, auch die äußerer Natur, z. B. durch die Antennenstrahlung, mit erheblichem Mehraufwand an Panzerung und Verdrosselung bekämpft werden müßten), wie in einer Stufe von bereits erheblicher Wattzahl noch eine Frequenzvervielfachung [*102*] vorzunehmen. Diese letztere läßt sich zwar mit Mehrgitterröhren leicht und bequem durchführen; solche Röhren sind aber für hohe Leistungen und ultrakurze Wellen vorläufig nicht erhältlich. Bei Dreipolröhren dagegen müßte ein übergroßer Aufwand an Gitterleistung aufgebracht werden, wie auf Grund folgender Betrachtung leicht zu ersehen ist. In Abb. 121 sei näherungsweise die Kurve des Gitterstromes, der ja nur während des Bruchteils $\Delta\alpha$ der ganzen Periode, nämlich in der Gegend des Höchstwertes der Gitterwechselspannung, fließt, als Rechteck angenommen. In dieser kurzen Zeit $\Delta\alpha$ bleibt die Gitterwechselspannung praktisch konstant gleich ihrem Scheitelwert E_{gs}. Die elektronische Gitterleistung wird somit:

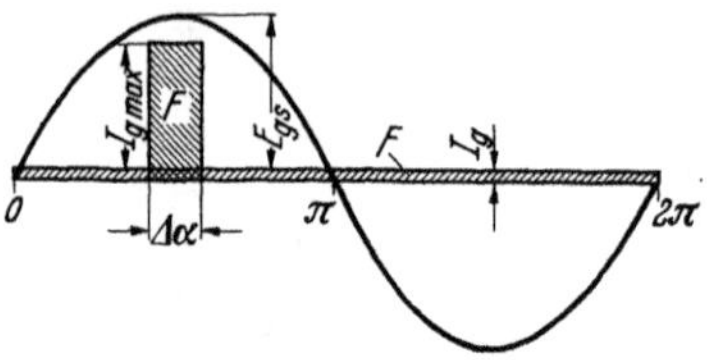

Abb. 121. Ermittlung der elektronischen Gitterleistung aus Gitterwechselspannung und Gittergleichstrom.

$$N_g = E_{gs} \cdot I_{\max} \cdot \frac{\Delta\alpha}{2\pi}$$
$$= E_{gs} \cdot \frac{F}{2\pi} = E_{gs} \cdot I_g;$$

sie ist also angenähert das Produkt aus Scheitelwert der Gitterwechselspannung und Gittergleichstrom. Dies gilt, solange kein nennenswerter Anteil von I_g in Form von Sekundärelektronen zur Anode wandert, was aber bei modernen Röhren mit entaktivierten Gittern nur in unwesentlichem Maße eintritt.

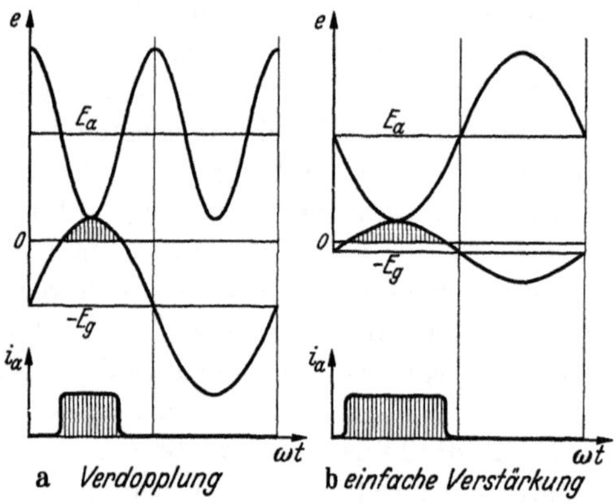

Abb. 122. Idealisierter Spannungs- und Stromverlauf bei Frequenzverdopplung bzw. einfacher Verstärkung.

Zur Erzielung guter Leistungsausbeute bzw. hohen Wirkungsgrades der Frequenzvervielfachung ist es erforderlich, die Anodenstromkurve mindestens auf die Breite einer Halbwelle der zu vervielfachenden Frequenz zu verschmälern. Dies kann nach Abb. 122 durch entsprechend große negative Vorspannung des Steuergitters geschehen. Damit aber wird notgedrungen die Steuerwechselspannung im Vergleich zur normalen Verstärkung bedeutend heraufgesetzt. Soll nämlich die zur Aussteuerung der Röhre nach wie vor erforderliche positive Gitterspannungsspitze E_{gs} die Nullinie bei Vervielfachung ebenso weit überragen wie bei einfacher Verstärkung, so wird im Falle sinusförmiger Gitterwechselspannung für Verdopplung E_{gs} den Wert erhalten:

$$E_{gs} = E_{gp} \cdot \frac{1}{1 - \sin 45^\circ} = 3{,}42\ E_{gp},$$

also etwa $3\frac{1}{2}$mal so groß werden wie bei reiner Verstärkung. Da der Gitterstrom praktisch unverändert bleibt, wächst auch die erforderliche Steuerleistung im gleichen Verhältnis. Hierbei ist noch zu berücksichtigen, daß bei kurzen und namentlich ultrakurzen Wellen eine $3\frac{1}{2}$mal höhere Gitterwechselspannung rd. 10mal größere Blindleistung und daher in Anbetracht des im Gitterkreis von Röhrensendern nie besonders kleinen Dämpfungsmaßes wesentlich mehr Wirkleistung bedingt. Will man diesem Umstand bei Frequenzvervielfachung nicht mit unschönen, die Betriebsicherheit vermindernden Gegenmaßnahmen (wie etwa zusätzlicher Rückkopplung in der vervielfachenden Stufe) abhelfen, so bleiben als geradezu ideales Mittel die leistungslos oder wenigstens leistungsarm aussteuerbaren Vier- und Fünfpolröhren übrig, bei denen infolge großen Durchgriffs des Schirmgitters durch das Steuergitter der Arbeitsbereich praktisch in das gitterstromlose Gebiet verlegt und die bei Dreipolröhren mit hohem Anodendurchgriff schädliche Anodenrückwirkung (die ja wieder entsprechend höhere Gitterwechselspannungen erfordern würde) durch das oder die Zwischengitter beseitigt ist.

Schirmgitter- bzw. Bremsgitterröhren stehen heute für ultrakurze Wellen bis zu einigen 100 W zur Verfügung, so daß zweckmäßigerweise oberhalb dieser Grenze die reine Leistungsverstärkung in der Endfrequenz erfolgt. Da wir für die weiteren Verstärkerstufen auf Dreipolröhren angewiesen sind, müssen diese Stufen natürlich einwandfrei neutralisiert werden. Das erfordert Schaltungen, die von den bisher bekannten erheblich abweichen und daher besprochen werden müssen.

2. Die Neutralisierung.

„Neutralisierung" einer fremdgesteuerten Röhre bedeutet hochfrequenztechnisch die Aufhebung der im wesentlichen durch die Gitter-Anode-Kapazität gegebenen unerwünschten Kopplung zwischen Steuersender und gesteuerter Stufe. Abb. 123 zeigt einen Schwingkreis *I* zwischen Gitter (*G*) und Kathode (*K*), der von einer Steuerstufe erregt wird, und einen Schwingkreis *II* zwischen Anode (*A*) und Kathode. Die nachstehend benutzten Indizes G, K, A, g, a beziehen sich auf die entsprechenden Elektroden. Beide Kreise I und II sind über die innere Röhrenkapazität C_{GA} (in a gestrichelt herausgezeichnet, b Wirkschema) miteinander gekoppelt. Wenn also der Anodenkreis II durch die Verstärkerwirkung der Röhre zu Schwingungen angefacht wird, so bildet für deren Spannungsamplituden die Kapazität C_{GA} in Reihe mit dem Kreiswiderstand von I einen Spannungsteiler, der zwischen Gitter und Kathode eine zusätzliche Gitterspannung erzeugt [*101*]. Zwischen Gitter und Anode liegt alsdann die Vektorsumme von Gitterwechselspannung E_g und Anodenwechselspannung E_a, im Sonderfall rein ohmscher Anodenkreisabstimmung einfach die algebraische Summe. Diese Spannung (s. Abb. 124) treibt durch C_{GA} einen Strom, der sowohl dem Vektor $E_a + E_g$ als auch (wegen der zwischen E_g und E_a bestehenden Phasengleichheit) E_g selber um 90° vorauseilt. Die Gitterspannungsquelle ist daher rein kapazitiv mit einem Strom $J_{ga} > J_{c1}$ von solcher Stärke belastet, als ob die Gitterspannung E_g allein über eine im Verhältnis

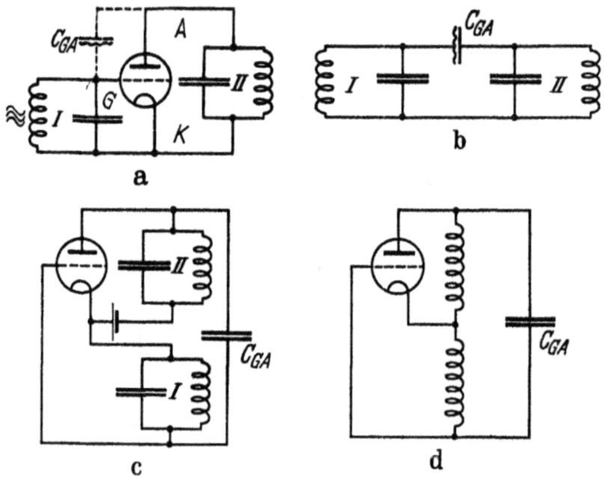

Abb. 123. Schematische Darstellung der durch die Gitter-Anode-Kapazität bewirkten Kopplung zwischen Gitter- und Anodenkreis sowie der dadurch ermöglichten Rückkopplung.

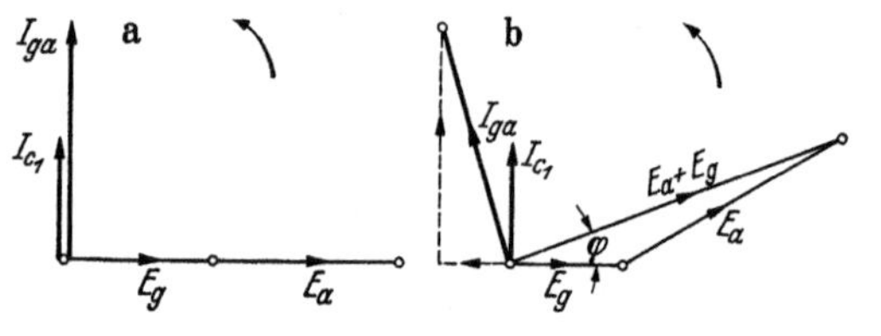

Abb. 124. Phasenlage des über die Gitter-Anode-Kapazität fließenden Stromes bezüglich der Gitterspannung: a) bei abgestimmtem Anodenkreis, b) bei verstimmtem Anodenkreis.

$\frac{E_g + E_a}{E_g}$ vergrößerte Anode-Gitter-Kapazität geschlossen wäre[1]. Diese den Steuersender verstärkt beanspruchende Auswirkung der G-A-Kapazität kennzeichnet man durch den Begriff der „dynamischen" Kapazität der Röhre. Nach dem Vorstehenden übt der Hauptsender durch sein E_a bei phasenrichtiger Abstimmung (Abb. 124a, $J_{ga} \perp E_g + E_a$) ledig-

[1] Vorausgesetzt, daß der Außenwiderstand R_a der Röhre bzw. der resultierende Widerstand aus R_a und dem dazu parallelen Innenwiderstand R_i klein ist gegenüber dem Koppelblindwiderstand X_{AG}. J_{c1} wäre der Strom bei $E_a = 0$.

lich eine Blindrückwirkung aus, die den Steuersender verstimmt. Bei Phasenverschiebung zwischen Anoden- und Gitterwechselspannung sind aber die Verhältnisse durchaus andere (Abb. 124b). Die an C_{GA} liegende Vektorsumme $E_g + E_a$ ist gegen E_g um den Winkel φ versetzt, so daß der $E_g + E_a$ um 90° vorauseilende, durch C_{GA} fließende Strom J_{ga} im Vektorbild nicht mehr senkrecht auf E_g steht, sondern eine Komponente besitzt, die mit E_g, je nach dem Vorzeichen der Anodenkreisverstimmung, gleich- oder gegenphasig sein kann. Dies entspricht dann einer Dämpfung bzw. einer Entdämpfung des Gitterkreises.

Außer der Rückwirkung auf den Steuersender hat die Kopplung zwischen Gitter- und Anodenkreis bekanntlich eine weitere, meist sehr unangenehme Folgeerscheinung: es kann unter bestimmten Voraussetzungen Selbsterregung (selbständige Schwingungserzeugung) eintreten. Wie die Rückkopplung eines derartigen Generators zustande kommt, zeigen anschaulich Abb. 123c und 123d. Die Rückkopplung erfolgt in einfacher, induktiver Dreipunktschaltung auf einer Wellenlänge, für die sowohl der Anoden- als auch der Gitterkreis ein resultierendes L darstellen, die also länger ist als die längere Eigenwelle beider Kreise, gleichviel, welcher von ihnen diese längere Eigenwelle aufweist. Ob die — qualitativ immer mögliche — Selbsterregung tatsächlich zum Schwingeinsatz führt, hängt außer von den Rückkopplungseigenschaften der Röhre lediglich von der gegenseitigen Verstimmung und Dämpfung der Kreise ab. Da gerade bei ultrakurzen Wellen der koppelnde Widerstand zwischen Gitter und Anode recht klein, die Kopplung also sehr fest wird, ist man hier zu besonders sorgfältiger Vermeidung aller Rückwirkungen gezwungen. Das einfachste und nächstliegende Mittel, die störende Kapazität zu beseitigen bzw. auf unschädliche Werte zu vermindern, sind die Schirmgitterröhren bzw. die Fünfpolröhren mit Schirm- und Bremsgitter. Namentlich die letzteren bewähren sich bis weit in den ultrakurzen Bereich hinein, sind aber bisher nicht für Leistungen herstellbar, wie sie von den letzten Zwischenverstärker- bzw. den Endstufen der Fernsehsender gefordert werden. Welche Schwierigkeiten indessen auch bei ihnen unter den gedachten Verhältnissen bezüglich Rückwirkung und Rückkopplung noch zu überwinden bleiben, soll später erörtert werden.

Für große Leistungen mußte nach vorstehendem ein anderer Weg beschritten werden. Es ist die Weiterentwicklung der Rice- bzw. Hazeltineschen Neutralisierungsschaltungen [*103, 104, 105, 106*]. Der Grundgedanke dieser Schaltungen besteht bekanntlich darin, sich durch gewissermaßen spiegelbildliche Erweiterung des Gitter- bzw. Anodenkreises über das Kathodenpotential hinaus eine zur Gitter- bzw. Anodenwechselspannung gegenphasige Wechselspannung zu verschaffen und diese mit dem Anoden- bzw. Gitterkreis derart zu koppeln, daß durch ihre Gegenwirkung der Einfluß der ursprünglich durch C_{GA} gegebenen Kopplung gerade wettgemacht wird. Je nachdem, ob die Fortsetzung des Schwingkreises gitter- oder anodenseitig vorgenommen wird, spricht man von Gitter- oder Anodenneutralisierung. Da die Verschiedenheit dieser beiden Schaltungsmöglichkeiten gerade im Kurz- und Ultrakurzwellenbereich deutlich hervortritt, müssen sie getrennt behandelt werden.

a) Gitterneutralisierung.

Abb. 125 zeigt eine Gitterneutralisierungsschaltung mit kapazitivem Gitterspannungsteiler. Die Variationen a bis d sollen das Verständnis erleichtern. Aus Abb. 125 b ist ersichtlich, wie die über C_{GA} erfolgende Wirkung auf den Anodenkreis durch Gegenwirkung einer mittels Verdopplung des Gitterkreises gewonnenen gleichgroßen, um 180° phasenver-

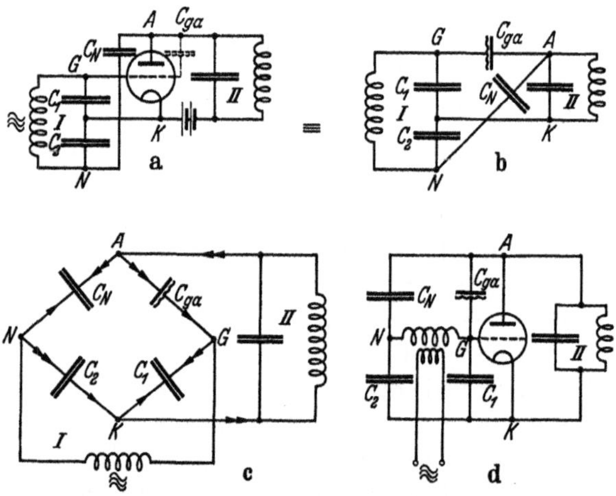

Abb. 125. Gitterneutralisierungsschaltung mit kapazitivem Spannungsteiler in verschiedenen Darstellungsweisen.

setzten Spannung über den Neutralisierungskondensator C_N kompensiert wird. Man kann sich die Arbeitsweise dieser Schaltung auch durch Bildung einer Wheatstoneschen Brücke aus den beteiligten Kapazitäten C_1, C_2, C_{GA} und C_N klarmachen (Abb. 125c). An den Diagonalpunkten sind Steuer- bzw. Hauptsender angeschlossen. Eine bemerkenswerte Eigenschaft der Gitterneutralisierungsschaltung wird durch Abb. 125d veranschaulicht: Trotz Entkopplung von Steuer- und Hauptsender wird das Gitter G infolge der über C_{GA} und C_1 erfolgenden Aufteilung der Anodenwechselspannung gleichphasig mit letzterer erregt. Es findet also eine Gegenkopplung auf G statt, die zur Verbesserung der Modulationseigenschaften dienen kann (s. später). Würde man die Spannungsteilung auf induktivem Wege vornehmen (was sich aber im Kurz- und Ultrakurzwellengebiet im allgemeinen verbietet), so wäre die Teilspannung an G in ihrer Phase um 180° verdreht, das Gitter also rückgekoppelt. Es kann demnach trotz voller Entkopplung von Steuer- und Hauptsender eine zusätzliche Rück- oder Gegenkopplung bestehen: Sämtliche Brückenschaltungen, bei denen die Gitter-Kathode-Strecke der Verstärkerröhre so in einem Brückenzweige liegt, daß Gitter- und Kathodenanschlußpunkt im Innern der Röhre

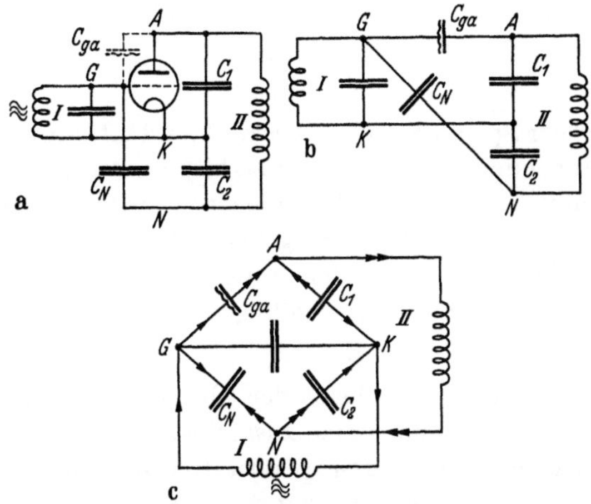

Abb. 126. Anoden-Neutralisierungsschaltung mit kapazitivem Spannungsteiler in verschiedenen Darstellungsweisen.

nicht zu Äquipotentialpunkten bezüglich der Anodenwechselspannung werden, bedingen zusätzliche Rück- oder Gegenkopplung auch bei exakter Neutralisierung.

b) Anodenneutralisierung.

Abb. 126 zeigt das Prinzipschema einer Anodenneutralisierung mit kapazitivem Spannungsteiler. Hier werden Gitter und Kathode zu Äquipotentialpunkten bezüglich der Anodenwechselspannung; diese Schaltung ist also rück- und gegenkopplungsfrei. Dafür liegt jetzt die Anode-Kathode-Strecke in einem Brückenzweig, so daß infolge des vom Steuersender

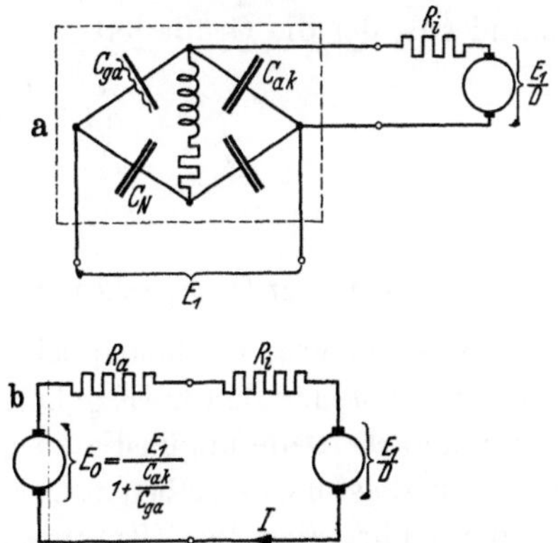

Abb. 127. Anoden-Neutralisierung in Vierpol-Darstellung (abgestimmter Anodenkreis).

über die Brücke getriebenen Stromes eine Spannungsverschiebung im Anodenkreis auftreten wird. Eine eigenartige physikalische Folgeerscheinung dieses Umstandes erkennt man leicht bei Betrachtung der Brücke als Vierpol (Abb. 127a). Zu diesem Zwecke müssen Leerlaufs-EMK E_0

und Innenimpedanz Z_i des Ersatzschemas ermittelt werden. Bezeichnen wir die Blindwiderstände mit X, so folgt für die Leerlaufs-EMK ohne weiteres:

$$E_0 = \frac{E_1}{X_{AG} + X_{AK}} \cdot X_{AK} = \frac{E_1}{1 + \frac{C_{AK}}{C_{AG}}} = \frac{E_1}{1 + k},$$

wobei

$$k = \frac{C_{AK}}{C_{AG}}$$

das Verhältnis der Spannungsteilerkapazität zur Gitter-Anode-Kapazität angibt. Die Innenimpedanz Z_i des Ersatzbildes ermittelt man meist am leichtesten durch Betrachtung der Impedanz zwischen den Ausgangsklemmen bei kurzgeschlossener Eingangs-EMK. Infolge Abstimmung der Brücke ist dieser Wert, wie ohne weiteres zu sehen, einfach der Ausgangswiderstand R_a der Verstärkerröhre, also:

$$Z_i = R_a\,.$$

Man erhält somit das Ersatzschema der Abb. 127b, woraus hervorgeht, daß die Gitterspannungsquelle eine zusätzliche Leistung $N_{g\,\text{zus}} = E_0 \cdot J$ an den Hauptsender abgibt. Der quantitative Ausdruck für diese Leistung lautet nach dem bisher Gesagten:

$$N_{g\,\text{zus}} = \frac{E_1}{1+k}\left\{E_1\left[\frac{1}{1+k} + \frac{1}{D}\right] \cdot \frac{1}{R_a + R_i}\right\} = \frac{E_1^2 \cdot (D + 1 + k)}{(1+k)^2\,(R_a + R_i) \cdot D}\,.$$

Die zusätzliche Belastung wirkt sich also, vom Steuersender aus gesehen, wie ein zur Gitterspannungsquelle parallel liegender ohmscher Widerstand aus, der die Größe hat:

$$R_{g\,\text{zus}} = \frac{\left(1 + \frac{C_{AK}}{C_{AG}}\right)^2 \cdot D \cdot (R_a + R_i)}{1 + \frac{C_{AK}}{C_{AG}} + D}$$

(D = Durchgriff, R_i = Innenwiderstand der Verstärkerröhre.)

Wie eine genauere mathematische Analyse dieses Problems zeigt, tritt die von der steuernden EMK gelieferte Leistung, ohne den Wirkungsgrad der Verstärkerstufe ungünstig zu beeinflussen, einfach als erhöhte Ausgangsnutzleistung derselben auf. Eine solche Beanspruchung des Steuersenders führt aber im Ultrakurzwellengebiet leicht zu unangenehmer Rückwirkung auf diesen, da je nach der Ausbildung der Brücke, also des Verhältnisses $\frac{C_{AK}}{C_{AG}}$, die Zusatzleistung, die der Steuersender hergeben muß, ein Mehrfaches der elektronisch erforderlichen Gitterleistung werden kann.

c) Die Doppelbrücke [*107*].

Während man im Mittel- und Langwellengebiet die der Gitter- bzw. Anodenneutralisierung eigentümlichen Wirkungen, wie Rück- oder Gegenkopplung und Leistungsübergang vom Steuersender in die gesteuerte Stufe, durch Vergrößerung der Spannungsteilerkapazitäten im Verhältnis zur Gitter-Anode-Kapazität beliebig einschränken kann, entfällt diese Möglichkeit bei Ultrakurzwellensendern. Sämtliche Kapazitäten müssen hier ja nicht nur grundsätzlich, nämlich zwecks Erreichung der hohen Frequenz, sondern besonders auch zur Vermeidung überflüssiger Blindleistung so klein gehalten werden, wie irgend angängig. Starke Blindströme verzehren infolge der unvermeidlichen Kreisdämpfung Leistung, unnötig große Kapazitäten beeinträchtigen durch Erhöhung der Reso-

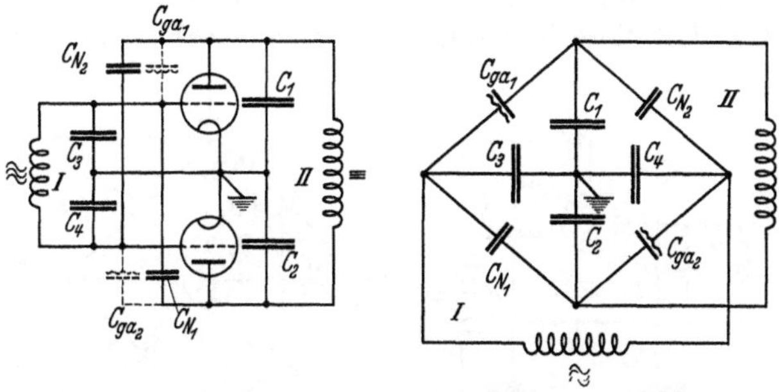

Abb. 128. Die Doppelbrücke der neutralisierten Gegentaktschaltung.

nanzschärfe die Seitenbanddurchlässigkeit. Es muß deshalb nach einer Neutralisierungsschaltung gesucht werden, die wesentlich frei ist von den vorher genannten Wirkungen. Nach dem bisher Gesagten ist dazu erforderlich, daß weder die Gitter-Kathode-Strecke noch die Anode-Kathode-Strecke selber Teile der Brücke sind.

Eine diesem Zweck prinzipiell entsprechende Lösung ergibt sich durch Kombination der Gitter- und der Anodenneutralisierungsschaltung zu einer Doppelbrücke, wie sie bei neutralisierten Gegentaktsendern vorliegt (Abb. 128). Da hier sowohl die Gitter-Kathode- als auch die Anode-Kathode-Kapazitäten beider Röhren in je einem Diagonalzweig der Brücke liegen, entfallen außerdem die durch einseitige Gitterwirklast hervorgerufenen Phasenfehler sowie die kleinen Verstimmungen durch geringfügige Schwankung der Gitter-Kathode- bzw. Anode-Kathode-Kapazität unter dem Einfluß veränderlicher Raumladung bei Stromschluß bzw. gesperrter Röhre.

d) Spezialneutralisierungsschaltungen für kurze Wellen [*108*].

Während bei Sendern kleinerer Leistung bzw. in den ersten Zwischenverstärkerstufen die bisher angegebenen Neutralisierungsprinzipien auch im Kurzwellenbereich technisch durchführbar sind, ist dies bei ultrakurzen Wellen und bei Röhren größerer mechanischer Abmessungen nicht mehr der Fall, weil die Leitungsimpedanzen zwischen den äußeren Anschlußpunkten der Elektroden und dem eigentlich wirksamen Pol im Innern der Röhre nicht mehr zu vernachlässigen sind. So stellt sich z. B. das einfache kapazitive Anodenneutralisierungsschema unter Annahme einer kurzen Welle so dar, wie Abb. 129 es zeigt. Dabei soll der Zwischenkreisspannungsteiler so zweckmäßig ausgebildet sein, daß seine innere Induktivität außer acht gelassen werden kann. Da die Brücke selbst nur aus Blindwiderständen gebildet ist, muß es irgendeine Einstellung des regelbaren Neutralisierungskondensators C_N geben, bei der die äußeren Anschlußpunkte des Gitters G_A bzw. der Kathode K_A zu Äquipotentialpunkten bezüglich E_a werden, der Sender also neutralisiert ist. Es ist aber ebenso klar, daß diese Neutralisierung frequenzabhängig sein muß, da

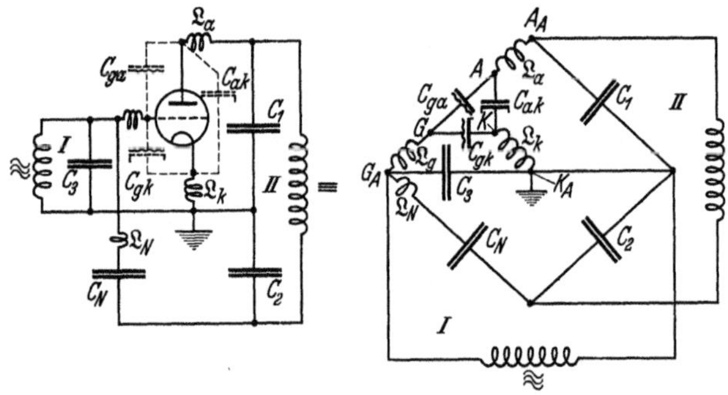

Abb. 129. Einfaches Anoden-Neutralisierungsschema, vom Standpunkt einer kurzen Welle aus gesehen (Berücksichtigung der Leitungsinduktivitäten).

für lange Wellen C_N ja gegen den Wert hin konvergiert, der dem Anodenspannungsteilerverhältnis entspricht, also z. B. bei Teilung 1 : 1 zum Werte der Gitter-Anode-Kapazität, während bei kurzen Wellen zu allermeist eine erheblich größere Neutralisierungskapazität erforderlich sein wird. Außerdem ist damit, daß die an sich willkürlichen äußeren Anschlußpunkte der Elektroden zu Äquipotentialpunkten gemacht werden, noch nicht Gewähr dafür gegeben, daß auch die allein maßgebenden, im Innern der Röhre liegenden Pole G bzw. K keine von der Anodenwechselspannung herrührende Potentialdifferenz gegeneinander aufweisen. In der Regel wird als Folge der Gitterzuleitungsinduktivität eine rückkoppelnde Spannung auftreten, die bei ultrakurzen Wellen so erhebliche Beträge annehmen kann, daß die Brauchbarkeit dieser einfachen Neutralisierungsschaltung in Frage gestellt wird.

Diese höchst unerwünschte Rückkopplung läßt sich in manchen Fällen auch ohne die später beschriebenen exakten Kompensationsnachbildungen mit Gegenkopplung durch Erfüllung folgender Bedingung weitgehend herabmindern: Da die Rückkopplung bei Aufrechterhaltung der Neutralisierung zu Null wird, wenn es gelingt, nicht nur die äußeren Anschlußpunkte K_A und G_A, sondern auch die inneren Pole K und G zu Äquipotentialpunkten mit Bezug auf eine im Anodenkreis wirkende Wechselspannung zu machen, braucht, weil in diesem Falle ja C_{GK} stromlos wird, nur dafür gesorgt zu werden, daß die einfache Beziehung gilt:

$$\frac{X_{AG}}{X_{LG}} = \frac{X_{AK}}{X_{LK}} \quad \text{oder} \quad \frac{C_{AG}}{C_{AK}} = \frac{L_K}{L_G},$$

wozu freilich zu bemerken ist, daß die Phasenreinheit dieser Teilbrücke in den meisten Fällen stark in Mitleidenschaft gezogen wird durch den der Anode-Kathode-Kapazität parallel liegenden negativen Widerstand, der aus der Verstärkerwirkung der Röhre resultiert.

Allgemein ist die von der Anodenspannung E_a herrührende Rück- oder Gegenkopplungskomponente ΔE durch folgenden Ausdruck gegeben:

$$\frac{\Delta E}{E_a} = -\frac{X_{GK}(X_K X_{AG} - X_G X_{KA})}{X_G X_{AG}(X_{KA} - X_K) + X_K X_{KA}(X_{AG} - X_G) - X_{GK}(X_{AG} - X_G)(X_{KA} - X_K)}.$$

Negative Werte des Bruches bedeuten Phasenopposition von ΔE und E_a, also Rückkopplung. Die Diskussion dieses Ausdrucks liefert im Zähler außer der banalen Lösung: $X_{GK} = 0$, d. h. Kurzschluß zwischen Gitter und Kathode, die bereits besprochene Teilbrückenbeziehung. Für den in der Praxis meist vorliegenden Fall einer relativ zu den übrigen inneren Röhrenkapazitäten sehr kleinen Anode-Kathode-Kapazität ergibt sich:

$$\lim_{C_{KA} \to 0} \frac{\Delta E}{E_a} = -\frac{X_G X_{GK}}{X_G X_{AG} - (X_{AG} - X_G)(X_{GK} - X_K)}.$$

Hiernach kann die Rückkopplung bis auf Null vermindert werden, wenn man X_G entweder tatsächlich durch entsprechende Röhrenkonstruktion zum Verschwinden bringt oder wenigstens für die Betriebswelle durch Serienschaltung eines Kondensators vom analogen entgegengesetzten Blindwiderstand resultierend zu Null macht. Besonders günstige Verhältnisse erzielt man bei Röhren mit konzentrisch ausgeführter Gitter- und Kathodenzuleitung, wodurch die von diesen beiden Leitern gebildete Schleife sehr wirkungsvoll verkleinert wird. Abb. 130 zeigt zwei nach diesem Gesichtspunkt entwickelte Röhren, von denen die kleine (RS 351) bei 3 kV Anodenspannung 1,2 kW, die große Wasserkühlröhre (RS 263) bei 10 kV Anodenspannung 50 kW Hochfrequenzleistung liefern kann. Sehr beachtlich sind besonders bei RS 263 die kleinen Außenmaße dieser von Siemens & Halske gebauten Röhre, die ihre Verwendung auch noch bei den für das Fernsehen benutzten ultrakurzen Wellen ermöglichen.

Mit Hilfe des Gitter-Serienkondensators kann sogar bei weiterer Vergrößerung seines kapazitiven Widerstandes die vorher bestehende Rückkopplung in ihr Gegenteil verkehrt werden.

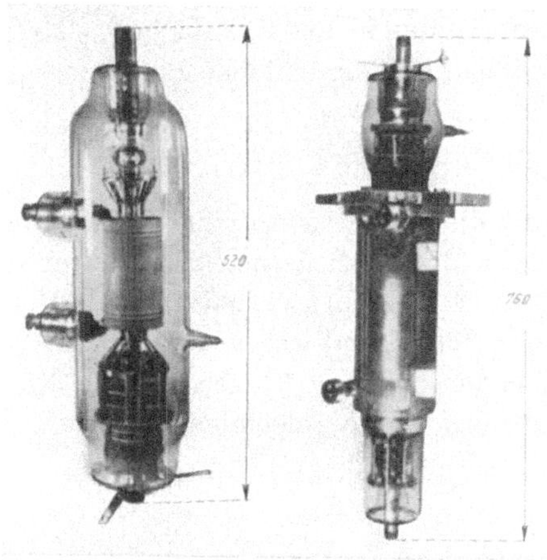

Abb. 130. Ultrakurzwellen-Senderöhren RS 351 und RS 263.

Um die Unabhängigkeit der neutralisierenden Schaltung von der Frequenz für einen weiten Wellenlängenbereich zu gewährleisten — was im Interesse der Betriebsicherheit, Bedienungseinfachheit und Übertragungsgüte des Senders, namentlich bei den für das Fernsehen notwendigen Frequenzbandbreiten, von größter Wichtigkeit ist — braucht man lediglich die Kompensationsanordnung zu einem getreuen Abbild der koppelnden Teile zu machen. Denn jetzt ist ja — im Gegensatz zu den früher besprochenen idealisierten Schaltungen — die Kopplung zwischen Steuer- und Hauptsender nicht mehr allein durch die Gitter-Anode-Kapazität gegeben, sondern durch das kompliziertere Netzwerk sämtlicher in der Röhre

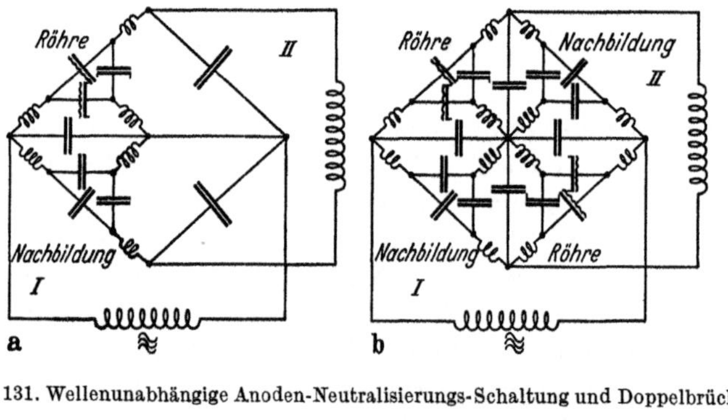

Abb. 131. Wellenunabhängige Anoden-Neutralisierungs-Schaltung und Doppelbrücke.

enthaltenen Kapazitäten und Induktivitäten. Führen wir die Entkopplung mit Hilfe eines ganz analogen Schemas durch, so muß aus Symmetriegründen die Neutralisierung auch wellenunabhängig werden. Wir erhalten dann für die einfache Anodenneutralisierungsschaltung bzw. für die Gegentaktanordnung ein Schema nach Abb. 131a und b, für die Schaltung mit Gegenkopplung ein Schema nach Abb. 132a und b. Um im letzteren Falle dem Gittergleichstrom einen Abfluß zu schaffen, muß der Gegenkopplungskondensator durch eine Drossel überbrückt sein, wie eine solche natürlich gleicherweise seinem im Neutralisierungsteil befindlichen Abbild parallel gelegt werden muß, um die Wellenunabhängigkeit der Brücke zu wahren.

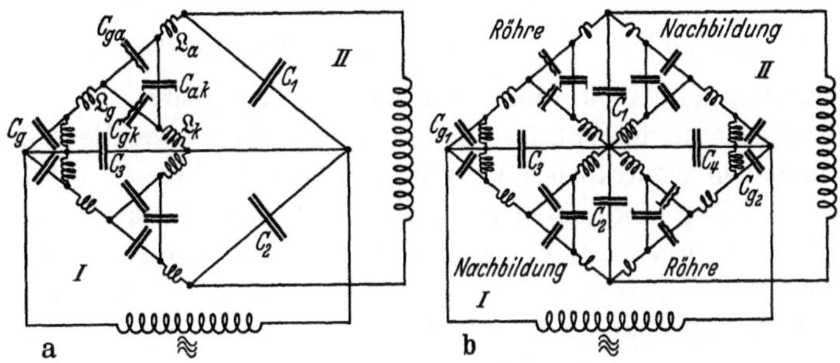

Abb. 132. Wellenunabhängige Anoden-Neutralisierungs-Schaltung bzw. Doppelbrücke mit Gegenkopplung.

Bei weiterer Leistungssteigerung, die sich durch eine Vergrößerung der Röhrenabmessungen auswirkt bzw. beim Hinabgehen auf extrem kurze Wellen, können auch die Abmessungen der eigentlich wirksamen Teile im Innern der Röhre nicht mehr als völlig quasistationär aufgefaßt werden. Die dynamischen inneren Röhrenkapazitäten weichen wegen ihrer endlichen, allmählich mit $\frac{\lambda}{4}$ vergleichbaren Längsausdehnung vom statischen Kapazitätswert ab. Da die Röhrenkapazitäten im allgemeinen durch Zylinderkondensatoren gebildet werden, lassen sich ihre dynamischen Blindwiderstände X leicht quantitativ angeben. Der Kondensator kann als leerlaufende kurze Leitung betrachtet werden, hat also den Eingangsblindwiderstand $X = -W \operatorname{cotg} 2\pi \frac{l}{\lambda}$, wenn W der Wellenwiderstand der Anordnung ist. Im Falle des Zylinderkondensators wird $X = -60 \ln \frac{D}{d} \cdot \operatorname{cotg} 2\pi \frac{l}{\lambda}$, wenn D und d den Innen- bzw. Außendurch-

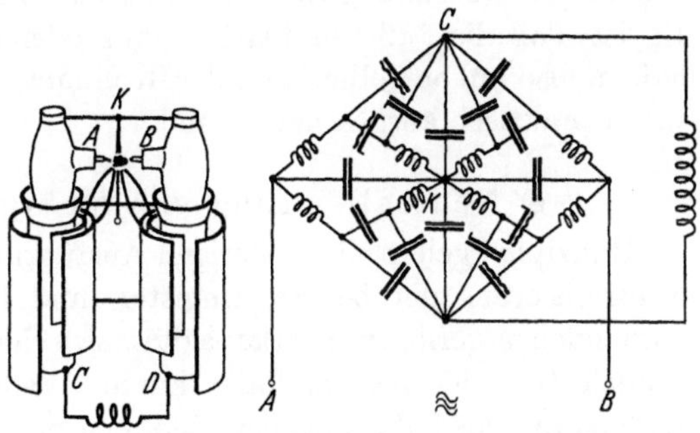

Abb. 133. Wellenunabhängige neutralisierte Gegentaktbrücke mit Ausführungsbeispiel.

messer der beiden zylindrischen Belegungen bedeuten. Dieser Wert geht für längere Wellen, also für kleine Winkel, bei denen $\operatorname{cotg} \alpha \approx \frac{1}{\alpha}$ gesetzt werden darf, in den bekannten, aus der statischen Kapazität ermittelten Wert: $X = -9{,}56 \cdot \frac{\lambda}{l} \cdot \ln \frac{D}{d}$ über, wobei l und λ in gleichem Maßstab zu nehmen sind. Es ergibt sich daher zur Erzielung eines wellenunabhängigen Neutralisierungsabgleichs die Forderung, der Kompensationskapazität das gleiche $\frac{L}{C}$-Verhältnis, d. h. den gleichen Wellenwiderstand [*109*] zu geben, wie ihn der Röhrenaufbau besitzt.

Übrigens ist in der Praxis diese Bedingung, ebenso wie die eines völlig ausgeglichenen Neutralisierungsgebildes, meist leichter zu erfüllen, als die auf dem Papier kompliziert anmutende Brückenschaltung erwarten läßt. Betrachten wir z. B. den allen bisherigen Forderungen entsprechenden räumlichen Aufbau einer Gegentaktbrücke mit zwei Wasserkühlröhren der 20 kW-Type, wie er in den letzten Stufen des Fernsehsenders Witzleben verwirklicht ist (Abb. 133). Bei den genannten Röhren ist der Anodenpol unmittelbar zugänglich. Die Streukapazitäten der Anode sind direkt abgefangen und nutzbringend verwertet, teils als Zwischenkreiskapazität (Außenbelag), teils zu Neutralisierungszwecken (zwischen den Röhren). Bei näherer Betrachtung wird man sämtliche in der Brückendarstellung vertretenen Kapazitäten und Induktivitäten in der räumlichen Anordnung des Senders wiederfinden, wobei außerdem wichtig ist, daß die äußeren Platten ganz oder doch beinahe Erdpotential haben, also unkontrollierbare, der Rechnung unzugängliche Streukapazitäten praktisch ausgeschaltet sind.

e) Neutralisierung von Mehrgitterröhren [*110*].

Prinzipiell gelten die bisherigen Ausführungen natürlich auch für die Neutralisierung der bei Schirmgitter- und Fünfpolröhren immer noch vorhandenen geringen Restkapazität zwischen Steuergitter und Anode. Jedoch tritt hierbei im Falle kurzer Wellen, für die der induktive Widerstand der Schirmgitterverbindung nicht mehr vernachlässigt werden kann, ein eigenartiger, zur Selbstneutralisierung der Röhre führender Zustand auf. Betrachten wir Abb. 134. Der durch die Anodenwechselspannung E_a über die große Schirmgitter-Anode-Kapazität $C_{a\sigma}$ und die Schirmgitter-Zuleitungsinduktivität L_σ getriebene Strom ruft eine Spannungsteilung in dem Sinne hervor, daß am Schirmgitter eine gegenüber der Anodenwechselspannung um 180° phasenversetzte Spannungskomponente auftritt. Diese beeinflußt über die ebenfalls große Kapazität $C_{g\sigma}$ zwischen Steuer- und Schirmgitter das erstere im entgegengesetzten Sinne wie die über C_{ga} wirkende Anodenspannung. Es liegt demnach ein neutralisierender Effekt vor. Halten sich beide Einflüsse die Waage, besteht also die Proportion:

$$\frac{E_\sigma}{E_a} = \frac{X_{g\sigma}}{X_{ga}} = \frac{C_{ga}}{C_{g\sigma}},$$

so ist volle Neutralisierung erreicht, allerdings nur für die eine Wellenlänge, die gerade das richtige Spannungsteilerverhältnis ergibt. Oberhalb dieser Wellenlänge erscheint C_{ga} durch teilweise vorhandene Neutralisierung verkleinert, unterhalb derselben ist C_{ga} „überneutralisiert". In diesem Bereich muß also zur Herstellung des Brückengleichgewichts zwischen Gitter und Anode sogar noch eine zusätzliche Kapazität eingefügt werden. Dabei ist ferner zu bedenken, daß das Schirmgitter im Wege der Elektronen liegt und daher eine gegen die Anodenwechselspannung um 180° phasenversetzte Spannung E_σ infolge des Schirmgitterdurchgriffs auf die Kathode über das durch das Brückensystem selbst gegebene Maß hinaus rückkopplungssteigernd wirkt.

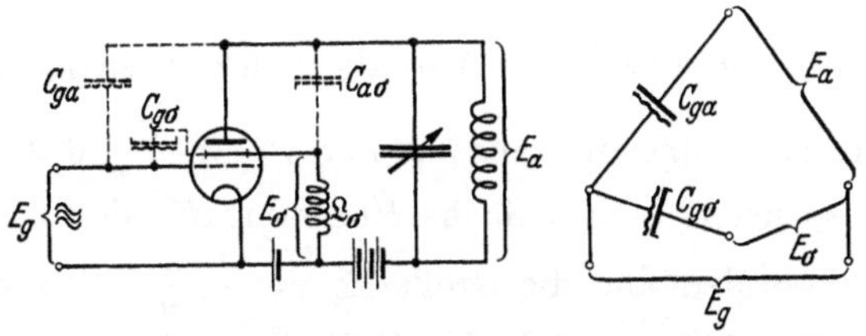

Abb. 134. Selbstneutralisierung einer Schirmgitter-Röhre infolge der Schirmgitter-Zuleitungs-Induktivität.

Zur Beseitigung dieser unerwünschten Wirkung muß E_σ so niedrig wie möglich gehalten werden. Dies ist nur durch Verkleinerung der Zuleitungsinduktivität L_σ oder durch Verringerung des in L_σ fließenden Stromes zu erzielen. Der erste Weg ist aus röhrenbautechnischen Gründen nur bis zu einem gewissen Grade gangbar, so daß wir den zweiten beschreiten müssen. Ein weiteres, zwischen Schirmgitter und Anode gestelltes, auf Kathodenpotential befindliches Gitter, das gleichzeitig als „Bremsgitter" zur Verhinderung der anodischen Sekundärelektronenabgabe dienen kann, entlastet das Schirmgitter und damit L_σ in bezug auf die Stärke des Hochfrequenzstromes. Die Möglichkeit des Auftretens rückkoppelnder Spannungen besteht natürlich auch an diesem Gitter, jedoch läßt sich erstens seine Zuleitungsinduktivität klein halten, da ja eine kurze Verbindung mit der Kathode im Innern der Röhre statthaft ist; zweitens ist der Durchgriff des Bremsgitters durch zwei weitere Gitter hindurch gering, eine Spannungsschwankung desselben also wesentlich ungefährlicher als z. B. beim Schirmgitter.

Mit Fünfpolröhren können heute Leistungen von mehreren 100 W auch im Ultrakurzwellenbereich befriedigend verarbeitet werden.

3. Die Modulation des Fernsehsenders.

a) Strom- und Spannungsübersteuerung [112].

Leider ist bei der Modulation mit sehr breiten Frequenzbändern, wie sie ja der Fernsehbetrieb bedingt, infolge der über ein gewisses Maß hinaus nicht zu steigernden Dämpfung des Anodenkreises die Impedanz, die dieser für die Seitenbandfrequenzen besitzt, weder — auch nur annähernd — ebenso groß, wie bei Abstimmung auf die Trägerfrequenz, noch rein ohmisch. Betrachten wir einen einfachen Anodenkreis mit dem Resonanzblindwiderstand X_0, der durch den parallel liegenden Widerstand R_a, also den Außenwiderstand der Röhre für die Trägerwelle, gedämpft wird. Die Resonanzdämpfung d_0 des Gebildes hat als Quotient von Wirk- und Blindleistung den Wert:

$$d_0 = \frac{N}{B} = \frac{E^2/R_a}{E^2/X_0} = \frac{X_0}{R_a}.$$

Bezeichnen wir mit $n = \frac{\omega}{\omega_0}$ das Verhältnis der angenommenen Seitenbandfrequenz zur Trägerfrequenz und mit $y = n - \frac{1}{n}$ das sog. Verstimmungsmaß, so liefert eine einfache Rechnung für den zu R_a parallel liegenden Blindwiderstand die Größe $X_a = -j\frac{X_0}{y}$. Somit ergibt sich für die Seitenbandfrequenz als Anodenkreisimpedanz:

$$Z_{as} = \frac{R_a \cdot \left(-\frac{X_0}{y}\right)}{R_a - j\frac{X_0}{y}} = R_a \cdot \frac{1 - j\frac{y}{d}}{1 + \left(\frac{y}{d}\right)^2}.$$

Ist die modulierte Endstufe, wie am zweckmäßigsten und allgemein üblich, als B-Verstärker geschaltet, d. h. der Arbeitspunkt durch geeignete Vorspannung in den unteren Knick, also an die Stelle halber Steilheit der Anlaufcharakteristik, verlegt, so kann mit Hilfe des ersten Barkhausenschen Ersatzschemas die Beziehung zwischen y und Strom und Spannung im Anodenkreise leicht angegeben werden. Da infolge der einseitigen Ausnutzung der Röhre die effektive Steilheit gerade halb so groß ist wie bei A-Betrieb (Arbeitspunkt in der Mitte der Charakteristik), ist lediglich der Innenwiderstand R_i bei B-Betrieb doppelt so hoch wie bei A-Betrieb, also $R_i = \frac{2}{S \cdot D}$. Da ferner Z_a seinen Maximalwiderstand R_a bei der Frequenz der Trägerwelle besitzt, muß für gleichbleibende Gitter-EMK die Anodenstromstärke J_{as} bei der Seitenbandfrequenz stets größer sein als bei der Trägerfrequenz ($J_{a\,Tr}$). Es tritt daher mit zunehmendem Abstand der Seitenbandfrequenz eine Stromübersteuerung v_i bzw. Spannungsuntersteuerung v_e ein, die sich auf Grund der oben aufgeführten Rechnung wie folgt angeben läßt:

$$v_i = \frac{J_{as}}{J_{a\,Tr}} = \frac{R_i + R_a}{R_i + Z_{as}} = \frac{\left(1 + \frac{R_a}{R_i}\right)\left(1 + \frac{y^2}{d^2}\right)}{\left(1 + \frac{R_a}{R_i} + \frac{y^2}{d^2}\right)^2 + \left(\frac{R_a}{R_i} \cdot \frac{y}{d}\right)^2} = f\left(\frac{R_a}{R_i}, \frac{y}{d}\right)$$

bzw.

$$v_e = \frac{E_{as}}{E_{a\,Tr}} = v_i \cdot \frac{Z_{as}}{R_a} = \frac{v_i}{1 + \frac{y^2}{d^2}} = \varphi\left(\frac{R_a}{R_i}, \frac{y}{d}\right).$$

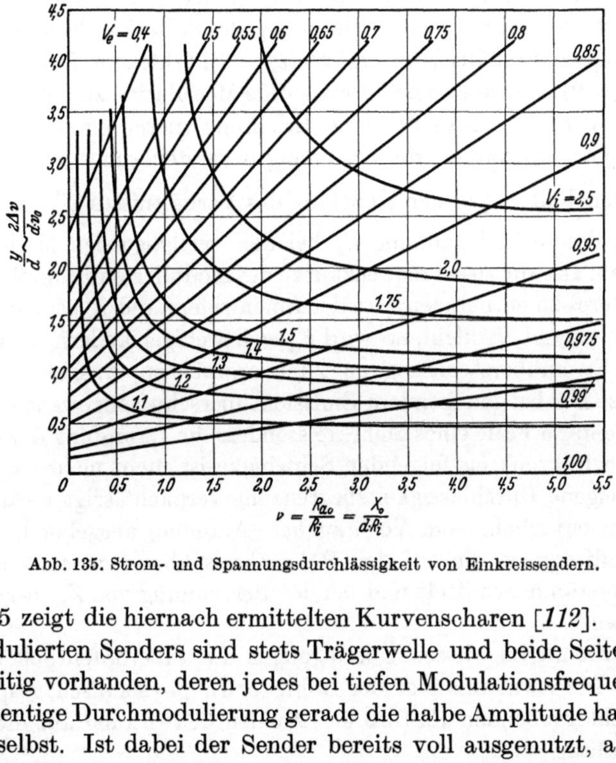

Abb. 135. Strom- und Spannungsdurchlässigkeit von Einkreissendern.

Abb. 135 zeigt die hiernach ermittelten Kurvenscharen [*112*]. Im Falle des modulierten Senders sind stets Trägerwelle und beide Seitenbänder gleichzeitig vorhanden, deren jedes bei tiefen Modulationsfrequenzen für 100 prozentige Durchmodulierung gerade die halbe Amplitude hat wie der Träger selbst. Ist dabei der Sender bereits voll ausgenutzt, also keine Emissionsreserve verfügbar, so ergibt für hohe Modulationsfrequenzen der reziproke Wert von v_i den Prozentsatz, bis zu dem eben noch unverzerrt ausgesteuert werden kann. Höhere Modulationsgrade sind nur bei Emissionsüberschuß möglich. Im Augenblick der Phasengleichheit von Träger und Seitenbändern ist für einen Träger der Amplitude 1 bei $p \cdot 100\%$ Modulation der erforderliche Anodenwechselstrom:

$$1 + \frac{p}{2} \cdot v_i + \frac{p}{2} \cdot v_i = 1 + p\,v_i,$$

also wird er für vollständige Aussteuerung ($p = 1$) und tiefe Frequenzen

($v_i = 1$) zu $1 + \frac{1}{2} + \frac{1}{2} = 2$. Der erforderliche prozentuale Emissionsüberschuß $E_ü$ ist somit:

$$E_ü = \frac{1 + p\,v_i - 2}{2} = \frac{p\,v_i - 1}{2}$$

und umgekehrt wird bei gegebenem $E_ü$ der maximal erhältliche Modulationsgrad:

$$p_{\max} = \frac{1 + 2\,E_ü}{v_i}\,.$$

Während also z. B. bei einer Abnahme des Anodenkreiswiderstandes auf einen Wert, der bereits eine Verdopplung des Seitenbandstromes gegenüber normalen Verhältnissen ergäbe ($v_i = 2$), fehlender Emissionsüberschuß ($E_ü = 0$) höchstens eine 50prozentige Modulation zuließe, bewirken schon 30% Emissionsreserve eine Erhöhung dieser Grenze auf 80%. Aus der Kurvenschar für die Spannungsuntersteuerung v_e ist für einen bestimmten Fall wegen der Konstanz des Verhältnisses $\frac{R_a}{R_i}$ die resultierende Anodenwechselspannung E_a bei den verschiedenen Modulationsfrequenzen, also die sog. Frequenzkurve des modulierten Einkreissenders, ohne weiteres zu entnehmen. Ist der Innenwiderstand R_i gegenüber dem Außenwiderstand R_a klein, so wird E_a sich weniger ändern, gleichzeitig aber die Stromübersteuerung merklich anwachsen, weshalb diese Betriebsweise nur bei genügendem Emissionsüberschuß angewendet werden kann. Wenn im Falle eines Mehrkreissenders die Dämpfung der dem betrachteten Röhrenkreis folgenden Schwingkreise nicht mehr so groß ist, daß ihre eigene Durchlässigkeitsbegrenzung vernachlässigt werden darf, so müssen natürlich, vom Verbraucher (Antenne) ausgehend, für jede Seitenbandfrequenz die auf den Röhrenkreis übertragenen Wirk- und Blindwiderstände ermittelt und bei der Berechnung von Z_{as} berücksichtigt werden.

Man erkennt aus diesen Überlegungen die außerordentlich wichtige Rolle des Innenwiderstandes der Röhre bzw., physikalisch gesprochen, den ausschlaggebenden Einfluß der Anodenrückwirkung auf die Modulationsqualität.

Eine solche Rückwirkung braucht nun nicht allein auf dem Durchgriff der Röhre zu beruhen, der ohnehin zur Erhaltung genügender Geradlinigkeit der Röhrenkennlinie eine bestimmte Größe (etwa 10%) nicht überschreiten kann und damit auch einer Herabminderung des Innenwiderstandes seinerseits Grenzen zieht. Es gibt vielmehr noch ein einfaches, rein schaltungstechnisches Mittel, um den gleichen Effekt zu erzeugen, nämlich die Gegenkopplung [*113, 114, 115*]. Denken wir uns einen mit der Anodenwechselspannung E_a gleichphasigen Betrag $k \cdot E_a$ auf das Gitter zusätzlich übertragen. Das Barkhausensche Ersatzschema der Röhre $\frac{E_g}{D} = J_a \left(\frac{1}{SD} + Z_a\right)$ kann dann mit $E_g + kE_a$ an Stelle von E_g unter Benutzung der Beziehung $E_a = -J_a Z_a$ in die Form:

$$\frac{E_g}{D+k} = J_a \left(\frac{1}{S(D+k)} + Z_a\right)$$

umgewandelt werden. Die mit der Anodenspannung gleichphasige zusätzliche Gitter-EMK, d. h. die gewünschte Gegenkopplung, hat also den Effekt einer $\frac{D+k}{D}$ fachen Vergrößerung des Durchgriffs D bzw. Verkleinerung des Innenwiderstandes R_i, ohne daß eine ungünstige Beeinflussung der Kennlinienform durch zu großen statischen Durchgriff der Röhre selbst in Kauf genommen werden muß. Diese Art von Anodenrückwirkung verbessert nebenbei, wie leicht einzusehen, noch die Geradlinigkeit der Modulationscharakteristik (durch Scherung); daher wird von ihr bei vielen qualitativ hochwertigen Sendern Gebrauch gemacht. Wie eine Gegenkopplung ohne Zerstörung der Neutralisierung zu erzielen ist, wurde in Abschnitt 2 erörtert.

Da sich, wie später gezeigt wird, Antennenformen von so großer Dämpfung herstellen lassen, daß ihre eigene Frequenzdurchlässigkeit, selbst bei Zuleitungskabeln von mehreren λ Länge, noch recht gut ist, liegt die Hauptschwierigkeit für die Gewinnung einer befriedigenden Frequenzkurve im eigentlichen Röhrenschwingkreis. Während man nun bei mittleren und langen Wellen eigentlich jedes gewünschte Dämpfungsmaß d, d. h. jedes beliebige Verhältnis von Wirk- zu Blindleistung, einfach durch Wahl der Proportion $\frac{L}{C}$ einstellen kann, kommt man namentlich im Ultrakurzwellenbereich sehr bald an eine Grenze, von der ab ein durch die Kapazitäten in den Röhren, durch die Neutralisierungs- und Spulenkapazitäten sowie durch die verteilten Kapazitäten bedingter Minimalwert von C nicht mehr unterschritten werden kann. Von dieser Grenze ab brächte die Verkürzung der Wellenlänge bei gegebener Modulationsbandbreite keine weitere Verbesserung der Durchlaßkurve; denn in dem gleichen Maße, wie der prozentuale Seitenbandabstand sich verringert, nimmt die Dämpfung des Kreises ab, so daß die Bedingungen für die Durchlässigkeit dieselben bleiben. In solchen Fällen müssen dann die Betriebsverhältnisse der Röhre, selbst unter Verzicht auf Leistung, derart gewählt werden, daß hieraus eine genügend große Dämpfung resultiert. Dies ist wie folgt möglich: Wird eine Röhre bei steigender Anodengleichspannung jeweils auf ihre optimale Leistung ausgekoppelt, so besagt dies, daß durch eine entsprechende Widerstandsübertragung des Belastungskreises der Außenwiderstand $R_a = \frac{X_0}{d}$ auf einen Wert gebracht worden ist, bei dem der (in bezug auf die verfügbare Emission höchstmögliche) Anodenwechselstrom an R_a die zum Grenzbetrieb erforderliche Anodenwechselspannung E_a erzeugt. Die von der Röhre gelieferte Leistung ist durch das Produkt $N_R = E_a \cdot J_a$ gegeben, also proportional E_a. Da aber der Blindwiderstand X_0 des Kreises bei Erhöhung der Anodengleichspannung nicht verändert wird, wächst der Kreisstrom gleichzeitig mit dieser, was einer quadratischen Zunahme der Blindleistung mit E_a entspricht (wie ohne weiteres aus Blindleistung $B = \frac{E_a^2}{X_0}$ ersichtlich). Es fällt also die Nutzdämpfung des Röhrenkreises $d = \frac{N_R}{B}$ verkehrt proportional mit der steigenden Anodenspannung ab. Außerdem sind die Kreise ja nicht ideal dämpfungslos, sondern verzehren einen der Blindleistung proportionalen Betrag an Wirkleistung (im Ultrakurzwellengebiet erfordert 1 BkW Blindleistung etwa 1 W bis 2 W Wirkleistung, entsprechend einer Zwischenkreiseigendämpfung d_z von 1‰ bis 2‰). Oberhalb einer gewissen Anodengleichspannung (wo Zwischenkreisverlust = halbe Röhrenleistung) muß daher die nach Abzug des Wirkleistungsverbrauchs im Zwischenkreis verfügbare Nutzleistung sogar wieder abnehmen. Abb. 136 zeigt für ein praktisches Beispiel den Verlauf der zu erzielenden Antennennutzleistung N_A sowie das Nutzdämpfungsmaß d in Abhängigkeit von der Anodengleichspannung E_a; N_A ist für drei verschiedene Werte der Leerlauf-Zwischenkreisdämpfung d_z als Parameter eingetragen. Wie man sieht, wäre es bei der vorliegenden Röhre sinnlos, etwa für ein $d_z = 2$‰ E_a über 3000 V zu erhöhen; denn die Zunahme von N_A beträgt bis zu 4000 V nur noch einige Prozent, während natürlich die Aufnahme N_R der Röhre und besonders die Zwischenkreisbeanspruchung erheblich ansteigen. Diese Tatsache ist besonders dann zu beachten, falls in einer Ultrakurzwellensenderstufe Anodenspannungsmodulation vorgenommen werden soll. Ferner zeigt die in das Diagramm, Abb. 136, eingezeichnete Kurve des resultierenden Dämpfungsverlaufs d den erschreckenden Abfall des Nutzdämpfungs-

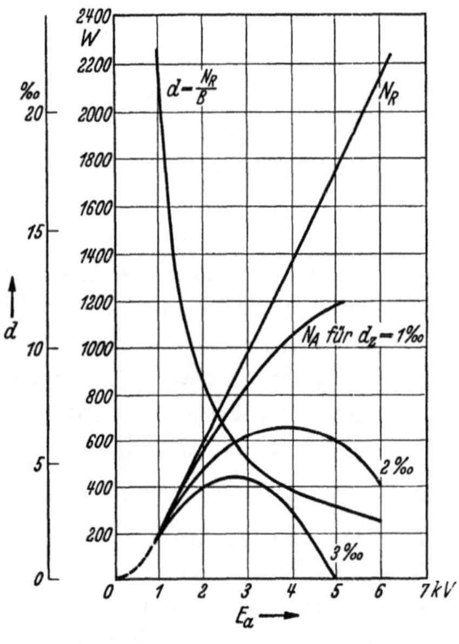

Abb. 136. Nutzleistung und Nutzdämpfung in Abhängigkeit von der Anodenspannung bei großen Kreis-Blindleistungen.

maßes mit seinen bereits besprochenen Folgeerscheinungen bezüglich der Seitenbanddurchlässigkeit. Es folgt daraus, daß die Röhren breitbandmodulierter Ultrakurzwellenstufen zu allermeist nicht bis zu ihrer Spannungsgrenze ausgenutzt werden können. Dies erklärt auch, daß bei Fernsehsendern, im Gegensatz zu den Telefonie- oder Hörrundfunksendern, die Gittermodulation durch die Anodenmodulation nicht verdrängt werden konnte.

Dagegen kann es bei dem die akustische Begleitung auf einer benachbarten, ebenfalls ultrakurzen Welle übertragenden Tonsender durchaus vorteilhaft sein, ihn zwecks besserer Röhrenausnutzung anodenspannungsmäßig zu modulieren. Da hierbei die notwendige Bandbreite von ± 10 kHz für die höchste Seitenbandfrequenz nur eine Verstimmung von etwa 0,25 ‰ ergibt, braucht allein noch auf die Leistungsbegrenzung durch die Höhe der Anodenspannung geachtet zu werden.

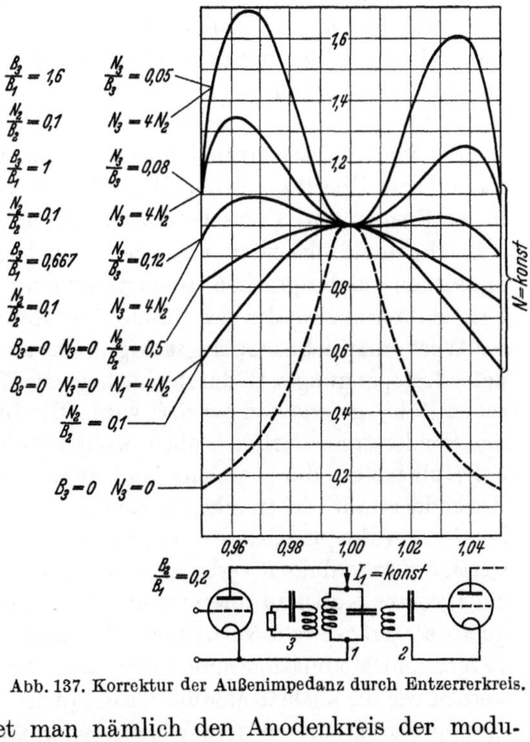

Abb. 137. Korrektur der Außenimpedanz durch Entzerrerkreis.

b) Entzerrungsmaßnahmen.

Die eigentliche Breitbandmodulation erfolgt zweckmäßig nicht in der Endstufe, sondern in einer Vorstufe. Erstens wird dadurch der prinzipiell erhebliche Aufwand für den Modulator verringert, zweitens hat man mehr Möglichkeiten zur Verbesserung des Frequenzganges. Belastet man nämlich den Anodenkreis der modulierten Stufe nicht wellenunabhängig, sondern mit einem Resonanzkreis, in dem erhebliche Blindleistung schwingt, so läßt sich, je nach dem Grade der Kopplung beider Kreise, zugunsten der weit abliegenden Seitenbandfrequenzen erstens eine Korrektur des primär auftretenden Blindwiderstandes erzielen, zweitens der Anodenkreis durch die geringere Aufnahme des für die Seitenbandfrequenzen verstimmten Resonanzkreises entlasten und so die Anodenspannung erhöhen. Koppelt man dann den Nutzkreis, also z. B. den Gitterkreis der nächsten Stufe, nicht an den Belastungskreis, sondern an den Anodenkreis an, so wird der Abfall des Gitterkreises durch die Erhöhung der Koppelspannung wieder ausgeglichen. In Abb. 137 ist der quantitative Zusammenhang für verschiedene Grade der Kopplung und verschiedene Leistungsverteilung auf Nutz- und Belastungskreis (*N* bzw. *B*, Indizes entsprechend der Bezeichnung der Kreise im Schaltschema) dargestellt. Wie man sieht, ist es durchaus nicht gleichgültig, in welchem Kreise der Belastungswiderstand angebracht wird. Man erkennt auch, welch gute Erfolge bei geeigneter Dimensionierung auf die angegebene Weise zu erzielen sind. Von diesem Mittel ist z. B. in der modulierten Stufe des Fernsehsenders „Witzleben" Gebrauch gemacht.

Die modulierte Schwingung wird von dem in *B*-Schaltung arbeitenden Endverstärker auf die Endleistung gebracht, wobei durch geeignete Wahl des Arbeitspunktes der untere Teil der Modulationscharakteristik noch entzerrt werden kann.

c) Der Modulator.

Die vom Fernseh-Aufnahmeraum kommende Modulationsleitung liefert alle zur Übertragung der Bildhelligkeit und des Gleichlaufs erforderlichen Frequenzen. Fernsehsender werden nun im allgemeinen nicht, wie z. B. Hörrundfunksender, von einem mittleren Wert der Trägerwellenamplitude aus besprochen, sondern stehen auf etwa ein Viertel bis ein Drittel ihrer maximalen Amplitude (Verfahren von O. Schriever). Dieser Wert entspricht empfangsseitig „Schwarz", indem die ihm zugeordnete Restspannung z. B. durch eine negative Vorspannung an der Braunschen Röhre gerade kompensiert wird. Die Bildmodulation steuert dann den Senderstrom nur nach oben, während die Synchronisierimpulse ihn auf Null tasten, durch welche Maßnahme gleichzeitig der Rücklauf des Kathodenstrahl-Lichtpunktes unsichtbar wird. Da es praktisch nicht möglich ist, ein Frequenzband von etwa 20 . . . 2000000 Hz, wie es für hochwertige Fernsehbilder verlangt wird, direkt genügend unverzerrt über ein längeres Kabel zu übermitteln, wird zweckmäßig eine Zwischenfrequenz als Trägerwelle verwendet. Sie muß zwecks guter Trennung von Träger und Modulation mindestens etwa 2,5 bis 3 mal so hoch gewählt werden wie die höchste Modulationsfrequenz. Zugleich ergibt sich damit die Anwendbarkeit eines Zwischentransformators, der für das prozentual verschmälerte Band durchaus herstellbar ist. Dieser Transformator ermöglicht die gewünschte Potentialtrennung zwischen Leitung und Modulator, ohne sozusagen die Gleichstromkomponente der Übertragung, die mittlere Bildhelligkeit, zu verfälschen. Der durch die Lichtstromschwankungen bei der Bildzerlegung mehr oder weniger stark hinauf- bzw. durch die Synchronisierimpulse auf Null hinuntergetastete Bildträger wird vor dem Eingang in den Modulator durch Gleichrichtung und nachfolgende Siebung in einer mehrgliedrigen Kette entfernt.

Zur gleichmäßigen Weiterübertragung der so erhaltenen breiten Frequenzbänder, die den abgetasteten Helligkeitsverlauf wiedergeben, also den ursprünglichen Oktavenumfang haben, eignet sich am besten der Widerstandsverstärker. Dabei muß berücksichtigt werden, daß die Verstärkerröhre bei hohen Frequenzen infolge der unvermeidlichen Kapazitäten, teils in der Röhre selbst, besonders aber im angekoppelten Gitterkreis, zusätzlich mit Blindstrom belastet wird. Um innerhalb des gesamten Bandes einen merklichen Amplitudenabfall bzw. größere Phasenfehler zu vermeiden, muß entweder der Innenwiderstand der Modulatorröhre verschwindend klein sein oder die Außenimpedanz im wesentlichen ohmisch von gleichem Betrage bleiben, was ein entsprechend niedriges R_a und damit bedeutende Einbuße an Verstärkung bedingt. Der Einfluß der durch den Sender gegebenen Belastungskapazität kann zwar durch Verwendung zahlreicher parallel geschalteter Modulatorröhren (bzw. durch entsprechend große Einheiten) für die Einzelröhre erträglich gemacht werden, es wächst aber in dem gemeinsamen Gitterkreis die über die Gitter-Anode-Kapazität zustande kommende Rückwirkung auf Spannung und Phase unvermeidlich mit der Röhrenzahl. Der auf jeden Fall wichtige kleine Innenwiderstand muß beim Widerstandsverstärker, im Gegensatz zum Hochfrequenzteil, durch die Röhrendimensionierung selbst gegeben sein, da sich rein schaltungstechnische Maßnahmen, wie z. B. Gegenkopplung, in Anbetracht der großen relativen Frequenzbandbreite kaum mehr mit genügender Phasenreinheit durchführen lassen. Deshalb sind Schirmgitterröhren, die stets einen hohen Innenwiderstand besitzen, für einen solchen Widerstandsverstärker unverwendbar. Dagegen könnten Röhren, deren Kathode zwischen Steuergitter und Anode steht (sog. „Plation"-Röhren), die also besonders starke Anodenrückwirkung, d. h. kleinen Innenwiderstand, aufweisen, grundsätzlich weiterhelfen, falls sich die Kathode als kapazitiver Schirm zwischen Steuergitter und Anode ausbilden ließe.

Ferner läßt sich auch die Frequenzabhängigkeit der Außenimpedanz künstlich verringern. Man kann z. B. Widerstände von solcher Schichtdicke verwenden, daß durch Stromverdrängung gerade dann, wenn der Einfluß der parallel liegenden Kapazität merklich wird, die Widerstandserhöhung beginnt. Dabei führt das Feld im Leiter zugleich eine gewisse Phasenkompensation herbei. Eine noch bessere Einebnung der Frequenzkurve ergeben mehrere parallele Widerstände, denen teilweise Induktivitäten von verschiedenem L vorgeschaltet sind. Bei tiefen Frequenzen spielen diese L-Werte gegenüber dem ohmschen Widerstand keine Rolle; es werden alle Zweige gleichmäßig durchflossen. Bei höheren Frequenzen aber werden die Parallelwege, je nach dem Betrage ihres Serien-L, allmählich ausgeschaltet, so daß trotz des immer stärker wirkenden kapazitiven Nebenschlusses die resultierende Impedanz einigermaßen erhalten bleibt, was besonders für die Vermeidung allzu großer Stromübersteuerungen wichtig ist.

Es soll nun erläutert werden, wie aus dem Kennlinienfeld der Modulatorröhre die endgültige Charakteristik unter Berücksichtigung des Gitterstromes I_g der modulierten Hochfrequenzstufe gewonnen werden kann. Wie von deren Gittervorspannung E_g der Antennenstrom abhängt, sei als bekannt vorausgesetzt. Abb. 138 zeigt das Prinzipschema der Modulationsanordnung mit den im folgenden verwendeten Bezeichnungen, Abb. 139 das E_a, I_a-Kennlinienfeld der Modulatorröhre für E_{gm} (ihre Gitterspannung) als Parameter. Die Strecke AB entspricht der Batteriespannung E_{mB}. Von Punkt A wird nach rechts die Anodenspannung der Modulatorröhre, von Punkt B nach links die Gittervorspannung E_g der zu modulierenden Hochfrequenzstufe, also die Spannung

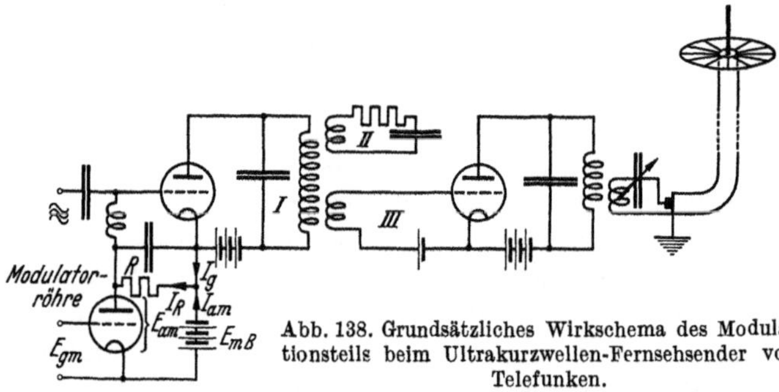

Abb. 138. Grundsätzliches Wirkschema des Modulationsteils beim Ultrakurzwellen-Fernsehsender von Telefunken.

am Widerstand R, aufgetragen. Der Strommaßstab des Kennlinienfeldes entspricht der Anzahl der parallel geschalteten Modulatorröhren. In das gleiche Diagramm wird nun der Gitterstrom I_g eingeführt. Wie die Strompfeile der Abb. 139 erkennen lassen, fließt durch die Modulatorröhre die Differenz der Ströme I_R und I_g (dick ausgezogen); gleichzeitig muß aber der Röhrenstrom I_{am} auch dem durch das Kennlinienfeld gegebenen Zusammenhang genügen. Mögliche Betriebszustände sind daher die Schnittpunkte der stark ausgezogenen Kurve mit den einzelnen Kennlinien, und diese Schnittpunkte liefern uns den gewünschten Zusammenhang zwischen der Gitterspannung E_{gm} an der Modulatorröhre und der die Modulation des Senders bewirkenden, mit I_R proportionalen Gittervorspannung E_g. Die Konstruktion der resultierenden Modulationscharakteristik geht dann aus dem Diagramm ohne weiteres hervor.

Zu fordern ist noch, daß bei sämtlichen zum Bilde gehörigen Modulationsfrequenzen die in entsprechendem Rhythmus pulsierenden Anodenströme der Modulatorröhre bzw. der modulierten Senderstufen durch die Betriebsstromquelle fließen können, ohne hier einen merklichen Spannungsabfall zu verursachen. Um dabei den tiefen Frequenzen einen ungehinderten Durchgang zu ermöglichen, muß die Impedanz der Siebkette entsprechend klein gehalten werden; dies bedingt einen großen Aufwand an Endkapazität des letzten Kettengliedes sowie eine sehr niedrige Eigenfrequenz der ganzen Siebkette (bei 10 . . . 20 Hz, wo glücklicherweise praktisch keine Komponenten des Bildabtastspektrums vorkommen). Bei den hohen Frequenzen liegt das Hemmnis in der Induktivität der Zuleitungen; sie muß durch dichteste Annäherung der Kettenendkapazitäten an Sender und Modulator sowie durch induktionsarme Ausführung (konzentrische Hin- und Rückleitung von kleinem Wellenwiderstand) auf ein unschädliches Maß hinabgedrückt werden. Aus dem gleichen Grunde sind auch alle in modulierten Hochfrequenzstufen liegenden Gitter- und Anodendrosseln in ihrer Größe beschränkt, was dem Senderbau häufig erhebliche Schwierigkeiten bereitet.

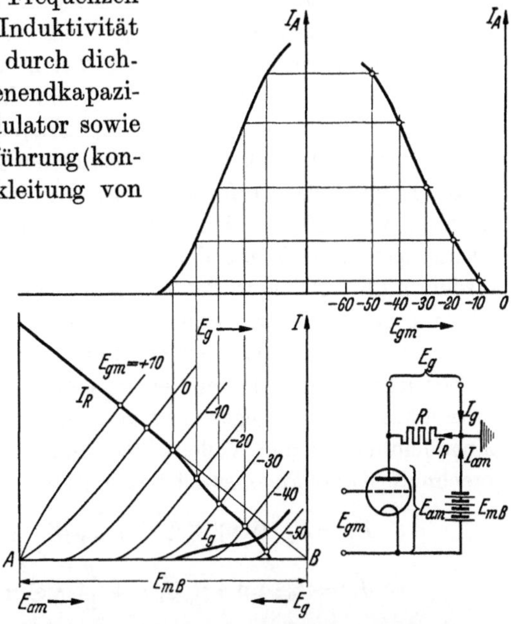

Abb. 139. Konstruktion der Modulationslinie bei Gitterspannungs-Modulation mittels Widerstandsverstärkung unter Berücksichtigung des Gittergleichstromes.

In allen bisherigen Betrachtungen war stillschweigend vorausgesetzt, daß die modulierenden Signale (bzw. die mit Hell-Dunkel- und mit Synchronisierungsimpulsen modulierte Bildträgerfrequenz) in unverzerrter Form zum Sender gelangen können. Welche Probleme durch diese selbstverständlich erscheinende Forderung in bezug auf amplituden- und phasengetreue Übertragung sogar bei einer kurzen Verbindungsleitung von nur einigen 100 m zwischen Abtastgerät und Sender entstehen, soll im nächsten Abschnitt untersucht werden.

4. Die Fortleitung breitbandmodulierter Hochfrequenzenergie.

a) Problemstellung, Grundlagen.

Energieleitungen zur Übertragung hochfrequenter Leistung werden im Fernsehbetrieb hauptsächlich an zwei Stellen benötigt:

1. zur Verbindung zwischen Aufnahmeraum und Sender,
2. zur Verbindung zwischen Sender und Antenne.

In beiden Fällen ist die Vermeidung von Amplituden- und Phasenverzerrungen gleichermaßen von äußerster Wichtigkeit. Während es aber im ersten Falle auf den Wirkungsgrad der Fortleitung nicht allzusehr ankommt, ist dieser im zweiten Falle von ausschlaggebender Bedeutung. Denn die Verbindung der Art 1 wird kaum kürzer sein als einige 100 m; sie kann beim Kabelfernsehen sogar viele Kilometer betragen, wogegen die Antennen-Energieleitung der Art 2 sich im Prinzip, z. B. durch Hochstellen des Senders, auf einige Ultrakurzwellenlängen beschränken läßt. Die auf der Leitung benutzte Trägerfrequenz wird man zweckmäßig nicht höher wählen, als zu einer bequemen Trennung von Modulationsspektrum und Träger erforderlich ist, also bei ± 2 MHz Bandbreite etwa im Bereich von 50 . . . 60 m Wellenlänge, während die Antennen-Energieleitung naturgemäß mit der ultrakurzen Sendewelle selbst beschickt werden muß. Diese starke Verschiedenheit der Betriebsbedingungen läßt zum besseren Verständnis der Folgerungen ein kurzes Eingehen auf die Leitungstheorie als unentbehrlich erscheinen.

Bezeichnet Index 1 den Leitungsanfang, Index 2 das Leitungsende, $\mathfrak{Z}_0$ den komplexen Längswiderstand, $\mathfrak{C}_0$ die komplexe Querableitung je Längeneinheit, W den Wellenwiderstand und l die vom Leitungsende an gerechnete Kabellänge, so ist bekanntlich:

$$E_1 = E_2 \cdot \mathfrak{Cos}\sqrt{\mathfrak{Z}_0 \mathfrak{C}_0}\, l + J_2 W \cdot \mathfrak{Sin}\sqrt{\mathfrak{Z}_0 \mathfrak{C}_0}\, l,$$

$$J_1 = J_2 \cdot \mathfrak{Cos}\sqrt{\mathfrak{Z}_0 \mathfrak{C}_0}\, l + \frac{E_2}{W} \cdot \mathfrak{Sin}\sqrt{\mathfrak{Z}_0 \mathfrak{C}_0}\, l.$$

Drücken wir, wie üblich, das Längs- bzw. Querdämpfungsmaß durch

$$d_l = \frac{R_{l_0}}{X_{L_0}} \quad \text{bzw.} \quad d_q = \frac{X_{C_0}}{R_{q_0}}$$

aus, so ergibt sich für den Wellenwiderstand:

$$W = \sqrt{\frac{\mathfrak{Z}}{\mathfrak{C}}} = \sqrt{\frac{L_0}{C_0}} \cdot \frac{d_l + j}{d_q + j}$$

und für das Argument der Winkelfunktionen:

$$\sqrt{\mathfrak{Z}_0 \mathfrak{C}_0}\, l = \sqrt{\frac{X_{L_0}}{X_{C_0}}} \sqrt{(d_l + j)\ (d_q + j)} = q + j\, a.$$

Dabei ist $q = \beta l$ die Dämpfung der Leitung in Neper und a das Phasenmaß auf der Leitung.

Für den Fall der sog. verzerrungsfreien Leitung sind Längs- und Querdämpfungsmaß gleich groß ($d_l = d_q = d$), also der Wellenwiderstand rein ohmisch, bzw. es werden:

$$\beta = d \cdot \sqrt{\frac{X_{L_0}}{X_{C_0}}} \quad \text{und} \quad a = 2\pi \frac{l}{\lambda}.$$

Unter Benutzung des Additionstheorems für Hyperbelfunktionen:

$$\mathfrak{Cof}\,(q+j\,a) = \mathfrak{Cof}\,q\cos a + j\,\mathfrak{Sin}\,q\sin a$$

$$\mathfrak{Sin}\,(q+j\,a) = \mathfrak{Sin}\,q\cos a + j\,\mathfrak{Cof}\,q\sin a$$

lassen sich die Leitungsgleichungen in einer der Zahlenrechnung bequem zugänglichen Form für verschiedene Dämpfungen q wie folgt schreiben:

$$E_1 = (E_2\cdot\mathfrak{Cof}\,q + J_2 W\,\mathfrak{Sin}\,q)\cos a + j\,(J_2 W\,\mathfrak{Cof}\,q + E_2\,\mathfrak{Sin}\,q)\sin a \ldots \text{ für } q > 0{,}3$$

$$= (E_2 + J_2 W q)\cos a + j\,(J_2 W + E_2\cdot q)\sin a \ldots \text{ für } q < 0{,}3$$

$$= E_2\cos a + j\,J_2 W\sin a \;\ldots \text{ für } q = 0 \quad \text{(verlustlose Leitung)}.$$

$$J_1 = \left(J_2\mathfrak{Cof}\,q + \frac{E_2}{W}\mathfrak{Sin}\,q\right)\cos a + j\left(\frac{E_2}{W}\mathfrak{Cof}\,q + J_2\mathfrak{Sin}\,q\right)\sin a \ldots \text{ für } q > 0{,}3$$

$$= \left(J_2 + \frac{E_2}{W}\,q\right)\cos a + j\left(\frac{E_2}{W} + J_2\,q\right)\sin a \ldots \text{ für } q < 0{,}3$$

$$= J_2\cos a + j\,\frac{E_2}{W}\sin a \ldots \text{ für } q = 0 \quad \text{(verlustlose Leitung)}.$$

Mit Hilfe dieser Ausdrücke sind wir jederzeit in der Lage, für irgendeine Endbelastung bei gegebener Kabellänge l Eingangsspannung und -strom nach Größe und Phase zu errechnen. Für den Fall der Anpassung, also des Abschlusses mit einer dem Wellenwiderstand entsprechenden Impedanz, vereinfachen sich vorstehende Gleichungen zu:

$$E_1 = E_2\,e^{q}\cdot e^{ja} \quad \text{bzw.} \quad E_2 = E_1\,e^{-q}\cdot e^{-ja}$$

$$J_1 = J_2\,e^{q}\cdot e^{ja} \quad \text{bzw.} \quad J_2 = J_1\,e^{-q}\cdot e^{-ja},$$

woraus die bereits gegebene Deutung für q als Leitungsdämpfung und für a als Phasenmaß ohne weiteres erkennbar ist.

Bei rein fortschreitender Welle sind Eingangs- und Ausgangsleistung einfach dem Quadrat der Spannungen bzw. Ströme proportional, es ergibt sich also für den Wirkungsgrad bei richtiger Anpassung:

$$\eta_{\text{Anp}} = e^{-2q}.$$

Ist die Leitung fehlangepaßt, so treten stehende Wellen auf, deren Größe als Maß der Fehlanpassung k dienen kann. Definieren wir k als Verhältnis von maximaler zu minimaler Spannung bzw. von maximalem zu minimalem Strom, so liefert eine einfache Leistungsbetrachtung:

$$k = \frac{E_{\max}}{E_{\min}} = \frac{J_{\max}}{J_{\min}} = \frac{R_{\max}}{W} = \frac{W}{R_{\min}},$$

wobei $R_{\max}$ und $R_{\min}$ die ohmschen Widerstände in den Knoten bedeuten. Der Wirkungsgrad verschlechtert sich durch Fehlanpassung auf einen Betrag, der durch die Gleichung:

$$\eta = \frac{k}{(\mathfrak{Cof}\,q + k\,\mathfrak{Sin}\,q)\cdot(\mathfrak{Sin}\,q + k\,\mathfrak{Cof}\,q)}$$

gegeben ist. Diese geht, wie man sich leicht überzeugen kann, für den Fall richtiger Anpassung, also für $k = 1$, in den oben angegebenen Ausdruck über. Für die im Hochfrequenzgebiet praktisch vorkommenden Dämpfungen ist in Abb. 140 der Wirkungsgrad mit verschiedenen Werten von k als Parameter dargestellt. Kleine Fehlanpassungen bis zu etwa 30% sind bei nicht allzu langen Leitungen belanglos, größere Fehlanpassungen können η erheblich herabsetzen. Dies ist für die Betrachtung unseres Antennenproblems von Wichtigkeit, weil wir die Anpassung ja nur bei der Trägerfrequenz ganz richtig zu machen imstande sind, während allein der für die Seitenbandfrequenzen auftretende ,,Fußpunkts"-Blindwiderstand je nach dem Wellenwiderstand des Strahlergebildes Fehlanpassungen hervorruft, die infolge der Verminderung von η die Seitenbanddurchlässigkeit in der Antenne über das Maß hinaus, das schon eine verlustfreie Zuleitung brächte, verschlechtern. Andererseits ist natürlich ein stark gedämpftes Kabel vom reinen Senderstandpunkt aus angenehm, weil die antennenseitige Fehlanpassung dann durch die Leitungsdämpfung eingeebnet wird. In welch erheblichem Grade dies geschehen kann, zeigt Abb. 141 für den Parameter q, wobei k die ausgangs- und k' die eingangsseitige Fehlanpassung bedeutet.

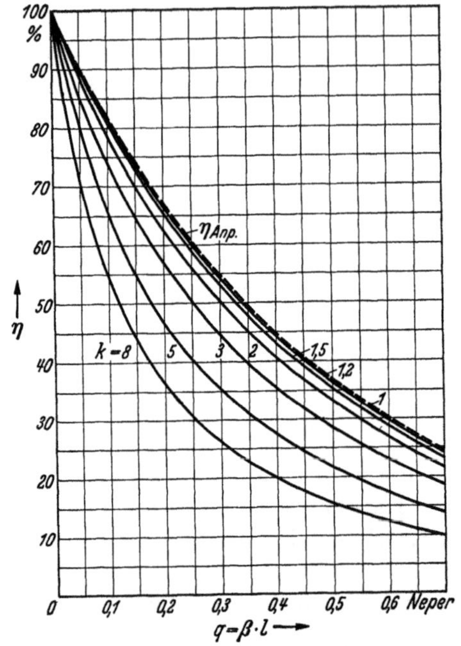

Abb. 140. Kabelwirkungsgrad als Funktion von Kabeldämpfung und Anpassung.

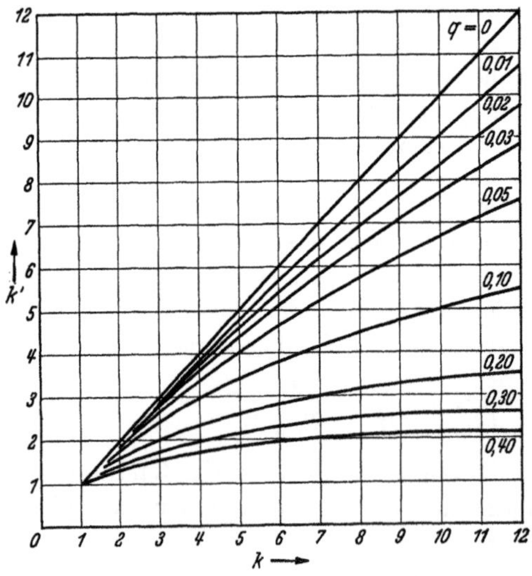

Abb. 141. Eingangsseitige Reduktion stehender Wellen infolge der Leitungsdämpfung.

b) Dämpfung und optimales Durchmesserverhältnis von konzentrischen Hochfrequenzkabeln.

Um einen Begriff von der Größenordnung der Dämpfung hochfrequenter Energieleitungen zu geben, sei eine Überschlagsrechnung für den Fall des konzentrischen Kupferrohrkabels (vgl. Vortrag I) gemacht, dessen Querdämpfung (ca. 10^{-4}) dank der Verwendung hochwertiger Keramikisolatoren bzw. von Styroflex (einer Art elastischen Trolituls) in erster Näherung vernachlässigbar ist. Die Längsverluste lassen sich auf Grund der Eindringtiefe, die für Kupfer die Größe $\delta = \frac{66}{\sqrt{\nu_{\mathrm{Hz}}}}$ mm besitzt und somit einen Nutzquerschnitt der Größe $Q = d\pi \cdot \delta$ zuläßt, ohne weiteres angeben. Bei einem Durchmesserverhältnis $\frac{D}{d} = 3{,}6$, das, wie später abgeleitet werden wird, den minimalen Stromverlust bei festgehaltenem Außendurchmesser ergibt [*117*], wird der Widerstand R_0 je Meter Länge:

$$R_0 = 1{,}233 \cdot 10^{-4} \frac{\sqrt{\nu}}{d} \quad \Omega \; (\nu \text{ in Hz}, \; d \text{ in mm}) \, .$$

Die Leitungsdämpfung $q = \beta l$ wird bei ausschließlich vorhandenem Längswiderstand:

$$q = \frac{R_0 \cdot l}{2\,W} = \frac{R_{l\,\mathrm{ges}}}{2\,W} \, .$$

Da der Wellenwiderstand einer konzentrischen Leitung

$$W = 60 \ln \frac{D}{d} \quad (\Omega)$$

ist, in unserem Falle also 76,6 Ω beträgt, folgt für die kilometrische Dämpfung:

$$\beta l/\mathrm{km} = \frac{R_0 \cdot 10^3}{2 \cdot W} = 0{,}81 \frac{\sqrt{\nu}}{d} \text{ Neper}$$

$$(\nu \text{ in MHz}, \; d \text{ in mm}).$$

Der tatsächliche Stromweg ist bei den in Frage kommenden geringen Eindringtiefen stets etwas länger als in der Rechnung angenommen, weil die Materialoberfläche nicht hochglanzpoliert ist. Ferner kommen kleine Umwege an den Stoßstellen der einzelnen Gelenkstücke vor, so daß die praktisch erzielbaren Dämpfungen durchwegs etwa 20 bis 25% über dem theoretischen Minimum liegen. Man kommt daher zu einer guten Näherungsgleichung, wenn man die kilometrische Dämpfung zu

$$\beta l/\mathrm{km} = \frac{\sqrt{\nu_{\mathrm{MHz}}}}{d_{\mathrm{mm}}} \text{ Neper}$$

ansetzt. In Abb. 142 sind (ausgezogen) gemessene βl-Werte für zwei verschiedene in Gebrauch befindliche Breitbandkabeltypen angegeben, darunter (gestrichelt) die aus vorstehender Beziehung errechneten Kurven.

Bei Berücksichtigung der dielektrischen Querverluste würde die sehr geringe Diskrepanz zwischen Messung und Rechnung auf wenige Prozente zusammenschrumpfen.

Zur Erzielung geringer Dämpfungen ist es durchaus nicht gleichgültig, welches Durchmesserverhältnis beim Aufbau der Leitung gewählt wird. Es ist klar, daß die Dämpfung um so geringer wird, je mehr Materialaufwand man treibt, wie dies ja auch die Kurven der Abb. 142 bestätigen. Aber auch für einen festgelegten Außendurchmesser läßt sich unbedingt ein optimaler Durchmesser des Innenleiters angeben.

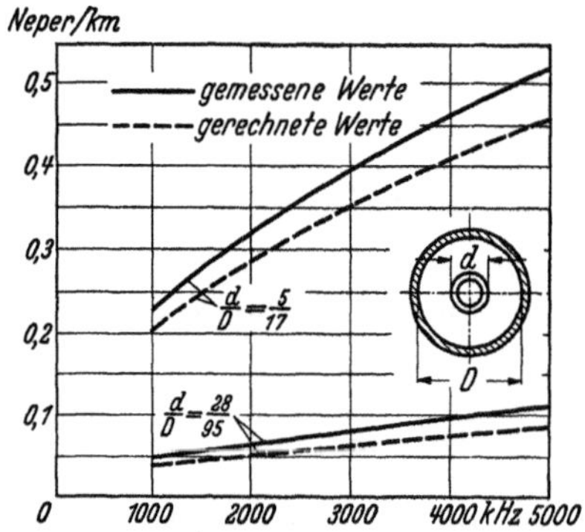

Abb. 142. Gemessene und gerechnete Leitungsdämpfung konzentrischer Kupferkabel mit Keramikisolation.

Bei rein fortschreitenden Wellen ist längs eines kurzen Leiterstückes die Stromabnahme zu vernachlässigen; daher ergibt sich für die durch den Längswiderstand verursachten Verluste:

$$N_v = I^2 \cdot (R_A + R_I)\,.$$

(R_A bzw. R_I Widerstand des Außen- bzw. des Innenleiters.)

Die Durchgangsleistung N ist:

$$N = I^2 \cdot W\,.$$

Der optimale Innenleiter ist durch das Maximum des Verhältnisses $\frac{N}{N_v} = \frac{W}{R_A + R_I}$ gekennzeichnet. Da der Widerstand des Außen- bzw. des Innenleiters verkehrt proportional mit dem zugehörigen Durchmesser ist, d. h.

$$R_A = \frac{A}{D} \quad \text{und} \quad R_I = \frac{A}{d} = \frac{A}{D} \cdot \frac{D}{d}\,,$$

so folgt:

$$\frac{W}{R_A + R_I} = \frac{60 \ln \frac{D}{d}}{\frac{A}{D}\left(1 + \frac{D}{d}\right)}\,.$$

Dieser Ausdruck ist lediglich eine Funktion des Durchmesserverhältnisses $\frac{D}{d}$; die Differentiation liefert daraus als Maximumsbedingung die Gleichung:

$$\ln \frac{D}{d} = 1 + \frac{1}{\frac{D}{d}}\,,$$

die durch den Wert $\frac{D}{d} = 3{,}6$ befriedigt wird. Abb. 143 zeigt, wie der Gütefaktor G der Leitung, der für das optimale Durchmesserverhältnis gleich 100 gesetzt ist, bei Wahl anderer Werte des Wellenwiderstandes abnimmt. Natürlich können anstelle konzentrischer Kabel auch geschirmte symmetrische Leitungen (Doppelleitungen) verwendet werden; deren Dämpfung liegt aber im allgemeinen bei gleichen Außenabmessungen über der des konzentrischen Typus. Dieser Nachteil kann jedoch unter Umständen ausgeglichen werden durch die Möglichkeit einer Doppelausnutzung in Gleich- und Gegentakterregung (Duplexschaltung) sowie durch die vermutlich etwas geringere Anfälligkeit gegen im Außenmantel fließende Störströme.

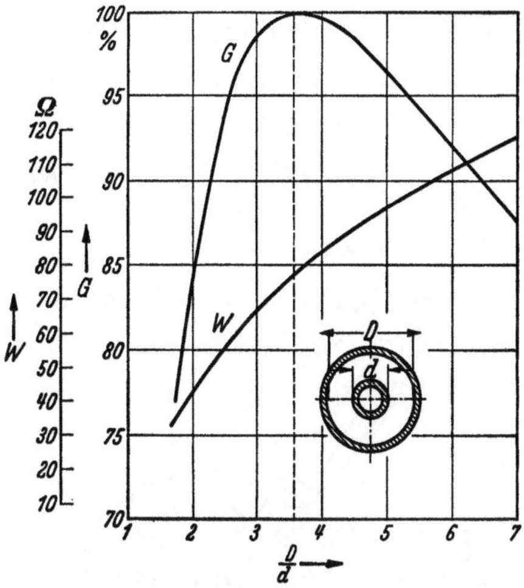

Abb. 143. Wellenwiderstand und Gütefaktor einer längsgedämpften konzentrischen Leitung in Abhängigkeit vom Durchmesserverhältnis.

c) Die Antennen-Energieleitung.

Als Antennen-Energieleitungen kommen bei Hochleistungs-Fernsehsendern lediglich die Kabel der größten Bautypen oder analoge „Rohrleitungen" in Betracht, so daß die Dämpfung bei den in Frage stehenden geringen Längen (l) fast stets zu vernachlässigen ist. Es kann dann mit den Gleichungen der verlustfreien Leitung gerechnet werden. Zu beachten bleibt, daß die Antenne nur für die Trägerfrequenz ohmisch ist, dagegen für die Seitenbänder zusätzlichen Fußpunkts-Blindwiderstand entgegengesetzten Vorzeichens bekommt. Um durch die Energieleitung senderseits keine Unsymmetrie für beide Seitenbänder zu erhalten, ist es unbedingt erforderlich, ihre „Länge" genau zu einem ganzzahligen Vielfachen von $\frac{\lambda}{4}$ zu machen. Da die Änderung des Antennen-Wirkwiderstandes innerhalb des von den Seitenbändern bestrichenen Bereiches unerheblich ist, rührt die Fehlanpassung für letztere praktisch allein von dem hinzukommenden Fußpunkts-Blindwiderstand der Antenne her, dessen Größe sich mit genügender Genauigkeit zu:

$$X = -j\, W_A \cdot \operatorname{cotg} 2\pi \frac{l}{\lambda} \quad (\Omega)$$

ergibt, also dem Wellenwiderstand W_A der Antenne direkt proportional ist. Man muß folglich trachten, W_A so weit wie möglich zu verringern. Am weitesten kommt man in dieser Beziehung mit einer auf der Spitze stehenden, kegelförmigen $\frac{\lambda}{4}$-Antenne, die sich bis zu einem Wellenwiderstand von etwa 200 Ω hinab bauen läßt, während für normale Stab- oder Drahtantennen W_A etwa 400 Ω bis 600 Ω beträgt. Abb. 144a und b bezieht sich auf einen an einer Energieleitung von 36 Ω Wellenwiderstand liegenden $\frac{\lambda}{4}$-Strahler, wobei zwei verschiedene Werte von W_A und verschiedene Längen der Energieleitung unter Annahme konstanter Eingangs-EMK zugrunde gelegt sind (da der Strahlungswiderstand eines $\frac{\lambda}{4}$-Wellenstrahlers im Fußpunkt 36 Ω beträgt, ist eine derartige Anordnung ohne weitere Anpassungsglieder für die Trägerfrequenz richtig abgeschlossen).

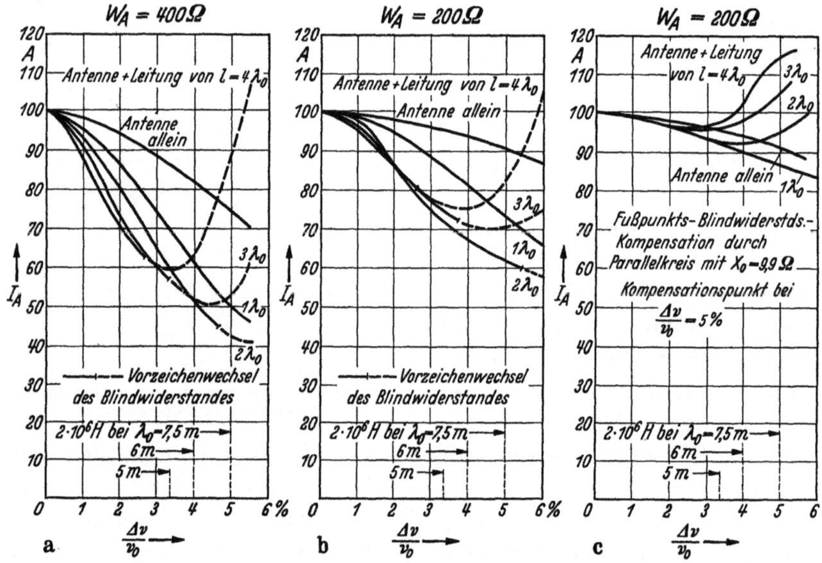

Abb. 144. Amplitudenmäßige Durchlässigkeitskurve eines $\frac{\lambda}{4}$-Strahlers an Kabel von 36 Ω Wellenwiderstand für konstante Eingangs-EMK.

Wie die Diagramme zeigen, verschlechtert sich zunächst die Frequenzdurchlässigkeit in der Antenne mit zunehmendem l, um dann von einem gewissen Punkte ab, wo das jetzt fehlangepaßte Kabel selbst kompensierenden Blindwiderstand liefert, wieder stark zu steigen. Dieser Anstieg kann wesentlich über den Betrag für die Trägerwelle hinausgehen und zu untragbaren Stromübersteuerungen führen. Solche lediglich durch den Fußpunkts-Blindwiderstand bedingten Fehlanpassungen lassen sich bis zu einem gewissen Grade durch aus reinen Blindwiderständen zusammengesetzte zusätzliche Kreisanordnungen ausgleichen, so z.B. schon durch einen am Kabelausgang liegenden Parallel-Resonanzkreis, der so bemessen werden kann, daß er den durch die Antenne hervorgerufenen Blindwiderstand für eine bestimmte Seitenbandfrequenz gerade aufhebt. In Abb. 144c ist der Fall der Abb. 144b unter Einführung einer derartigen Kompensation dargestellt, wobei der Ausgleich des Blindwiderstandes bei der äußersten Seitenbandfrequenz, also bei $\frac{\Delta\nu}{\nu_0} = 5\%$, exakt ist. Die jetzt noch verbleibenden, erheblich geringeren Fehlanpassungen sind im wesentlichen eine Folge der durch das Kompensationsglied bedingten Transformation des Antennen-Wirkwiderstandes. Ist das Kabel sehr lang, so entstehen wellenartige Durchlässigkeiten. In Abb. 145 ist ein Fall angegeben, der etwa den Verhältnissen des Fernsehsenders Witzleben entspricht. Da ein Kabel der mittleren Type verwendet ist, sind die Verluste in Anbetracht der großen Länge von etwa 30 λ nicht mehr zu vernachlässigen. Infolge der Kabeldämpfung ist zwar die eingangsseitige Welligkeit soweit herabgemindert, daß unzulässige Stromübersteuerungen nicht mehr zu befürchten sind, dafür wird aber, wie die Kurve des Wirkungsgrades zeigt, praktisch die Hälfte der kostbaren Hochfrequenzenergie im Kabel völlig nutzlos in Wärme verwandelt.

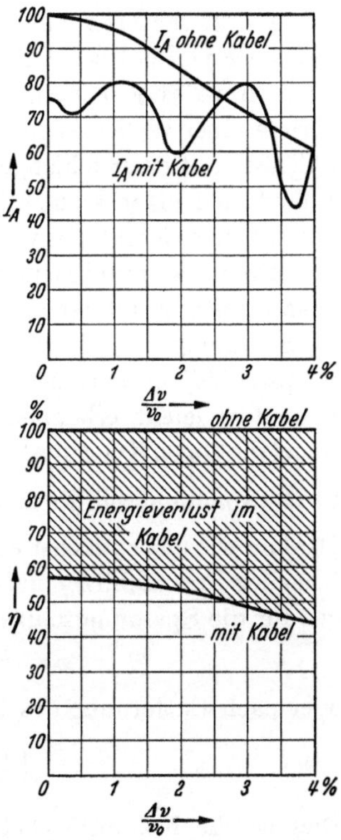

Abb. 145. Oben: Amplitudenmäßige Durchlässigkeitskurve eines $\frac{\lambda}{4}$-Strahlers von 600 Ω Wellenwiderstand an langer gedämpfter Leitung bei konstanter Eingangs-EMK.
$l = 210$ m, $\lambda = 7{,}0$ m,
$d_l = d_q = 1{,}5$‰; Anpassung bei Träger.
Unten: Wirkungsgrad.

d) Amplituden- und Phasenverlauf.

Bisher wurde hauptsächlich die Amplitudendurchlässigkeit im Gebiet der Seitenbänder betrachtet. Mit dieser allein ist es aber nicht getan. Denn während es bei Sprache und Musik auf die Phasenwinkel der einzelnen Obertöne nicht ankommt — die im Ohr stattfindende harmonische Analyse erstreckt sich ja lediglich auf die Feststellung von Amplitude und Schwingungszahl der Gemischkomponenten — ist beim Fernsehen die relative Lage der einzelnen Frequenzen zueinander, weil sie die Form der Umhüllungslinie bedingt, von größter Wichtigkeit. Es muß deshalb untersucht werden, ob die Fortleitung einer modulierten Schwingung über ein Kabel verzerrende Phasenverschiebungen einzelner Teilfrequenzen des Helligkeitsüberganges bewirken kann. Eines ist sicher: Im Falle rein fortschreitender Wellen gleicher Fortpflanzungsgeschwindigkeit — also z.B. im Strahlungsfeld oder auf einer für alle übertragenen Frequenzen ohmisch mit dem Wellenwiderstand abgeschlossenen verlustfreien Leitung — treten keine Verzerrungen der Phase auf, da die Lage der einzelnen Vektoren längs der Leitung wegen der räumlich konstanten Phasendrehung ja einfach dem Winkelfortschritt der im Vektordiagramm ebenfalls gleichmäßig rotierend gedachten Eingangsvektoren entspricht. Der Eingangsvektor beschreibt also, auf einer verlustlosen Leitung fortschreitend, eine Schraubenlinie längs eines kreisförmigen Zylinders, wobei ein voller Umlauf das Zurücklegen gerade einer Wellenlänge bedeutet. Nicht ganz so einfach sind die Verhältnisse auf einer fehlangepaßten Leitung. Zu ihrer Veranschaulichung bedarf es einiger kleiner Zwischenrechnungen. Da die hier in Frage kommenden Gebilde (Antennen-Energieleitungen, Breitbandkabel) außerordentlich dämpfungsarm sind, wollen wir zuerst den Fall der verlustlosen Leitung untersuchen.

Spannungs- und Stromverlauf gehorchen der Gleichung einer Ellipse [*116*] in Parameterdarstellung mit dem Parameter α, was sich besonders leicht erkennen läßt, wenn wir uns die Ellipsen in einem schiefwinkligen Koordinatensystem, mit den Achsrichtungen E_2 und $j J_2 W$ für die Spannungsellipse bzw. J_2 und $j \frac{E_2}{W}$ für die Stromellipse, vorstellen. Denken wir uns zunächst die betr. Achsen senkrecht aufeinanderstehend (also den Spezialfall E_2 und J_2 in Phase, d.h. ohmschen Abschluß); dann gilt für die Spannungsellipse in kartesischen Koordinaten:

$$x = E_2 \cos \alpha, \quad y = J_2 W \sin \alpha$$

oder nach Entfernung des Parameters α:

$$\left(\frac{x}{E_2}\right)^2 + \left(\frac{y}{J_2 W}\right)^2 = 1.$$

Dies ist die bekannte Gleichung einer Ellipse mit den Halbachsen E_2 und $J_2 W$. Stehen im allgemeinen Falle E_2 und $j J_2 W$ nicht senkrecht aufeinander, so können wir uns dennoch das schiefwinklige Achsensystem durch schräge Parallelprojektion aus dem rechtwinkligen entstanden denken, wobei die Ellipse ja wiederum nur zu einer Ellipse werden kann. Ferner erkennt man, daß die bisherigen Halbachsen E_2 und $j J_2 W$ jetzt zu konjugierten Halbmessern der neuen Ellipse geworden sind. Es ergeben sich somit als geometrische Örter sämtlicher auf der Leitung möglichen Spannungs- bzw. Stromvektoren Ellipsen mit den konjugierten Halbmessern E_2 und $j J_2 W$ bzw. J_2 und $j \frac{E_2}{W}$; diese Kurven können nach dem bekannten, rein geometrischen Hilfsverfahren leicht gezeichnet werden, ihre Achsen sind ohne weiteres das Maß der größten bzw. kleinsten Amplitude auf der Leitung. In Abb. 146 sind die Spannungs- und die Stromellipse für den willkürlich angenommenen Fall einer ohmisch-induktiven Endbelastung mit $X_2 < W$ dargestellt. Die Konstruktion der Achsen liefert bei beiden Kurven das gleiche Resultat, Spannungs- und Stromellipse haben also zusammenfallende Achsenrichtungen, nur der Hilfspunkt ist vertauscht, d.h. die große Achse der einen ist die kleine Achse der anderen Ellipse und umgekehrt. Bringt man zum Zwecke eines Maßstabvergleichs die Stromdaten durch Multiplikation mit W auf proportionale Spannungswerte, so ergeben sich für beide Ellipsen kongruente Gebilde, die lediglich um 90° gegeneinander verdreht sind. In den Achsrichtungen stehen E_2 und jJ_2W senkrecht aufeinander, d.h. in ihren jeweiligen Extremlagen sind Strom und Spannung in Phase. Dieses Ergebnis beweist nur die allgemein bekannte Tatsache, daß Spannungsbauch und Stromknoten bzw. Strombauch und

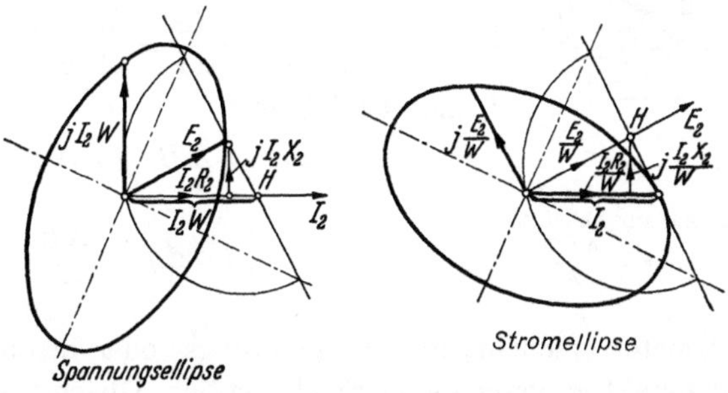

Abb. 146. Konstruktion des geometrischen Ortes sämtlicher auf einer verlustlosen Leitung möglichen Spannungs- und Stromvektoren aus den Abschlußdaten.

Spannungsknoten räumlich zusammenfallen. Die Leitung stellt also an denjenigen Punkten, die den Achsen der Ellipse entsprechen, wegen der Phasengleichheit von Spannung und Strom einen rein ohmschen Widerstand von größerem bzw. kleinerem Betrage als W dar.

e) Der Flächensatz.

Um auch in den Zwischenlagen die Richtung des Spannungs- bzw. Stromvektors und somit ihren relativen Phasenwinkel angeben zu können, muß das Gesetz gefunden werden, nach dem die Vektoren bei gleichmäßigem Fortschreiten auf der Leitung, also mit proportional anwachsendem Winkel α, umlaufen. Zu diesem Zweck denken wir uns das Koordinatensystem in die Achsen der Ellipse verlegt und betrachten zunächst wieder den Spezialfall des ohmschen Abschlusses (Abb. 147), der in den Faktoren von $\cos\alpha$ und $\sin\alpha$ nicht nur konjugierte Halbmesser, sondern direkt die Halbachsen der Ellipse ergibt. Es ist dann in Parameterdarstellung:

$$x = A\cos\alpha, \quad y = B\sin\alpha.$$

Der Inhalt des Flächenelementes dF der Ellipse ist gleich:

$$dF = e\,d\varphi\cdot\frac{e}{2}$$

oder: $$2\,dF = e^2 d\varphi .$$

Dabei ist: $$\operatorname{tg}\varphi = \frac{B}{A}\operatorname{tg} a$$

oder: $$\varphi = f(a).$$

Also ergibt die Differentiation nach a:

$$\frac{1}{\cos^2\varphi}\cdot\frac{d\varphi}{da} = \frac{B}{A}\cdot\frac{1}{\cos^2 a}.$$

Nun ist (siehe Abb. 147):

$$\cos\varphi = \frac{A\cos a}{e},$$

oder eingesetzt:

$$\frac{e^2}{A^2\cos^2 a}\cdot\frac{d\varphi}{da} = \frac{B}{A}\cdot\frac{1}{\cos^2 a},$$

also schließlich:

$$e^2 d\varphi = A B\cdot da = 2\,dF,$$

$$F = \frac{1}{2}\int_0^a e^2 d\varphi = \frac{A B}{2}\cdot a,$$

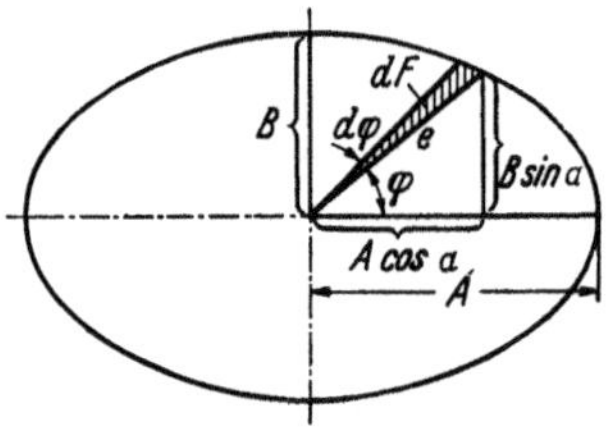

Abb. 147. Hilfsfigur zur Ableitung des Flächensatzes: $F = \frac{A\cdot B}{2}\cdot a$.

d.h. der Parameter erscheint in der Spannungs- oder Stromellipse als vom Ausgangspunkt an gerechnetes Flächenstück. Gleichen räumlichen Schritten längs der Leitung entsprechen daher inhaltsgleiche Sektoren der Ellipse. Dieser hier für das rechtwinklige Koordinatensystem geführte Beweis gilt auch für das schiefwinklige, was sofort einleuchtet, wenn wir uns dieses wieder als schräge Parallelprojektion des rechtwinkligen vorstellen. Dann werden nämlich alle in einer Ebene liegenden gleich großen Flächenstücke, also auch die je Einheitsschritt längs der Leitung konstanten Ellipsensektoren, im selben Maße verändert, bleiben also untereinander flächengleich. Diese Erkenntnis ermöglicht eine sehr einfache Konstruktion der bestimmten Leitungspunkten zugeordneten Spannungs- und Stromvektoren. Wir denken uns die Ellipse durch Parallelprojektion eines Kreises entstanden, dessen Durchmesser dann gleich der Länge ihrer großen Achse sein muß (Abb. 148). Auf diesen sonach der Ellipse umschriebenen Kreis projizieren wir in Richtung der kleinen Achse den Endpunkt des Vektors E_2, d.h. derjenigen Spannung, die am Kabelende liegt. An dem gewonnenen Ausgangspunkt beginnend, teilen wir den Kreisumfang in n Teile, um die Lage der Spannungs- bzw. Stromvektoren entsprechend räumlichen Abständen am Kabel von je $\frac{\lambda}{n}$ Länge festzulegen. Die auf dem Kreisumfang erhaltenen Punkte projizieren wir rückwärts auf die Ellipse in Richtung ihrer kleinen Achse. Damit haben wir die Endpunkte der gewünschten Vektoren nach Einheitsschritten längs der Leitung von je $\frac{\lambda}{n}$ ermittelt.

Auf Grund des vorher abgeleiteten Flächensatzes dürfte dieses Verfahren ohne weiteres verständlich sein. Die vom Kreisumfang nach der Mitte gezogenen Radien schließen bei gleichmäßigem Weiterrücken längs des Kreisumfanges natürlich inhaltsgleiche Sektoren ein (schraffiert), da an dieser Tatsache durch die Parallelprojektion ja nichts geändert wird. Man erkennt also mit Hilfe des Flächensatzes, daß die Phasenlage der Spannungs- oder Stromvektoren längs der Leitung sich bei konstanten Schritten in der Gegend des Maximums weniger rasch ändert als in der Gegend des Minimums. Das bedeutet folgendes: Geht man z. B. vom Orte des Spannungsmaximums aus, so bleibt der Spannungsvektor zunächst gegenüber dem Stromvektor zurück, bis eine maximale Phasenverschiebung eingetreten ist. Nun kommt der Stromvektor allmählich in die Zone seines Maximums, läuft also verhältnismäßig langsamer weiter als bisher, während der Spannungsvektor, der sich seinem Minimum nähert, jetzt beschleunigt vorwärts eilt und auf diese Weise den Stromvektor am Spannungsknoten einholt. Danach vollzieht sich das Spiel in umgekehrter Reihenfolge, um nach weiteren 90° wieder den Ausgangszustand zu erreichen. Man erkennt aus dieser Betrachtung, daß die Vorgänge auf der Leitung sich nach 180 elektrischen Graden, also nach Schritten von je $\frac{\lambda}{2}$, periodisch wiederholen.

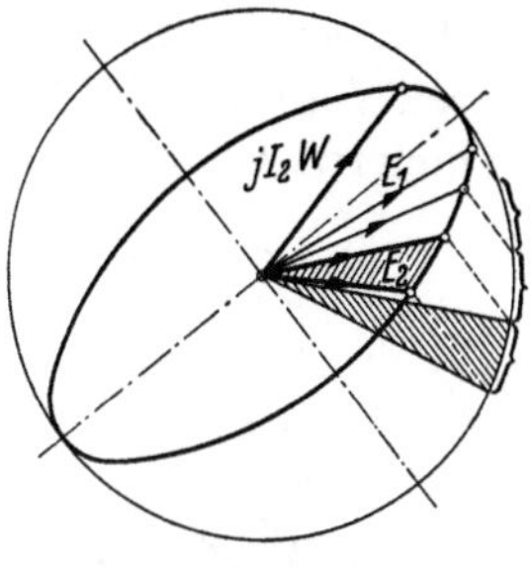

Abb. 148. Konstruktion der Lage der Ortsvektoren auf Grund des Flächensatzes bei gegebenem räumlichen Fortschritt.

f) Die Phasenverzerrung.

Ferner zeigen die obigen Überlegungen sehr anschaulich folgendes: Im Gegensatz zur rein fortschreitenden Welle ist bei Fehlanpassung die Phasengeschwindigkeit, die wir bei gleichmäßigem Weiterrücken längs der Leitung feststellen, durchaus unterschiedlich; sie entspricht nur in den Knoten den Werten bei richtiger Anpassung. Ist also das Kabel, etwa bei Speisung einer strahlenden Antenne, nur für den Träger genau angepaßt, so ist die Lage des Seitenbandendvektors lediglich für den unwahrscheinlichen Fall, daß die Leitung gerade für die betreffende Seitenbandfrequenz ein ganzzahliges Vielfaches ihrer Viertelwellenlänge mißt, unverändert gegenüber der Lage bei rein fortschreitender Welle (Phasenverzerrung Null). Der sonst notwendig auftretende Winkel der Phasenverzerrung einer Frequenz ist daher einfach der Fehlwinkel zwischen dem tatsächlichen Vektor der Endspannung E_2 und der Lage, die E_2 bei richtiger Anpassung einnehmen würde. Stellt z. B. Abb. 149

die aus den bekannten Leitungsabschlußdaten sich für die betr. Seitenbandfrequenz ergebende Ellipse dar und ist E_1 der aus der Leitungslänge ermittelte Eingangsvektor, so folgt nach dem Flächensatz, daß bei richtiger Anpassung zwischen E_1 und E_2 ein dem Winkel β entsprechender Phasenunterschied bestehen würde. Die Phasen*verzerrung* φ_z ist also die Differenz der resultierenden Winkel, d.h. es ist $\varphi_z = \gamma + \delta$.

Sind die Verhältnisse für je zwei korrespondierende Seitenbandfrequenzen genau symmetrisch, ist also für den praktischen Fall die Antenne genau auf die Trägerwelle abgestimmt und die elektrische Kabellänge bei der Trägerfrequenz genau ein ganzzahliges Vielfaches von deren Viertel-Wellenlänge, so sind auch die beiden Seitenbandvektoren symmetrisch zum Trägerwellenvektor verschoben; der Winkel φ_z ist dann direkt ein Maß für die niederfrequente Phasenverschiebung. Der *resultierende* Vektor beider Seitenbänder bleibt jedoch in Phase mit dem Trägerwellenvektor, die Amplitudenmodulation also als solche erhalten. Ist dagegen für beide Seitenbänder die Phasenverschiebung ungleich oder auch nur die Amplitudendurchlässigkeit verschieden, so verdreht sich der resultierende Seitenbandvektor relativ zum Trägerwellenvektor, was zusätzliche Phasenmodulation bedingt. Da die hierfür verantwortlichen Seitenbänder nach der Demodulation aber nicht mehr in Erscheinung treten, ist der Endeffekt stets eine amplitudenmäßige Schwächung der betreffenden Seitenbandfrequenzen.

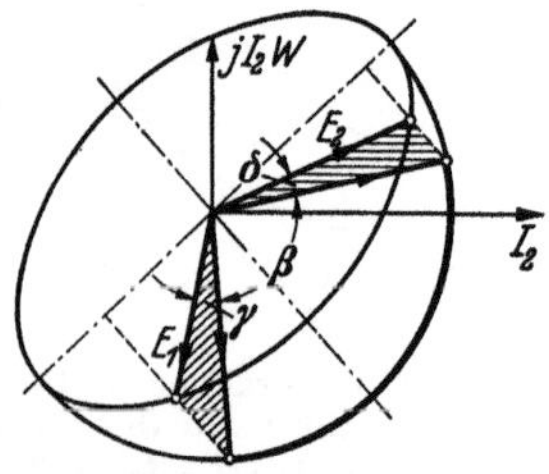

Abb. 149. Ermittlung des durch Fehlanpassung bei der Seitenbandfrequenz entstehenden Phasenverzerrungswinkels $\varphi_z = \gamma + \delta$.

Bei Wahl genügend gedämpfter Antennensysteme braucht der Winkel φ_z Beträge von etwa 40° bis 50° selbst für die äußersten Seitenbandfrequenzen nicht zu überschreiten, so daß die durch die Fehlanpassung der Leitung bewirkte Phasenverzerrung in der Regel harmlos bleiben wird. Noch günstiger liegen in dieser Hinsicht die Verhältnisse bei Kabelübertragung, weil die Beschaffung eines über den ganzen erforderlichen Frequenzbereich rein ohmschen Anpassungswiderstandes wegen der in Frage stehenden kleinen Leistungen keinerlei Schwierigkeiten bereitet.

Es bleibt noch zu untersuchen, ob bei sehr *großen* Kabellängen der Einfluß der zwar äußerst schwachen, aber im allgemeinen nicht verzerrungsfreien Dämpfung vernachlässigt werden kann. Bezüglich des Wellenwiderstandes, der für den praktisch vorliegenden Fall reinen Längswiderstandes mit genügender Genauigkeit den Wert:

$$W = \sqrt{\frac{L}{C}} \cdot \left(1 - j\frac{d_l}{2}\right)$$

annimmt, ist zu sagen, daß seine geringe Abweichung vom ohmschen Verhalten bei dem allein möglichen rein ohmschen Endabschluß zu sehr kleinen Fehlanpassungen führt, die nur verschwindende Phasenpendelungen hervorrufen. Dagegen ist der Einfluß der nicht verzerrungsfreien Dämpfung auf die Phasenlaufzeit von größerer Bedeutung, weil die hierdurch bewirkten Fehler proportional der Kabellänge ansteigen. Bezeichnen wir die auf dem Kabel sich ausbildende Wellenlänge mit λ_k, während λ die tatsächliche Wellenlänge bedeutet, wie wir sie auf einer verlustfreien Leitung (für $\mu = 1$ und $\varepsilon = 1$) erhalten würden, so steht mit Sicherheit die Fortpflanzungsgeschwindigkeit v der Welle auf dem Kabel zur Lichtgeschwindigkeit c in dem Verhältnis:

$$\frac{v}{c} = \frac{\lambda_k}{\lambda} = \frac{a}{a_k} \quad \left(\text{gemäß der Beziehung } a = 2\,\pi\,\frac{l}{\lambda}\right).$$

Die Größe a bedeutet nichts anderes, als den Imaginärteil des Arguments der Hyperbelfunktionen, nimmt also für die verlustfreie bzw. für die verlustbehaftete Leitung die Werte:

$$a = \sqrt{\frac{X_{L_0}}{X_{C_0}}} \cdot l \text{ bzw. } a = \sqrt{\frac{X_{L_0}}{X_{C_0}}}\, l \cdot \mathfrak{Re}\left(\sqrt{1 - j d_l}\right)$$

an. Damit wird durch den Einfluß der einseitigen Längsdämpfung:

$$v = \frac{c}{\mathfrak{Re}\left(\sqrt{1 - j\,d_l}\right)}\,.$$

Diese Geschwindigkeitshinabsetzung, die im Nieder- und Mittelfrequenzgebiet wegen der hier großen Dämpfungswinkel der Leitung sehr erhebliche Beträge erreichen könnte, liegt in unseren Fällen, also bei Dämpfungen von der Größenordnung einiger Tausendstel, in der Gegend von 10^{-6} und ist deshalb ohne weiteres zu vernachlässigen.

Dagegen ist ein anderer, wohl zu beachtender Effekt, der übrigens für die sog. verzerrungsfreie Leitung ebenso eine Rolle spielt wie für die verzerrende, in der frequenzabhängigen Eindringtiefe gegeben. Hat der stromdurchflossene Leiter ausreichende Schichtdicke, so reduziert sich die Fortpflanzungsgeschwindigkeit durch das zusätzliche elektromagnetische Leiterfeld im Verhältnis $\frac{1}{\sqrt{1 + d_l}}$, so daß für die endgültige Fortpflanzungsgeschwindigkeit der Ausdruck gilt:

$$v = \frac{c}{\sqrt{1 + d_l} \cdot \mathfrak{Re}\left(\sqrt{1 - j\,d_l}\right)}\,.$$

Bei sehr kleinen Dämpfungsmaßen ergibt sich für die Trägerwelle λ_{Tr} bzw. das Seitenband λ_S mit genügender Genauigkeit:

$$\frac{v_{Tr}}{v_S} = \frac{1 + \frac{d_{\lambda_S}}{2}}{1 + \frac{d_{\lambda_{Tr}}}{2}} = \left(1 + \frac{d_{\lambda_S}}{2}\right) \cdot \left(1 - \frac{d_{\lambda_{Tr}}}{2}\right) = 1 + \frac{d_{\lambda_S} - d_{\lambda_{Tr}}}{2} = 1 + \xi\,,$$

somit für das Verhältnis der elektrischen Wellenlängen auf dem Kabel: $\frac{\lambda_{TrK}}{\lambda_{SK}} = \frac{\lambda_{Tr}}{\lambda_S}(1+\xi)$. Bezeichnet $m = \frac{l}{\lambda_S} \cdot \frac{\lambda_{Tr}}{\lambda_{TrK}}$ die Anzahl Wellenlängen des Seitenbandes, die bei der Fortpflanzungsgeschwindigkeit der Trägerwelle auf einer Leitung der tatsächlichen Länge l vorhanden wäre, so ist die wirkliche Anzahl auftretender Wellen:

$$m' = \frac{l}{\lambda_{SK}} = \frac{l}{\lambda_S} \cdot \frac{\lambda_S}{\lambda_{SK}} = \frac{l}{\lambda_S} \cdot \frac{\lambda_{Tr}}{\lambda_{TrK}}(1+\xi) = m + \Delta m.$$

Es ist also ein Differenzbetrag:

$$\Delta m = m \cdot \frac{d_{\lambda_S} - d_{\lambda_{Tr}}}{2}$$

vorhanden, der direkt den Phasenfehler angibt, da eine volle Wellenlänge, nämlich der Betrag $m = 1$, dem Winkelfehler 360° entspricht. Wäre z.B. $\lambda_{Tr} = 60$ m, d.h. $\nu_{Tr} = 5$ MHz, und die betrachtete Frequenz des unteren Seitenbandes $\nu_S = 3$ MHz, d.h. $\lambda_S = 100$ m, so wäre für eine Strecke von etwa 17,5 km, also von der Größenordnung des Abstandes der Verstärkerämter beim Kabelfernsehen, $m = 175$. Die kilometrische Dämpfung ist gemäß Abb. 142 für den Träger 0,52, für die Seitenbandfrequenz 0,4; demnach das Dämpfungsmaß gemäß der Beziehung:

$$d = \frac{q}{a}$$

$$d_{\lambda_{Tr}} = \frac{0{,}52 \cdot 60}{2\pi \cdot 1000} = 4{,}98\,{}^0/_{00} \text{ bzw. } d_{\lambda_S} = \frac{0{,}40 \cdot 100}{2\pi \cdot 1000} = 6{,}38\,{}^0/_{00}\,.$$

Also wird $\Delta m = +0{,}122$, entsprechend einem Phasenfehler von 44°. Da aber die Trägerfrequenz in allen praktischen Fällen prozentual näher an die Seitenbandfrequenz gelegt werden kann, läßt sich dieser Fehler noch reduzieren, ist also durchaus hinnehmbar, und zwar um so leichter, als in den beim Kabelfernsehen notwendigen Zwischenverstärkerämtern jeweils eine Phasenentzerrung vorgenommen werden könnte. Prinzipiell zu vermeiden wäre er z.B. durch eine genügend feine Verlitzung, die aus Kostengründen jedoch undurchführbar erscheint, oder durch Herstellung von Leitern, deren Schichtdicke die Größenordnung der Eindringtiefe der höchsten in Frage kommenden Frequenz nicht überschreitet [*118*]. Eine derartige Leitung hätte dann $\left(\text{entsprechend dem Ausdruck: } \beta l = \frac{R_{l\,\text{ges}}}{2W}\right)$ auch für alle tieferen Frequenzen dieselbe kilometrische Dämpfung, würde also neben dem Phasenfehler zugleich eine wellenabhängige Amplitudenverzerrung ausschließen.

g) Entwicklungsstand.

Die Fernsehtechnik ist heute über den Zeitpunkt erster tastender Versuche weit hinaus gewachsen. Es ist das besondere Verdienst der

Reichs-Rundfunk-Gesellschaft, bereits am 22. März 1935 als erste in der Welt einen Fernseh-Programmdienst eingeführt zu haben, dessen Dar-

Abb. 150. Alter Ultrakurzwellen-Fernsehsender Witzleben, entwickelt und gebaut von Telefunken.

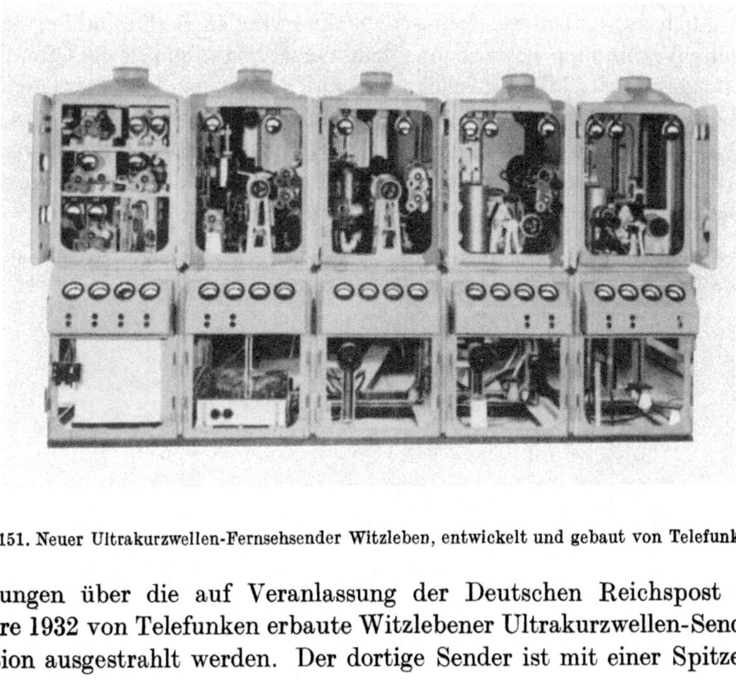

Abb. 151. Neuer Ultrakurzwellen-Fernsehsender Witzleben, entwickelt und gebaut von Telefunken.

bietungen über die auf Veranlassung der Deutschen Reichspost im Jahre 1932 von Telefunken erbaute Witzlebener Ultrakurzwellen-Sendestation ausgestrahlt werden. Der dortige Sender ist mit einer Spitzenleistung von 16 kW seinerzeit wohl die größte bestehende Fernsehanlage gewesen. Abb. 150 zeigt das Bild desselben. Nachdem er 1935 dem Ausstellungsbrande zum Opfer gefallen war, konnte er bereits kurz danach durch einen konstruktiv verbesserten, elektrisch aber durchaus gleichartigen Neuaufbau gemäß Abb. 151 ersetzt werden. In Abb. 152 sehen wir eine Fernseh-Sendeanordnung von Marconi-EMI im Londoner Alexandra-Palace. Auffällig ist hier die Antenne, die aus einer Reihe von (wohl zum Zwecke der Verkleinerung des Wellenwiderstandes) parallel geschalteten Vertikaldipolen mit innen liegenden Reflektoren besteht. Es sind zwei derartige Strahler übereinander, also praktisch entkoppelt, für Bild- und Tonsendung angebracht.

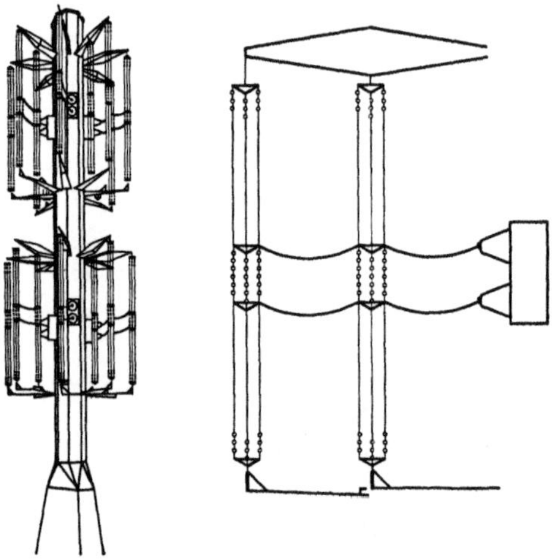

Abb. 152. Antenne des Marconi-EMI-Fernsehsenders, Alexandra-Palace, London.

Auch das Kabelfernsehen ist, wie die zwischen Berlin und Leipzig erstellte Verbindung beweist, aus dem Versuchsstadium in die Öffentlichkeit getreten[1]. Mit Rücksicht auf die Bedeutung, die diese Art der Übertragung für die künftige Entwicklung der neuen Technik gewinnen wird, dürften die voraufgehenden Ausführungen über die elektrischen Verhältnisse und Probleme bei der Fortleitung von Fernsehfrequenzen über längere Kabelstrecken am Platze gewesen sein.

[1] Anm. des Herausgebers: Diese Fernseh-Kabelverbindung ist inzwischen über Nürnberg nach München verlängert worden.

VII. Der Fernsehempfang.

Von M. von Ardenne, Berlin.

1. Das Frequenzgemisch im Bildempfänger.

Aus dem elektromagnetischen Feld, das die beiden Ultrakurzwellensender für Bild und Ton am Empfangsort erzeugen, greift die Antenne — zweckmäßig eine Dipolantenne — Energiebeträge heraus, die über eine Wellenleitung dem Empfängereingang zugeführt werden. Mit Rücksicht auf die quasioptische Ausbreitung der Ultrakurzwellen ist eine möglichst hohe Anordnung der Antenne, für die Abb. 153 ein Ausführungsbeispiel [*119*] gibt, anzustreben. Ihre natürliche Dämpfung, zusammen mit einer am Empfängereingang meist vorgesehenen Zusatzdämpfung, bewirkt, daß von einem und demselben strahlungaufnehmenden System die Bildwelle mit ihrem breiten Frequenzband und zugleich die Tonwelle ohne selektive Schwächungen an das Steuergitter der ersten Empfängerröhre gelangen.

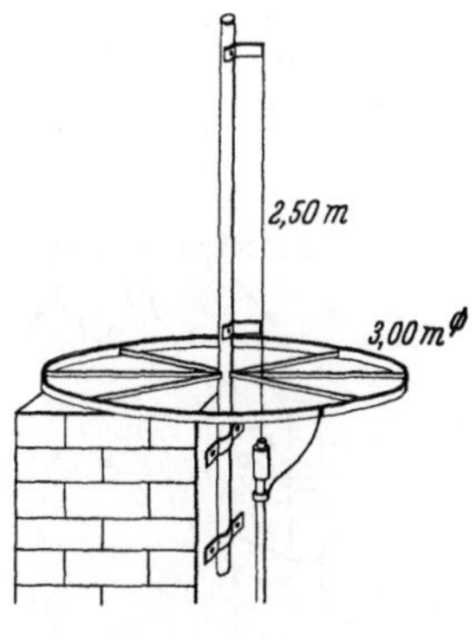

Abb. 153. Ultrakurzwellen-Fernsehantenne mit Störungsabschirmung.

Sieht man in diesem Zusammenhang zunächst von dem Mitvorhandensein der Tonwellenspannung ab, so hat, jedenfalls bei den deutschen und den englischen Sendern, das Oszillogramm der Bildwellenspannung am Empfängereingang das in Abb. 154 oben dargestellte Aussehen. Dem Vorschlage von O. Schriever [*120*] gemäß besteht ein Ruhepegel von etwa 25% der vollen Modulation, der dem Schwarzwert des Bildes entspricht. Von diesem Schwarzwert aus werden die Bildzeichen nach oben bis zum Modulationsgrad 100% (Weißwert) getastet. Die Synchronisierzeichen werden dagegen durch völliges Aussteuern des Senders auf Stromstärke Null erzeugt. Während der Synchronisierlücken, deren zeitliche Länge für die Zeile etwa 5—10% der Zeilendauer und für das Bild etwa 5% der Bilddauer beträgt, wird daher der das Empfangsbild schreibende Lichtfleck unter den Schwarzwert abgedunkelt, d. h. im Lauf seiner in diesem Intervall erfolgenden Rückführung auch bei wenig kontrastreicher Bildeinstellung, wobei also der

Schwarzwert in Wirklichkeit ein Grauwert sein kann, mit Sicherheit unsichtbar gemacht. Nach genügender Verstärkung und nach Gleichrichtung stehen in den Endstufen des Bildempfängers Spannungen sehr großer Amplitude zur Verfügung, die mit Hilfe passend gelegter und bemessener Röhrenkennlinien die Trennung von Bildzeichen und Synchronisierzeichen gestatten, wie dies in Abb. 154 unten dargestellt ist.

Einen lehrreichen Einblick in die wirklichen Größenverhältnisse und den zeitlichen Ablauf der das Fernsehbild bestimmenden Spannungen geben empfangsseitige Oszillogramme mit verschiedener Zeitdehnung. In Abb. 155 ist die Kurve der Lichtsteuerspannung mit

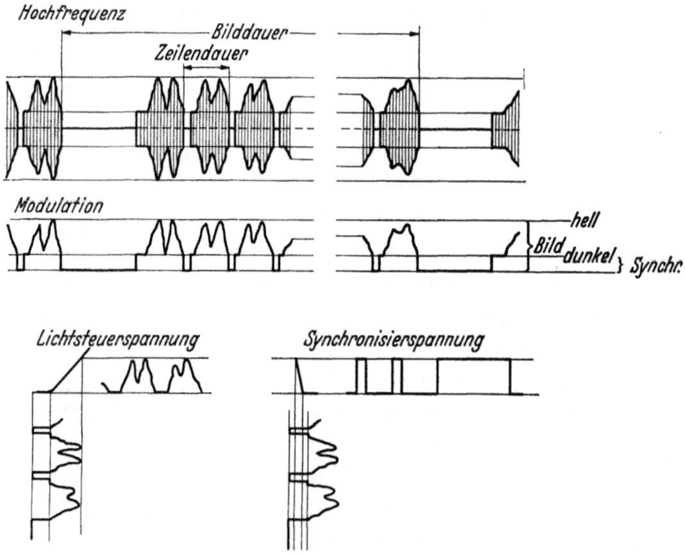

Abb. 154. Oszillogramm der Bildwellenspannung, Trennung von Bildsteuer- und Gleichlaufsignalen.

vertikaler Lage der Zeitachse wiedergegeben, links daneben die Momentaufnahme des im gleichen Augenblick fotografierten Schirmbildes der Empfängerröhre. Die Beziehungen zwischen dem übersichtlichen Bildinhalt und den im Oszillogramm erkennbaren mittleren Aussteuerungsgraden sind mit Hilfe der gezeichneten Verbindungslinien leicht ablesbar. Wird die Zeitdehnung zwei- bis dreimal so groß gewählt wie in Abb. 155 rechts, so werden bereits die den verschiedenen Zeilen entsprechenden Amplitudenzüge getrennt; Abb. 156 veranschaulicht dies für ein komplizierteres Bild. Steigern wir die Zeitdehnung weiter um den durch die heutige Zeilenzahl gegebenen Faktor 180, so erscheint die den Aufbau der Zeile steuernde Spannung analysiert, die Zeilensynchronisierlücke wird sichtbar. Auf diese Weise mit Hilfe gleichlaufender elektrischer Zeitablenkung gewonnene Oszillogramme sind in Abb. 157 für drei verschiedene Arten von Bildinhalt wiedergegeben. Durch besondere Maß-

Abb. 155. Oszilogramm der Lichtsteuerspannung des Witzleben-Senders und das dazugehörige gleichzeitig aufgenommene Fernsehbild.

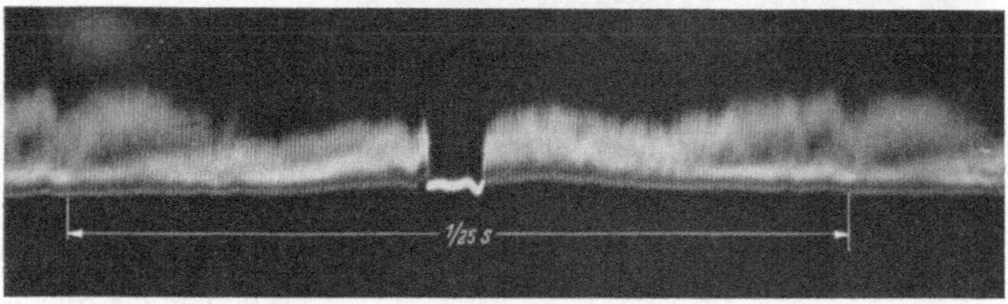

Abb. 156. Lichtsteuerspannungs-Oszillogramm eines ganzen Bildes. In der Mitte die Bildsynchronisierlücke.

nahmen ist hierbei der steile Austastimpuls für die Gleichlaufsteuerung in die Mitte gelegt.

Bemerkenswert ist in den Oszillogrammen (Abb. 156 u. 157) die Anfüllung des Grundes der Synchronisierlücken mit Störspannungen. Die Abtrennung gleichmäßiger Synchronisierimpulse ist grundsätzlich nur solange ausführbar, wie die Spitzen der Störspannung noch nicht den Schwarzpegel der Sendermodulation erreicht haben. Ein so hoher Störspannungswert könnte aber schon mit Rücksicht auf einwandfreie Bildzeichnung nicht in Kauf genommen werden. Da die Störspannung eine nur schwer im günstigen Sinne zu beeinflussende Größe darstellt und da auch das Übersetzungsverhältnis zwischen der Feldstärke und der Eingangsspannung für ein definiertes Frequenzband festliegt, muß somit die Feldstärke am Empfangsort einen bestimmten Minimalbetrag erreichen.

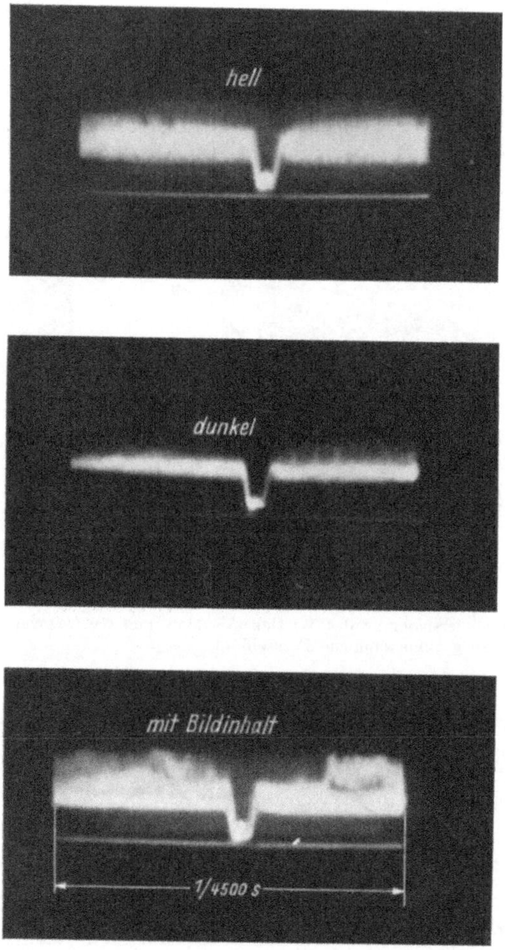

Abb. 157. Lichtsteuerspannungs-Oszillogramm der Zeilen eines ganzen Bildes. In der Mitte die durch Störungen etwas angefüllte Zeilensynchronisierlücke.

2. Ultrakurzwellen-Feldstärke und Störpegel.

Meßreihen über die Abnahme der Feldstärke von Ultrakurzwellensendern mit der Entfernung bei $\lambda = 3$ m bzw. 10 m führten zu den Diagrammen nach Abb. 158 [*121*]. Da bei den Fernsehsendern größere Werte für die Strahlungsleistung sowie auch für die Höhe der Antenne als im Fall der Abb. 158 vorausgesetzt werden können, sind die dort abzulesenden Feldstärken mit entsprechenden Faktoren zu multiplizieren. Aus den Meßreihen ist jedoch zu ersehen, daß nur durch erheblichen Aufwand auf der Sendeseite in Entfernungen über 10 km größere Feldstärken als einige mV/m hervorzubringen sind. Bei einem Frequenzbande von 4 MHz, das in Zukunft zugrunde gelegt werden muß, und normalen Dipolantennen ohne azimutale Richtwirkung liegt das praktisch mögliche Übersetzungsverhältnis zwischen Eingangsspannung und Voltzahl des Feldstärkegradienten unter Voraussetzung normaler Verstärkerröhren etwa bei 0,5 bis 1. Schon bei Senderabständen von mehr als 15 ... 20 km muß deshalb damit gerechnet werden, daß die Spannung am ersten Gitter des Empfängers unter 1 mV sinkt. Mit Spezialröhren von besonders günstigem S/C-Verhältnis kann der Übersetzungsfaktor >1 werden.

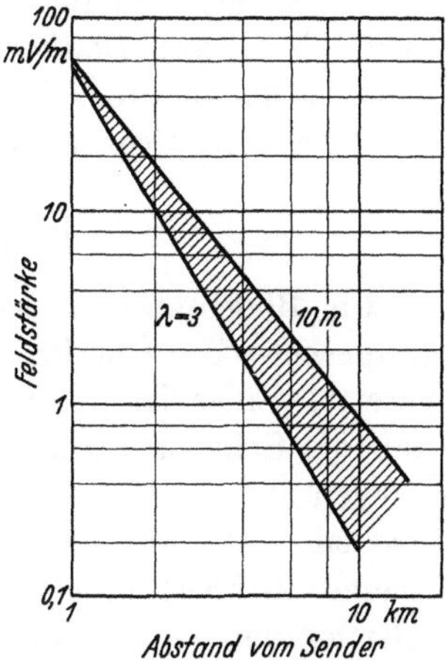

Abb. 158. Abfall der Feldstärke mit dem Senderabstand bei 3 m und 10 m Wellenlänge.

Die Störspannung am Empfängereingang setzt sich aus verschiedenen Komponenten zusammen [*122*]. Wird zunächst nur die der Rechnung besonders leicht zugängliche Wärmegeräuschspannung betrachtet, so gelangt man zu der in Abb. 159 gegebenen Darstellung des Spannungsbedarfs, wenn 1% Modulation durch den Wärmegeräuschpegel angenommen wird. Wie aus der Kurvenschar abzulesen, muß für ein Frequenzband von 4 MHz und einen Scheinwiderstand des Eingangskreises von der Größenordnung 1000 Ω[1] die Spannung am ersten Gitter etwa 10^{-3} V erreichen. Da hier nur eine einprozentige Modulation vorausgesetzt ist, bei dem Intensitätsumfang selbst kontrastreicher Fernsehbilder jedoch eine Störmodulation von 2 ... 3% des Hellstwertes zulässig erscheint, bleibt noch ein genügender Spielraum, um die ebenfalls mit der Wurzel aus der Frequenzbandbreite zunehmende Schrotspannung, die etwa von

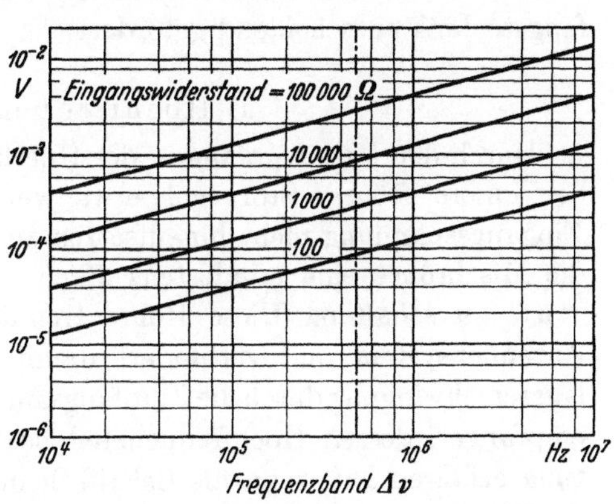

Abb. 159. Steuerspannungsbedarf des Fernsehempfängers am Eingangsgitter als Funktion der Frequenzbandbreite.

[1] Der Scheinwiderstand von 1000 Ω im Eingangskreis gilt für normale Röhren, z. B. AF 7. Mit Spezialtypen von sehr günstigem S/C-Verhältnis (Knopfröhren) lassen sich Eingangskreise von wesentlich höherem Scheinwiderstand verwirklichen; bezüglich der Rauschspannung bzw. der erforderlichen Antennenspannung ändert sich dadurch nichts, man gewinnt aber das Dreifache an Eingangswert, weil das

gleicher Größe ist, zu berücksichtigen. Für eine genauere Einbeziehung dieser Störspannung sei auf die Gleichung im Vortrag II hingewiesen.

Zu dem inneren Störpegel addiert sich noch der äußere, der jedoch bei weitem nicht die Bedeutung hat wie im Rundfunkwellenbereich. Nur in der Nähe von Diathermieapparaten, von Autozündern und solchen elektrischen Geräten, die Komponenten aus dem Kurzwellenspektrum anstoßen, überwiegt der äußere Störpegel wesentlich den inneren.

3. Der Bildempfänger.

Im Bildempfänger hat sich die Zwischenfrequenzschaltung (Superhet- oder Überlagerungsschaltung) praktisch weitgehend durchgesetzt. Einer der wichtigsten Vorzüge dieser Schaltung besteht darin, daß die Schwingneigung infolge Rückkopplung großer Ausgangsspannungen auf die Eingangsseite durch die Frequenzwandlung völlig vermieden wird. Als weitere nützliche Eigenschaft zu werten ist die bequeme Mitübertragung der die mittlere Bildhelligkeit bestimmenden Gleichstromkomponente [*123*] auf die Empfängerendstufe durch die Zwischenfrequenz, die hier die Rolle einer Trägerfrequenz übernimmt. Schließlich haben Besonderheiten, wie die unabhängig von der Sendewelle nur einmal (nämlich im Zwischenfrequenzverstärker) notwendige Abgleichung der Kopplungsglieder und die Möglichkeit doppelter Ausnutzung der ersten Hochfrequenzstufen für Bild und Ton, die allgemeine Anwendung der Zwischenfrequenzmethode in der Fernsehempfangstechnik entscheidend gefördert.

a) Hochfrequenzteil.

Durch den Mischvorgang in der Überlagerungsstufe wird gewöhnlich der innere Röhren-Störpegel etwa verdreifacht. Um trotzdem die Eingangsspannung nicht hinaufsetzen zu müssen, pflegt man heute vor die Mischröhre eine mindestens 3fach verstärkende Hochfrequenzstufe zu schalten. Diese Röhre trennt zugleich den Mischteil vom Antennensystem und verhindert damit eine Ausstrahlung der Überlagererschwingung durch die Empfangsantenne. Einen Zwischenfrequenzempfänger, dessen Hochfrequenzteil besonders sorgfältige Durcharbeitung erfahren hat, zeigt als Schaltschema Abb. 160. Die Abstimmung der Ultrakurzwellen-Schwingkreise erfolgt hier nicht durch Verändern der Kapazität, sondern durch Regelung der Selbstinduktion. Auf diese Weise ist grundsätzlich ein höherer Resonanzwiderstand und damit eine größere Verstärkung erreichbar.

Antennen-Transformationsverhältnis entsprechend höher gewählt werden kann. Durch die so gegebene Vorverstärkung der Eingangsspannung wird das Verhältnis Signal : Störpegel proportional günstiger.

Der Resonanzwiderstand eines Schwingungskreises hat bekanntlich den Wert:

$$R_{\text{res}} = \frac{\pi}{d} \cdot \frac{1}{2\,\pi \nu_t \cdot C} \,.$$

Hierin bedeutet ν_t die Frequenz der Ultrakurzwelle (Berlin $\lambda \sim 7$ m), C die gesamte zur Herbeiführung der Abstimmung dienende Kapazität. Das für eine bestimmte Halbwertbreite der Resonanzkurve erforderliche Dämpfungsdekrement d des Kreises ergibt sich aus der Beziehung:

$$d = \pi \frac{2 \cdot \nu_m}{\nu_t} \,,$$

worin ν_m die höchste Modulationsfrequenz des Fernsehgemisches darstellt. Wird im Hinblick auf die künftigen Zerlegungsnormen, unter Berücksichtigung der Herabsetzung des resultierenden Durchlässigkeitsbereiches bei Hintereinanderschaltung zweier Schwingungskreise, für ν_m ein Wert von 3.10^6 Hz eingesetzt, so muß $d \approx 0{,}45$ sein. Durch künstliche Bedämpfung im Gitter- und Anodenkreis der ersten Stufe — in Abb. 160 erfolgt dies durch die gezeichneten ohmschen Widerstände — wird der erforderliche Wert von d erhalten. Da somit in dem Ausdruck für den Resonanzwiderstand alle Größen außer C festliegen, gelingt die Hinaufsetzung von R_{res} zum Zwecke höherer Verstärkung nur noch durch Verwirklichung sehr kleiner Kapazitäten. Diese Tatsache erklärt die Bevorzugung der Abstimmung durch Variometer und die Neigung zur Ausnutzung der unvermeidlichen schädlichen Kapazitäten als Schwingkreis-C. Wird für dieses ein Betrag von 50 pF, der noch genügenden Spielraum zur Abgleichung der verschiedenen Schwingungskreise (zwecks Durchführung der Einknopfbedienung) bestehen läßt, ferner

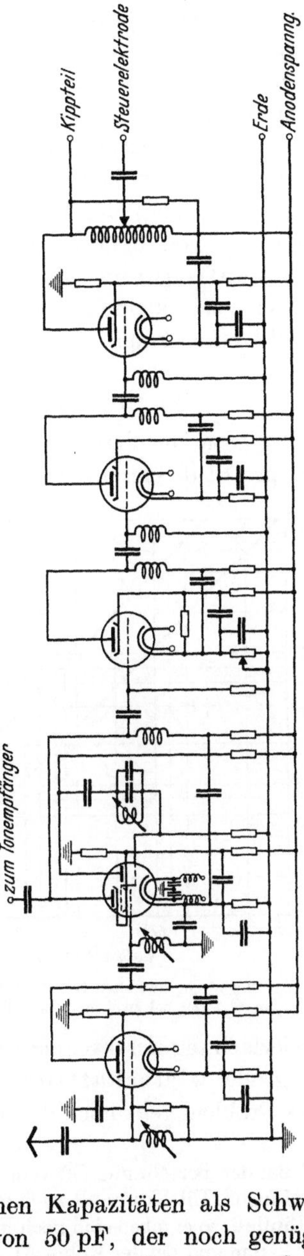

Abb. 160. Überlagerungs-Empfänger für Fernsehen mit abstimmbarer Selbstinduktion.

der oben erwähnte Dämpfungswert $d = 0{,}45$ und eine Ultrakurzwellenlänge 6,5 m angenommen, so resultiert ein Resonanzwiderstand von der geringen Größenordnung 450 Ω. Erst eine Steilheit von 7 mA/V, die nur bei den modernsten Röhrentypen erhältlich ist, sichert bei 450 Ω Scheinwiderstand die weiter vorn für die Vorstufe geforderte dreifache Spannungsverstärkung[1].

Im Anodenkreis der Mischstufe, die nach bekannten Gesichtspunkten zu schalten und zu bemessen ist, erfolgt heute üblicherweise die Abtrennung (Absiebung) des relativ schmalen Bandes der Tonzwischenfrequenz von dem über hundertmal so breiten Bande der Bildzwischenfrequenz. Zur Ankopplung des Tonzwischenfrequenzteiles dient eine sehr kleine Kapazität (1 ... 3 pF), die als Belastung vernachlässigt werden kann.

b) Der Zwischenfrequenzverstärker.

Der Zusammenhang zwischen der Frequenzbandbreite und der höchsten, pro Stufe erzielbaren Röhrenverstärkung ist bereits in Vortrag II durch eine übersichtliche Beziehung geklärt worden. Auf Grund jener Beziehung gibt Abb. 161 Kurven für zwei besonders wichtige moderne Röhrentypen (I und II) wieder, bei Annahme von Werten der schädlichen Kapazität, die nur durch sehr sorgfältigen Aufbau erreicht werden. Man ersieht daraus, daß die durch die beiden Geraden gekennzeichneten Fortschritte im Röhrenbau des letzten Jahres eben Schritt gehalten haben mit den wachsenden Anforderungen des Fernsehens, die die Vervierfachung des Frequenzbandes der heutigen Sendungen bedeuten. Die große wirtschaftliche Tragweite der Röhrenentwicklung für unser Problem geht noch deutlicher aus der Darstellung in Abb. 162 her-

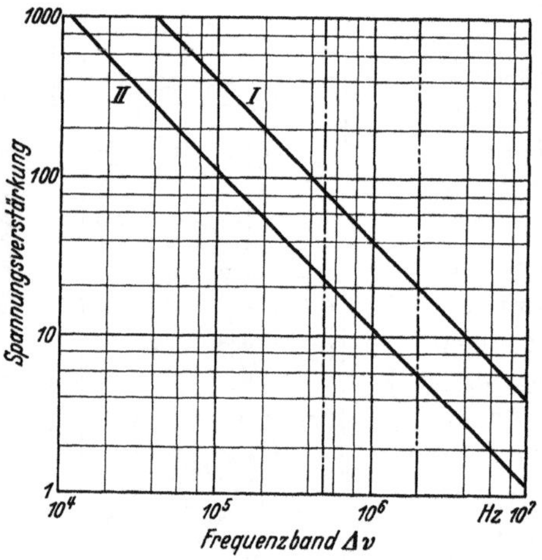

Abb. 161. Beziehung zwischen Frequenzbandbreite und Stufenverstärkung bei zwei modernen Röhrentypen.

[1] Bei der Berechnung der Verstärkung ist sogar noch die Elektronen-Laufzeitdämpfung im Ultrakurzwellengebiet außer acht geblieben. Berücksichtigt man diesen Einfluß, so ergeben sich noch kleinere Resonanzwiderstände; man kommt z. B. bei $\lambda = 6$ m und bei der Röhre AL4 auf ca. 250 Ω Gitter-Scheinwiderstand der folgenden Röhrenstufe. Wesentliche Verstärkungsgrade lassen sich unter diesen Verhältnissen also überhaupt nur noch durch Knopfröhren erzielen.

vor. Diese zeigt als Funktion des Modulationsfrequenzbandes die Zahl der für die Verstärkung benötigten Stufen bei einer 10^5fachen Gesamtverstärkung (dieser Wert entspricht der höchsten, unter besonders schwierigen Empfangsverhältnissen vorkommenden Verstärkungsziffer). Man erkennt, daß im Falle weiterer Steigerung von ν_m über 2 MHz hinaus die Zahl der erforderlichen Verstärkerstufen selbst bei Einsatz der modernen Röhrentypen in einem Maße steigen würde, das die Wirtschaftlichkeit des Empfängers in Frage stellt.

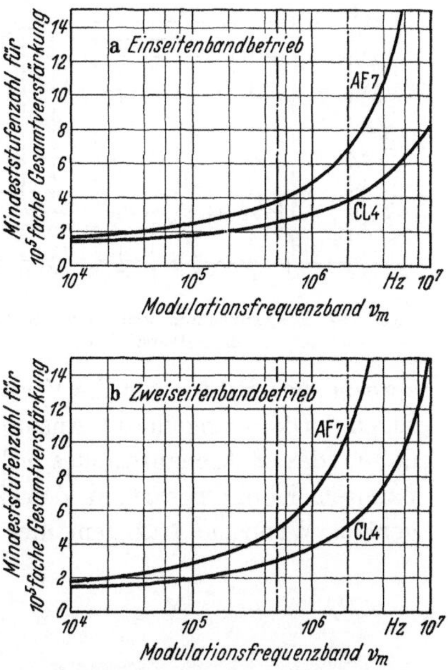

Abb. 162. Mindeststufenzahl als Funktion der Frequenzbandbreite für 10^5 fache Gesamtverstärkung.

Für die Ausführung der Röhrenkopplung im Zwischenfrequenzteil haben folgende Methoden praktische Bedeutung erlangt:

I. Widerstandsdrosselkopplung,

II. Schwingdrosselkopplung mit und ohne Versetzung der Resonanzlage,

III. Bandfilterkopplung.

I. Bei der Widerstandsdrosselkopplung hat die Drossel nur nahe der oberen Frequenzgrenze einen Einfluß auf den Amplitudengang, indem sie hier die Wirkung der schädlichen Kapazitäten in einem beschränkten Bereich kompensiert [*124*]. Die Drossel gestattet, die durch das Absinken der Leistung auf den Halbwert definierte Durchlaßweite im Vergleich zur Kopplung über rein ohmsche Widerstände etwa um eine Oktave zu vergrößern. Da aber die Widerstandsdrosselkopplung theoretisch

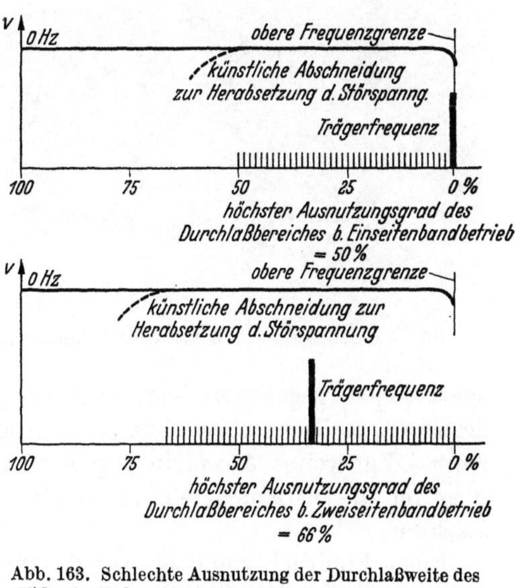

Abb. 163. Schlechte Ausnutzung der Durchlaßweite des Widerstandsdrosselverstärkers im Zwischenfrequenzteil.

bei der Frequenz Null zu übertragen beginnt und andererseits die tiefste Zwischenfrequenz zur Vermeidung von Bildstörungen nie kleiner werden darf als die höchste modulierende Frequenz, wird die Gesamtdurchlaßbreite bei Anwendung dieser Kopplungsart im Zwischenfrequenzverstärker mangelhaft ausgenutzt. Abb. 163 veranschaulicht die bei Einseitenbandbetrieb bzw. Zweiseitenbandbetrieb gegebenen Verhältnisse. In den Darstellungen Abb. 161 und 162 wäre daher im Falle der Widerstandsdrosselkopplung ein entsprechender Faktor für die Verstärkung bzw. die Stufenzahl hinzuzufügen. Die mangelhafte Ausnutzung des Übertragungsbereichs und damit des Röhrenaufwandes erklärt das seltene Vorkommen der genannten Kopplungsart in den Zwischenfrequenzteilen der Industriegeräte. Wenn sie trotzdem hier besprochen wird und auch in einer

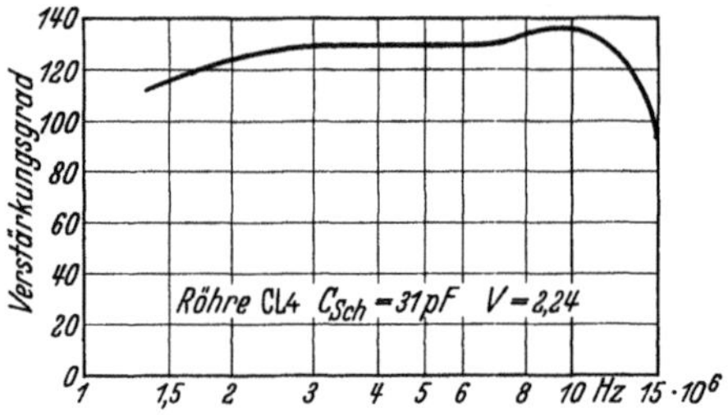

Abb. 164. Frequenzcharakteristik eines Widerstandsdrosselverstärkers.

Abb. 165. Kapazitätsarm aufgebauter Fernsehverstärker in Widerstandsdrosselkopplung.

später wiedergegebenen Schaltung vorgesehen ist, so geschieht dies deswegen, weil sie meist ohne große Abgleicharbeit ausgeführt werden kann. Ein weites Anwendungsgebiet hat die Widerstandsdrosselkopplung im Niederfrequenzteil, in Sende-, Kabel- und Oszillografenverstärkern.

Einen Eindruck von dem, was mit dieser Kopplungsart praktisch zu erreichen ist, vermittelt die in Abb. 164 gezeichnete Frequenzkurve. Den äußerst kapazitätsarmen Stufenaufbau des zugehörigen Verstärkers zeigt Abb. 165.

Die Ansicht eines vollständigen, ähnlich hergestellten Fernseh-Überlagerungsempfängers gibt Abb. 166 wieder. Die hohe Stufenzahl

Abb. 166. Fernseh-Überlagerungsempfänger mit kapazitätsarmem Stufenaufbau, älteres Versuchsgerät.

dieses Versuchsgerätes ist bedingt durch die Verwendung einer älteren Röhrentype und durch die sehr große Bandbreite.

Abb. 167. Ansicht eines Bildempfängers mit Bandfilterkopplung in der Schaltung nach Abb. 160 (TELEFUNKEN).

II. Die Schwingdrosselkopplung, die im Grunde nichts anderes verkörpert, als die Übertragung der weiter vorn für die Dimensionierung von Schwingungskreisen aufgestellten Forderung eines großen L bei kleinem C

auf den Zwischenfrequenzteil, ist frühzeitig für die Verstärkung breiter Kurzwellenspektra empfohlen worden [*125*]. Das System einer Zweifachröhre für Schwingdrosselkopplung, das infolge der sehr geringen Leitungskapazitäten ein besonders hohes S/C-Verhältnis zu erreichen erlaubt, zeigt Abb. 168. Grundsätzlich kann bei entsprechender Dämpfung die Resonanzfrequenz sämtlicher Kreise der Stufenfolge auf den gleichen Wert gelegt werden. Etwas günstiger ist es jedoch, die Resonanzlagen zu verteilen; man kann so namentlich durch Verschiebung an die beiden Enden des Durchlaßbereichs einen steileren Abfall der Frequenz-Amplitudenkurve an den Flanken erzielen. Diese Kopplungsart findet sich beispielsweise im Empfänger der Fernseh-A.-G.

Abb. 168. Innenaufbau einer Zweifachröhre für Schwingdrosselkopplung, kapazitätsarm. (VON ARDENNE 1931.)

III. Die Bandfilterkopplung hat ebenso wie die Drosselkopplung zur Voraussetzung, daß der zwischenfrequente Träger eine wesentlich höhere Schwingungszahl besitzt als die höchste modulierende Frequenz. Beim Fernsehverstärker liegt die Trägerfrequenz meist im Gebiet $3 \ldots 20 \cdot 10^6$ Hz. Sie ist hier jedenfalls stets so hoch, daß auch bei Einweggleichrichtung eine Verschleifung des Trägers ohne Verschleifung der Modulation gelingt. Eine vorteilhafte Ausführungsform der Bandfilterkopplung ist in der bereits besprochenen Schaltung nach Abb. 160 erkennbar. Die beiden Selbstinduktionen im Anoden- und Gitterkreis der Zwischenfrequenzstufen bilden zusammen mit der unvermeidlichen Kapazität je einen Schwingungskreis. Die Kopplung zwischen beiden Kreisen erfolgt hier nicht nur, wie dies bei den Bandfiltern des Langwellenbereiches üblich ist, induktiv, sondern auch kapazitiv. Durch Ausrechnung der den Eigenkapazitäten des Aufbaus angepaßten Selbstinduktionen und der erforderlichen Dämpfungen sind

Bandfilter gegeben, die für Frequenzbereiche von mehreren 10^6 Hz relativ hohe Scheinwiderstände liefern. Um die in den Ultrakurzwellenkreisen stattfindende Benachteiligung der höchsten Modulationsfrequenzen etwas auszugleichen, läßt man bei solchen Bandfiltern meist die Verstärkung in Richtung der Frequenzgrenzen leicht ansteigen.

Die Ansicht des Bildempfängers nach der Schaltung Abb. 160 zeigt Abb. 167. Im Vordergrunde rechts erkennt man die drei gekapselten Bandfilter des Zwischenfrequenzteiles. Nicht nur bei dem Gerät von Telefunken, sondern auch bei denen der Firmen C. Lorenz, Loewe, RCA, Farnsworth und anderen wird die Bandfilterkopplung benutzt.

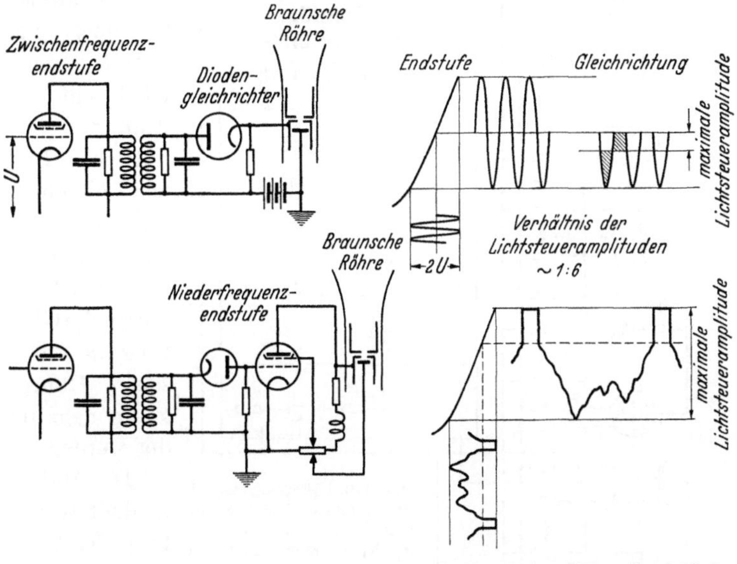

Abb. 169. Gleichrichtung der Zwischenfrequenz vor der Braunschen Röhre, Vergleich des Wirkungsgrades ohne und mit Niederfrequenzendstufe.

c) Die Empfänger-Endstufen.

Die Ausgestaltung der Endstufen des Fernsehempfängers ist bei den verschiedenen Industriekonstruktionen am wenigsten einheitlich. Folgende Arten des Ausgangs — soweit es sich um die Helligkeitssteuerung handelt — haben heute (Ende 1936) praktische Bedeutung:

I. Gleichrichtung der Zwischenfrequenz in der Braunschen Röhre,

II. Dioden-Gleichrichtung und Niederfrequenzverstärkung vor der Braunschen Röhre,

III. Vollweg-Zwischenfrequenzgleichrichtung vor der Braunschen Röhre.

I. Auf den Nachteil der Gleichrichtung in der Braunschen Röhre, nämlich die schlechte Ausnutzung der letzteren, ist der Verfasser in einer früheren Buchveröffentlichung [*126*] eingegangen. Die Röhre wirkt bei geeigneter Vorspannung ihrer Helligkeits-Steuerelektrode als optischer (frequenzunabhängiger) Demodulator, indem nur die positiven Halbwellen der Wechselspannung zur Wirkung gelangen. Diese im Prinzip also sehr einfache Art der Zwischenfrequenzgleichrichtung ist jedoch nur beim Empfang von Sendungen mit 25 Bildern/s gerechtfertigt, wobei ja mit Rücksicht auf die Flimmerfreiheit die mittlere Bildhelligkeit ohnehin nicht über ein bestimmtes Maß gesteigert werden darf. In Zukunft dürfte die Gleichrichtung in der Braunschen Röhre selbst kaum mehr angewendet werden.

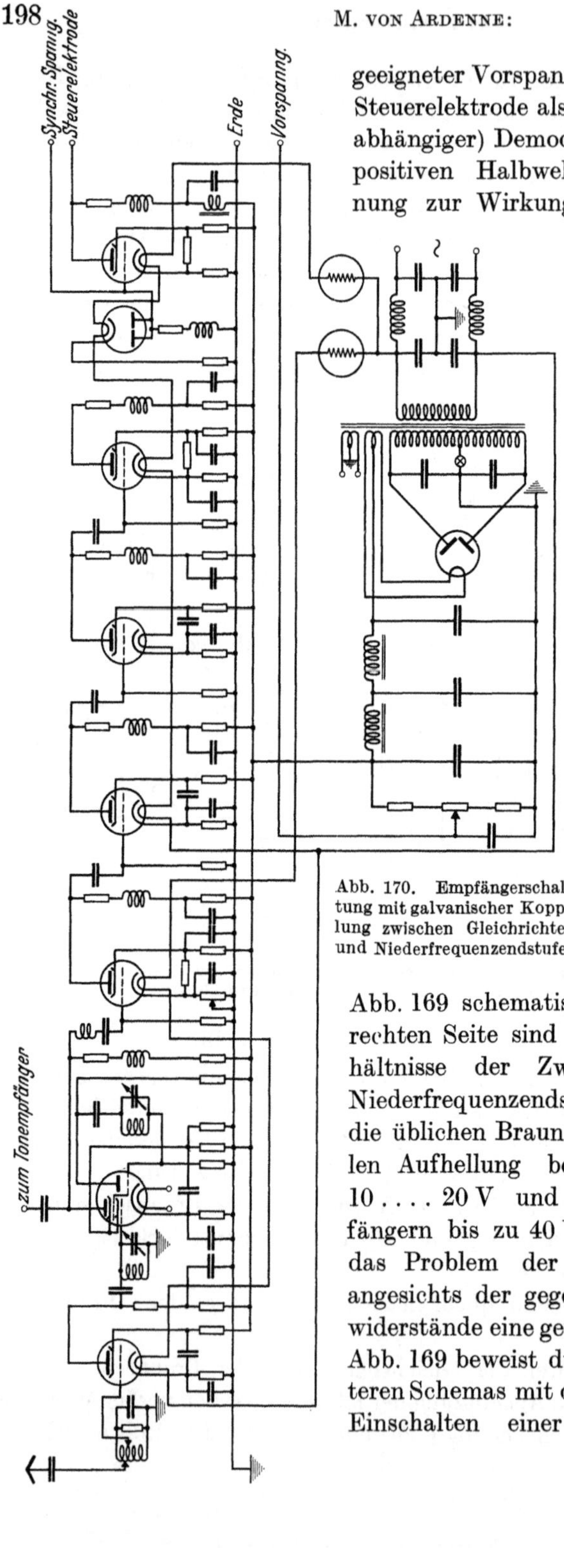

Abb. 170. Empfängerschaltung mit galvanischer Kopplung zwischen Gleichrichter und Niederfrequenzendstufe.

II. Andere Möglichkeiten zur Gestaltung des Verstärkerausganges sind in Abb. 169 schematisch erläutert. Auf der rechten Seite sind die Aussteuerungsverhältnisse der Zwischenfrequenz- bzw. Niederfrequenzendstufe dargestellt. Da die üblichen Braunschen Röhren zur vollen Aufhellung bei normalen Geräten 10 .... 20 V und bei Projektionsempfängern bis zu 40 V benötigen, verdient das Problem der Endstufenausnutzung angesichts der gegebenen kleinen Scheinwiderstände eine gewisse Aufmerksamkeit. Abb. 169 beweist durch Vergleich des unteren Schemas mit dem oberen, daß durch Einschalten einer Niederfrequenzstufe zwischen Braunscher Röhre und Zwischenfrequenzgleichrichter eine viel wirtschaftlichere Ausnutzung gelingt. Da der Gleichrichter im quadratischen Teil der Kennlinie arbeitet, ist dabei allerdings auf die Möglichkeit einer Verschlechterung der Gradation zu achten.

Eine Empfängerschaltung mit galvanischer Kopplung zwischen Gleichrichter und Niederfrequenzendstufe (s. w. u.) zeigt Abb. 170.

III. Bei Vollweg-Gleichrichtung hinter der Zwischenfrequenzendstufe wird nur ein Teil der von dieser gelieferten Spannung ausgenutzt. Besser und fast so gut wie die Schaltung nach Abb. 169 unten wirkt die Anordnung gemäß Abb. 171 (Loewe). Durch ein Gegentaktgitter wird hier

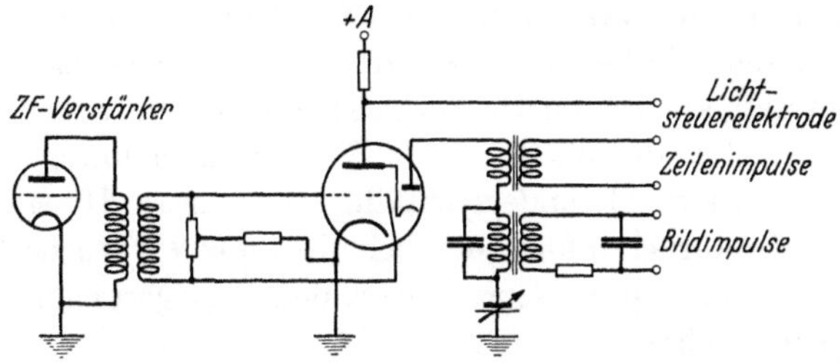

Abb. 171. Vollweggleichrichtung der Zwischenfrequenz in der Endröhre.

die Vollweggleichrichtung der Zwischenfrequenz in der Endröhre selbst besorgt. Mit Hilfe einer passend vorgespannten Diodenstrecke werden die Zeilen- und die Bildimpulse von dem Modulationsgemisch abgetrennt und über Transformatoren geeigneter Frequenzabhängigkeit in richtiger Phase den Steuergittern des Ablenkteiles zugeführt.

In allen bisher besprochenen Vorschlägen für die Ausgestaltung des Bildempfangsteiles ist dafür Sorge getragen, daß die Gleichstromkomponente mit an die Steuerelektrode der Braunschen Röhre gelangt. Auf diese Weise wird die mittlere Helligkeit übertragen und damit die tönungsrichtige Wiedergabe solcher Bilder, die einen hohen Prozentsatz sehr dunkler oder sehr heller Zonen aufweisen (Filmtitel, Schneelandschaften u. a.) gewährleistet.

Im Zusammenhang mit der Zwischen- und Niederfrequenzverstärkung sei noch kurz auf die wichtigsten Verzerrungen eingegangen. Man unterscheidet beim Bildverstärker drei Arten:

I. Frequenzabhängigkeiten,
II. Phasenverzerrungen,
III. nichtlineare Verzerrungen.

Die beiden Verzerrungsarten I und II stehen miteinander in Zusammenhang, da Frequenzabhängigkeiten stets von Phasendrehungen begleitet sind (vgl. z. B. Abb. 191 in Abschnitt 5d). Beide Fehler sind, wie die praktische Erfahrung lehrt, genügend klein, wenn der Unterschied zwischen maximaler Verstärkung mitten im Frequenzband und der Verstärkung an den Bandgrenzen kleiner bleibt als 5 bis 10%.

Es ist bekannt, daß ein plötzlicher Abfall der Verstärkungskurve nach den hohen Frequenzen hin zu unscharfen Umrissen führt. Eine zu frühe Abnahme in Richtung der tiefen Frequenzen verhindert das Auftreten gleichmäßig getönter großer Flächen im Bilde.

Phasenverzerrung bedeutet ungleiche Laufzeiten für die verschiedenen Frequenzen des verstärkten Bandes. Bei schwachen Verzerrungen dieser Art erscheint die bekannte „Bildplastik", bei stärkeren folgen die Konturen mehrmals aufeinander mit abklingender Intensität.

Die nichtlinearen Verzerrungen bedingen im Fernbilde hauptsächlich ein Fehlen der Halbtöne. Die infolge Übersteuerung eintretenden Gleichrichtereffekte führen zu Ausgleichsvorgängen in den Kopplungsgliedern, die sich in der Wiedergabe z. B. als Fahnen hinter weißen Zonen bemerkbar machen. Besonders anfällig ist in dieser Hinsicht der *R*-*C*-gekoppelte Verstärker infolge der bei übermäßigen Wechselamplituden eintretenden, nur langsam zurückgehenden Verlagerungen des Arbeitspunktes jeder Röhre.

4. Die Abtrennung der Synchronisierimpulse.

Die Abtrennung gleichmäßiger Synchronisierimpulse, die weder vom Bildinhalt noch vom Störpegel beeinflußt sind, aus dem übertragenen Mischsignal macht es notwendig, aus dem Modulationsbereich des Senders einen schmalen Anteil herauszuschneiden, der zwischen dem Schwarzpegel und den Spitzen des Störpegels liegt. Für diese Aufgabe bestehen prinzipiell mehrere Lösungsmöglichkeiten. Ein Verfahren zur unmittelbaren Steuerung mit der Zwischenfrequenz, bei Verlegung des Arbeitspunktes jenseits des unteren Knicks einer durch Stromverteilung geformten Schirmgitterröhren-Kennlinie, ist bereits in der weiter oben zitierten Buchveröffentlichung des Verfassers besprochen.

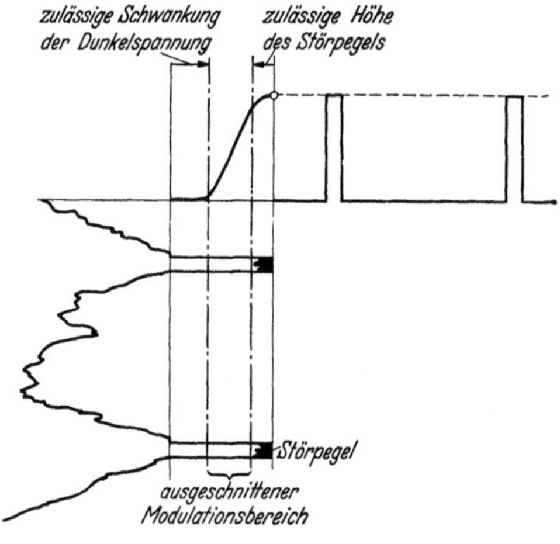

Abb. 172. Aussiebung der Gleichlaufimpulse.

Ein anderer zweckmäßiger Weg nach Messner [*127*] (C. Lorenz A.-G.)

besteht darin, das durch die Gleichrichtung aus der Zwischenfrequenz gewonnene Gemisch einer Röhrenstufe in der aus Abb. 172 erkennbaren Weise zuzuführen. Der Arbeitspunkt der Röhre, deren Durchsteuerbereich die Größenordnung 1 . . . 2 V haben muß, liegt hier am oberen Knick. In den Synchronisierlücken, wo keine Steuerspannungen den Arbeitspunkt in negativer Richtung verschieben, fließt daher der volle gesättigte Anodenstrom. Sobald nun der Sender wieder einschaltet, wird, gleichviel ob dunkle oder helle Bildteile abgetastet werden, der Arbeitspunkt und damit der Anodenstrom stets soweit hinuntergedrückt, daß die Abtrennstufe gesperrt ist. Zum Nachweis der Unabhängigkeit eines solchen Amplitudensiebes von den wechselnden Steuerspannungen der Bildsendung ist in Abb. 173 ein Oszillogramm wiedergegeben, das in der Mitte die Zeilensynchronisierlücke und als langen Querstrich oben auch die Bildsynchronisierlücke erkennen läßt.

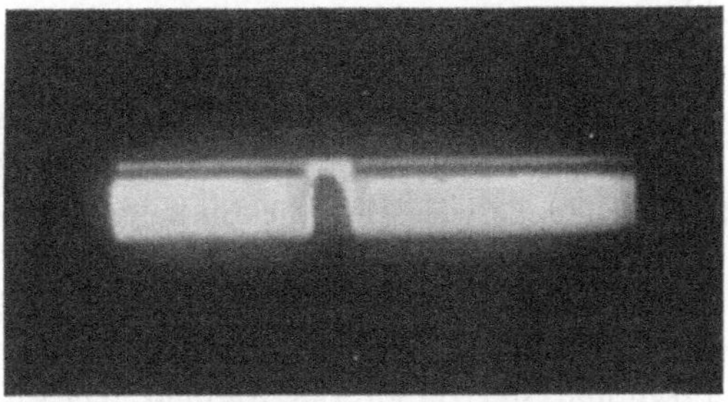

Abb. 173. Unabhängigkeit der Gleichlaufzeichen-Aussiebung von der Lichtsteuerspannung.

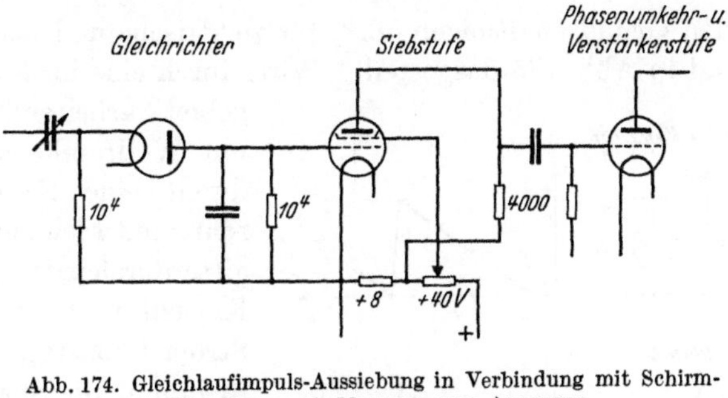

Abb. 174. Gleichlaufimpuls-Aussiebung in Verbindung mit Schirmgitterröhre nach MESSNER-VON ARDENNE.

Damit die Gleichlaufimpulse vom Störpegel gänzlich unbeeinflußt bleiben, muß der Arbeitspunkt im oberen Knick auf einem völlig horizontal verlaufenden Teil der Kennlinie liegen. Hierzu kann die Anordnung nach Abb. 172 mit der Schirmgittersiebstufe des Verfassers kombiniert werden. Durch richtiges Einstellen der Schirmgitterspannung und durch Wahl einer geeigneten Anodenspannung in dieser Siebstufe, vgl. Abb. 174, läßt sich erreichen, daß bei der Gitterspannung Null die Kennlinie in Richtung negativer Gitterspannungen zunächst vollkommen horizontal verläuft. Dadurch gewinnt man ungestörte Synchronisiersignale von außerordentlicher Konstanz, wie sie vor allem für die Steuerung unselbständiger Kippschwingungen verlangt werden müssen. Die in Abb. 174 hinter die Siebstufe geschaltete normale Verstärkerröhre dient dazu, die beim Arbeiten im oberen Knick verkehrte Phase der Gleichlaufzeichen umzudrehen und die Amplitude dieser Impulse zugleich so zu vergrößern, daß sie zur Steuerung einer unselbständigen Kippschaltung genügen.

5. Das Kippschwingungsgerät.

Schon bei den ersten praktischen Fernsehversuchen mit der Braunschen Röhre erwies sich die Bildfeldzerlegung mit Hilfe von zwei den Kathodenstrahl ablenkenden Kippschwingungen („Sägezahn"-Spannungen oder -Strömen) als die zweckmäßigste Methode. Konstante Schreibgeschwindigkeit und damit gleichmäßige Verteilung von Lichtstärke und Schärfe auf das Bildfeld, das Ausbleiben von Phasenfehlern bei der Zerlegung in nur einer Richtung und die Möglichkeit, hierbei senderseits kontinuierlich umlaufende mechanische Abtaster, wie Lochscheiben, Spiegelräder, Linsenkränze, beizubehalten, sind die Hauptvorzüge gegenüber der früher oft vorgeschlagenen Ablenkung des Kathodenstrahles mittels Sinusschwingungen.

a) Grundschaltungen für elektrische und magnetische Kippung.

Die beiden Grundschaltungen [*128*] für elektrische und magnetische Kippung sind in Abb. 175 dargestellt. Wird durch eine im Sättigungsgebiet arbeitende Röhre mit Wolframkathode oder durch eine Schirmgitterröhre mit kleinem Schirmgitterdurchgriff der einer Kapazität C zufließende Strom I konstant gehalten, so nimmt die Spannung U an der Kapazität bekanntlich genau linear mit der Zeit zu. Ehe U den Wert der Ladespannungsquelle erreicht, muß die Entladung von C beginnen. Der

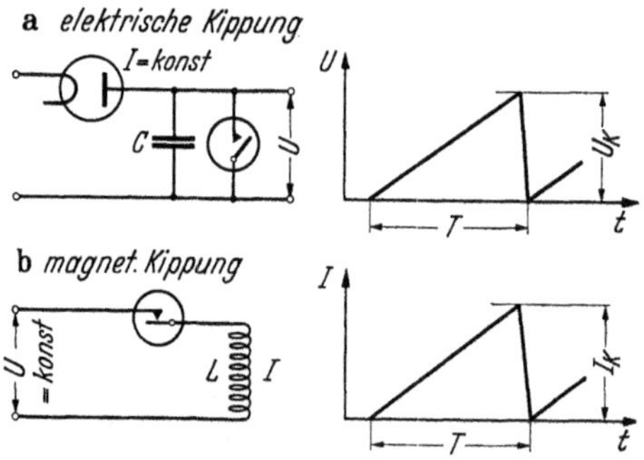

Abb. 175. Grundschaltungen für elektrische und magnetische Kippung.

in Abb. 175 nur schematisch durch einen Schalter angedeutete Schließungsweg muß, um die Entladezeit klein zu halten im Vergleich zur Kipperiodendauer T (Größenordnung 5% von T beim Fernsehen), sehr starke Entladeströme gestatten, gemessen an der Größe des Ladestromes. Bezeichnet U_K die Kippspannungsamplitude, bei der die Schließungsstrecke anspricht, so besteht für die Frequenz der Kippschwingung folgende einfache Beziehung:

$$\nu = \frac{1}{U_K} \cdot \frac{I}{C}.$$

Um die Auffindung der für die Erzeugung bestimmter Kippfrequenzen notwendigen Ladeströme und Kapazitäten zu erleichtern, ist in Abb. 176 ein Nomogramm für 100 V Kippamplitude gezeichnet.

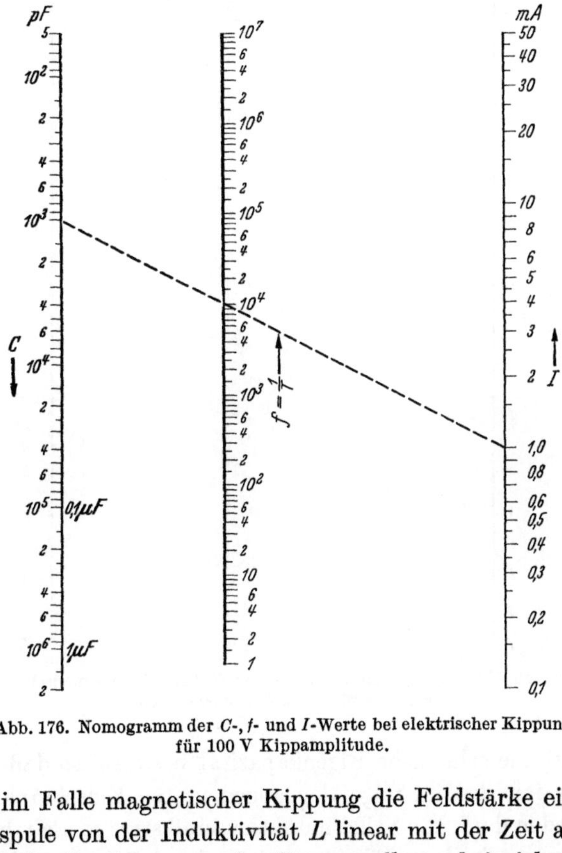

Abb. 176. Nomogramm der *C*-, *f*- und *I*-Werte bei elektrischer Kippung für 100 V Kippamplitude.

Damit im Falle magnetischer Kippung die Feldstärke einer Selbstinduktionsspule von der Induktivität L linear mit der Zeit ansteigt, ist es erforderlich, die Spannung der Stromquelle — beispielsweise durch Glimmstreckenstabilisatoren — konstant zu erhalten ($L \cdot dI/dt = \text{const}$). Ehe der Strom in der Selbstinduktion sich seinem Grenzwert nähert, muß diese kurzzeitig von der Spannungsquelle abgetrennt werden. Als Unterbrechungsschalter kann beispielsweise eine Elektronenröhre hoher Emission dienen, die nur kurzzeitig mit Hilfe der Synchronisierimpulse gesperrt wird. Bei Ausnutzung dieses Prinzips für magnetische Strahlablenkung in der Braunschen Röhre berechnet sich, wenn J_K die Stromänderung in der Ablenkspule bedeutet, die Kippfrequenz nach folgender Gleichung:

$$\nu = \frac{1}{I_K} \cdot \frac{U}{L} .$$

Für einen Kippstrom von 100 mA gibt Abb. 177 das entsprechende Nomogramm. Bei seiner Auswertung ist jedoch zu beachten, daß Selbstinduk-

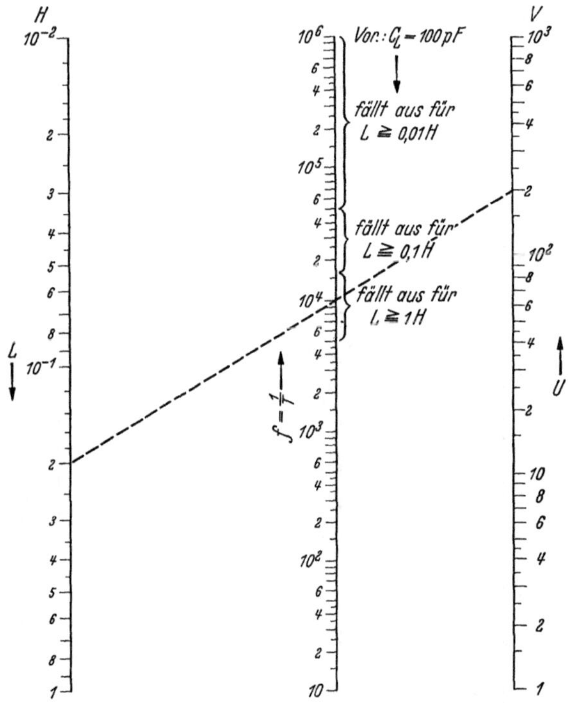

Abb. 177. Nomogramm der L-, f- und U-Werte bei magnetischer Kippung für 100 mA Kippamplitude.

tionen stets eine erhebliche Eigenkapazität besitzen, so daß das Nomogramm nur mit den im folgenden angedeuteten Einschränkungen verwendet werden darf: Die Selbstinduktion muß stets so klein bleiben, daß die zusammen mit ihrer Eigenkapazität sich ergebende Eigenfrequenz um mehr als eine Größenordnung höher liegt als die gewünschte Kippfrequenz. In der besonders vorteilhaften Schaltweise nach ANDRIEU (franz. Pat. 801700, vgl. Vortrag V) darf die Induktivität L immerhin so groß werden, daß die halbe Eigenschwingungsdauer die Größe der Rücklaufzeit des Strahles erreicht. Bei dieser Anordnung wird die infolge der Stromunterbrechung (Sperrung einer Pentode) angestoßene Eigenschwingung nach der ersten Halbperiode durch eine Diodenstrecke abgebrochen, die parallel zur Ablenk-Selbstinduktion liegt.

Mit Rücksicht auf die weitgehende Analogie zwischen elektrischer und magnetischer Kippung können wir uns damit begnügen, hier fast ausschließlich die verschiedenen Ausführungsformen der Generatoren von Kippspannungen zu besprechen.

b) Die wichtigsten Schaltungen für die Erzeugung von Kippschwingungen.

Wenn im folgenden zwischen Schaltungselementen unterschieden wird, die das Aufladen bzw. das Entladen des Kondensators bewirken, so soll unter „Ladeschaltung" der Teil verstanden werden, der die langsame und gleichförmige Kathodenstrahlablenkung — den Hinlauf — hervorruft, unter „Entladeschaltung" dagegen der Teil, der die schnelle Rückführung — den Rücklauf — steuert. Diese Bezeichnungsweise folgt einem allgemeinen Sprachgebrauch, der aber nicht immer richtig ist; denn durch Umkehrung lassen sich die meisten Kippschaltungen in solche verwandeln, bei denen der Hinlauf durch die allmähliche Entladung und der Rücklauf durch kurzzeitige Wiederaufladung der Kapazität bewerkstelligt wird.

Zur Erzwingung eines ausreichend linearen Hinlaufs bestehen verschiedene Wege. Neben den schon erwähnten Möglichkeiten des Arbeitens mit Schirmgitterröhren [*129*] oder mit einer Triode im Gebiet des Sättigungsstromes hat die einfache Schaltung mit Aufladung über einen ohmschen Widerstand Bedeutung erlangt. Dabei ist es jedoch unerläßlich, Stromquellen hoher Spannung zu verwenden und aus der nach einer e-Funktion ansteigenden U-Kurve einen relativ kleinen Teil, der praktisch hinreichend geradlinig verläuft, als Kippspannung herauszuschneiden. Fragt man nach dem mit Rücksicht auf die Verzerrungen der Bildgeometrie zulässigen Verhältnis zwischen Kippspannung und Aufladespannung, so wird es notwendig, zunächst einige allgemeinere Gesichtspunkte über die Bedeutung der Nichtlinearität von Kippschwingungen für unser Problem zu erörtern.

Als Verzerrungsgrad von Kippschwingungen kann man z. B. das Verhältnis der größten zur kleinsten Schreibgeschwindigkeit auf dem ansteigenden Teil der Spannungskurve definieren. Diese Definition liefert unmittelbar das Verhältnis der Abbildungsmaßstäbe. Die Betrachtung von Fernsehbildern, die durch Kippspannungen mit verschiedenen Graden der Nichtlinearität hergestellt wurden, ergab nun, daß ein Ungleichförmigkeitsverhältnis von mehr als 1,1 den Bildinhalt in kritischer Weise verzerrt. In dem besprochenen Beispiel, das in Abb. 178 näher dargestellt ist, darf somit aus der Aufladekurve höchstens ein Prozentsatz von 7 . . . 9%, je nach Lage des Arbeitspunktes, herausgeschnitten werden. Um nach diesem Verfahren sägezahnförmige Spannungen von 500 ... 1000 V zu erzielen, müssen wir entweder den Ladestrom aus der mehrere 1000 V besitzenden Anodenspannungsquelle der Braunschen Röhre beziehen oder aber eine formgerechte Nachverstärkung der Kippspannung vornehmen.

Das Ausschneiden des ansteigenden Astes der Kippkurve aus der Ladekurve erfolgt auf Grund des spannungsmäßig definierten Ein- bzw. Aussetzens der Entladevorrichtung, d. h. im Falle einer Stromtorröhre (Thyratronröhre) durch deren Zünd- bzw. Löschpunkt. Der Zündpunkt ist bei Dreielektroden-Stromtorröhren durch Regelung der negativen

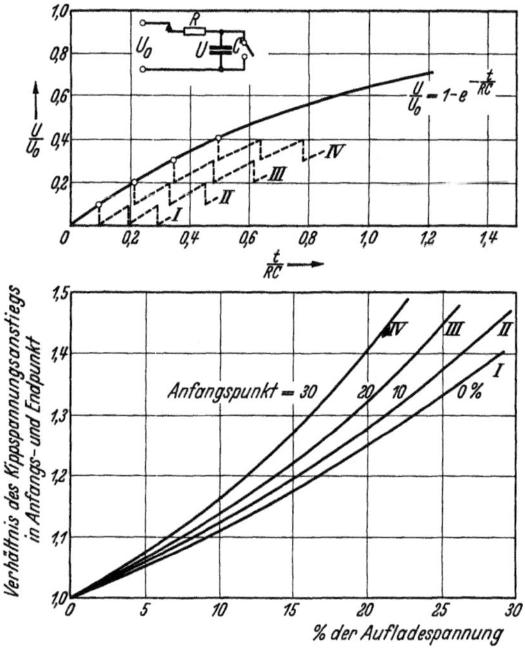

Abb. 178. Begrenzte Ausnutzbarkeit der Ladekurve für gute Bildgeometrie.

Steuergitterspannung, die somit die Sägezahnamplitude bestimmt, in weiten Grenzen veränderbar. Trotz ihrer großen Einfachheit und ihrer bei neueren Konstruktionen auch ausreichenden Stabilität und Lebensdauer wird die Stromtorröhre in modernen Fernsehempfängern nur noch selten angewendet. Der Grund hierfür ist der durch die Aufbauzeit des Glimmstromes („Ionenträgheit") bedingte, schwankende Zündverzug. Dieser läßt sich selbst bei den günstigsten Gasfüllungen kaum unter den Wert hinabdrücken, der in dem Oszillogramm Abb. 179 gemessen wurde. Wir erkennen hier die Helligkeitsamplituden einer 180 Zeilen-Bildsendung mit der Unterbrechung durch die Zeilensynchronisierlücke und innerhalb der letzteren die infolge kapazitiver Ankopplung des Oszillografenverstärkers mitregistrierte Entladungsspitze. Die Zündung hat erst etwa in der Mitte der Lücke eingesetzt. Diese Verspätung bewirkt, daß der Zeilenrücklauf des Kathodenstrahles auf der linken Bildseite nicht mehr völlig verdunkelt wird, falls nicht unwirtschaftlich kurze Rücklaufzeitwerte erzwungen werden. Es entsteht infolgedessen eine sehr störende, fahnenartige Aufhellung der dunkleren Stellen am Rande. Bei verdoppelter Zeilenzahl würde unter gleichen Zündungsverhältnissen überhaupt keine Verdunklung des Zeilenrücklaufs mehr möglich sein; die Synchronisierlücke läge dann an der rechten Bildkante. Diese aus der Trägheit von Ionenröhren herrührenden Mängel lassen sich in Entladeanordnungen mit Hochvakuumröhren vermeiden, wenn die Zeitkonstanten der Kopplungsglieder hinreichend klein bemessen werden.

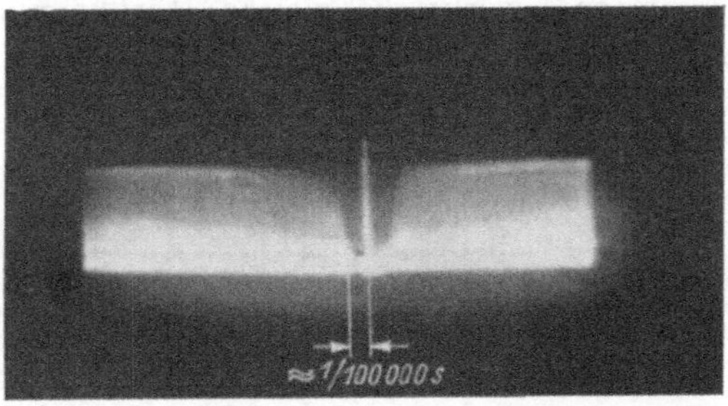

Abb. 179. Die durch Zündverzug im Thyratron verspätet einsetzende Entladung in der Zeilensynchronisierlücke.

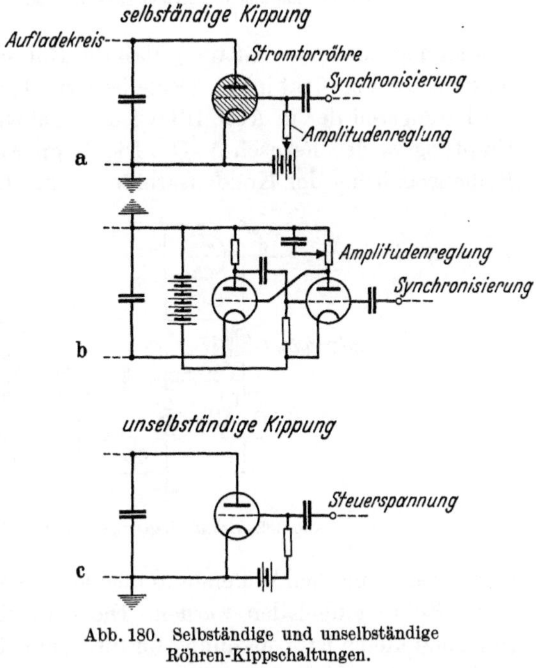

Abb. 180. Selbständige und unselbständige Röhren-Kippschaltungen.

Eine einfache Kippanordnung mit zwei Hochvakuumröhren [*130*], die ebenso wie die mit Stromtorröhre nach Abb. 180a selbständig schwingt, zeigt Abb. 180b im Schema (D. S. Puckle). Die Arbeitspunkte sind hier so gelegt, daß erst, nachdem die Spannung an der Kapazität einen größeren Wert erreicht hat, Anodenstrom in der linken Röhre zu fließen beginnt. Dieser zunächst schwache Strom ruft am Anodenwiderstand eine Potentialdifferenz hervor, die durch Gitterblockierung und Anodenstromverminderung der rechten Röhre eine Aufhebung der verriegelnden Vorspannung und damit die völlige Entsperrung der linken Röhre auslöst. Jetzt fließt durch diese ein starker Stromstoß, die Kapazität wird rasch entladen, der Strom fällt wieder ab. Nunmehr bewirkt die gleiche Rückkopplung (Öffnung des rechten,

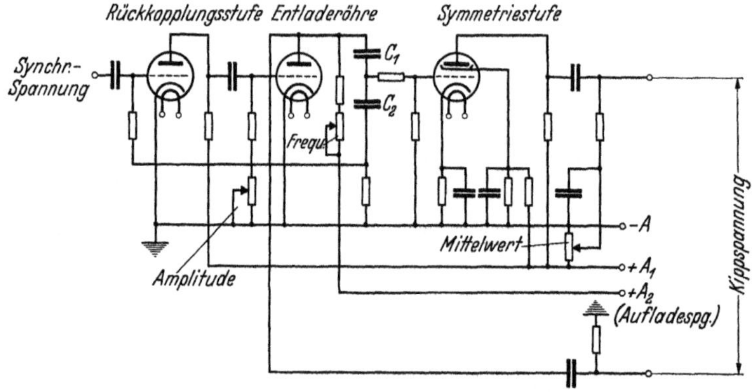

Abb. 181. Ablenkschaltung mit Symmetriestufe und kapazitiver Spannungsteilung.

Schließung des linken Gitters), daß die Röhrenwippe wieder in den Anfangszustand zurückkippt. Derselbe Grundgedanke findet sich in dem Entladungsteil der in Abb. 181 wiedergegebenen Ablenkschaltung eines Empfängers der Fernseh-A.-G. Die Kippkapazität ist hier durch die Reihenschaltung der Kondensatoren C_1 und C_2 gegeben, die über einen

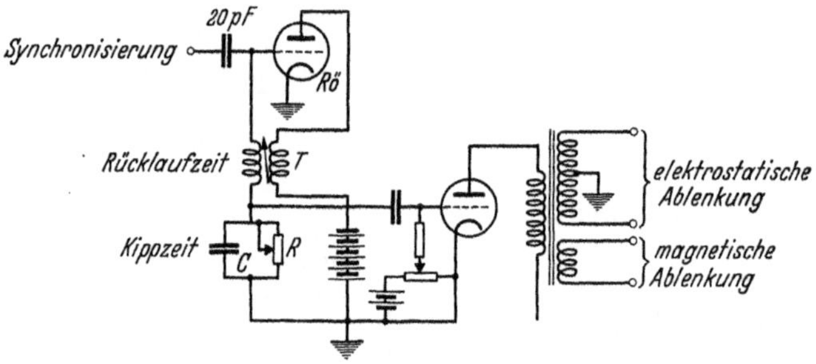

Abb. 182. Grundschaltung eines Sperrkippsenders.

regelbaren ohmschen Widerstand aus dem Netzanschlußgerät der Braunschen Röhre aufgeladen werden. Die Kapazitätsunterteilung soll eine genügend kleine Kippspannung für die Symmetriestufe (s. unten) liefern.

Ein weiterer, sehr interessanter Generator selbständiger Kippschwingungen, der zuerst in der amerikanischen Fernsehtechnik Verbreitung [*131*] gefunden hat, ist der Sperrkippsender („Blocking Oszillator"). Seine in Abb. 182 angedeutete Schaltung arbeitet in der Weise, daß eine kräftige Röhre *Rö* mit großem Durchgriff über einen kapazitätsarmen Hochfrequenztransformator *T* rückgekoppelt wird. Im Gitterkreis liegt außerdem die Kapazität *C*, die im Augenblick des Anschwingens der Röhre sofort stark aufgeladen wird und dadurch den Generator für längere Zeit ($\approx$ Kipperiodendauer) sperrt. Diese Aufladung von *C* geschieht, wie bei der Audionschaltung, durch den Gitterstrom. Nur ist hier infolge der hohen auftretenden Spannungsspitzen die Steilheit der Aufladung, d.h. der Sperrung, ungleich größer als beim Audion. Die Entladung von *C* erfolgt langsam über den Widerstand *R*, bis schließlich die Schwingung der Röhre *Rö* erneut einsetzen kann. Die Rücklaufzeit

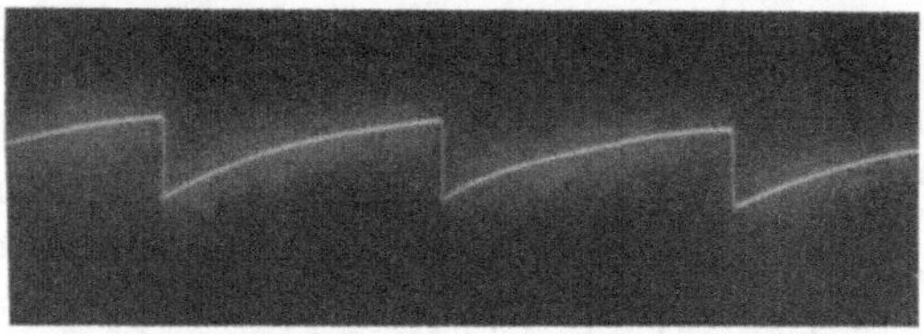

Abb. 183. Oszillogramm der mit Sperrkippsender erzeugten Sägezahnkurve.

hängt bei dieser Schaltung in erster Linie von der Resonanzlage des Rückkopplungstransformators ab, die Periodendauer des Kippvorganges von der Zeitkonstante $C \cdot R$. Die Spannungsamplitude kann durch Verändern des Übersetzungsverhältnisses des Transformators in weiten Grenzen variiert werden. Das Oszillogramm einer mit dem Sperrkippsender erzeugten Sägezahnkurve zeigt Abb. 183. Die Aufnahme beweist zugleich, daß eine Störung des Rücklaufs durch den Anschwingvorgang sich bei geeigneter Bemessung der Schaltungselemente vermeiden läßt. Der Verzerrungsgrad der oszillografierten Schwingung hat jedoch kritisch hohe Werte. Daher ist es notwendig, z.B. durch Amplitudenverkleinerung und richtige Wahl der Röhreneigenschaften, dafür zu sorgen, daß wiederum aus der nach einer *e*-Funktion verlaufenden Kurve ein relativ kleiner Teil ausgeschnitten wird. In diesem Falle wird die Nachschaltung einer Verstärkerstufe (s. Abb. 182) unvermeidlich. Man kann dabei durch passende Vorspannung dieser Stufe in gewissen Grenzen noch zusätzlich eine Entzerrung der Sägezahnform erreichen. Ein anderes Verfahren, um mit dem Sperrkippsender wenig verzerrte Kippschwingungen zu erhalten, besteht darin, den Widerstand *R* durch eine Röhre mit Strombegrenzung zu ersetzen. Durch Abstimmen aller maßgebenden Größen (Zeitkonstante, Eigenfrequenz, Übersetzungsverhältnis) gelingt es sogar, wie eine kürzlich veröffentlichte [*132*] Fernsehempfängerschaltung von FARNSWORTH beweist, die Zeilenkippschwingung mit einer einzigen Röhrenstufe herzustellen.

Auch bei den nicht selbständig arbeitenden Kippschaltungen, in denen sich ebenso wie beim Sperrkippsender eine besondere Phasenumkehrstufe erübrigt, sind verhältnismäßig einfache Anordnungen möglich. Die Entladung erfolgt hier durch verstärkte Synchronisierimpulse, die das sonst verriegelte Gitter einer Röhre hoher Emission kurzzeitig positiv werden lassen. Schematisch ist diese wichtige Entladeschaltung in Abb. 180c dargestellt. Sie hat gegenüber den selbständig kippenden Systemen den Vorzug, daß die Kippfrequenz vollkommen festliegt und die Bedienung sich daher auf Einregelung des Ladestromes, d.h. richtige Bemessung der Ablenkamplitude, beschränkt. Ob in der Technik des Fernsehempfangs schließlich die selbständigen oder die unselbständigen Kippschwingungen das Feld behaupten werden, läßt sich heute noch nicht sicher sagen. Wahrscheinlich wird die endgültige Entscheidung zugunsten einer Zwischenstufe ausfallen, die durch Kippschaltungen verkörpert wird, deren Labilität noch nicht zum Selbstschwingen ausreicht.

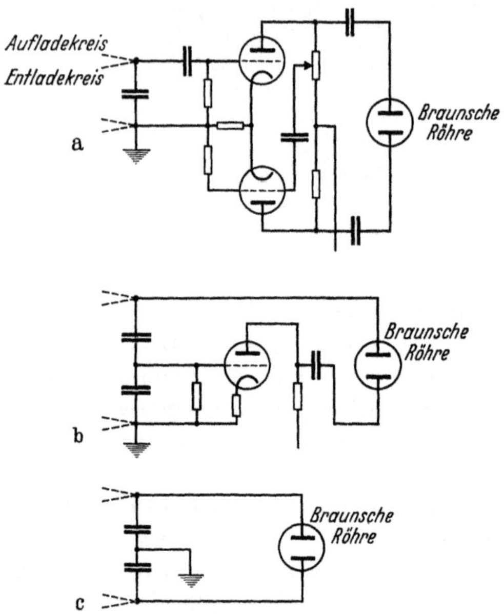

Abb. 184. Verschiedene Schaltungen zur Symmetrierung der Ablenkspannung.

Bei elektrostatischer Ablenkung des Kathodenstrahles ist es aus elektronenoptischen Gründen notwendig, in bezug auf das Anodenpotential der Braunschen Röhre symmetrische Ablenkspannungen herzustellen (vgl. Vortrag V). Die wichtigsten Methoden zur Gewinnung solcher Kurven (dU/dt an den beiden Platten gleich und von entgegengesetztem Vorzeichen) veranschaulicht Abb. 184. Die Anwendung einer Gegentaktstufe (Fall a) hat auch bei magnetischer Bildablenkung, allerdings aus einem ganz anderen Grunde, praktische Bedeutung erlangt. Durch den Gegentaktbetrieb werden hier die starken Bildablenkströme, die wegen ihrer tiefen Frequenz nur schwer auszusieben sind, wirksam von dem gemeinsamen Netzanschluß ferngehalten (Lastkonstanz).

Die Unterteilung der Kippkapazität in Verbindung mit getrennter Symmetrierungsstufe (Umkehrröhre, Abb. 184, Fall b) wurde schon im Zusammenhang mit der Abb. 181 besprochen. Eine weitere interessante

Möglichkeit zur Erzeugung spiegelbildlich gleicher Ablenkspannungen besteht in symmetrischer Aufladung und Entladung beider Serienkondensatoren (Abb. 184, Fall c). Diese Schaltweise dürfte besonders dort in Frage kommen, wo, wie z. B. bei den von SCHWARTZ [*133*] entwickelten Braunschen Röhren, Nachbeschleunigung zwischen Ablenksystem und Schirm benutzt wird. Erwähnt sei noch die hier nicht näher zu beschreibende Kombination: Symmetrische Aufladung über Widerstände, symmetrische Entladung und Einführung einer Gegentakt-Kippspannungs-Verstärkerstufe.

Sehr wichtig für die Gewinnung der Symmetrie-Ablenkspannung sind gemäß Abb. 185 Spannungstransformatoren. Auf solche Transformatoren arbeitende Kippverstärkerstufen sind auch zur Herstellung von Sägezahnströmen für magnetische Ablenkung geeignet. Deshalb soll im folgenden näher auf die Berechnungsgrundlagen für mit

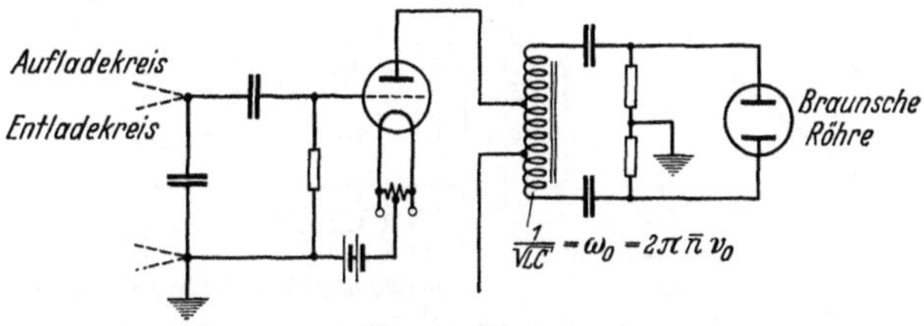

Abb. 185. Herstellung symmetrischer Ablenkspannungen durch Spannungstransformation.

Kippschwingungen beaufschlagte, amplitudenübersetzende Systeme eingegangen werden. Hierzu ist die Rückführung auf das übliche Rechenverfahren mit komplexen Zahlen erforderlich. Die Fourieranalyse gestattet bekanntlich die Zerlegung der Kippkurve in eine Reihe sinusförmiger Teilschwingungen und liefert damit den Anschluß an die normale Wechselstromtheorie, die auf sinusförmigem Verlauf der Strom- und Spannungskurven basiert.

c) Das Frequenzspektrum von Kippschwingungen [*134*].

Für eine angenommene Kippschwingung mit genau linearem Anstieg und einer Rücklaufzeit $T_R = 0$, die der Sprungstelle entspräche, zeigt die Fourieranalyse, daß diese Kurve durch die unendliche Summe sinusförmiger Teilschwingungen:

$$\sum_{n=1}^{n=\infty} A_n \sin n\omega t$$

$$A_n = (-1)^{n-1} \cdot \frac{A_k}{n\pi}$$

ersetzt werden kann. Der Wechsel des Vorzeichens aufeinanderfolgender Teilschwingungsamplituden A_n folgt aus der Annahme, daß die Nullage sich auf der Mitte des Anstiegs der Kippkurve befindet (Wechselstromsägezahn). A_k bedeutet die Amplitude der unzerlegten Kippschwingung mit der Rücklaufzeit $T_R = 0$. Die Amplituden der Teilschwingungen A_n sind umgekehrt proportional der Ordnungszahl n. Das Frequenzspektrum bis zur 20. Teilschwingung ist in Abb. 186 oben dargestellt. Durch entsprechende Wahl des Nullpunktes läßt sich erreichen, daß alle Amplituden positives Vorzeichen erhalten.

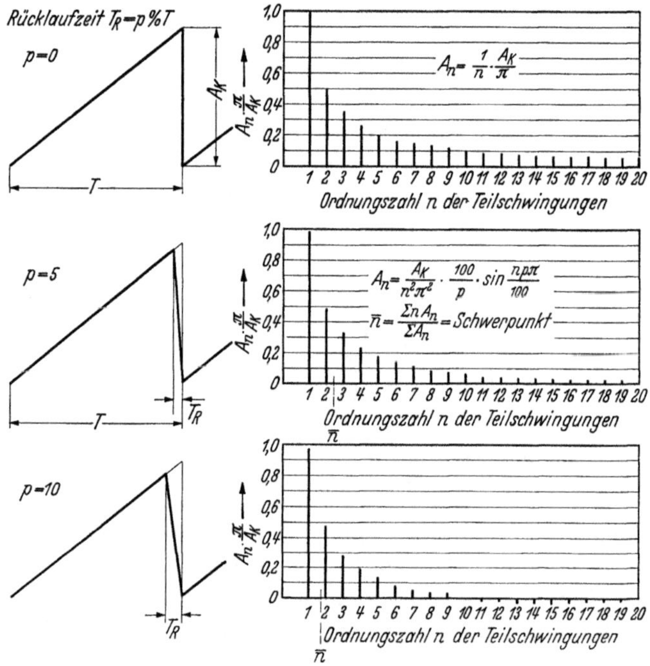

Abb. 186. Frequenz-Amplitudenspektren von Kippschwingungen verschiedener Rücklaufzeit.

Wird (s. Abb. 186) eine Kippschwingung mit endlicher Rücklaufzeit $T_R = p\%$ von T analysiert, so erfolgt die Abnahme der Koeffizienten mit steigender Ordnungszahl schneller als in dem zuerst betrachteten Falle $T_R = 0$. Die Ausrechnung der Teilkoeffizienten ergibt hierfür folgendes wichtige Gesetz, das in Abb. 186 Mitte und unten veranschaulicht ist:

$$A_n = \frac{A_k}{n^2 \pi^2} \cdot \frac{100}{p} \cdot \sin \frac{n p \pi}{100} \qquad (p\text{-Gesetz}).$$

Der Anfangspunkt ist hierbei genau so gewählt wie im Falle $p = 0$. Setzt man für alle Kippschwingungen verschiedener Rücklaufzeit $A =$ const., so ist A_k durch $\frac{A}{1 - \frac{p}{100}}$ zu ersetzen. Es zeigt sich, daß die Amplituden der Teilschwingungen periodisch Null werden, wobei die erste Nullstelle bei der Ordnungszahl $100/p$ erreicht wird.

Das Aussehen einer Kippschwingung mit der Rücklaufzeit Null bei Abschneidung aller Frequenzen oberhalb der 10. Teilschwingung zeigt Abb. 187. Der wie weiter oben definierte Verzerrungsgrad bekommt hier außerordentlich hohe Werte, die in der schlechten Approximation der Umgebung der Sprungstelle begründet sind. Die Betrachtung des allgemeineren Falles endlicher Rücklaufzeit lehrt, daß Kippkurven mit hinreichend geringem Verzerrungsgrad nur dann zu erwarten sind, wenn die Reihe nicht vor der ersten Nullstelle abgebrochen wird.

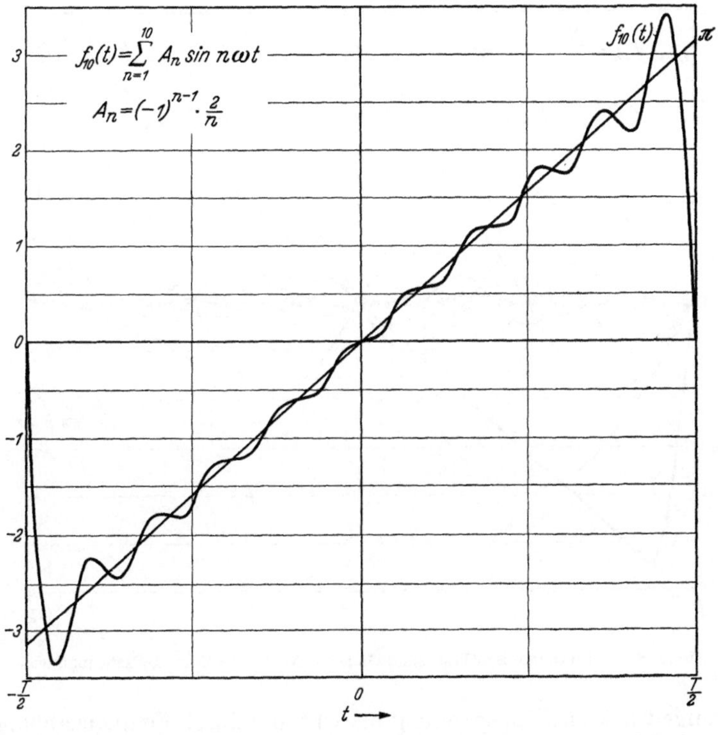

Abb. 187. Verzerrung der Sägezahnkurve bei Abschneidung oberhalb der 10. Teilschwingung.

Die Wirkung der schnelleren Konvergenz infolge endlicher Rücklaufzeit sei durch die Synthese einer Kippschwingung veranschaulicht, die in Abb. 188 durchgeführt ist. Hier beträgt die Rücklaufzeit 10% der Kipperiode T. Die Reihe ist wiederum nach der 10. Teilschwingung abgebrochen. Man erkennt, daß die Glieder, die auf die erste Nullstelle folgen, vernachlässigt werden können; denn die durch ihr Wegfallen hervorgerufene Verschleifung der Spitze verringert die wahre Amplitude der Kippschwingung und vergrößert die wahre Rücklaufzeit T'_R nur unwesentlich.

Aus Vorstehendem folgen für Kippspannungsübersetzung zwei Arbeitsmöglichkeiten: 1. Man verfährt nach der oben gegebenen Vorschrift und schneidet Teilschwingungen nicht vor der 1. Nullstelle ab. Dann wird die Rücklaufzeit der aufgedrückten Kippschwingung so zu bemessen sein, daß es mit der vorliegenden Schaltung möglich ist, der Voraussetzung für die Begrenzung der Teilschwingungen zu genügen. 2. Durch entsprechende Bemessung (möglicherweise durch Einschaltung der bekannten Beschleunigungswiderstände) wird eine sehr kurze Rücklaufzeit

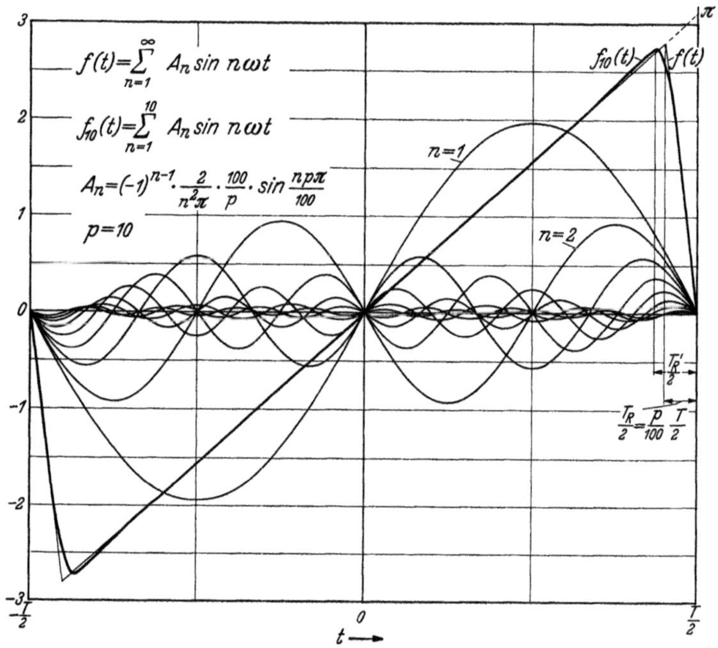

Abb. 188. **Vollständige Synthese einer Sägezahnkurve aus ihren Teilschwingungen.**

der aufgedrückten Kippspannung bewirkt und durch Frequenzabhängigkeiten nachfolgender Impedanzen eine Amplitudenabnahme nach dem p-Gesetz herbeigeführt. Meist genügen schon die natürlichen Frequenzabhängigkeiten von RC-Gliedern oder $\frac{L}{R}$-Gliedern, um Amplitudenabnahmen zu erreichen, die genau oder angenähert dem p-Gesetz entsprechen.

d) Verformung von Kippschwingungen durch einen Vierpol.

Vorstehende Untersuchung über die Verformung von Kippschwingungen durch Störung der Intensitäten am höherfrequenten Ende ihres Wellenspektrums soll nun für die Praxis durch Berücksichtigung des

Falles ergänzt werden, daß jetzt die Grundschwingung beeinflußt wird, indem sie gegen alle übrigen Teilschwingungen eine Änderung nach Phase oder Amplitude erfährt. Dieser Beeinflussungsart gebührt deswegen eine bevorzugte Behandlung, weil dabei die Grundschwingung infolge ihrer überwiegenden Teilamplitude eine besonders starke Verformung der Kippkurve hervorruft.

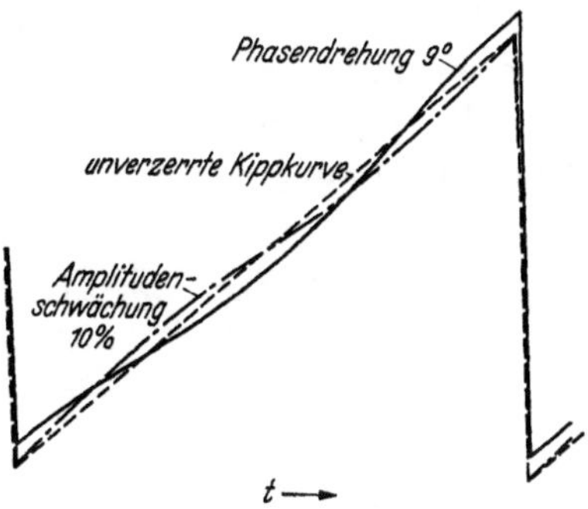

Abb. 189. Verzerrung einer Kippschwingung durch Phasen- oder Amplitudenfehler der Grundschwingung.

In Abb. 189 ist zunächst eine unverzerrte Kippschwingung mit der Rücklaufzeit 5% gezeichnet. Eine weitere Kurve gibt die Veränderung wieder, die durch eine Phasendrehung der Grundschwingung um 9° eintritt. Dieser Winkelfehler führt bereits einen Verzerrungsgrad vom Betrage 2 herbei. Die dritte Kurve zeigt das theoretische Ergebnis einer Schwächung der Grundschwingung um 10%, hat aber an sich nur geringe praktische Bedeutung, weil ja jeder frequenzabhängige Amplitudenverlauf von Phasendrehungen begleitet ist und, wie wir später sehen werden, die Wirkung der letzteren bei weitem überwiegt.

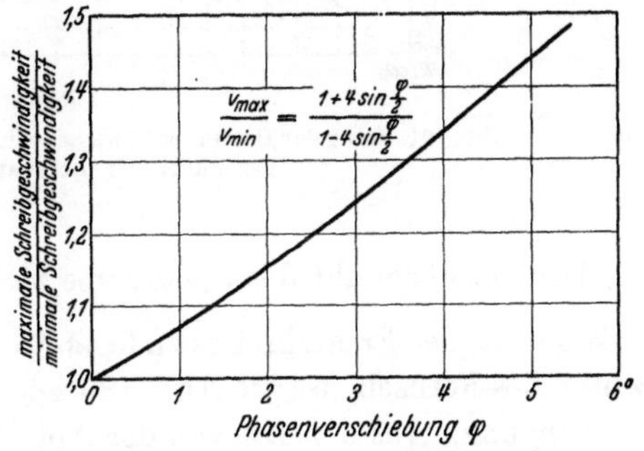

Abb. 190. Einfluß der Phasenverschiebung der Grundschwingung einer Sägezahn-Kippkurve auf den Gleichförmigkeitsgrad der Schreibgeschwindigkeit.

Wie sich die Phasenverschiebung der Grundschwingung relativ zu den höheren Harmonischen in bezug auf den Inhomogenitätsgrad der Schreibgeschwindigkeit bemerkbar macht, lassen die Kurve und die Gleichung der Abb. 190 erkennen. Damit das Verzerrungsmaß den beim Fernsehen höchstzulässigen Wert 1,1 nicht überschreitet, darf der Phasenwinkel in den an der Übertragung der Kippschwingung beteiligten Impedanzen nicht größer werden als etwa 1,4°.

Bekanntlich lassen sich die meisten Schaltungselemente auf das Ersatzschema des stark gedämpften Schwingungskreises zurückführen. Handelt es sich dabei um mehrstufige Anordnungen, so ist hierzu nur die Forderung nach gleichartiger Stufenbemessung zu stellen. Auf die Berechnung der maßgebenden Größen solcher Ersatzschemata braucht in diesem Zusammenhang nicht näher eingegangen zu werden. Es ist hinreichend bekannt, daß in transformatorisch gekoppelten Verstärkern die Pseudodämpfung [*135*] durch den inneren Röhrenwiderstand, in widerstandsgekoppelten Verstärkern die Anwendung niederohmiger Anodenwiderstände und großer Werte des Produktes $C_g \cdot R_g$ die Dämpfung der Ersatzkreise [*136*] in weiten Grenzen ändern kann. Den Zusammenhang zwischen dieser Dämpfung und der Phasendrehung gegenüber der Resonanzfrequenz des Systems vermittelt die Darstellung Abb. 191 für einige besonders charakteristische Dämpfungsziffern.

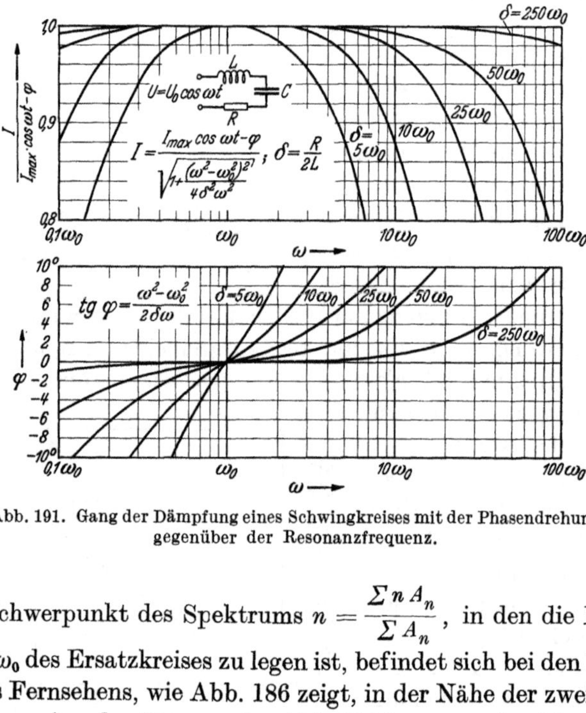

Abb. 191. Gang der Dämpfung eines Schwingkreises mit der Phasendrehung gegenüber der Resonanzfrequenz.

Der Schwerpunkt des Spektrums $n = \frac{\Sigma n A_n}{\Sigma A_n}$, in den die Resonanzfrequenz ω_0 des Ersatzkreises zu legen ist, befindet sich bei den Rücklaufzeiten des Fernsehens, wie Abb. 186 zeigt, in der Nähe der zweiten Oberschwingung. Aus den Kurven der Abb. 191 bzw. aus den hinzugeschriebenen Beziehungen ergibt sich unter Berücksichtigung der vorstehenden Ausführungen über die notwendige Lage der Resonanzfrequenz derjenige Dämpfungswert, welcher gerade die kritische Phasenverschiebung der Grundschwingung herbeiführt. Damit ist der Weg zur Lösung des Problems einer wirtschaftlichen Bemessung von Übertragern oder Verstärkern für Kippspannungen aufgezeigt.

e) Weitere wichtige Fehler im Kippteil.

Ein häufiger Fehler in Ablenkgeräten mit verstärkter Sägezahnspannung ist die Übersteuerung der Verstärkerstufe. Eine auf diese Weise völlig verzerrte Kurve für die Bildkoordinate der Ablenkung liegt der Aufnahme in Abb. 192 zugrunde. Durch geschickte Bemessung der Schaltungselemente, insbesondere aber durch Wahl genügend kräftiger Röhren lassen sich derartige Verzerrungen grundsätzlich vermeiden. Bei den verschiedenen, vorstehend besprochenen Kippschaltungen ist stets die Stelle bezeichnet, wo die vom Sender mitübertragenen, aus dem Mischsignal abgesiebten Synchronisierimpulse in geeigneter Phase und Amplitude zugeführt werden müssen. Je stärker diese Synchronisierimpulse sind, desto größer ist bei einer gegebenen Schaltung der Synchronisierzwang, desto höher muß aber auch die Konstanz der Synchronisierungsspannungen sein. Im Falle unselbständiger Kippmittel erreichen diese Anforderungen ein Maximum. Die Ungleichmäßigkeit der übertragenen Kippsignale darf (auch wenn die Entladeröhren bis in den oberen Knick ihrer Kennlinie gesteuert werden) höchstens etwa $\pm 0{,}5\%$ der mittleren Amplitude ausmachen, wenn ein Bild von 400 Zeilen in voller Schärfe geschrieben werden soll. Beträgt der Synchronisierzwang nur 10%, ein Wert, der heute etwa bei selbständig arbeitenden oder labilen unselbständigen Kippgeräten üblich ist, so genügt eine Konstanz der Synchronisieramplitude von der Größenordnung einiger Prozente.

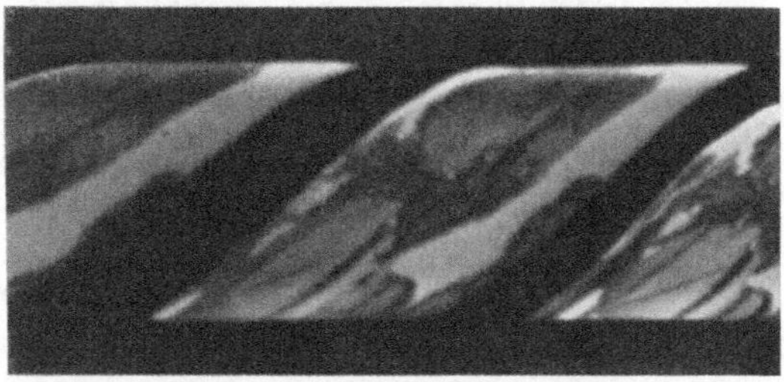

Abb. 192. Fernbild bei Übersteuerung des Verstärkers für die Bildsägezahnspannung, mit seitlich geschwenkter Kamera aufgenommen.

Bei zu schwachem Synchronisierzwang genügen schon kleine, z. B. durch Netzspannungsschwankungen bewirkte Änderungen der Geschwindigkeit des Kippspannungs- oder -stromanstiegs, um den Gleichlauf außer Tritt fallen zu lassen. Das bekannte Aussehen eines Fernsehbildes bei mangelhafter Synchronisierung der Zeilenablenkung zeigt Abb. 193. Das Ergebnis gestörter Synchronhaltung (durchlaufender Phase) der Bildkippschwingung gibt Abb. 194 wieder. Deutlich erscheinen hier der sonst durch die Bildsynchronisierlücke verdunkelte Rücklauf des Lichtflecks, der währenddessen noch der Zeilenablenkung folgt, sowie die Lücke selbst, die in der aufgenommenen Bildphase als schwarzer Balken gerade in der Mitte sichtbar ist. Auf die weiteren, bei mangelhafter Gleichlaufregelung, falscher Einstellung der Kippamplituden oder Vorhandensein von Störwechselspannungen bzw. -feldern entstehenden Bildverzerrungen soll hier nicht näher eingegangen werden, da dieselben bereits in dem Buch „Fernsehempfang“ des Verfassers ausführlich besprochen wurden.

Lediglich eine wichtige, bei Anwendung des Zeilensprungverfahrens in Betracht kommende Störerscheinung sei noch erwähnt. An die Arbeits-

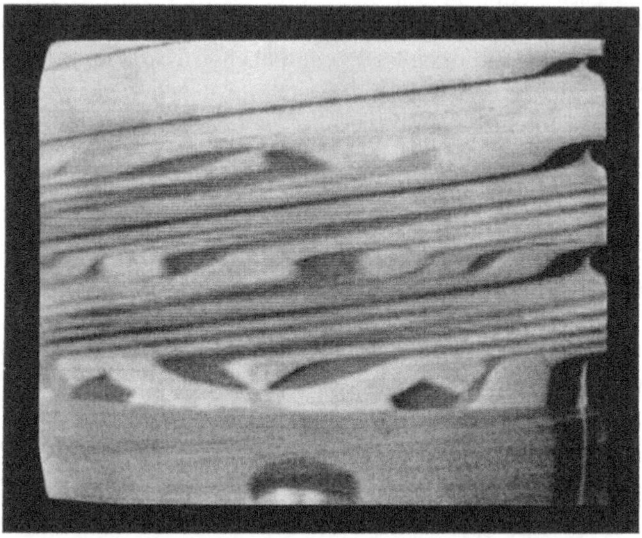

Abb. 193. Fernbild bei nicht synchroner Zeilenablenkung.

Abb. 194. Fernbild bei durchlaufender Phase der Bildkippschwingung.

weise dieses in den Vorträgen I und II näher behandelten Verfahrens möge die Abb. 195 erinnern, die einer britischen Patentschrift des Verfassers mit der Priorität vom 22. Dezember 1930 entnommen ist. (Nebenbei bemerkt, zeigt diese Reproduktion, daß die Einführung des Zeilensprunges beim Fernsehen mit Braunscher Röhre keinesfalls — wie mehrere Funkzeitschriften berichteten — auf amerikanische Arbeiten aus dem Jahre 1934 zurückgeht. Im selben Zusammenhang sei auf ein noch älteres Dokument, die vom 27. September 1930 stammende deutsche Patent-

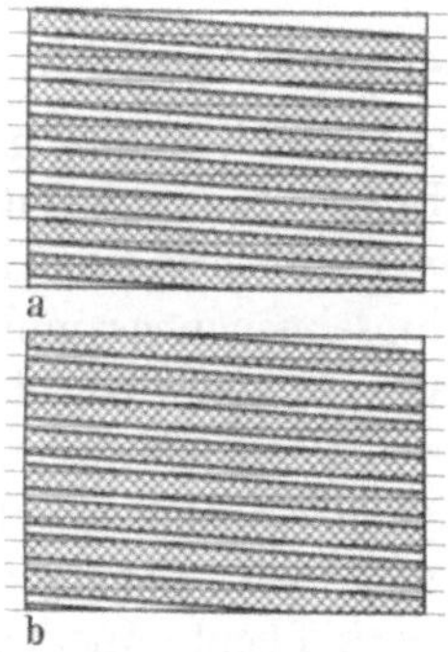

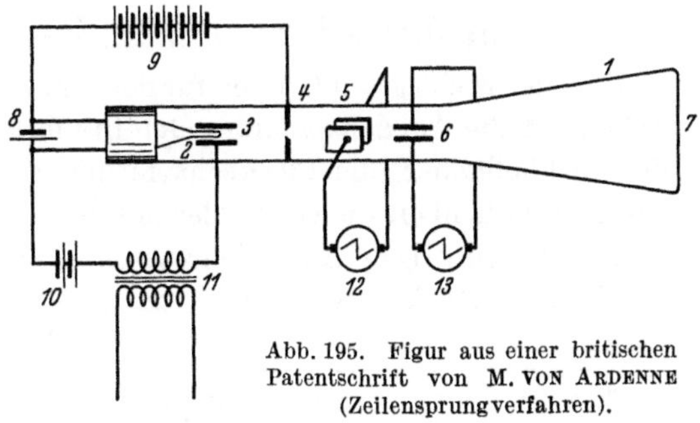

Abb. 195. Figur aus einer britischen Patentschrift von M. von Ardenne (Zeilensprungverfahren).

schrift Nr. 574085 von F. Schröter, hingewiesen, worin das Zeilensprungverfahren bei nachleuchtendem Bildschirm gleichfalls unter Benutzung der Braunschen Röhre beschrieben ist.) Grundsätzlich wird beim Zeilensprungverfahren durch ein ungerades bzw. nicht ganzzahliges Verhältnis der beiden Kippfrequenzen bezweckt, daß die Lichtfleckbahnen aufeinanderfolgender Abtastungen nicht zusammenfallen. Praktisch arbeitet man heute, wie schon in Vortrag II ausgeführt wurde, so, daß zunächst die geradzahligen Zeilen und 1/50 s später die ungeradzahligen Zeilen übertragen werden. Das volle Auflösungsvermögen wird jedoch nur dann erhalten, wenn die Zeilen zweier sich abwechselnder Raster genau ineinanderliegen. Schon kleine Verlagerungen um wenige Zehntelmillimeter (10% der Zeilenbreite) auf dem Schirm einer großen Braunschen Röhre genügen, um die in der Rasterfotografie nach Abb. 196 wiedergegebene „Paarigkeit" der Zeilen hervorzurufen, die eine Grobstruktur vortäuscht. Da die

Abb. 196. Paarige Zeilenstruktur bei Zeilensprung durch Störung des Bildablenkteiles.

elektrischen und magnetischen Störungen aus dem Netzteil die Grundfrequenz von 50 Perioden/s haben, die Zeit für die Abtastung eines ganzen Bildes jedoch 1/25 s beträgt, wird leicht verständlich, daß es bei der Anwendung des Zeilensprungverfahrens darauf ankommt, Schwimmspannungen und Schwimmfelder, die die Frequenzkomponente 25 Hz enthalten, von dem Bildablenkteil sorgfältigst fernzuhalten.

6. Konstruktive Fragen beim Fernseh-Empfängerbau.

Eine der wichtigsten Größen für den Entwurf von Fernseh-Empfangsgeräten ist die Anodenspannung der Braunschen Röhre. Sie beeinflußt die Fleckhelligkeit, die Fleckschärfe und auf dem Wege über die Ablenkempfindlichkeit die Größe der notwendigen Kippschwingungsamplituden. Der günstigste Ausgleich zwischen Aufwand und Leistungsfähigkeit hängt natürlich weitgehend davon ab, für welche Zwecke die zu konstruierende Anlage hauptsächlich gedacht ist. Für Heimempfänger sind heute Anodenspannungen zwischen 3000 V und 6000 V üblich. In Fernsehstubenempfängern mit besonders großen Braunschen Röhren liegen die Anodenspannungen zwischen 6000 V und 12000 V, während in Projektionsempfängern zur Zeit Werte bis zu 40000 V vorkommen.

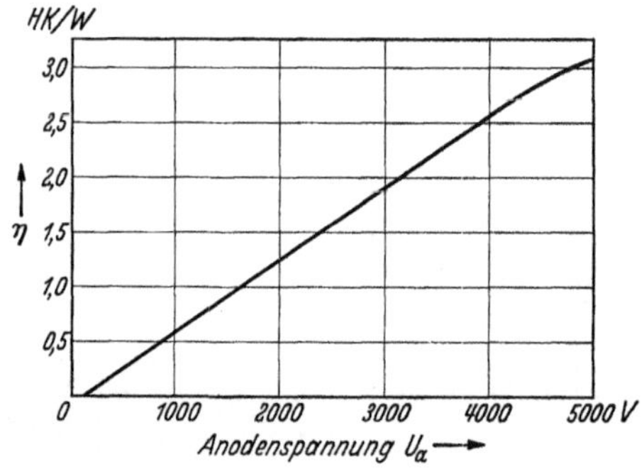

Abb. 197. Beziehung zwischen Anodenspannung und Wirkungsgrad des Leuchtschirmes der Braunschen Röhre.

Die Bedeutung der Anodenspannungshöhe soll an folgendem, der Praxis entnommenen Beispiel erläutert werden. Abgesehen von der alten Wehnelt-Röhre galt um 1928 herum die Braunsche Röhre der Western Electric Co. als die hellste abgeschmolzene Röhre mit Glühkathode. Die vorgeschriebene Anodenspannung lag für diesen Röhrentyp bei 400 V. Die damit erzielte Lichtfleckintensität betrug, je nach dem eingestellten Heizstromwert, 0,003 HK bis 0,01 HK. Die 1929 vom Laboratorium des Verfassers herausgebrachte Röhre ähnlicher Art, die infolge der Eigenschaften ihres Elektrodensystems mit bis zu 4000 V betrieben werden konnte, lieferte bei dieser Höchstspannung 1 . . . 2 HK. Es dürfte zutreffen, daß der durch Verzehnfachung der Anodenspannung bewirkte Helligkeitssprung um einen Faktor von über 200 damals die Konkurrenzfähigkeit der Braunschen Röhre für Fernsehempfang gegenüber den mechanischen Bildschreibern begründet hat. Die Erklärung für die überraschend starke Abhängigkeit der Lichtfleckintensität von der Anodenspannung (U_a) gibt die Messung Abb. 197. Hier ist für einen

Schirm mit normalen Eigenschaften der Fluoreszenzwirkungsgrad η als Funktion von U_a aufgetragen. Wie die Abbildung zeigt, nimmt η zwi-

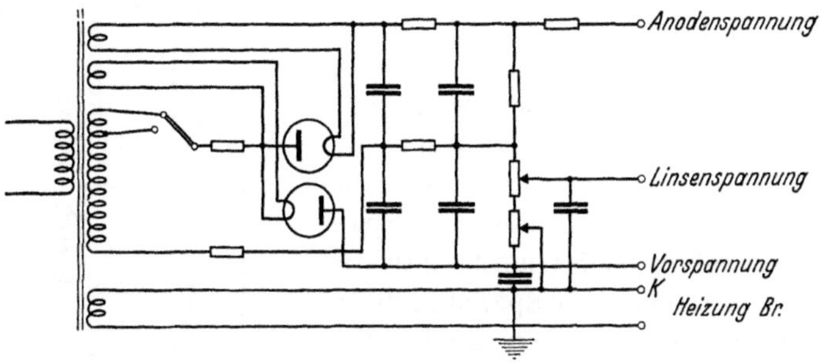

Abb. 198. Netzanschluß der Braunschen Röhre mit Spannungsverdopplung nach GREINACHER.

schen 400 V und 4000 V von 0,18 HK/W bis auf 2,5 HK/W, also auf mehr als das Zehnfache, zu. Da bei gleichbleibendem Strahlstromwert sich die Strahlleistung ebenfalls verzehnfacht, muß der Helligkeitsgewinn höher als 100fach sein. Bei den heutigen Hochvakuumröhren erfolgt das Anwachsen der Fleckhelligkeit mit der Anodenspannung sogar noch etwas steiler, weil in ihnen infolge der Abnahme des Raumladungseffektes steigende U_a-Werte merklich stärkere Anodenströme hervorrufen. Aus den geschilderten Zusammenhängen geht aber auch hervor, daß für die zukünftige Entwicklung der Empfänger, zumal angesichts der Forderung größerer Bilder, kaum mit einer wesentlichen Verringerung der oben erwähnten Anodenspannungen gerechnet werden kann.

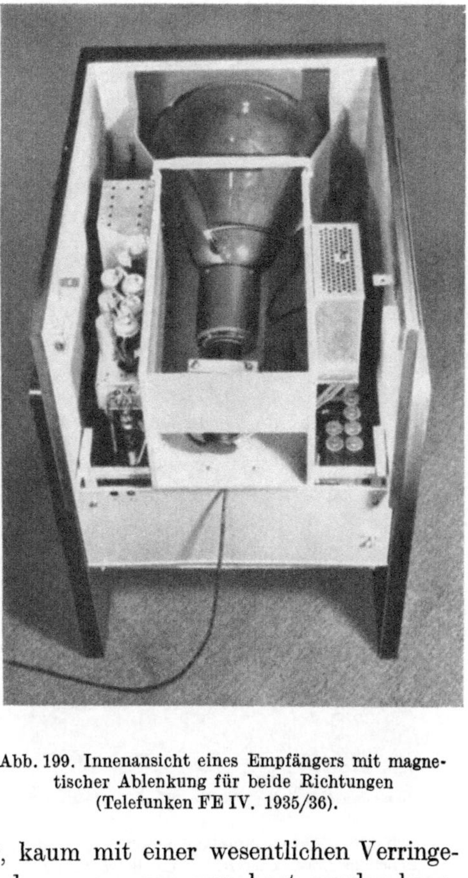

Abb. 199. Innenansicht eines Empfängers mit magnetischer Ablenkung für beide Richtungen (Telefunken FE IV. 1935/36).

Die Herstellung einer solchen Anodenspannung von mehreren tausend Volt ist wegen des geringen Strombedarfs (10^{-4} A bei normalen Röhren und 10^{-3} A bei Projektionsröhren) verhältnismäßig einfach, nachdem nunmehr von der Einzelteile-Industrie die erforderlichen Schaltelemente gut durchgebildet worden sind. Eine Ausführung des Netzanschlusses mit Spannungsverdopplung nach Greinacher, die sich dank der geringen Spannungsbeanspruchung des Transformators gut bewährt hat, zeigt Abb. 198.

Einen Überblick über die Höhe der Anodenspannungen sowie die sonstigen

Abb. 200. Fernseh-Empfänger mit senkrecht stehender Braunscher Röhre und Betrachtungsspiegel (Fernseh-A.G.).

Zahlentafel 5. Übersicht über die Hauptmerkmale einiger Heimempfänger (Baujahr 1936).

Empfänger-Type	Röhre: Hauptoptik	Röhre: Zeilenablenkung	Röhre: Bildablenkung	Anodenspannung (V)	Kippgerät	Bildempfänger: ZF-Kopplung	Bildempfänger: Ausgangsschaltung
1	Elektrostatisch	Elektrostatisch	Magnetisch	5000	Unselbst. Röhrenkipp	Bandfilter	Diode + NF-Stufe
2	Elektrostatisch	Magnetisch	Magnetisch	5000	Unselbst. Röhrenkipp	Bandfilter	Gleichrichtung in der B.R.
3	Magnetisch	Elektrostatisch	Elektrostatisch	6000	Selbst. Röhrenkipp	Vert. Schwingdrossel	Vollweggleichrichtung
4	Elektrostatisch	Elektrostatisch	Elektrostatisch	—	Selbst. Thyratronkipp	Bandfilter	Vollweggleichrichtung vereint mit NF
5	Magnetisch	Magnetisch	Magnetisch	—	Sperrkipp-Sender	Bandfilter	An.-Gl. + 2 NF-Stufen
6	Elektrostatisch	Elektrostatisch	Magnetisch	6000	Selbst. Röhrenkipp	Bandfilter	Diode + NF-Stufe

hauptsächlichen Konstruktionsmerkmale verschiedener Fernsehempfänger des Baujahres 1936 gibt die Zahlentafel 5. Diese Zusammen-

Abb. 201. Gedrungen gebauter Fernseh-Empfänger der C. Lorenz-A.G.

stellung ist auch insofern interessant, als sie zeigt, daß weder bei der Durchbildung des elektronenoptischen Strahlerzeugers der Braunschen Röhre, noch beim Ablenksystem, beim Kippgerät oder beim Bild-

Abb. 202. Fortschritt in der Verkleinerung der Empfängermaße 1935—1936 (C. Lorenz-A. G.).

empfänger selbst eine Einheitlichkeit der Lösung besteht. Erst in Zukunft ist hierin unter dem Einfluß des beginnenden Erfahrungsaustausches eine Wandlung zu erwarten.

Einige Beispiele für die Anordnung der Braunschen Röhre und der übrigen Schaltungsteile des Fernseh-Bild-Ton-Empfängers in gedrängt gebauten Geräten geben die Abb. 199, 200 und 201.

Bezüglich der Ausführung mit senkrecht stehender Röhre und Betrachtungsspiegel nach Abb. 200, die sich bei einer Anzahl ausländischer Konstruktionen wiederfindet, sei darauf hingewiesen, daß es zweckmäßig erscheint, in Zukunft die Seiten zwischen Spiegel und Gehäuse lichtdicht abzuschließen. Damit ist ein wirksamer Schutz gegen unwillkommenes Nebenlicht gegeben und die Betrachtung des Bildes auch in unverdunkelten Räumen möglich. Oberflächen - Versilberung des Betrachtungsspiegels empfiehlt sich zur Vermeidung des sonst störenden, wenn auch relativ schwachen Reflexionsbildes an der vorderen Glasfläche.

Abb. 203. 180-Zeilen-Fernsehbild bei guter Einstellung, unretuschierte Momentaufnahme.

Einen in konstruktiver Hinsicht besonders weit durchgearbeiteten Fernsehempfänger zeigt Abb. 201. Durch Verminderung des Schaltungsaufwandes, geschickte Raumausnutzung und Anwendung streuungsarmer Transformatoren ist hier erreicht worden, daß die Abmessungen des Gesamtgerätes, wie die Gegenüberstellung in Abb. 202 erkennen läßt, nicht mehr wesentlich über die Abmessungen größerer Superhet-Rundfunkempfänger hinausgehen.

Die Bildgüte, die von den heutigen Heimempfängern unter Voraussetzung richtiger Einstellung beim Aufnehmen der 180 Zeilen-Sendung erwartet werden kann, wird durch die unretuschierte Momentfotografie Abb. 203 charakterisiert.

Ein Teil der letzthin erzielten Verbesserungen des Empfangsbildes beruht zweifellos auf Erkenntnissen, die wir den anschaulichen Vorstellungen der geometrischen Elektronenoptik verdanken. Unbewußt ist diese neue Lehre jedoch schon früher angewendet worden. Bereits 1929, also mehrere Jahre, bevor die Elektronenoptik im heutigen Sinne entwickelt wurde, hat George die Grundmerkmale des Elektrodenaufbaus moderner Empfängerröhren beschrieben. Auch die Unterbringung von etwa 10000 Bildpunkten auf einer Fläche von 9 cm × 12 cm bei einer Bildweite von 35 cm ist 1931 dem Verfasser [*137*] nur möglich gewesen durch Elektrodensysteme, die nach dem heutigen Sprachgebrauch als „Elektronenlinsen“ bezeichnet werden würden. Die Hauptfortschritte im praktischen Fernsehempfang der letzten Jahre sind also nicht allein auf elektronenoptische Verfeinerungen zurückzuführen, sondern daneben sehr erheblich auf das Vergrößern der Rasterfläche, d. h. auf die gleichzeitige Steigerung von Kippschwingungsamplitude und Fluoreszenzschirmdurchmesser, ganz besonders aber auf die Verbreiterung des übertragenen Frequenzbandes und die Durcharbeitung des Synchronisier- und Ablenkteils.

Abb. 204. Fernsehempfänger mit Braunscher Röhre für Projektion (Fernseh-A.-G.).

Wenn heute technisch einwandfrei 441 zeilige Bilder übermittelt werden können, deren Schärfe nicht mehr wesentlich hinter der des Heim-Schmalfilm-Projektors zurücksteht, so ist dies in erster Linie der Summe unscheinbarer Kleinarbeit zu danken, die in den Fernseh-Laboratorien der ganzen Welt im steten Kampf mit Frequenzkurven, Zeitkonstanten sowie den Grenzen mechanischer und elektrischer Präzision geleistet wurde.

Zum Schluß seien als Überleitung zu Vortrag VIII einige Hinweise auf den Projektionsempfänger mit Braunscher Röhre gestattet. Derartige Geräte sind etwa gleichzeitig von der Fernseh-A.-G., C. Lorenz-A.-G., Radio-A.-G. D. S. Loewe und Telefunken entwickelt worden. Den Aufbau der Fernseh-A.-G. zeigt Abb. 204. C. Lorenz A.-G. hat an diesem Problem nach zwei verschiedenen Richtungen hin gearbeitet: Bei dem Projektor nach Rogowski-Messner-Schnabel ist das Entladungsgefäß, wie bei den Hochspannungsoszillografen, mit Kaltkathode und leicht auswechselbarem Schirm versehen. Diese Lösung ermöglicht im Prinzip besonders hohe Strahlleistungen und dürfte für die Gewinnung sehr großer Bilder recht aussichtsreich sein. Der zweite Weg, der unter Mitwirkung des Verfassers beschritten wurde, ist durch die Verwendung normaler Hochvakuum-Glühkathodenröhren gekennzeichnet. Auf diesem Wege sind in letzter Zeit Strahlleistungen von 10...40 W und Lichtströme von 400 . . . 1600 Lumen erzielt worden.

In Verbindung mit dem Projektionsempfang gewinnen verschiedene, rein optische Probleme erhebliches Interesse. Neben der Entwicklung von Wiedergabeschirmen mit kleinem Streuwinkel und großem maximalen Reflexions- bzw. Durchscheinvermögen ist eine günstige Ausgestaltung des Systems: Projektionsoptik — Fluoreszenzschirm in der Röhre wichtig. Abb. 205 gibt für gleiche optische Vergrößerung die Verhältniswerte g der Lichtströme für verschiedene Auftragungsarten der Leuchtschicht und verschiedene Beschaffenheit des angrenzenden Mediums. Die Fälle a und b entsprechen dem bisherigen Vorgehen bei gesinterten, c bis e dem bei gestäubten Fluoreszenzschirmen. Bei den meisten Projektions-Fernsehempfängern liegt der Fall c vor. Unabhängig voneinander ist letzthin an mehreren Stellen der Gedanke gefaßt worden, den die Abbildungsoptik durchsetzenden Lichtstrom durch Auffüllung des Zwischenraumes zwischen Linse und Schirmträger mit einem durchsichtigen Medium von hohem Brechungsindex zu vergrößern (Fälle b nnd d). Mit einer solchen „Immersionsoptik“ wird der Lichtstrom auf das 2,5fache gebracht.

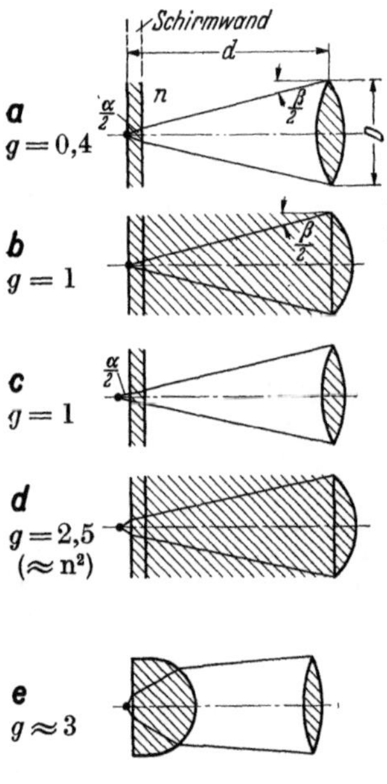

Abb. 205. Beispiele für verschiedene Ausgestaltung des Systems: Projektionsoptik — Leuchtschirm.

Eine Abart des Immersionssystems (Radio Corporation) [*138*] ist in Abb. 205 e wiedergegeben. Sie entspricht dem bekannten Abbeschen Mikroskopobjektiv, bei dem der Gegenstand sich in der unmittelbaren Umgebung des aplanatischen Punktes befindet. Mit diesem Prinzip, das in dem Empfänger nach Abb. 206 zur Anwendung kommt, gelingt es, einen noch etwas größeren Anteil des von dem Fluoreszenzkristall in den Raum gestrahlten Lichtstromes zu erfassen, jedoch ist dabei im Interesse einer brauchbaren optischen Abbildung die Größe des Primärbildes sehr beschränkt, bei dem Gerät der Abb. 206 z. B. auf $2^1/_2$ cm × 3 cm. Die Folge dieser Beschränkung des energiebeaufschlagten Leuchtschirmfeldes ist ein verringerter Schirmwirkungsgrad, gemittelt über die Röhrenlebensdauer, der die optische Überlegenheit wieder aufhebt.

Die Anordnung nach Abb. 205 e ist mit gegebener Hauptoptik besonders leicht zu verwirklichen. Sollen größere Rasterflächen verzerrungsfrei und scharf abgebildet werden, so werden allerdings kompliziertere Gebilde erforderlich, in denen die nahezu halbkugelförmige Vorderlinse durch ein mehrlinsiges System ersetzt ist. Bei dieser Ausführung ist es dann nicht unbedingt nötig, mit einer planen Fluoreszenzschirmfläche zu arbeiten und die Immersionslinse wie bei der Röhre nach Abb. 206 in das Vakuum der Braunschen Röhre hineinzuverlegen;

Abb. 206. Projektions-Fernsehempfänger mit Braunscher Röhre und Immersionsoptik, hergestellt von der Radio-A.-G. D. S. Loewe.

man kann vielmehr die optische Korrektur mittels passender Krümmung des äußeren Kolbenbodens vornehmen. Selbstverständlich darf zwischen diesem und der ersten Teillinse nur ein geringer Abstand bestehen.

Die fortschreitende Herstellung haltbarer hochreflektierender Oberflächenspiegel hat letzthin auch die Anwendung lichtstarker Spiegeloptiken ermöglicht.

Das Entwicklungsziel der Projektionsempfänger muß sein — analog dem Ikonoskop als Senderöhre —, das Prinzip der Speicherung über die Bilddauer, mindestens zunächst über die Zeilendauer, einzuführen. Schon sind einige Ansätze in dieser Richtung, und damit auch zum Großbilde, in Verbindung mit der Elektronenstrahlröhre vorhanden.

VIII. Das Großbildproblem beim Fernsehen.

Von Prof. Dr. A. **Karolus**, Leipzig.

Die Vorträge I bis VII berührten vorwiegend Aufgabenstellungen des Heim-Fernsehempfängers. Für die begleitenden Vorführungen wurden aber mehrmals mit Braunscher Hochspannungsröhre arbeitende Geräte benutzt, um das übertragene Bild etwa in Quadratmetergröße zu projizieren. Die mäßige Lichtstärke der so erzielten Projektionen macht das zugrundeliegende Verfahren heute noch unbrauchbar für Gemeinschaftsempfang, abgesehen von den Fernsehstuben, die hinsichtlich Abmessungen und Helligkeit der Bildfläche geringere Ansprüche stellen. Eines der Endziele der Fernsehtechnik sind Schirmbilder, die nach Größe, Beleuchtungsstärke, Kontrastumfang und Rasterfeinheit den in Zahlentafel 6 wiedergegebenen Anforderungen des Kinos entsprechen (elektrisches Fernkino) [*139*]. Die äquivalenten Zeilenzahlen gehen aus der letzten Vertikalreihe der Zahlentafel hervor. Wie man sieht, liegen die benötigten Lichtströme zwischen 20 Lumen und 11 000 Lumen. Demgegenüber ist der ausgenutzte Anteil des Lichtstromes der heutigen Braunschen Projektionsröhre von der Größenordnung 5 Lumen. Allgemein gilt für unser Problem die Beziehung: Aufzubringender Lichtstrom (in Lumen) = Beleuchtungsstärke (in Lux) mal Fläche (in qm).

Zahlentafel 6. Lichtstrom in Lumen für verschiedene Bildgrößen und Beleuchtungsstärken.

Größe des Theaters	Bildmaße in m		Notwendige Lumenzahl bei Beleuchtungsstärke		Notwendige Zeilenzahl
	Breite	Höhe	25 Lux	100 Lux	
Heimkino	1	0,75	19	75	120—500
Kleines Theater . . .	2	1,5	75	300	200—600
Mittleres Theater . .	3,5	2,6	227	908	300—800
Großes Theater . . .	6	4,5	675	2 700	300—800
Sonderfälle bis . . .	12	9	2700	10 800	300—800

Grundsätzlich stehen zur Lösung der Aufgabe des Fernsehgroßbildes vier Verfahren zur Erörterung:

1. Zwischenfilmempfang,
2. Mehrkanalverfahren,
3. Zellenrasterfläche,
4. Hochleistungs-Kathodenstrahlröhre.

1. Zwischenfilmempfang.

Das Zwischenfilmverfahren wurde ursprünglich für die Sendeseite des Fernsehens entwickelt, um bei mäßigen Beleuchtungsstärken des Objektes noch hochzeilige Bilder ($k \geqq 100$) übertragen zu können. Es arbeitet nach dem Prinzip: Aufnahme des Objektes auf einem Kinofilm (Schmalfilm), Schnellentwicklung der dünnschichtigen Emulsion und sofortige Abtastung des intensiv durchleuchteten Bildstreifens in einem normalen mechanischen Fernsehzerleger. Bezweckt wird damit ein beträchtlicher Gewinn an Steuerspannung durch die Verstärkung des zur Abtastung dienenden Lichtstromes. Die Verzögerung zwischen Originalvorgang und Wiedergabe hat die Größenordnung 1 min. Hier interessiert das grundsätzlich gleiche Lichtverstärkungsverfahren für die Empfangs-

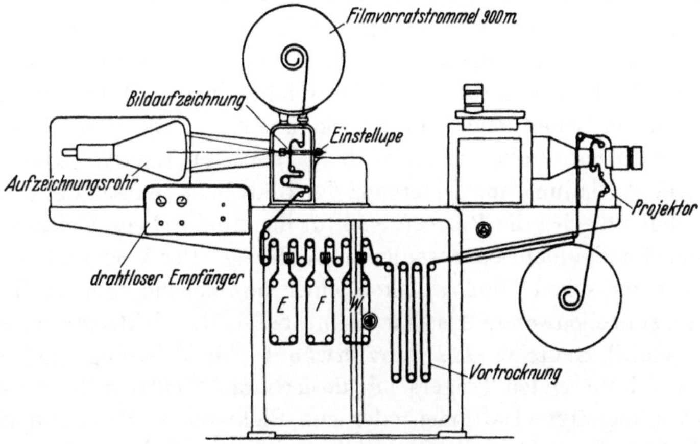

Abb. 207. Zwischenfilm-Projektionsempfänger mit Braunscher Bildschreibröhre.

seite: das Fernbild wird nicht unmittelbar betrachtet, sondern kontinuierlich auf einem Schmalfilm fotografiert, der nach Passieren der Schnellentwicklungs-, Fixierungs- und Wässerungsbäder durch einen normalen Kinoprojektor läuft. Zur Aufzeichnung diente früher eine Nipkow-Scheibe mit Kerr-Zelle als Lichtsteuerorgan. Neuerdings bevorzugt man die Braunsche Kathodenstrahlröhre (Abb. 207), sie arbeitet dabei grundsätzlich genau wie für normalen Empfang. Alle Schwierigkeiten, die sich bei direkter Herstellung des Fernbildes infolge der hohen Zeilenzahl ergeben würden (s. Vorträge II und III), entfallen beim Zwischenfilm, da erstens das Bildfeld sehr verkleinert, zweitens zum Schwärzen der fotografischen Emulsion eine um drei bis vier Größenordnungen geringere Lichtmenge notwendig ist als zum Aufbau eines okular wahrgenommenen Lichtpunktrasters von annehmbarer Größe und Helligkeit. Die hohe Lumenzahl wird dem Projektionsschirm nicht von einem elektrisch zu steuernden, in seiner Apertur und Leistung begrenzten Lichtmodulator, sondern von der im Prinzip beliebig starken, konstant brennenden Projektionsbogenlampe geliefert, die das fertige Bildklischee durchleuchtet. Das Zwischenfilmverfahren wurde in Deutschland von der Fernseh-A.-G. [*140*] (Schubert), in England von der Baird-Television-Co. durchgebildet.

Nachteile des Zwischenfilmempfanges sind:

a) die Verzögerung des Fernbildes um mindestens 1 min;

b) die Notwendigkeit von Mitteln, um bei gleichzeitiger akustischer Übertragung auch deren Wiedergabe entsprechend der Bildverzögerung zu verschieben;

c) die durch hohen Filmverbrauch sehr erheblichen Betriebskosten, selbst bei Schmalfilm (für Normalfilm ca. 1500 RM/Stunde).

In Erkenntnis aller dieser Nachteile sind eine Reihe von Vorschlägen für projektionsfähige Aufzeichnung des Fernbildes unter Umgehung der teuren und verzugbedingenden Fotografie gemacht worden. Nach der Idee von V. K. Zworykin [*141*] bestreicht ein vom Bildstrom modulierter und in Zeilen abgelenkter Elektronenstrahl die Oberfläche eines mit vielen Miniaturelektroskopen dicht besetzten Rasters. Durch verschiedene Aufladung und Divergenz der Blättchen, je nach der örtlichen Bildhelligkeit, wird die Rasterfläche für das hindurchgeschickte Projektionslichtbündel mehr oder weniger durchlässig. Der Vorschlag scheitert an der technischen Unmöglichkeit einer hinreichend fein unterteilten Elektroskopzellenwand. Als eher diskutabel sei das elektrografische Verfahren von P. Selenyi [*142*] kurz erwähnt: Die Beladung eines durchsichtigen, isolierenden Trägers mit dosierbaren Elektrizitätsmengen, in Form von negativen Luftionen oder von Elektronen. Beim Aufstäuben von Lykopodiumpulver haftet dieses an den geladenen Stellen und erzeugt so im auffallenden oder durchfallenden Licht ein Abbild des Originals, dessen Halbtöne durch die Modulation der Dicke des Zeilenstrichs wiedergegeben werden. Gelingt es, das Staubbild laufend auf eine transparente Filmschleife aufzubringen, es anschließend zu projizieren und sodann wieder restlos auszulöschen, indem der Träger von den anhaftenden Pulver- und Ladungsteilchen befreit wird, so bedeutet dies eine neue Lösung der Bildspeicherung mit fast momentaner optischer Wiedergabe. Die durch Mindestanforderungen für die Bestäubungsdichte (Opazität) begrenzte Schreibgeschwindigkeit gibt allerdings der Selenyischen Elektrografie eine theoretische Möglichkeit nur bei Verteilung des hochfrequenten Fernsehsignals auf mehrere, gleichzeitig wirksame Beschriftungsorgane. Es wäre also der Übergang auf eine Mehrkanalmethode erforderlich.

In gewissem Sinne stellt einen solchen Übergang das Scophony-Verfahren dar, beruhend auf der von Debye und Sears [*143*] angegebenen Ausnutzung eines Ultraschallstrahles in flüssigem Medium als optisches

Beugungsgitter. Über die Grundlagen s. Vorträge II und III. Charakteristisch ist die Möglichkeit, den gesteuerten Helligkeitsverlauf längs einer ganzen Bildzeile zu konservieren (zurzeit über 70 Bildpunkte), indem der vom amplitudenmodulierten Schwingquarz erzeugte Wellenzug in der Laufrichtung die Druckverteilung gemäß den zeitlichen Schwankungen des auslösenden Bildsignals bewahrt und diese Zeile in ihrer ganzen Länge projiziert wird. Der daraus erhältliche Helligkeitsgewinn kompensiert die im übrigen großen Lichtstromverluste, die teils im Lichtsteuerorgan selbst, teils in der restlichen Optik entstehen.

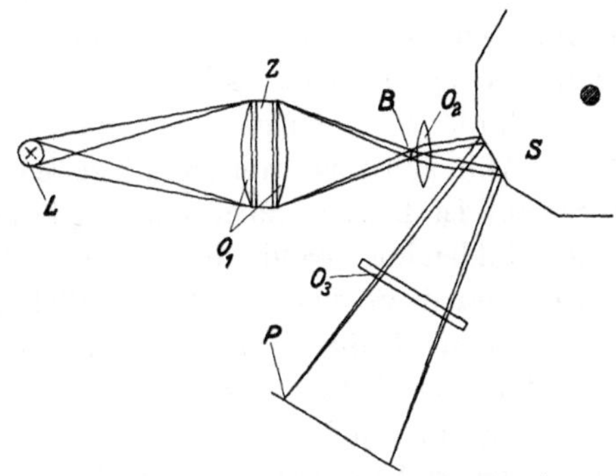

Abb. 208. Grundlegende Anordnung des Scophony-Verfahrens.

Abb. 208 zeigt die Gesamtanordnung mit der spaltförmigen Lichtquelle L, deren Strahlen das abbildende System O_1 und die Ultraschallzelle Z durchsetzen, bei Nichterregung derselben aber sämtlich auf der abdeckenden Blende B vereint werden. Es gelangt also über das Objektiv O_2 und das Zeilenspiegelrad S kein Licht auf den Fernbildschirm P. Beim Schwingen des Quarzes entstehen in der Ebene von B durch die Wirkung des Ultraschallgitters Beugungsmaxima, die zur Projektion der wandernden Druckverteilung, damit also des Helligkeitsverlaufs längs der übertragenen Zeile, auf die Fläche P benutzt werden. Die hohe, genau geregelte Winkelgeschwindigkeit von S kompensiert dabei die Fortpflanzungsgeschwindigkeit der Longitudinalwelle, die in der Zellenflüssigkeit die Größenordnung 1000 m/s hat. Infolgedessen erscheint im Schirmbilde die von der Amplitudenmodulation der Quarzschwingung erzeugte Folge hellerer und dunklerer Lichteindrücke stillstehend. Das Spiegelrad muß mit 18000 Umdr./min laufen, um bei 20 Spiegelflächen 6000 Bildzeilen je Sekunde, d. h. 25 Bilder/s mit 240 Zeilen, herzustellen; daher

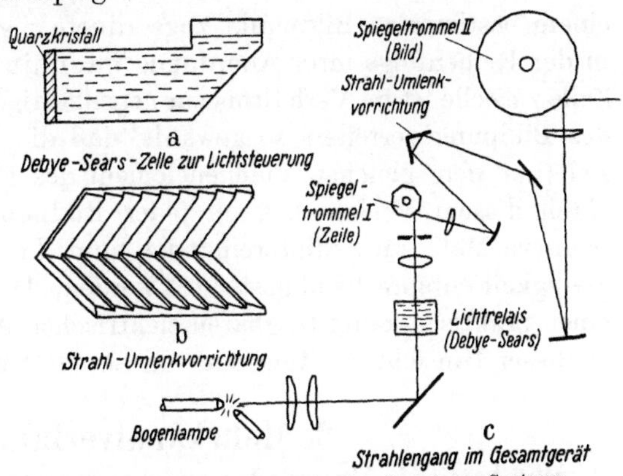

Abb. 209. Optische Elemente des Scophony-Systems.

die geringe Ausdehnung und Masse des Rotors. Die dementsprechend ziemlich kleine Antriebsleistung desselben kann einem Drehstrom-Röhrengenerator entnommen werden, der vom Sender her durch aus dem Zeichengemisch ausgesiebte Impulse synchronisiert wird. Ein zweites Spiegelrad besorgt die Aneinanderreihung der Zeilen zum Empfangsbild. Durch Anwendung des in Vortrag III erläuterten „split focus“-Prinzips soll den aus der Kleinheit der Flächen des Spiegelrades S entspringenden Aperturverlusten entgegengewirkt werden. Abb. 209 zeigt weitere Einzelheiten des Scophony-Systems. Interessant ist hierbei noch eine eigentümliche Umlenkvorrichtung für den abbildenden Strahl, die nach dem Prinzip des Aufrichtprismas arbeitet und dazu dient, trotz Parallellage der Achsen beider Spiegelräder I und II die Schreibrichtung des Zeilenlichtbandes quer zum Vorschub der Zeile zu stellen. Die Vorteile des Scophony-Verfahrens sind: Wegfallen jeder Verzögerung, vollkommen reversible Veränderung des speichernden Mediums. Es ist durchgeführt bei 240 Bildzeilen und 25 Bildern/s und liefert etwa 5····10 Lux auf Flächen von 2····3 qm.

Mit der Methode der Zwischenaufzeichnung in gewissem Sinne verwandt ist die „elektrische Fokusierung“ von E. F. W. Alexanderson. Hierbei werden in der Abtastrichtung, nicht quer dazu, mehrere Lichtsteuerzellen in gleichen Abständen aneinandergereiht und durch elektrische Impedanzen (Laufzeitglieder) miteinander verbunden. Das einem bestimmten Bildpunkt zugeordnete Signal erregt die Zellen also in der Reihenfolge ihrer Anordnung nacheinander. Die Laufzeit von Zelle zu Zelle ist im Verhältnis zur gegenläufigen Schreibgeschwindigkeit des Bildpunktverteilers so gewählt, daß die sukzessiven Aufhellungen sich auf dem gleichen Flächenelement des Empfangsschirmes decken. Nach diesem Verfahren kann jeder Bildpunkt statt einmal pro Bild mehrere Male kurz hintereinander zum Leuchten gebracht und die Helligkeit entsprechend gesteigert werden. Das Verfahren würde jedoch einen praktisch kaum tragbaren elektrischen Aufwand erfordern und ist in dieser Hinsicht der Methode von Scophony stark unterlegen.

2. Mehrkanalverfahren.

Wie bereits in Vortrag III aus der Berechnung des Helligkeitsabfalls mit wachsender Rasterzahl (ϱ) bzw. Zeilenzahl (k) gefolgert wurde, ist es unmöglich, mit mechanisch-optischen Verteilern (Nipkow-Lochscheibe, Weiller-Spiegelrad) ausreichend beleuchtete Fernbildflächen größeren Formats zu erhalten, wenn die Übertragung nach dem üblichen Einkanalverfahren geschieht, d. h. jeweils nur ein Bildelement wiedergegeben wird. In etwas veränderter Fassung lautet dann z. B. für Spiegelräder das Abnahmegesetz:

$$E = \frac{16\pi^3 \cdot B \cdot D \cdot b \cdot \alpha}{p^2 \cdot k^5} \cdot 10^4 \text{ Lux}\,.$$

(E Beleuchtungsstärke des Empfangsschirmes, B Leuchtdichte der Lichtquelle, D Durchmesser und b Breite des Spiegelrades, a im Strahlenweg nicht absorbierter Bruchteil des Lichtes, p^2 Schirmfläche [quadratisch], k Spiegelzahl, die beim einfachen Weiller-Rad gleich der Zeilenzahl ist.)

Eine Kompensation des hiernach, bei konstanten Werten von B, D b, a und p, mit k^5 gehenden Abfalls der Beleuchtungsstärke im Fernbild ist nun dadurch zu erzielen, daß mehrere (N) Bildelemente zu gleicher Zeit übertragen und geschrieben werden (Mehrkanal-bzw. Speichermethode). Das Abtastschema einer Mehrkanalübertragung gibt Abb. 210 wieder. Entweder steuert man die N Empfangslichtrelais durch N gleichzeitig abgetastete Bildelemente über N unabhängige elektrische Kanäle (deren jeder nur noch die Frequenzbandbreite $\Delta\nu/N$ benötigt, wenn $\Delta\nu$ die erforderliche Durchlässigkeit beim Einkanalverfahren wäre), oder aber man benutzt auf dem Übertragungswege die übliche Form der Einkanalmodulation, d. h. der Punkt für Punkt nacheinander erfolgenden Amplitudensteuerung, und verteilt erst im Empfänger die ankommenden Signalimpulse auf N gleichzeitig zum Leuchten gebrachte Organe. Diese wirken dann grundsätzlich über die Bildpunktdauer $t = 1/\varrho n$ hinaus. (ϱ Gesamtheit der Bildelemente, n Zahl der Bilder/s); im Grenzfalle darf ihre Abklingzeit betragen:

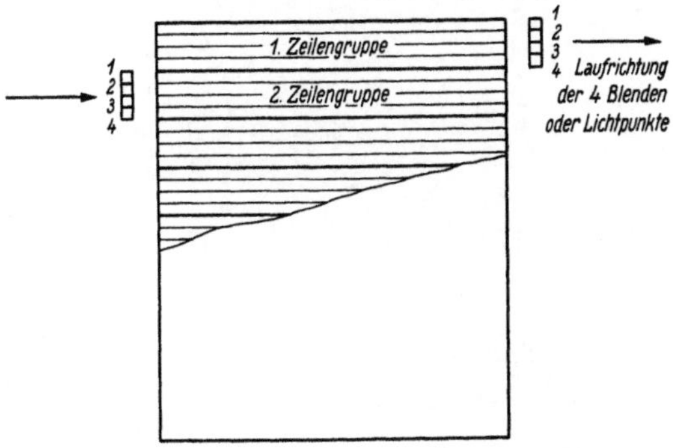

Abb. 210. Abtastschema einer N-Kanal-Übertragung mit $N = 4$

$$t' = N/\varrho n \,.$$

Es wird daher die Aufhellung verlängert, ihr Effekt vom Auge gespeichert. Mit dieser Zeitdehnung des Lichteindrucks ist nach dem Talbotschen Gesetz ein entsprechender Zuwachs an Beleuchtungsstärke des Fernbildes verbunden; er ist stets proportional dem Ausdruck für t'.

Ein Ausführungsbeispiel für das vorstehend erläuterte Verfahren ist der Vierkanalfernseher (Karolus, $N = 4$, $k = 96$), vorgeführt auf den Funkausstellungen 1933 und 1934. Die Apparatur zur Bildfeldzerlegung bestand aus einem 24 teiligen Weiller-Spiegelrad, 4 übereinanderliegende Bildelemente wurden jeweils gleichzeitig über die Spiegelflächen projiziert und beim Umlaufen zu einer Viererzeile auseinandergezogen. Zur Lichtsteuerung diente eine Vierfach-Kerrzelle (Abb. 211) mit 4 unabhängig voneinander steuerbaren, homogen ausgeleuchteten Elektrodenspalten. Entsprechend wurden beim Sender 4 voneinander unabhängigen Fotozellen die Lichtströme von 4 übereinanderliegenden Bildelementen des zu übertragenden Gesichtsfeldes (Film und lebende Person) getrennt zugeführt. Naturgemäß waren auch die anschließenden Verstärker voneinander unabhängige Kanäle. Erreicht wurden im Fernbild bei 1 qm ca. 10 Lux mit einer gewöhnlichen Reinkohlebogenlampe von $B \sim 15000$ Stilb; ein mehrfach höherer Wert ergab sich bei Benutzung einer Goerz-Beck-Bogenlampe.

Abb. 211. Vierfach-Kerr-Zelle, rechts Elektrodensystem.

Für gleiche Zeilenzahl wäre diese Helligkeit bei reiner Einkanalsteuerung, d. h. bei Benutzung eines Weiller-Rades mit 96 Spiegeln und einer einzigen Kerr-Zelle, höchstens auf etwa 1 dm² Bildfläche zu erzielen. Die größte Betriebsschwierigkeit der beschriebenen Vierkanalapparatur bestand darin, sämtliche Kanäle durchweg gleichmäßig zu steuern, und zwar sowohl in bezug auf das elektrische Übertragungsmaß aller Bildfrequenzen als auch hinsichtlich der optischen Bedingungen, z. B. homogener Ausleuchtung der 4 zur selben Zeit wirksamen Blenden (Auftreten periodischer Streifigkeit im Fernbilde bei schlechter Abgleichung!).

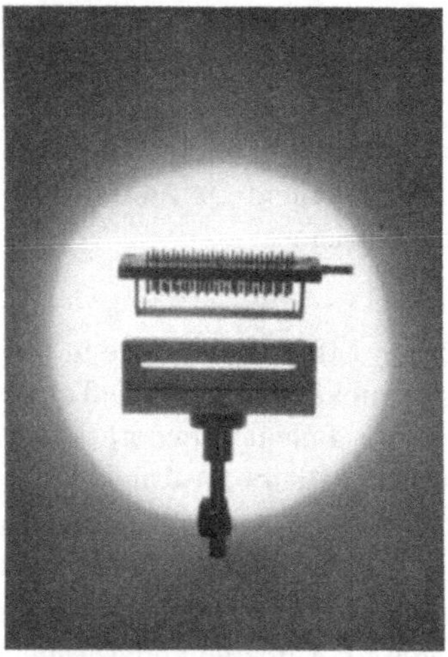

Abb. 212. Kerr-Zellenzeile mit linearem Trog.

Vergrößert man N bis zur gleichzeitigen Wiedergabe aller auf eine ganze Zeile entfallenden Elemente, so resultieren außer weiteren Steigerungen der Helligkeit bzw. der möglichen Bildgröße wesentliche Vereinfachungen der optischen Bewegungseinrichtung: Die Verteilung beschränkt sich auf die langsam zurückgelegte Bildkoordinate. Wir haben jetzt nur noch eine leuchtende Punktzeile mit der Periode n der Bildwechselfrequenz parallel zu sich selbst zu verschieben, um im Auge die **Bildfläche** herzustellen. Das hierzu geeignetste Verteilerorgan ist ein relativ langsam umlaufendes Spiegelprisma; es kann in Anbetracht seiner geringen Rotationsgeschwindigkeit sehr große Spiegel, d. h. eine hohe optische Apertur, besitzen. Die Zunahme der Helligkeit auf dem Bildschirm entspricht dem Produkt aus der Aperturvergrößerung und der Anzahl gleichzeitig wirksamer Bildelemente. So erzielt man, verglichen mit der Einkanalmethode, bei einem Bild mit 100 Zeilen etwa den 1000 fachen Lichtstrom, vorausgesetzt, daß jedes für sich steuerbare Element der ganzen Zeile am gleichen Arbeitspunkt die gleiche Ruheleuchtdichte aufweist wie im Falle der Einkanalmethode der eine, in beiden Koordinatenrichtungen zu bewegende Lichtfleck. Abb. 212 zeigt eine zur Durchführung des beschriebenen Prinzips benutzte Kerr-Zellenzeile.

Zur Verteilung der Bildsteuerimpulse des Senders auf die N parallel betriebenen Einzellichtquellen oder -lichtrelais der Zeile dient ein schnell wirkender Schalter in Verbindung mit Zeitkonstantengliedern, deren RC-Wert von der Größenordnung der Zeilendauer ist. Solche Glieder liegen zweckmäßig auf der Gitterseite von N Verstärkerröhren, in deren Anodenkreise die N Lichtsteuerzellen eingeschaltet sind. Die Umlaufdauer des Verteilungsschalters muß naturgemäß genau gleich der Zeilendauer sein, während seine Schaltfrequenz durch die Zahl der Bildpunkte/s gegeben ist. Mechanische Schalter scheiden deshalb aus, nur Kathodenstrahlschalter (vgl. Abb. 227) sind brauchbar (masseloses, rotierendes, durch magnetisches oder elektrisches Drehfeld über einen Kranz von Einzelkontakten bewegtes Elektronenbündel). Die Schwierigkeit dieser ideal trägheitsfreien Vorrichtungen liegt in ihrer kleinen Schaltleistung sowie in ihrem hohen Innenwiderstand; daher ist auf diese Weise allein die Steuerung von kapazitätsarmen Röhrengittern, d. h. möglichst stromlosen Gebilden durchführbar.

Geeignete hochfrequent bzw. mittelfrequent steuerbare Lichtquellen zum Aufbau der leuchtenden Bildpunktzeile sind:

a) Neonglimmlampen, zweckmäßigerweise mit Ausnutzung der positiven Lichtsäule zur Erzielung höherer Stromausbeute und größerer Leuchtdichte;

b) Kathodolumineszenzlampen ohne oder (besser) mit Gittersteuerung; in ihnen wird die Energie eines Elektronenstrahles beim Aufprallen auf einen Leuchtphosphor in bekannter Weise umgesetzt;

c) Kerr-Zellen mit flüssigem oder festem Dielektrikum, insbesondere in Verbindung mit den neuen Polaroidfolien (vgl. hierzu die Angaben in Vortrag II).

3. Zellenrasterverfahren.

Fast unbegrenzte Möglichkeiten hinsichtlich Größe und Helligkeit des Fernbildes bietet der Aufbau desselben in den gewünschten Abmessungen aus einer Vielheit selbstleuchtender, in ihrer Intensität steuerbarer Elemente nach der Zellenrastermethode. Die Hauptgründe dafür sind: a) Wegfall der sehr erheblichen Lichtverluste, die bei allen ein Primärbild projizierenden Einrichtungen bis zu 90% und mehr betragen; b) Wegfall aller Lichtrelais mit ihren zusätzlichen Verlusten (durch optische Absorption, Aperturverminderung, Reflexion usw.), die gleichfalls 90% erreichen können; c) prinzipielle Möglichkeit der Ausnutzung von Nachleuchten jedes Bildelementes über die Zeilendauer $t' = N/\varrho n$ hinaus, im Grenzfall bis zur Bilddauer $t'' = 1/n$ für $N = \varrho$; d) Verwendbarkeit von Lichtquellen selbst ganz geringer Leuchtdichte, die für projizierende Empfänger grundsätzlich ausscheiden (bei direkter Betrachtung genügen 1 · · · 2 Stilb, vgl. Zahlentafel 7); e) Wegfall der Lichtabnahme, die bei Projektion eines Primärbildes aus dem optischen Vergrößerungsgesetz, d.h. aus der starren geometrischen Verkettung von „Gegenstand" und „Bild" herrührt.

Zahlentafel 7.

Lichtquelle	Leuchtdichte in Stilb (HK/cm²)
1. Positiver Krater des Reinkohlebogens	18 000
2. Goerz-Beck-Bogenlampe	100 000
3. Quecksilberdampf-Höchstdruckbogen	50 000 bis 60 000
4. Eingeschnürter Neon-Lichtbogen	600 bis 800
5. Natriumdampf-Glimmröhre hinter Streuglas	3,5
6. Neon-Glimmröhre, positive Säule, seitlich gesehen . .	0,5 bis 6
7. Neon-Kathoden-Glimmlicht, Hohlkathode mit Schlitz	0,5 bis 1,5
8. Kathodolumineszenzröhre mit 1 cm² Strahlquerschnitt	0,1 bis 1
9. Neon-Glimmlampe, freie Kathodenoberfläche	0,05 bis 0,1

Die Fernsehzellenraster gehören zu den ältesten Vorschlägen der Bildübertragungstechnik (Beispiele: die Projekte von Ruhmer, Lux, von Bronk, Schmierer). Abb. 213 veranschaulicht die Grundform, bei der jedem Bildpunkt senderseits eine unabhängige lichtelektrische Zelle, empfängerseits eine selbständige Leuchtzelle (Glühlampe, Glimmlampe) zugeordnet ist und ein rasch umlaufender Schalter jeweils die beiden lagengleichen Zellen über den nur einfach vorhandenen Leitungskanal verbindet. Die erste betriebsmäßig ausgeführte Lösung auf der Empfangsseite stammt vom Bell-Laboratorium, 1927 [*144*]; die Leuchtwand wird durch eine engzeilige Schlange aus Neonleuchtröhren gebildet. 2500 Glimmzellen, die in Form von Außenbelegungen auf diesen Röhren verteilt sind, werden über ebenso viele Kontakte eines schnellaufenden Schalters nacheinander mit moduliertem Hochfrequenzstrom (entsprechend der Punkthelligkeit im Urbilde) erregt (Abb. 214). J. L. Baird [*145*] demonstrierte 1930 eine Zellentafel, bestehend aus 2100 Glühlampen, die ebenfalls über einen einzigen mechanischen Stromverteiler betrieben wurden. Die Verwendung eines solchen massebehafteten Umschalters ist auf wenige Tausend Bildelemente und auf eine unzureichende Zahl von

Bildern/s beschränkt; dementsprechend machte bei den Vorführungen des Bell-Laboratoriums und BAIRDS ein krasses Flimmern die Wiedergabe praktisch unbrauchbar.

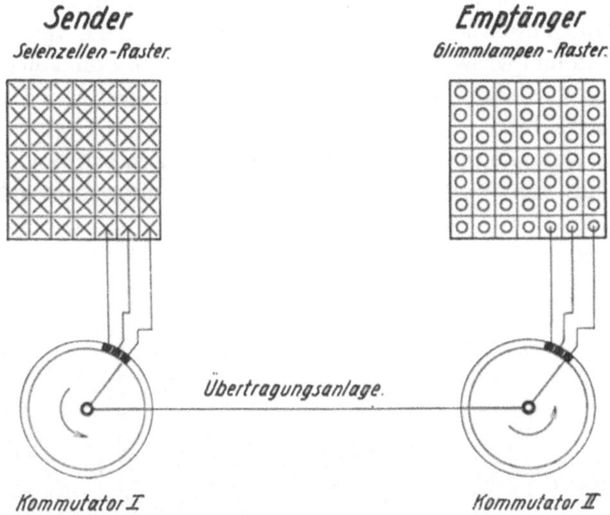

Abb. 213. Synchron kommutierte Zellenraster.

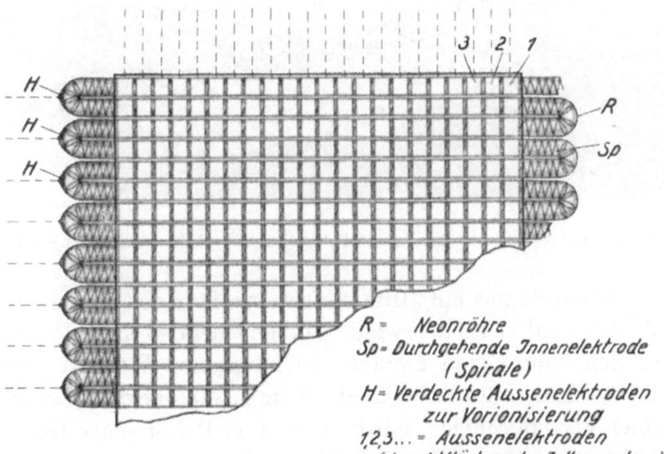

Abb. 214. Neon-Glimmzellen-Bildtafel des Bell-Laboratoriums, 1927.

Die Lösung für beliebige Bildpunktzahl und Helligkeit bei völliger Flimmerfreiheit entsprang aus einer Aufgabenstellung, die wegen der anzunehmenden Allgemeinhelligkeit des Empfangsraumes nur durch ein makroskopisches Zellenraster zu erfüllen war. Es wurde die Großprojektion eines Versammlungsredners in einer beleuchteten Halle gefordert.

Die Übertragungsform der ältesten Fernsehvorschläge, die für jedes Bildelement dauernd einen eigenen Kanal vorsieht — was hier wegen der Kürze der Leitungsverbindungen an sich wohl in Betracht gezogen werden durfte —, erwies sich nach einem im Laboratorium angestellten Versuch (100 Fotozellen auf 100 Glühlampen arbeitend, vgl. Abb. 215) als technisch und wirtschaftlich undurchführbar. Es kam daher nur eine Lösung mit Verteilung des ankommenden Bildsignals durch Umschaltung in Betracht.

Die hierbei in der großen Zahl von Bildelementen wurzelnde Schwierigkeit wollte seinerzeit J. M. SCHMIERER [*146*] unter Anwendung des

Abb. 215. 100-Kanal-Fernseher, rechts Fotozellenwand, links Glühlampenwand.

Sammelschienenprinzips mit Hilfe von zwei rotierenden Stromverteilern („Koordinatenschaltern") überwinden, deren einer den schnellen Wechsel längs der Zeile und deren zweiter den langsamen Wechsel längs der Bildhöhe bewirken sollte (Abb. 216). Jede Lampe liegt mit dem einen Pol an einer Vertikalschiene, mit dem zweiten Pol an einer Horizontalschiene. Danach wären z.B. für 10000 im Quadrat angeordnete Zellen nur zweimal 100 Kontakte und Leitungsverbindungen zu den Sammelschienen erforderlich gewesen. Der Vorschlag ist jedoch unausführbar wegen der vom Erfinder nicht berücksichtigten Nebenschlüsse über sämtliche Verbraucherzellen. Der gesteuerte Strom fließt nämlich keineswegs allein über die Zelle am Schnittpunkt der jeweils eingeschalteten Horizontal- und Vertikalsammelschiene; die verfügbare Energie verteilt sich vielmehr praktisch gleich auf alle Zellen des gesamten Rasters. Dies leuchtet sofort ein, wenn man in Abb. 216 die vielen, jeweils über mehrere Lampen in Reihe führenden Nebenschlußmöglichkeiten aufsucht, deren Gesamtheit den einen beabsichtigten Weg weitgehend kurzschließt.

Die Sammelschienenanordnung ist in dieser Form also unbrauchbar. Zwei Lösungen der vereinfachenden Umschaltung sind jedoch möglich:

1. Vorsehen eines eigenen mechanischen Kommutators für jede Zeile;

2. eine die Nebenwege sperrende Gleichrichterschaltung.

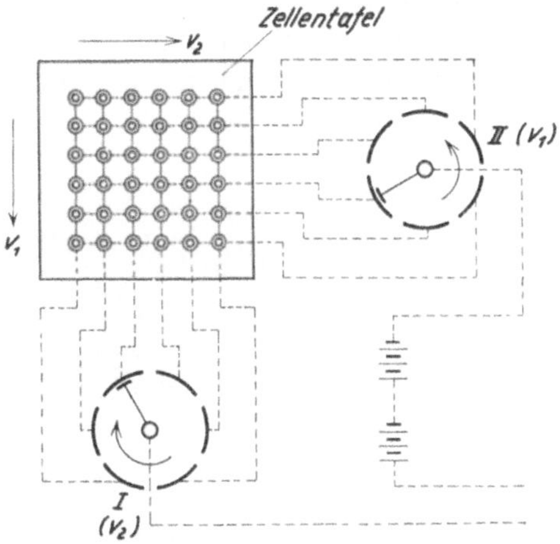

Abb. 216. Zellentafel mit Koordinatenschaltung nach SCHMIERER.

Die Ausführung der Lösung 1 mit $\varrho = 10000$ in einer quadratischen Fläche von $2 \text{ m} \times 2 \text{ m}$ angeordneten dünndrähtigen Glühlampen wurde zum erstenmal auf der Funkausstellung 1935 gezeigt und ist in Abb. 217 bis 219 veranschaulicht: Eine Zeile von 100 Fotozellen (3 in Abb. 217), über die das abzutastende Bild (2) mit Hilfe eines Spiegelrades (1) periodisch quer zur Zeilenrichtung hinwegbewegt wird, steuert 100 Verstärker, deren Ausgangsspannungen mittels 100 synchron umlaufenden Bürsten (Abb. 219) über ebenso viele Reihen von je 100 kleinen Glühlampen verteilt werden (Abb. 221 bis 222). Es werden $n = 50$ Bilder/s übertragen. Die Wärmeträgheit der kurzzeitig

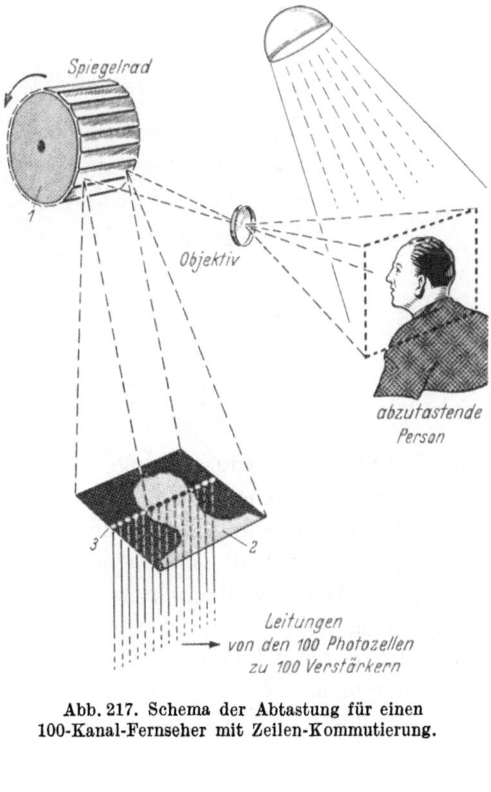

Abb. 217. Schema der Abtastung für einen 100-Kanal-Fernseher mit Zeilen-Kommutierung.

stark überhitzten Glühfäden ist klein genug, um Bewegungsvorgänge nachleuchtfrei und scharf wiederzugeben; andererseits ist bei $n = 50$ die Zellenfläche trotz ihrer ca. 1000 Lux Beleuchtungsstärke(!) völlig flimmerfrei.

Über die Lösung 2 sei hier nur folgendes ausgeführt: Die Schwierigkeit der 100 Stromverteiler mit je 100 Segmenten, von denen insgesamt tat-

Abb. 218. Ausführung der Abtastanordnung nach Abb. 217 mit Lichtsirene und Spiegelrad.

sächlich 10000 einzelne Leitungen zu der Tafel hinführen, wird umgangen durch Reihenschaltung eines Gleichrichters hinter jede Glühlampe. Damit ist dann die Sammelschienen-Anordnung ohne weiteres durchführbar (Abb. 220). Man benutzt eine kleine Spezialtype des Selen- oder Cuprox-Trockengleichrichters, die für die verlangte Leistung und Rückstromsicherheit billig genug herstellbar ist. Die gewollte Wirkung kann auch durch Glimmlampen mit Gleichrichtercharakteristik unter Zuhilfenahme ihrer Zündeigenschaften (Potentialschwelle für Stromeinsatz!) oder durch gittergesteuerte Kathodolumineszenzlampen mit Glühkathode erzielt werden. Durch die unipolare Leitfähigkeit (Richtwiderstand) der Stromwege werden alle schädlichen Nebenschlüsse vermieden. Die Zahl der Umschaltkontakte kann jetzt bei 10000 Elementen in der Tat auf $2 \cdot \sqrt{10000} = 200$ reduziert werden bzw. sogar auf die Hälfte, wenn man es vorzieht, 100 getrennte Übertragungskanäle oder getrennte Endverstärker einzuführen, wie für Lösung 1 beschrieben. Jeder dieser Verstärker speist eine Sammelschiene; die längs derselben angeschlossenen 100 Lampen werden durch den allen 10 000 Zellen gemeinsamen Stromverteiler mit nur 100 Kontakten kommutiert. Auf diese Weise kommen immer 100 Lampen, d. h. eine ganze Zeile, zur gleichen Zeit zum Aufleuchten.

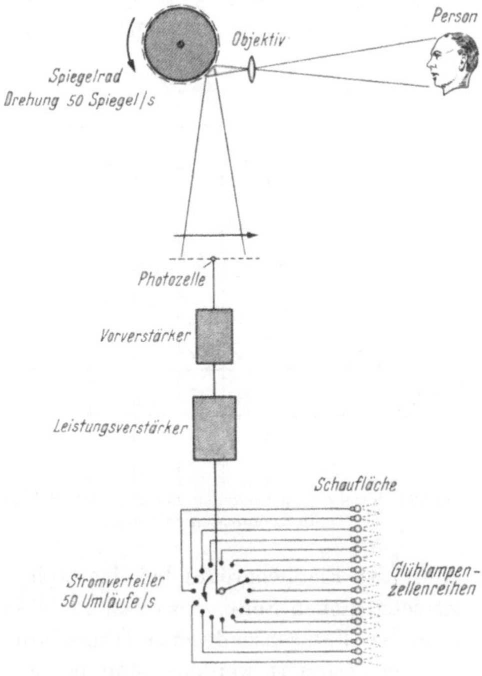

Abb. 219. Schema der Zeilenkommutierung bei der Abtastanordnung nach Abb. 217.

Da Dreielektrodenröhren mit Glühkathode gleichfalls unipolar leiten, ist es gemäß Abb. 223 im Prinzip möglich, die Gitter-Kathodestrecken solcher Röhren zwischen die horizontalen bzw. vertikalen Sammelschienen zu schalten, dagegen die Lampen a_1, a_2, $a_3, \ldots$, b_1, b_2, $b_3, \ldots$, c_1, c_2, $c_3, \ldots$ usw. in die Anodenkreise zu legen. Der Umschalter U führt die Anodenspannung von der Gleichstromquelle M nacheinander den einzelnen horizontalen Lampenzeilen mit den Kennbuchstaben A, B, C usw. zu. Bei dieser Anordnung brauchen die Endverstärker I, II, $III \ldots$ nur die Gitterleistung der Steuerröhren aufzubringen; es wird also wesentlich an Verstärkungsaufwand gespart. Abb. 224 veranschaulicht die weitere Ausbildung dieser Zellentafel mit Hilfe von Doppelgitterröhren. Hierbei dienen die ersten Gitter zur Helligkeitssteuerung, indem sie von den Verstärkern I, $II \ldots$ variable Spannungen erhalten. Die zweiten Gitter werden reihenweise durch den Umschalter U an die konstante positive Spannung E_{g1} gelegt; sie sollen also lediglich den Stromweg öffnen und schließen, wogegen die Dosierung der Stromstärke und damit der Helligkeit durch die kathodennahen Steuergitter erfolgt. Sämtliche Anoden dürfen jetzt untereinander und mit dem Pluspol der Gleichstromquelle E_a verbunden sein; die Kontakte von U werden dann nicht mehr mit größeren Leistungen belastet.

Bei den vorstehend beschriebenen Modifikationen einer Zellentafel mit Rückstromsperrung und Sammelschienenschaltung ist es ferner möglich, gesonderte Lichtquellen $a_1, a_2, a_3, \ldots, b_1, b_2, b_3, \ldots$ im Anodenkreis der gesteuerten Röhren zu ersparen. Man bildet die Röhren als Kathodenstrahlröhren aus (Abb. 225) und läßt die grob gebündelten Elektronen nach Durchfliegen der (zylindrischen) Anode auf die mit einem Leuchtphosphor überzogene Glaswand treffen, wo sie entsprechend der durch das eingebaute Steuergitter geregelten Stromstärke mehr oder weniger Lichthervorrufen. Lichtquellen dieser Art, für die hier die Bezeichnung „Lenard-Lampe“ vorgeschlagen wird[1], lassen sich im Prinzip sehr billig herstellen.

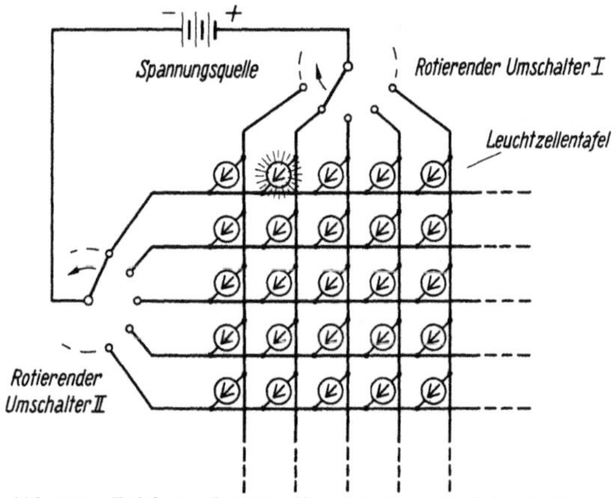

Abb. 220. Tafel aus Leuchtzellen mit Reihen-Gleichrichtern in Koordinatenschaltung.

Nach der Zellentafelmethode ist die Steigerung der Zeilenzahl (und damit der Flächengröße) beliebig weit zu treiben, abgesehen von der wirtschaftlichen Seite. Das Zellenbild kann natürlich auch von einem normalen Fernsehsendegerät (Ikonoskop) im Wege der Einkanalübertragung gesteuert werden. Man benötigt dazu einen Kathodenstrahlumschalter, der mit einer Umlaufdauer gleich der Zeilendauer die ankommende Stromimpulsfolge auf die Reihe der N Verstärkergitter phasenrichtig verteilt. Über die vom Kathodenstrahl bestrichenen Kontakte werden die Gitter nacheinander in dosierter Stärke aufgeladen. Ihre Spannungen läßt man über Zeitkonstantenglieder passender Größe abklingen. Abb. 226 zeigt das Schema der Anordnung, Abb. 227 die Ansicht des Kathodenstrahlschalters selbst (100 Kontakte).

Es besteht Aussicht, die hochgradige Aufteilung der Zellentafel in isolierte Elemente mit einfachen technischen Mitteln durchzuführen, wobei man sich im Falle von Glimmentladungsstrecken der neuesten Erfahrungen über Glasmetall- oder Keramikmetallverschmelzung bedienen

[1] Es ist das Verdienst des deutschen Physikers Prof. Lenard, alle grundlegenden Versuche über Kathodenstrahlen und ihre Einwirkung auf Leuchtphosphore durchgeführt zu haben.

Abb. 221. Glühlampen-Bildwand mit 10 000 Zellen.

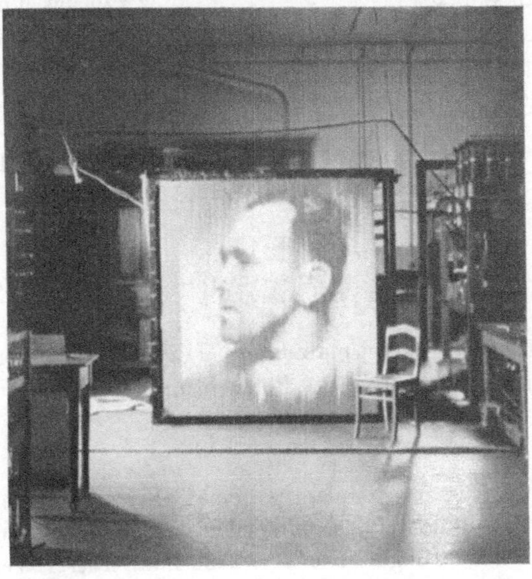

Abb. 222. Bildwand nach Abb. 221 in Betrieb.

wird. Die bei gittergesteuerten Kathodolumineszenzlampen (an Stelle von Glühlampen oder Glimmlampen) für die Vereinfachung der elektrischen Schaltung sowie für die Herabsetzung des Verstärkungsaufwandes resultierenden Möglichkeiten wurden bereits weiter oben erörtert.

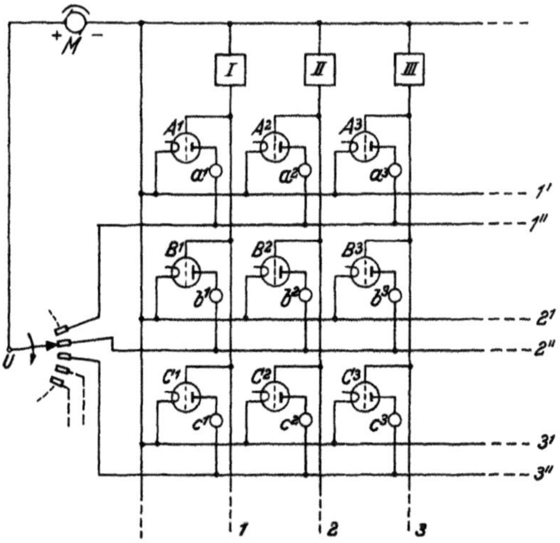

Abb. 223. Koordinatenschaltung mit Dreielektrodenröhren und Lampen in Reihe.

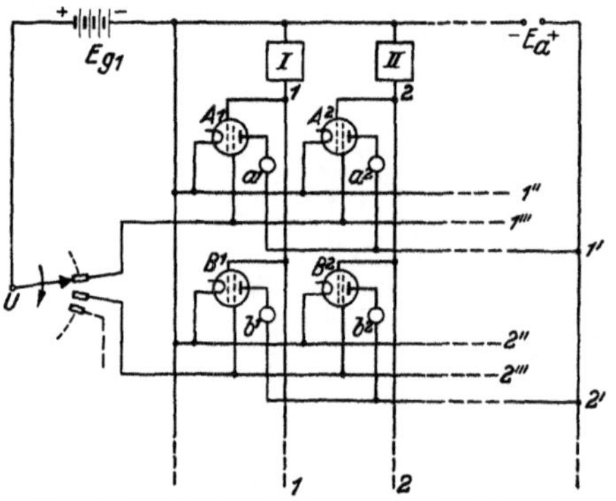

Abb. 224. Koordinatenschaltung mit Vierelektrodenröhren und Lampen in Reihe (Steuergitter und Schaltgitter).

Soweit im vorstehenden belichtete und selbstleuchtende Bildwand hinsichtlich ihrer Helligkeit zueinander in Beziehung gesetzt sind, war dafür folgende Überlegung maßgebend (vgl. Vortrag III): Die Projektionsfläche eines Kinotheaters leuchtet in „erborgtem" Lichte. Nimmt man sie als mattweiß und ihr Reflexionsvermögen mit 0,7 an, so wirft 1 cm² bei der Beleuchtungsstärke E Lux den Lichtstrom:

$$\Phi = 0{,}7 \cdot E \cdot 10^{-4} \text{ Lumen}$$

diffus in den Raumwinkel 2π zurück, und zwar nach dem Lambertschen Kosinusgesetz verteilt. Unter diesen Voraussetzungen scheint die betrachtete Fläche eine Eigenleuchtdichte:

$$B = \frac{\text{refl. Lichtstrom}}{\pi} = \frac{0{,}7 \cdot E \cdot 10^{-4}}{\pi} \text{HK/cm}^2$$

zu besitzen. Reziprok findet man dann bei der selbstleuchtenden Wand, wo B gegeben ist, die äquivalente Beleuchtungsstärke:

$$E = \frac{B \cdot \pi \cdot 10^4}{0{,}7} \text{ Lux.}$$

Hat z.B. eine Kathodenglimmlampe gemäß Nr. 9 in Zahlentafel 7 die Leuchtdichte $B = 0{,}05$ Stilb, so entspricht ihre Helligkeit (ruhend) einer äquivalenten Beleuchtungsstärke $E = 2250$ Lux. Dieser Wert sinkt bei begrenzter Leuchtdauer des Elements entsprechend dem für die Verdünnung des Lichteindrucks maßgebenden Zeitverhältnis, nämlich Ausstrahlzeit zu Dunkelzeit.

Eine Aufgabe, deren befriedigende Lösung heute noch fehlt, ist die Freilicht zellentafel. Sie kann grundsätzlich nur auf einer elementweise stattfindenden Dosierung der Schwärze beruhen, wobei das Bildmosaik durch örtlich variable Reflexion der natürlichen oder künstlichen Beleuchtung hergestellt wird. Zur Steuerung kommen vorwiegend elektromechanische Mittel in Betracht, etwa nach Art der Telefonschauzeichen. Mit Rücksicht auf die Mindestbildfrequenz bestehen hierbei Schwierigkeiten bezüglich Eigenschwingung, Dämpfung und Leistungsverbrauch der bewegten Zellenorgane, die durch elektromagnetische, elektrodynamische oder elektrostatische Kräfte mit genügend kleiner Zeitkonstante auf die jeweils richtige Helligkeit einstellbar sein sollen. Andererseits liegt bei gewissen Ausführungsformen eine Speichermöglichkeit insofern vor, als jede Zelle den einmal angenommenen Reflexionswert beibehalten kann, bis ihr (bei der periodisch wiederholten Erregungsverteilung) vom Abtastgerät eine Veränderung aufgezwungen wird. Nach diesem „Überblendungs"-Verfahren könnte man eine flimmerfreie Wiedergabe noch bei denjenigen Bildwechselzahlen erzielen, die zur kinematografischen Bewegungsverschmelzung eben ausreichen, d. h. im Grenzfalle bei $n = 17/s$ bis $20/s$. Das Frequenzbandproblem wäre entsprechend erleichtert [*147*]. Den gleichen Vorteil bietet grundsätzlich jede über die ganze Bildfläche speichernde Zellenwand, deren Elemente eine Überblendungssteuerung zulassen.

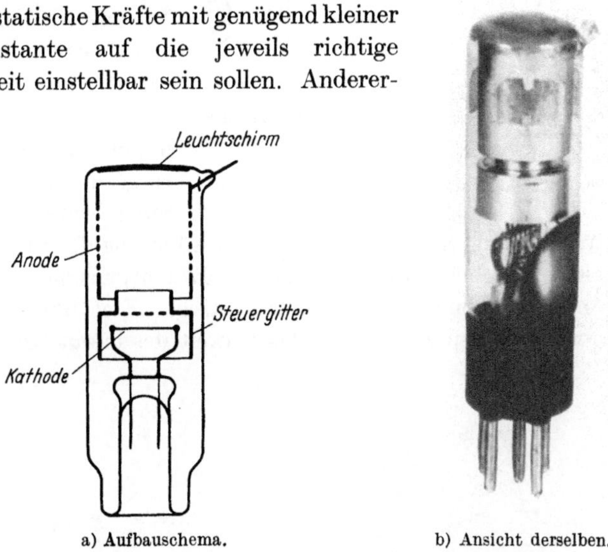

a) Aufbauschema. b) Ansicht derselben.

Abb. 225. Lenard-Lampe mit Steuergitter für Zellentafeln.

4. Hochleistungs-Kathodenstrahlröhre.

Die Kathodenstrahl-Projektionsrohr-Optiken liefern heute bei 10 W bis 20 W im Lichtfleck umgesetzter Leistung 2...5 Lumen, also bei 1 qm Schirmfläche nur 2...5 Lux Beleuchtungsstärke (Abb. 228). Erwünscht sind aber für Gemeinschaftsempfang und große Kinotheater etwa 50 qm Fläche und 100 Lux. Die Zunahme des Lichtstromes müßte also rd. 1000 fach sein. Nach dem Stande der Technik ist dies mittels eines einzigen bewegten Lichtfleckes unerreichbar; selbst bei Herabminderung der Forderung um 1 Größenordnung wäre die abzugebende Strahlleistung noch 1 ... 2 kW. Vergrößerung des Primärbildes bei konstanter Flächenbeanspruchung des Leuchtphosphors führt zu untragbaren Röhrenabmessungen und Objektiven. Eine 100- oder 1000-fache Steigerung der spezifischen Belastbarkeit des lumineszenzfähigen

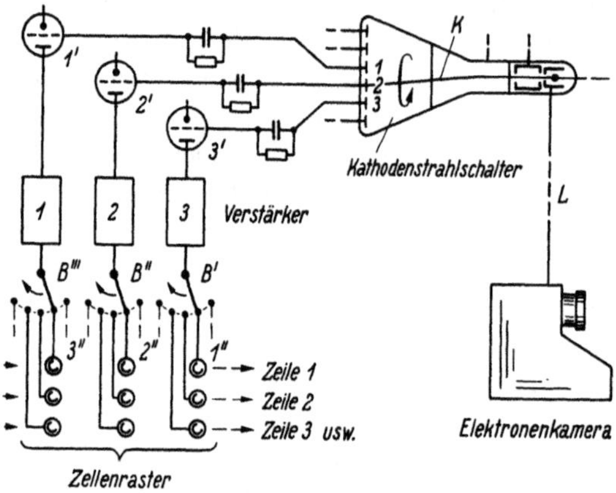

Abb. 226. Kathodenstrahlschalter für Zellenraster.

Abb. 227 a. Ausführung des Kathodenstrahlschalters nach Abb. 226, Seitenansicht.

Materials durch künstliche Kühlung ist kaum wahrscheinlich. Einige Hoffnung besteht noch für die Verbesserung des Wirkungsgrades der Lichterzeugung durch höhere Spannungen; er scheint nämlich oberhalb der heute benutzten 20000 ... 30000 V weiter zuzunehmen. Vorschläge, die auf ständiges Wechseln der vom Kathodenstrahl getroffenen Fläche abzielen (Schirm oder Röhre rotierend), werden vielleicht eine Verstärkung des Lichtstromes auf das 10fache des heutigen Wertes bei gleichbleibender

Flächengröße erlauben. Hierfür wird aber bereits ein beträchtlicher vakuumtechnischer Aufwand erforderlich sein. Röhren dieser Art müßte man nach dem Vorbilde des Hochspannungs-Kathodenoszillografen ausführen. Die Aufgabenstellung der Fernsehstuben könnte damit bei Beschränkung auf einige Quadratmeter Schirmfläche und 10 ... 20 Lux gelöst werden.

Abb. 227b. Stirnansicht mit Kontaktkranz.

Für die Schaffung des Großkinobildes der oben angegebenen Maße und Helligkeit dagegen erscheint das Prinzip des Kathodenstrahl-Oszillografen selbst bei dem größten elektronenoptisch denkbaren spezifischen Leistungsumsatz in der Leuchtschicht vorerst als wenig hoffnungsvoll, zumal auch Versuche, an Stelle der fluoreszierenden Massen thermisch strahlende Stoffe (z.B. Auermasse od. dgl.) anzuwenden, im Laboratorium der General Electric Co., USA., fehlgeschlagen sind. Entweder wurde die notwendige Glühtemperatur nicht schnell genug erreicht oder, bei Erzwingen dieser Wirkung durch Unterbinden der Wärmeableitung, die Zerstäubung der Masse zu stark beschleunigt (die in

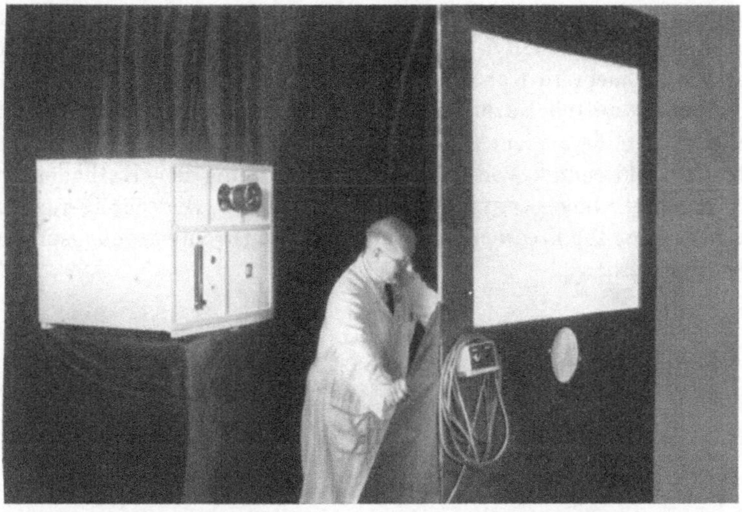

Abb. 228. Telefunken-Fernbildprojektor mit Braunscher Hochvoltröhre, 1936.

den Glühlampen wirksame Gasfüllung ist hier mit Rücksicht auf die Strahlbildung unzulässig).

Theoretisch wäre noch der Ausweg denkbar, auf einer großen Schirmfläche die gleichgesteuerten Zeilenfelder mehrerer Braunscher Röhren übereinander abzubilden. Praktisch ist dies aber ausgeschlossen wegen unzureichender Lagenkoinzidenz der Primärbilder. Auch der Gedanke, auf einer Phosphorfläche die N Elemente einer ganzen Zeile gleichzeitig durch N partielle, unabhängig gesteuerte Elektronenbündel zu erregen und gemeinsam über ein rotierendes Spiegelprisma zu projizieren, dürfte nur bei thermisch genügend belastbaren Leuchtsubstanzen zu Bildern der gewünschten Größe und Helligkeit führen.

5. Schlußfolgerung.

Die günstigsten Aussichten für die Lösung des Fernsehgroßbildes in den Dimensions- und Helligkeitsverhältnissen unserer heutigen Kinotheater bietet nach Vorstehendem die Zellenrastermethode. Bei der gedachten Verwendung ist das Problem der elektrischen Fernübertragung gegenüber dem auf möglichst große Reichweiten und Empfangsfeldstärken angewiesenen Fernsehrundfunk insofern verändert, als es sich meist um verhältnismäßig kleine Entfernungen zwischen der zentralen Sendeanlage und den verteilten Anschlußstellen handelt. Man wird daher vorzugsweise Breitbandkabel benutzen und dabei im Bedarfsfalle alle neuen Möglichkeiten, wie z.B. die Aufteilung des Abtastfrequenzbandes auf mehrere Kanäle durch Elektronenschalter und die Zeichenspeicherung mittels Kathodenstrahlbeladung und -entladung von Mikrozellenrastern, heranziehen. In entscheidendem Maße hängt daher gerade die Großbildtechnik von der Weiterentwicklung der Kathodenstrahlröhren ab, die hier zwar nicht als Bildfänger bzw. Bildschreiber, sondern als Werkzeug für Frequenzumformungen und Stromverteilungsprobleme benötigt werden.

Schrifttum.

1. Begrich: Die Entwicklung des Fernsehens, Arch. Post Telegr. Bd. 64 (1936) S. 241—258; Fernsehen u. Tonfilm Bd. 8 (1937) S. 29, 37, 47, 54.
2. Wiedemann, Fr.: Fernsehen Bd. 1 (1930) S. 481—487; Bd. 2 (1931) S. 8—13. Vgl. auch E. Rössler: Z. techn. Physik Bd. 10 (1929) S. 519—525; ferner E. W. Engström: Proc. Inst. Radio Eng. Bd. 21 (1933) S. 1631—1651; Bd. 23 (1935) S. 295—310.
3. Engström, E. W.: Proc. Inst. Radio Eng. Bd. 23 (1935) S. 295—310, insbesondere S. 309/310; ferner R. D. Kell, A. V. Bedford und M. A. Trainer: Proc. Inst. Radio Eng. Bd. 24 (1936) S. 559—576.
4. DRP. 574085 vom 27. 9. 1930.
5. Weiss, G.: Z. techn. Physik Bd. 17 (1936) S. 623.
6. Scholz, W.: ENT Bd. 12 (1935) S. 3.
7. Mayer, H. F. und E. Fischer: ETZ Bd. 56 (1935) S. 1245—1248.
8. Kieser, W.: Z. techn. Physik Bd. 16 (1935) S. 629—635.
9. Ring, F.: Fernsehen u. Tonfilm Bd. 7 (1936) S. 19.
10. Vgl. Fernsehen u. Tonfilm Bd. 7 (1936) S. 17.
11. Electronics, November 1935 S. 10ff.
12. Ewest, H.: Fernsehen Bd. 1 (1930) S. 59.
13. Vgl. Handbuch der Bildtelegrafie und des Fernsehens, herausgeg. von F. Schröter. Berlin: Julius Springer 1932, S. 227ff.; ferner F. v. Okolicsanyi: Diss. Erlangen 1935.
14. Ardenne, M. von: Fernsehen u. Tonfilm Bd. 7 (1936) S. 45.
15. Urtel, R.: Telefunkenztg. Nr. 74 (1936) S. 36.
16. Mertz, P. und F. Gray: Bell Syst. techn. J. Bd. 13 (1934) S. 464.
17. Rothe, H. und G. Plato: Telefunken-Röhre Heft 7 (1936) S. 94.
18. Rignoux, M. G.: Franz. Pat. 390435 vom 28. 7. 1908.
19. Baird, J. L.: Brit. Pat. 269658 vom 20. 1. 1926.
20. Nisco: Franz. Pat. 589425 vom 4. 12. 1923.
21. Jenkins, C. F.: s. Radio News Nr. 11 (1930) S. 629.
22. Majorana: Elettricista Bd. 3 (1894) S. 3.
23. Ribbe, P.: DRP. 170402 vom 9. 12. 1903.
24. Weiller, L.: Lum. El. Bd. 34 (1889) S. 334.
25. Möller, R.: Fernsehen u. Tonfilm Bd. 2 (1931) S. 80.
26. Rosing, B.: DRP. 209320 vom 26. 11. 1907.
27. Szczepanik: Brit. Pat. 5031 vom 24. 2. 1897.
28. Codelli, A. von: Fernsehen u. Tonfilm Bd. 1 (1930) S. 107.
29. Brillouin: Revue Gen. d. Sciences Bd. 2 (1891) S. 33.
30. Gardner, B.: USA. Pat. 1753697 vom 17. 9. 1928. — H. Hatzinger: Dtsch. Pat.-Anm. H 118.30 vom 25. 3. 1930.
31. Okolicsanyi, F. von: Fernsehen u. Tonfilm Bd. 1 (1930) S. 448.; Bd. 2 (1931) S. 240; Bd. 5 (1934) S. 67.
32. Möller, R.: Fernsehen u. Tonfilm Bd. 4 (1933) S. 47.
33. ERPJ., dtsch. Pat.-Anm. E. 42772 vom 21. 5. 1931.

34. WALTON, G. W.: Brit. Pat. 328286 vom 25. 10. 1928; Brit. Pat. 425984 vom 26. 6. 1933. — F. RAECK, Fernsehen u. Tonfilm Bd. 6 (1935) S. 72.
35. LA COUR: La roue phonique, Kopenhagen 1878.
36. SCHUBERT, G.: Fernsehen u. Tonfilm Bd. 1 (1930) S. 502.
37. MIHALY, D. VON: Fernsehen u. Tonfilm Bd. 1 (1930) S. 54.
38. HUDEC, E.: Fernsehen u. Tonfilm Bd. 2 (1931) S. 244.
39. SCHUBERT, G.: Fernsehen u. Tonfilm Bd. 2 (1931) S. 105.
40. MÖLLER, R.: Fernsehen u. Tonfilm Bd. 3 (1932) S. 29 u. 95.
41. Nach mündlicher Mitteilung.
42. THUN, R.: Fernsehen u. Tonfilm Bd. 3 (1932) S. 106.
43. REEB, O.: Kinotechn. Jg. 12 (1930) Heft 3 u. 4.
44. HOXIE: Brit. Pat. 240463 vom 23. 9. 1924. — C. F. JENKINS: USA. Pat. 1683137 vom 2. 6. 1926.
45. BUSSE, E.: Fernsehen u. Tonfilm Bd. 3 (1932) S. 78.
46. KIRSCHSTEIN, F.: Fernsehen u. Tonfilm Bd. 2 (1931) S. 98.
47. MÖLLER, R.: Fernsehen u. Tonfilm Bd. 4 (1933) S. 29.
48. THUN, R.: Fernsehen u. Tonfilm Bd. 1 (1930) S. 452; Bd. 1 (1930) S. 488; H. PETERS: Fernsehen u. Tonfilm Bd. 4 (1933) S. 2; L. M. MYERS: Television Optics, Pitman 1936.
49. FRIEDEL, W.: Fernsehen u. Tonfilm Bd. 1 (1930) S. 152.
50. EWEST, H.: Fernsehen u. Tonfilm Bd. 3 (1932) S. 7; G. SCHUBERT: Fernsehen u. Tonfilm Bd. 3 (1932) S. 9.
51. MÖLLER, R.: Fernsehen u. Tonfilm Bd. 2 (1931) S. 90.
52. Mündliche Angabe von Dr. KRÖBEL.
53. Vgl. Brit. Pat. 442668 vom 12. 6. 1934; Television To-day, Newnes 1934 S. 633.
54. JEFFREE, J. H.: Television 1936 S. 260; Brit. Pat. 439236 vom 3. 3. 1934.
55. Mündliche Mitteilung.
56. MÖLLER, R.: Fernsehen u. Tonfilm Bd. 6 (1935) S. 16.
57. (Zusammenfassungen über Elektronenoptik.) E. BRÜCHE und O. SCHERZER: Geometrische Elektronenoptik, Berlin: Julius Springer 1934 und Nachtrag E. BRÜCHE und W. HENNEBERG: Geometrische Elektronenoptik. Ergebnisse d. exakt. Naturwiss. Bd. 15 (1936) S. 365.
58. (Theorie der Elektronenlinse.) H. BUSCH: Arch. Elektrotechn. Bd. 18 (1927) S. 583. — C. J. DAVISSON und C. J. CALBICK: Physic. Rev. Bd. 38 (1931) S. 585. — J. PICHT: Ann. Physik Bd. 15 (1932) S. 926. — H. JOHANNSON und O. SCHERZER: Z. Physik Bd. 80 (1933) S. 183. — O. SCHERZER: Z. Physik Bd. 80 (1933) S. 193. — A. GLASER: Z. Physik Bd. 80 (1933) S. 451, Bd. 81 (1933) S. 649, Bd. 83 (1933) S. 104.
59. (Elektronenspiegel und Steuerung.) W. HENNEBERG und A. RECKNAGEL: Z. techn. Physik Bd. 16 (1935) S. 621. — G. HOTTENROTH: Z. Physik Bd. 103 (1936) S. 460. — A. RECKNAGEL: Z. Physik Bd. 104 (1937) S. 381.
60. (Elektronenmikroskop.) E. BRÜCHE: Naturwiss. Bd. 20 (1932) S. 49. — M. KNOLL und E. RUSKA: Ann. Physik Bd. 12 (1932) S. 607. — E. BRÜCHE und H. JOHANNSON: Naturwiss. Bd. 20 (1932) S. 353. — M. KNOLL, F. HOUTERMANS und W. SCHULZE: Z. Physik Bd. 78 (1932) S. 340. — H. JOHANNSON: Ann. Physik Bd. 18 (1933) S. 385.
61. (Übermikroskop.) E. RUSKA: Z. Physik Bd. 87 (1934) S. 580. — L. MARTON: Nature, Lond. Bd. 133 (1934) S. 911; Physic. Rev. Bd. 46 (1934) S. 527. — F. KRAUSE: Z. Physik Bd. 102 (1936) S. 417. — L. MARTON: Bull. Belg. Bd. 22 (1936) S. 1336.
62. (Strukturuntersuchungen.) E. BRÜCHE und H. JOHANNSON: Z. techn. Physik Bd. 14 (1933) S. 487. — E. BRÜCHE und W. KNECHT: Z. techn. Physik Bd. 15

(1934) S. 461, Bd. 16 (1935) S. 95. — W. G. Burgers und J. J. A. Ploos van Amstel: Naturwiss. Bd. 136 (1935) S. 721. — E. Brüche und H. Mahl: Z. techn. Physik Bd. 16 (1935) S. 623, Bd. 17 (1936) S. 81 u. 262.

63. (Bildwandler.) G. Holst, J. H. de Boer, M. C. Teves und C. F. Veenemans: Physica Bd. 1 (1934) S. 297. — W. Schaffernicht: Z. Physik Bd. 93 (1935) S. 762. — W. Heimann: ENT Bd. 12 (1935) S. 68. — V. K. Zworykin: Z. techn. Physik Bd. 17 (1936) S. 170. — W. Schaffernicht: Z. techn. Physik Bd. 17 (1936) S. 596.
64. (Fernsehen und Elektronenoptik.) E. Brüche und W. Schaffernicht: ENT Bd. 12 (1935) S. 381. — M. Knoll: Z. techn. Physik Bd. 17 (1936) S. 604.
65. Bartels, B. und K. Diels: Vortrag a. d. Physikertagung i. Bad Salzbrunn, 1936.
66. Lenard, P.: Quantitatives über Kathodenstrahlen. Heidelberg 1918.
67. Rosing, B.: DRP. 209320 vom 26. 11. 1907.
68. Campbell Swinton, A.: Nature Bd. 78 (1908) S. 151.
69. Urtel, R.: Vortrag i. d. gemeins. Sitzung beider phys. Ges. Berlin 1936.
70. Knoll, M.: Physik. Z. Bd. 36 (1935) S. 861 und Z. techn. Physik Bd. 16 (1935) S. 467; Naturwiss. Bd. 24 (1936) S. 345; Z. techn. Physik Bd. 17 (1936) S. 604.
71. Ardenne, M. von: Fernsehen Bd. 2 (1931) S. 65.
72. Dieckmann, M. und R. Hell: DRP. 450187 vom 5. 4. 1925.
73. Farnsworth, Ph. T.: USA.-Pat. 1986330 vom 17. 4. 1928; J. Frankl. Inst. Bd. 218 (1934) S. 411.
74. Round, H. J.: USA.-Pat. 1759594 vom 21. 5. 1926.
75. Tihanyi, K.: Brit. Pat. 315362 vom 12. 7. 1928.
76. Zworykin, V. K.: J. Inst. Electr. Eng. Bd. 73 (1933) S. 437; Z. Hochfrequenztechn. u. Elektroakust. Bd. 43 (1934) S. 109; vgl. auch Westinghouse Co. und V. K. Zworykin: Brit. Pat. 255057 und USA.-Pat. 1691324 vom 13. 7. 1925.
77. Urtel, R.: Z. Hochfrequenztechn. u. Elektroakust. Bd. 48 (1936) S. 150.
78. Marconi Co. und V. K. Zworykin: Brit. Pat. 369832 vom 17. 7. 1930.
79. Heimann, W.: ENT Bd. 12 (1935) S. 68. — W. Henneberg und A. Recknagel: Z. techn. Physik Bd. 16 (1935) S. 230; G. Holst, J. H. de Boer, M. C. Teves und C. F. Veenemans: Physica Bd. 1 (1934) S. 297.
80. Schaffernicht, W.: Z. Physik Bd. 93 (1935) S. 762.
81. Zworykin, V. K.: Z. techn. Physik Bd. 17 (1936) S. 170.
82. Brüche, E. und O. Scherzer: Geometr. Elektronenoptik, S. 143ff. Berlin: Julius Springer 1934.
83. Hudec, E.: ETZ Bd. 56 (1935) S. 28; ENT Bd. 11 (1934) S. 375.
84. Heimann, W.: ENT Bd. 10 (1933) S. 476.
85. Ardenne, M. von: Fernsehen Bd. 1 (1930) S. 199.
86. Jones, L. T. und H. G. Tasker: J. Opt. Soc. Am. Bd. 9 (1924) S. 471.
87. Knoll, M.: Arch. Elektrotechn. Bd. 28 (1934) S. 1.
88. Diels, K. und M. Knoll: Z. techn. Physik Bd. 16 (1935) S. 617.
89. Diels, K. und G. Wendt: Z. techn. Physik Bd. 18 (1937) Heft 1.
90. Scherzer, O.: Z. Physik Bd. 101 (1936) S. 23; Bd. 101 (1936) S. 593.
91. Westphal, W.: Verh. Dtsch. Physik. Ges. Bd. 10 (1908) S. 405. Bezugnahme auf mündliche Mitteilung von A. Wehnelt.
92. George, R. H.: J. Amer. Inst. Electr. Eng. Bd. 48 (1929) S. 534.
93. Broadway, L. F. und W. F. Tedham: Brit. Pat. 435623 vom 26. 3. 1934.
94. Orth, R. T., P. A. Richards und L. B. Headrick: Proc. Inst. Radio Eng. Bd. 23 (1935) S. 1308.
95. Ardenne, M. von: Z. techn. Physik Bd. 16 (1935) S. 61.

96. KORDATZKI, W., A. SCHLEEDE und F. SCHRÖTER: Physik. Z. Bd. 27 (1926) S. 392.
97. SCHLEEDE, A.: Z. angew. Chem. Bd. 48 (1935) S. 276.
98. ARDENNE, M. VON: Z. techn. Physik Bd. 14 (1933) S. 461 (Hilfsfeld).
99. SCHRÖTER, F.: Handb. d. Bildtelegr. u. d. Fernsehens, S. 382, Berlin: Julius Springer 1932.
100. — ENT Bd. 8 (1931) S. 431.
101. KUMMERER, W.: Rückwirkung bei ferngesteuerten Röhrensendern, Telefunkenztg. Nr. 44, 1926.
102. BUSCHBECK, W.: Telefunken-Groß-Kurzwellensender Telefunkenztg. Nr. 52, 1929.
103. POHLMANN: Gegenkopplung, DRP. 303342 vom 18. 1. 1917.
104. HAZELTINE: USA.-Pat. 1450080 vom 7. 8. 1919; USA.-Pat. 1 489228 vom 28. 12. 1920; USA.-Pat. 1533858 vom 28. 12. 1923.
105. RICE: USA.-Pat. 1334118 vom 31. 7. 1917.
106. KUMMERER, W.: DRP. 448063 vom 23. 4. 1925.
107. BALLANTINE: USA.-Pat. 1560332 vom 3. 7. 1924.
108. BUSCHBECK, W.: DRP. 640869 vom 11. 8. 1931; USA.-Pat. 2002216 vom 20. 8. 1932.
109. — DRP. 613856 vom 12. 8. 1932; DRP. 639858 vom 7. 4. 1933.
110. KOOMANS: DRP. 494096 vom 19. 8. 1925. — W. BUSCHBECK: DRP. 583865 vom 1. 3. 1932.
111. BECHMANN, R.: Telefunkenztg. Nr. 72 (1936) S. 17.
112. HOFER, R.: Telefunkenztg. Nr. 58 (1931) S. 12.
113. PHILIPS: DRP. 323823 vom 18. 10. 1928.
114. HOFER, R.: DRP. 584782 vom 6. 1. 1931.
115. KUMMERER, W.: DRP. 611211 vom 23. 3. 1935.
116. RODER, H.: Grafische Lösungsverfahren für Hochfrequenzleitungen, Proc. Inst. Radio Eng. Bd. 21 (1933).
117. CARSON, MEAD und SCHELKUNOFF: Bell Syst. techn. J. Bd. 15, April 1936.
118. CARSON: USA.-Pat. 1817964 vom 23. 5. 1929.
119. Aus einem Telefunken-Prospekt betr. Fernsehempfänger FE IV.
120. SCHRIEVER, O.: Die technischen Einrichtungen für einen Fernsehrundfunk nach dem heutigen Entwicklungsstand, Fernsehen u. Tonfilm Bd. 4 (1933) S. 35.
121. HOLMES, R. S. und A. H. TURNER: An urban field strength survey at thirty and one hundred megacycles, Proc. Inst. Radio Eng. Bd. 24 (1936) S. 755. — W. SCHOLZ: Die rundfunkmäßige Verbreitung von Tonbildsendungen auf ultrakurzen Wellen in Deutschland, ENT Bd. 12 (1935) S. 3.
122. PEARSON, G. L.: Fluctuation noise in vacuum tubes, Bell Syst. techn. J. Bd. 13 (1934) S. 635.
123. KRAWINKEL, G. und K. ZIEBIG: Fernsehversuche mit Ultrakurzwellen, Fernsehen u. Tonfilm Bd. 3 (1932) S. 65.
124. KELL, R. D., A. V. BEDFORD und M. A. TRAINER: An experimental television system, Proc. Inst. Radio Eng. Bd. 22 (1934) S. 1246.
125. ARDENNE, M. VON: Die aperiodische Verstärkung von ultrakurzen Wellen, Z. Hochfrequenztechn. Bd. 40 (1932) S. 65.
126. ARDENNE, M. VON: Fernsehempfang, Berlin: Weidmannsche Buchhandlung 1935.
127. MESSNER, M.: Der Lorenz-Fernsehempfänger, Fernsehen u. Tonfilm Bd. 6 (1935) S. 79.
128. HUDEC, N.: Zeitproportionale, synchronlaufende Zeitablenkungen für die Braunsche Röhre. Z. Hochfrequenztechn. Bd. 34 (1929) S. 207.

129. ARDENNE, M. VON: Die praktische Durchführung der Thunschen Liniensteuerung unter Anwendung neu entwickelter Methoden. Fernsehen u. Tonfilm Bd. 3 (1932) S. 210.
130. PUCKLE, O. S.: A time base employing hard valves. J. Television. Society 1936 S. 147.
131. HOLMES, R. S., W. L. CARLSON und W. A. TOLSON: An experimental television system, Proc. Inst. Radio Eng. Bd. 22 (1934) S. 1266.
132. — — — Television in America. Wirel. Wld. 1936 S. 429.
133. SCHWARTZ, E.: Über Nachbeschleunigung bei Braunschen Röhren, Fernsehen und Tonfilm Bd. 6 (1935) S. 37 u. 47.
134. ARDENNE, M. VON: Verformung von Kippschwingungen durch einen Vierpol, Z. Hochfrequenztechn. Bd. 49 (1937) S. 37.
135. ZENNECK, J. und H. RUKOP: Drahtlose Telegrafie, S. 768. Stuttgart: F. Enke 1925.
136. SCHLESINGER, K.: Der Widerstandsverstärker als Schwingungskreis, ENT Bd. 8 (1931) S. 457.
137. ARDENNE, M. VON: Über Fortschritte beim Fernsehen mit Kathodenstrahlröhren. Fernsehen u. Tonfilm Bd. 2 (1931) S. 173.
138. — Schweiz. Patent 176142 vom 19. 4. 1934.
139. SCHRÖTER, F.: Telefunkenztg. Nr. 73 (1936) S. 5ff.
140. Vgl. Fernsehen u. Tonfilm Bd. 3 (1932) S. 129.
141. DRP. 565813, Prior. vom 30. 7. 1931.
142. SELÉNYI, P.: Z. techn. Physik Bd. 16 (1935) S. 607—614.
143. DEBYE, P. und F. W. SEARS: Proc. Nat. Acad. Sci. U. S. A. Bd. 18 (1932) S. 409.
144. Symposium on Television (H. E. IVES, FRANK GRAY, J. W. HORTON u. a.), Monogr. Amer. Inst. Electr. Eng., Juli 1927.
145. SCHRÖTER, F.: Handb. d. Bildtelegr. u. d. Fernsehens 1932 S. 55.
146. — S. 57 und DRP. 264275 vom 3. 11. 1912.
147. Vgl. Anmerkung 139.

Namenverzeichnis.

Sachverzeichnis.

Physik und Technik der ultrakurzen Wellen. Von Dr.-Ing. **H. E. Hollmann.**

Erster Band: **Erzeugung ultrakurzwelliger Schwingungen.** Mit 381 Textabbildungen. IX, 326 Seiten. 1936. Gebunden RM 36.—

Zweiter Band: **Die ultrakurzen Wellen in der Technik.** Mit 283 Textabbildungen. VIII, 306 Seiten. 1936. Gebunden RM 33.—

Anleitungen zum Arbeiten im Röhrenlaboratorium. Von **M. Knoll.** (Dritter Teil der Anleitungen zum Arbeiten im elektrotechnischen Laboratorium von E. Orlich.) Mit 57 Textabbildungen. IV, 67 Seiten. 1937. RM 3.—

Moderne Mehrgitter-Elektronenröhren. Von Dr. **M. J. O. Strutt,** Eindhoven. Erster Band: **Bau, Arbeitsweise, Eigenschaften.** Mit 128 Abbildungen im Text. VI, 131 Seiten. 1937. RM 12.60

Braunsche Kathodenstrahlröhren und ihre Anwendung. Von Reg.-Rat Dr. phil. **E. Alberti,** Berlin. Mit 158 Textabbildungen. VII, 214 Seiten. 1932. RM 21.—; gebunden RM 22.20

Die Kathodenstrahlröhre und ihre Anwendung in der Schwachstromtechnik. Von **Manfred von Ardenne.** Unter Mitarbeit von Dr.-Ing. Henning Knoblauch. Mit 432 Textabbildungen. VIII, 398 Seiten. 1933. Gebunden RM 36.—

Verstärkermeßtechnik. Instrumente und Methoden. Von **Manfred von Ardenne.** Unter Mitarbeit von Wolfgang Stoff und Fritz Gabriel. Mit einem Geleitwort von Professor Dr. M. Pirani. Mit 246 Textabbildungen. VII, 235 Seiten. 1929. RM 20.25; gebunden RM 21.60

Versuche zur elektrischen Resonanz mit hochfrequenten und niederfrequenten Wechselströmen (Versuche mit kleinen Röhrengeneratoren) mit einer kurzen theoretischen Erläuterung zur elektrischen Resonanz. Von Dr. **Friedrich Moeller,** Berlin. (Abhandlungen zur Didaktik und Philosophie der Naturwissenschaft, Heft 16.) Mit 52 Textabbildungen und 14 Tabellen. V, 82 Seiten. 1937. RM 4.80

Die Dreielektrodenröhre und ihre Anwendung. Übungen an der Dreielektrodenröhre mit den zugehörigen theoretischen Erläuterungen. Von Dr. **Friedrich Moeller,** Berlin. (Abhandlungen zur Didaktik und Philosophie der Naturwissenschaft, Heft 15.) Mit 93 Textabbildungen und 28 Tabellen. VII, 155 Seiten. 1934. RM 9.60

Zu beziehen durch jede Buchhandlung

GPSR Compliance

The European Union's (EU) General Product Safety Regulation (GPSR) is a set of rules that requires consumer products to be safe and our obligations to ensure this.

If you have any concerns about our products, you can contact us on ProductSafety@springernature.com

In case Publisher is established outside the EU, the EU authorized representative is:

Springer Nature Customer Service Center GmbH
Europaplatz 3
69115 Heidelberg, Germany

Batch number: 10682323

Printed by Printforce, the Netherlands